나노재료

김기범 김현미 정운룡
최헌진 홍성현 황동목

범한서적주식회사

서 문

21세기에 등장한 나노기술은 물질의 크기가 수 nm에서 수십 nm에 이르게 될 때, 물질의 특성이 기존의 물질 특성과는 상이함을 밝혀내고 이러한 새로운 물질의 특성과 원리를 기반으로 미래 과학과 공학 기술을 선도하게 됨으로써, 앞으로 전개될 산업 사회의 발전에 중추적인 역할을 할 것으로 예상되는 기술이다. 따라서, 나노기술을 꽃피우기 위해서는 무엇보다도 먼저 그 기술을 실현할 수 있는 수 nm에서 수십 nm급의 소재가 필요한데, 이러한 관점에서 나노소재는 나노기술 실현의 기본 단위가 되며, 또한 나노기술의 성패를 좌우할 가장 중요한 분야이다. 또한 나노소재는 그 범위가 넓고, 다학제적 성격을 갖고 있기 때문에, 이에 대한 연구를 위해 폭넓은 분야에 대한 지식과 이를 융합할 수 있는 능력이 요구된다.

그동안 전세계적으로 활발하게 진행되어 온 나노기술과 나노소재에 대한 연구 추세에 따라 국내에서도 나노소재에 대한 연구가 활발하게 진행되고 있으며, 많은 분야에서 세계적인 연구 성과를 거두고 있기도 하다. 반면, 이러한 나노소재 기술 분야가 비교적 최근에 급성장하게 되었고, 물리학, 화학, 재료공학, 화학공학등의 다양한 학문에 대한 이해를 필요로 하기 때문에, 아직 국내에서는 실제 연구를 담당할 학생들의 교육 및 연구에 도움을 줄 수 있는 적절한 수준의 교재가 없었다. 이러한 이유로 나노소재에 대한 입문 성격을 갖는 본 교재를 준비하였다.

본 교재는 크게 7장으로 구성되었으며, 각 장의 주요 내용은 다음과 같다. 1장은 서론으로 나노의 정의, 역사, 제조 방법, 전망을 다루고 있다. 2장은 나노미터 범위에서 나타나는 물질의 거동과 특성을 이해하기 위한 재료 과학의 일반적 기초를 소개하였고, 3장에서는 용액을 기반으로 나노 재료를 합성하는 방법을 기술하였다. 이때 나노 분말이나 양자점 같은 0차원 나노재료와 나노와이어 같은 1차원 나노재료로 나누어 각각의 특징을 반영하였다. 4장은 0차원과 1차원 나노재료에 대한 기상을 통한 합성 방법을 기술하였다. 5장은 나노재료의 응용에 중요한 규칙적인 패턴을 만드는 방법에 대해 기술하였다. 6장은 광학, 전자소자, 기계, 바이오, 센서, 에너지 분야에 대한 나노재료의 응용을 대표적인 사례를 중심으로 설명하였고, 마지막으로 7장에서는 나노소재를 분석하는 원리와 방법에 대해 설명하였다.

본 교재에서는 나노재료의 기본적인 원리와 함께 다학제적 특성을 이해하는 데 도움이 되도록 구성하였다. 즉 대학에서 재료공학을 전공하지 않은 학생들이 비교적 쉽게 나노재료의 중요성에 대한 이해를 할 수 있도록 구성되었다. 하지만, 나노재료에 대한 연구 분야가 매우 넓은 영역을 다루고 있기 때문에, 본 교재만으로 나노기술과 나노재료의 광범위한 관련 분야 전체를 파악하는 것은 무리라고 생각된다. 이러한 점은 독자들의 지속적인 노력에 의하여 이루어 질 것으로 믿고 있으며, 다만 본 교재가 이에 필요한 기반이 된다면 큰 의미가 있을 것이다.

마지막으로, 본 교재는 교육과학기술부의 지원과 나노기술연구협의회의 3년간에 걸친 노력에 힘 입어 결실을 맺게 되었음을 밝혀 둔다. 본 교재의 집필에 관여한 저자들은 나노기술의 저변 확대와 발전에 관심과 지원을 아끼지 않은 정부와 관계자에게 깊이 감사를 드리며, 이번 일을 계기로 나노 재료 및 나노기술 분야가 국내에서 더욱 발전되기를 기원한다.

김기범
김현미
정운룡
최헌진
홍성현
황동목

목 차

Chapter

1 서 론

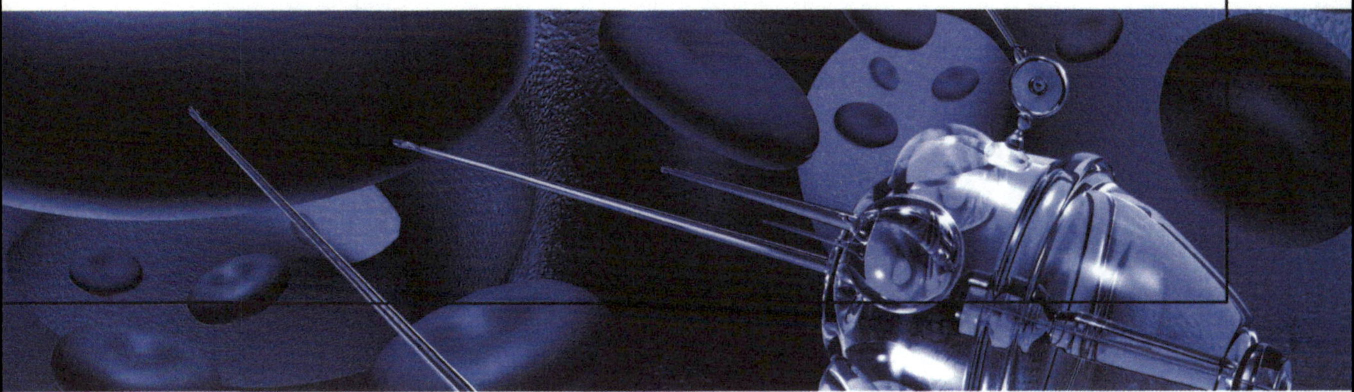

1.1 나노란 무엇인가?

나노과학기술은 물질의 크기가 나노미터급일 때 나타나는 물질의 특성에 대한 이해와 이를 응용하는 기술을 말한다. 여기에서 말하는 나노미터급이란 물질의 크기가 수백 나노미터에서 수 나노미터 또는 그 이하의 크기를 말하는데, "나노(nano)"란 10^{-9}을 의미하는 접두어로서 희랍어에서 난장이를 의미하는 "nanos"에서 유래되었다. 따라서 1 나노미터(1 nm)는 10^{-9} m를 의미하게 되며, 10^{-3}을 의미하는 밀리미터(1 mm = 10^{-3} m), 10^{-6}을 의미하는 마이크로미터 (1 μm = 10^{-6} m)와 함께 10^{-3}의 단위로 구분되는 크기를 나타내는 SI(system international) 단위의 하나를 의미한다. 물론, 길이단위의 기준이 되는 미터 (m)를 기준으로 10^3의 배수로 커지는 접두어는 킬로미터 (1 km = 10^3 m)가 있다. 그림 1-1에 10^3의 단위로 변화하는 것의 접두어를 정리하였다.

그렇다면, 물질의 세계에 있어서 나노미터의 크기가 의미하는 것은 무엇일까? 우리는 모든 물질이 원자 및 분자로 구성되어 있음을 알고 있다. 즉 자연계에 있는 모든 물질은 그것이 고체 상태에 있든 또는 액체 및 기체 상태에 있든 원자 또는 원자의 결합에 의한 분자로 구성되어 있다는 것을 알고 있다. 다시 말하면 물질을 구성하는 기본 단위가 원자라는 것인데, 지금까지 우리가 알고 있는 지구상에 존재하는 원자의 종류는 주기율표(그림 1-2)에 나와 있는

그림 1-1 단위를 나타내는 접두어

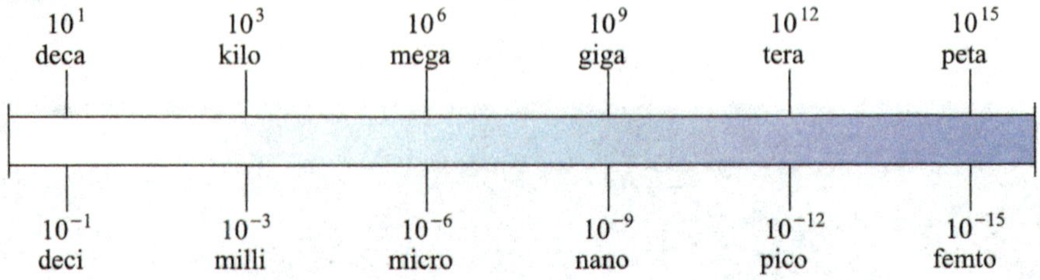

117개 정도이며, 이러한 원자의 크기는 대부분 0.1에서 0.3 nm의 크기에 해당된다(그림 1-3). (그렇기 때문에 우리는 원자의 크기를 나타내는 단위인 앵스트롬 (1Å = 10^{-10} m)을 정의하여 사용하고 있다) 따라서 1 nm의 크기는 10개 정도의 수소(H) 원자 혹은 5개 정도의 규소(Si) 원자가 일렬로 배열될 수 있는 정도의 크기임을 알 수 있다. 인류가 새로운 원자를 만들어 낼 수는 없기 때문에, 결과적으로 나노과학기술이란 자연계에 존재하는, 그리고 물질을 구성하고 있는 기본 단위인 원자들이 수개 또는 수백 개로 (일차원적인 관점에서) 구성되어 있는 아주 조그마한 물질을 제조하고, 이러한 물질에서 나타나는 물질의 특성을 이해하고 또한 이용하는 학문으로 정의할 수 있다.

그림 1-2 주기율표[1]

Group # / Period	1	2	3	4	5	6	7	8	9	10	11	12	13	14	15	16	17	18
1	1 H																	2 He
2	3 Li	4 Be											5 B	6 C	7 N	8 O	9 F	10 Ne
3	11 Na	12 Mg											13 Al	14 Si	15 P	16 S	17 Cl	18 Ar
4	19 K	20 Ca	21 Sc	22 Ti	23 V	24 Cr	25 Mh	26 Fe	27 Cb	28 Ni	29 Cu	30 Zn	31 Ga	32 Ge	33 As	34 Se	35 Br	36 Kr
5	37 Rb	38 Sr	39 Y	40 Zr	41 Nb	42 Mb	43 Tc	44 Ru	45 Rh	46 Pd	47 Ag	48 Cd	49 In	50 Sh	51 Sb	52 Te	53 I	54 Xe
6	55 Cs	56 Ba	57 La	72 Hf	73 Ta	74 W	75 Re	76 Os	77 h	78 Pt	79 Au	80 Hg	81 Tl	82 Pb	83 Bi	84 Po	85 At	86 Rn
7	87 Fr	88 Ra	89 Ac	104 Rf	105 Db	106 Sg	107 Bh	108 Hs	109 Mt	110 Ds	111 Rg	112 Ch	113 Uut	114 Uuq	114 Uup	116 Uuh	(117) (Uus)	118 Uuo
*Lanthancids				58 Ce	59 Pr	60 Nd	61 Pm	62 Sm	63 Eu	64 Gd	65 Tb	66 Dy	67 Ho	68 Er	69 Tm	70 Yb	71 Lu	
**Actinoids				90 Th	91 Pa	92 U	93 Np	94 Pu	95 Am	96 Cm	97 Bk	98 Cf	99 Es	100 Fm	101 Md	102 No	103 Lr	

그림 1-3 원자번호에 따른 원자반경

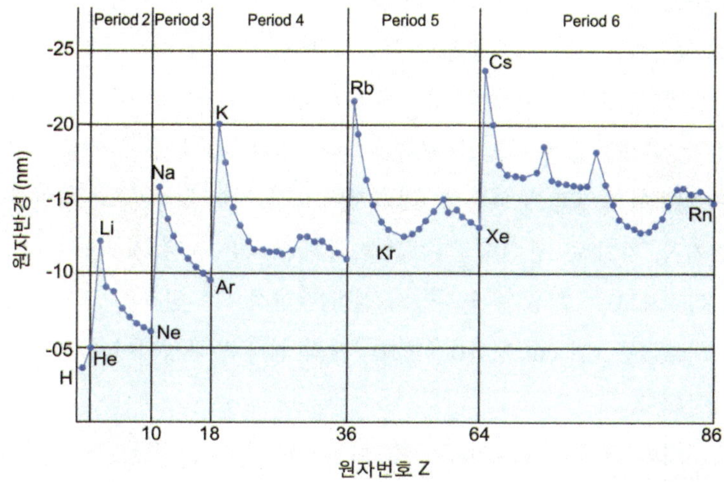

1.2 나노크기의 효과

그렇다면 물질을 수 나노미터에서 수백 나노미터의 크기로 형성하고 이를 응용하는 것이 어떠한 의미가 있기에 우리는 이러한 나노과학기술에 대하여 관심을 갖고 있는 것일까? 물질의 크기를 작게 만들고, 이러한 작은 물질 개개에서 나타날 수 있는 물질의 기능을 이용한다는 것은 한정된 공간에 보다 많은 기능을 부여할 수 있음을 의미한다. 일례를 들면, 지난 세기의 반도체 칩은 정보를 저장할 수 있는 기본적인 단위인 소자의 크기를 지속적으로 작게 만듦으로써, 같은 크기의 칩에 보다 많은 정보를 수용하고, 아울러 보다 빠르게 정보를 처리할 수 있도록 발달해 왔다. 또한 정보 저장 장치의 일종인 하드디스크(hard disc)는 단위면적당 보다 많은 정보를 저장하고 재생해 내기 위하여, 정보를 저장하는 기본 단위인 자성물질의 도메인(domain) 크기를 지속적으로 줄이는 방향으로 기술이 발전되어 왔다. 예를 들어, 반도체 소자나 하드디스크에서 꿈의 집적도인 단위면적 1 cm^2당 1 테라바이트(1 Tb)급을 구현하기 위해서는 10 nm × 10 nm 이내의 영역에 한개의 소자 또는 도메인이 형성되어야 한다. 그러나 나노과학기술은 이렇게 단순하게 물질의 크기를 마이크로미터 단위에서 나노미터 단위로 줄임으로써 한정된 공간 안에 보다 많은 기능 및 정보를 담을 수 있게 하는 것 이상을 의미한다. 일반적으로, 마이크로미터 크기의 물질의 특성은 대부분 벌크(bulk) 형태에서 보여주는 물질의 특성과 별 차이가 없다. 즉 물질의 크기를 벌크 형태에서 마이크로미터 크기로 줄인다고 해도, 그 물질의 특성은 별로 변하지 않는다는 말이다. 하지만, 물질의 크기가 나노미터급으로 작아지는 경우에 나타나는 물질의 특성은 벌크에서 보여주는 물질의 특성과는 현저하게 달라진다. 즉 물질은 앞서 주기율표에서 보여 준 다양한 원소들의 화학적 결합에 의하여 형성되게 되는데, 이때 형성된 물질이 보여 주는 다양한 물성, 예를 들어, 기계적, 전기적, 자기적, 광학적, 그리고 화학적 물성은 많은 경우, 그 물질을 구성하는 원자의 특성이라기보다는 수 많은 원자들의 결합(전형적으로 원자의 크기를 0.1 내지 0.3 nm로 보면 고체 물질은 단위 cm^3당 10^{22} – 10^{23}개의 원자로 구성되어 있음)에 의하여 나타나는 특성이기 때문이다.

이러한 점에서 물질의 크기가 나노미터 수준이 되면, 그 물질에서 보여주는 특성은 매우 독특할 수 있는데, 이는 바로 물질의 크기가 원자 또는 분자의 크기로부터 벌크(bulk) 형태로 되는 초기 전환점에 있기 때문이다. 예를 들면, 나노미터 크기 영역에 있는 결정물질의 용융점은 벌크 형태의 용융점보다 낮아지게 되고, 격자상수의 크기는 늘어나게 되는데, 이는 상대적으로 표면에 존재하게 되는 원자들의 숫자가 많아지게 되어, 표면에너지가 전체 시스템의 열적안정성에 기여하는 정도가 커지게 되기 때문이다. 같은 이유로 나노미터 크기에서는 고온에서 나타나는 안정상이 낮은 온도에서도 형성될 수 있는데, 예를 들면 상온에서 강유전(ferroelectricity) 또는 강자성(ferromagnetism)의 특성을 보여 주는 물질의 경우 나노미터 크기에서는 상온에서도 그 특성을 잃게 되는 경우가 있을 수 있다. 이는 강유전 또는 강자성의 현상은 그 물질에서의 쌍극자 간의 상호작용(dipole – dipole interaction)과 스핀 간의 상호작용(spin – spin interaction)에 의하여 나타나는데, 물질의 크기가 달라지면 상대적으로 커진 표면에너지가 이러한 상호작용에 미치는 힘(interaction force)의 크기를 상대적으로 약하게 만드는 역할을 하기 때문이다. 또한 벌크 물질에서는 반도체(semiconductor)의 특성을 보이는 재료가 나노미터 크기가 되면 부도체(insulator)로 변하게 되기도 한다. 또한 Au의 경우 일반적으로 촉매의 특성을 보여주지 않지만, 나노미터 크기의 Au 입자는 낮은 온도에서도 우수한 촉매제로 사용되기도 한다.

지금까지 어떠한 것이 진정한 나노과학기술인가에 대해서는 다양한 의견이 제시되고 있다. 예를 들면, 일부 사람들은 전자현미경을 이용한 물질의 미세구조 분석과 박막물질의 성장과 분석을 나노과학기술로 정의할 수 있다고 본다. 또 다른 의견으로는 물질의 제조과정에 있어서 상향식(bottom-up) 방식에 의한 접근, 즉 전복 껍질(abalone shell)에서 볼 수 있는 것과 같은 자기조립(self-assembly) 공정에 의해 보다 복잡한 구조의 물질을 형성해 가는 공정이

야말로 나노과학기술이라고 정의한다. 일부는 micro-electro mechanical system (MEMS) 또는 lab-on-a-chip 기술을 나노과학기술로 정의하기도 한다. 이외에도 나노과학기술에 대한 정의는 매우 다양하다. 이 모든 정의는 일면 맞는 것이기는 해도, 어느 것도 나노과학기술을 통칭하여 정의하지는 못한다고 볼 수 있다. 나노과학기술에 대해 이렇듯 다양한 정의가 가능하다는 것은 나노과학기술이 매우 광범위한 연구 영역을 포함하고 있으며, 또한 매우 다양한 분야의 다학제적인 접근이 필요한 영역이기 때문이다.

그럼에도 불구하고 일반적으로 나노과학기술은 나노물질과 나노구조를 설계(design)하고, 형성(fabrication)하고, 그리고 응용(application)하는 기술로 이해할 수 있다. 나노과학기술은 또한 나노물질과 나노구조체의 물리적 성질과 현상을 근본적으로 이해하는 과정을 포함하게 되는데, 이렇게 나노미터 물질에 있어서 크기의 변화에 따른 물리적 현상 또는 물성 간의 관계를 근본적으로 이해하는 과정을 별도로 나노과학으로 부르기도 한다. 미국 NNI(National Nanotechnology Initative)에서는 나노과학기술을 "물질과 시스템(system)에서 그 물질의 구조 또는 시스템의 구성 요소가 나노미터의 크기로 인하여 전혀 새로운 또는 현저하게 개선된 물리적, 화학적, 그리고 생물학적인 특성 및 현상 또는 반응을 나타내는 것"으로 정의하고 있다.

이렇게 전혀 새로운 물리적 성질과 현상을 규명하고 새로운 응용 가능성을 탐구하기 위해서는, 나노물질과 나노구조체를 형성하는 공정을 확보하는 것이 무엇보다도 선행되어야 한다. 나노구조물이란 적어도 하나 이상의 차원이 나노미터 크기가 되어야 하는데, 나노입자(양자 특성을 나타내는 경우의 양자점을 포함하여), 나노막대, 나노선, 박막, 그리고 나노미터 크기의 요소들로부터 만들어졌거나, 나노구조를 포함한 벌크(bulk) 물질 등이 여기에 포함된다. 이러한 나노 물질을 형성하기 위한 방법들로 지금까지 다양한 방법들이 제시되어 왔다. 이러한 방법들은 다시 여러 가지의 방법들로 분류하여 볼 수가 있는 데, 그 중의 한가지 방법은 형성 과정의 매개체(growth media)의 상(phase)이다. 즉 나노물질이 기체상, 액체상 그리고 고체상 내에서 형성되었는가에 대한 분류이며, 또 다른 분류 방식은 형성된 구조물의 형상에 의한 분류로서 나노입자, 나노막대 또는 나노선, 나노박막 등으로 분류되기도 한다.

또한, 가장 일반적으로 사용되는 분류 방식의 하나로는 공정의 방식에 의하여 소위 하향식(top-down)과 상향식(bottom-up) 방식으로 분류되기도 한다. 하향식(top-down) 방식은 기존의 반도체 공정에서 사용하는 리소그래피(lithography)의 연장으로 볼 수 있다. 상대적으로 상향식(bottom-up) 방식의 개념은 단분자화합물로부터 고분자화합물을 형성하는 공정 또는 원자나 이온들의 표면 흡착에 의하여 결정을 만들어가는 결정 성장 방식 등 작은 단위의 물질의 결합에 의하여 나노 크기의 구조물을 형성하는 방식을 통칭하여 의미한다.

1.3 나노과학기술의 역사

나노과학기술은 비교적 최근에 대두되고 있는 기술이지만, 나노미터 크기의 물질에 대한 연구는 전혀 새로운 것이 아니다. 생물학적인 계(system)에 대한 연구나, 많은 종류의 재료공학에 대한 연구, 특히 콜로이드 입자의 분산, 금속 양자점, 그리고 촉매 물질에 대한 연구 등 나노미터 크기에서의 물질 특성에 대한 연구는 이미 수백 년 이상 오래되었다. 특히, 콜로이드 Au 입자를 제조하는 기법과 그 특성에 대해서는 이미 오래 전부터 연구되어 왔으며, Faraday에 의해 1857년에 제조된 콜로이드 Au 입자 분산액은 2차 세계대전 중에 폐기 처분되기 전까지도 안정적으로 100년 이상 유지되었다고 한다.[2] 다만 최근에 이렇게 나노과학기술에 대한 관심이 현저하게 증가하게 된 것은 물질을 나노미터 크기에서 제조하고, 조절하고, 다룰 수 있는 우리의 능력이 현저하게 증가하였기 때문이다. 다시 말하면, 물질을 나노미터 수준에서 관찰하고, 공정을 통하여 그 크기를 제어할 수 있는 능력이 현저하게 형성된 것과 원자들의 반응에 대한 우리의 이해가 증가하였기 때문이다.

일례를 들면, 지난 세기에 이루어진 반도체 공정기술의 현저한 진보와 아울러 나노미터 수준에서의 분석기술과 제어(manipulation) 기술의 발전 때문이다. 반도체 기술에서의 소자 크기의 꾸준한 감소는 이미 잘 알려진 1965년에 제안된 Moor의 법칙을 따라, 그림 1-4에 보여진 것과 같이 진행되어 왔다. Moor의 법칙은 소자의 크기가 18개월마다 반씩 줄어든다는 예

그림 1-4 Moor의 법칙[3]

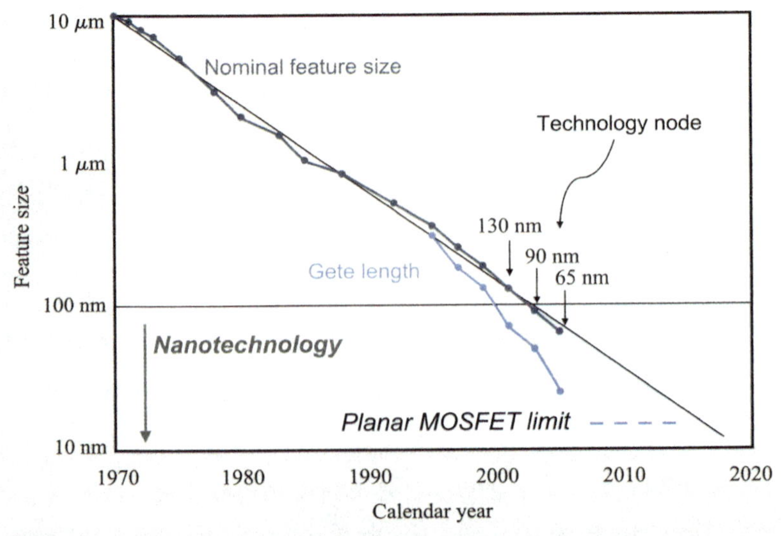

견인데, 이 법칙에 따라 현재의 반도체 소자는 이미 45 nm의 수준에 와 있고, 앞으로도 25 nm급까지 꾸준하게 진행될 것으로 예측되고 있다. 이러한 추세에 부응하여 이미 많은 연구자들이 분자 또는 나노미터급의 소자들에 대하여 연구하고 있는데, 이러한 소자들은 단분자 또는 수 나노미터(nm) 크기 이하의 양자점을 통하여 흐르는 전자의 움직임을 제어하는 수준에까지 도달해 있다.

이렇게 나노과학기술이 대두된 것에는 반도체 공정 기술의 발달과 그 한계점에 대한 예측 등이 큰 동기를 부여하였지만, 이러한 나노과학기술의 도래와 그 중요성에 대하여 체계적으로 언급을 한 사람은 Feynman으로서 1959년에 발표한 "There's a plenty of room at the bottom."이라는 요지의 강연으로부터였다.[4,5] 이미 오래 전에 발표한 강연 내용이지만, 이 강의는 수 십년이 지난 오늘 날의 관점에서 보아도 너무나 적절한 내용이기에, 나노과학기술에 관심을 갖고 있는 모든 사람들은 필히 읽어 보아야만 한다. 분석 기술로는 1931년에 Ruska와 Knoll이 개발한 전자현미경[6]이 매우 중요한 단초가 되었는데, 이후 전자현미경의 분해능이 꾸준하게 향상됨에 따라, 이제는 0.1 nm 크기 이하의 것을 분석할 수 있게 되었다. 이렇게 전자현미경의 분해능이 향상되었다 함은 물질을 구성하는 원자의 배열을 직접적으로 분석할 수 있게 됨을 의미한다. 또한 1981년에 Binnig와 Rohler에 의하여 발명된 주사터널현미경 (scanning tunneling microscopy, STM)[7], 그리고 그 이후 소개된 원자힘현미경(atomic force microscopy, AFM) 등의 기술의 대두는 나노물질과 나노구조체를 분석하고, 측정하고, 다룰 수 있는 새로운 가능성을 열었다. 나노물질로는 1985년 Smalley에 의하여 발표된 탄소 원자 60개로 구성된 C_{60} 구조가 발견됨에 따라 나노물질에 큰 혁명을 구축하였으며[8], 그 이후 1990년 IBM의 연구자들은 STM 탐침을 이용하여 He 원자를 원자 단위로 제어할 수 있음을 보였고,[9] 1991년 일본의 과학자 Ijima는 탄소나노튜브(carbon nanotube, CNT)를 발견함으로써[10], 나노과학기술의 부흥기를 맞게 되었다.

1.4 나노구조 형성 방법

나노구조를 형성하는 방법은 반도체 식각 공정과 같이 큰 물질에서 나노미터급으로 만드는 하향식(top-down) 방법과 원자단위에서 출발해 물질을 나노미터급으로 만드는 상향식(bottom-up) 방법으로 크게 구분하여 볼 수 있다.

▶ 하향식 접근 방법(top-down approach) 반도체 제조공정에서 출발한 하향식 방법

으로는 전자빔을 이용한 리소그래피, 나노임프린트 리소그래피, 탐침리소그래피 등이 있다. 전자빔 리소그래피 방법은 전자빔을 집속하여 하나하나 그리는 방법과 전자빔을 펼쳐서 광학 리소그래피와 마찬가지로 마스크에 통과시키는 두 가지 방법으로 나뉜다. 나노임프린트 리소그래피는 도장을 찍는 것과 마찬가지 방법으로 나노미터급의 스탬프를 레지스트가 코팅되어 있는 기판 위에 찍는 방법이다. 이러한 하향식 방법은 위치 제어가 정확하고, 분해능이 높다는 장점이 있는 반면, 수율이 낮다는 단점이 있다.

▶ 상향식 접근 방법(bottom-up approach) 상향식 방법은 원자나 분자에서 시작하여 나노미터급의 나노물질을 형성하는 방법으로 전통적인 박막 증착 방법을 이용하여 초기 핵생성 과정을 조절하거나, 이종에피텍시(heteroepitaxy)방법을 이용하여 기판 위에 양자점을 형성하는 방법, 화학기상증착방법(CVD)을 이용한 카본나노튜브(CNT) 및 나노선을 형성하는 방법, 콜로이드방법 등이 있다. 상향식 방법은 수율이나 제조 비용면에서는 장점이 있으나 나노소자로 응용하는 경우 기판 위의 위치 제어 및 양자점 및 양자선의 크기제어에 어려움이 있다.

1.5 나노과학기술의 전망

나노과학기술은 물질의 특성을 나노스케일에서 제어하는 기술로서 미국, 일본 등 선진국의 국가적 차원의 정책적 지원으로 인해 연구가 폭발적으로 진행되어 왔고, 지금도 나노구조를 형성하는 새로운 방법들과 기존의 방법들을 보완하는 보고들이 진행되고 있다. 상향식 방법과 하향식 방법 등 나노구조를 형성하는 방법에 대한 기술적 완성도가 증가하고 있으며 이에 부응하여 나노구조물을 이용하는 응용분야에 대한 연구도 활발하게 진행되고 있다. 또한 나노기술은 IT(Information), BT(Bio), ET(Energy), ST(Space) 등 산업전반의 응용 분야에 큰 영향을 미칠 것으로 기대된다.

1.6 본 교재가 다루고자 하는 영역

본 교재는 2장에서 나노미터급의 세계에서 물질의 특성에 대한 나노과학의 일반적 기초에 대해 다루고, 3장부터 5장까지는 나노물질의 형성 방법, 6장에서는 나노구조의 특성 및 응용에 대해 다룰 것이다. 특히, 나노물질의 형성 방법에 있어서 3장에서는 솔루션 기반의 나노물질 형성법, 4장에서는 기상 공정을 이용한 나노물질 합성, 5장에서는 나노구조 형성 등 나노구조물의 형성 과정의 전반에 대해 다룰 것이다. 마지막으로 7장에서는 형성된 나노구조체의 형상 및 물리적, 화학적 특성의 분석 기술에 대해 다룰 것이다.

참고문헌

[1] http://en.wikipedia.org/wiki/Periodic_table

[2] D. Thompson, "Michael Faraday' s Recognition of Ruby Gold: the Birth of Modern Nanotechnology" *Gold Bulletin*, **40**, 267-269 (2007)

[3] S. E. Thompsona and S. Parthasarath, "Moore's law: the future of Si microelectronics" *Materials Today*, **9**, 20-25 (2006)

[4] http://www.zyvex.com/nanotech/feynman.html

[5] http://www.cheric.org/ippage/p/ipdata/2000/01/file/p200001-6101.pdf

[6] E. Ruska and M. Knoll, "Die magnetischeSammelspule fur schnelleElectronenstrahlen (Themagnetic concentrating coil for fast electron beams)" *Z. Tech. Phys.*, **12**, 389-448 (1931)

[7] G. Binnig, H. Rohler, C. Gerber, and E. Weibel, "Surface studies by scanning tunneling microscopy" *Phys. Rev. Lett.*,**49**, 57-61 (1982)

[8] H. W. Kroto, J. R. Heath, S. C. O'Brien, R. F. Curl, and R. E. Smalley, "C60: Buckminsterfullerene" *Nature*, **318**, 162-163(1985)

[9] D. M. Eigler and E. K. Schweizer, "Positioning single atoms with a scanning tunneling microscope" *Nature*, **344**, 524-526 (1990)

[10] K. Hata, D. N. Futaba, K. Mizuno, T. Namai, M. Yumura, and S. Iijima, "Water-Assisted Highly Efficient Synthesis of Impurity-Free Single-Walled Carbon Nanotubes" *Science*, **306**, 1362-1365 (2004)

Chapter

2 나노과학의 기초

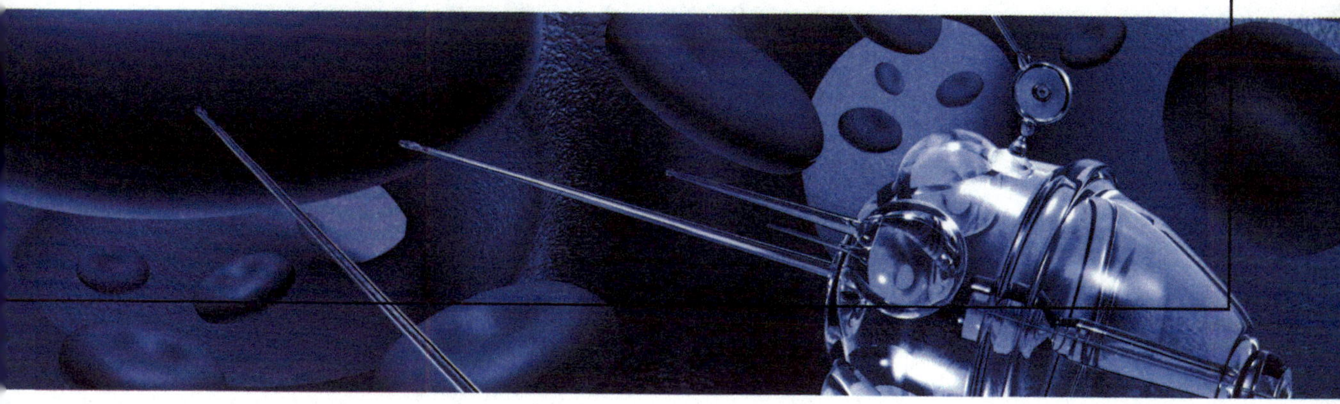

나노과학기술은 앞장에서도 밝힌 바와 같이 물질의 크기가 나노미터급일 때 나타나는 물질의 특성에 대한 이해와 이를 응용하는 기술이라고 정의할 때, 나노과학기술을 이해하기 위해서는 결국은 물질에 대한 기본적인 이해를 바탕으로 해야 한다. 물질의 기본적인 특성을 이해하기 위해서는 물질(고체 물질)을 구성하고 있는 원자들의 배열 상태(결정 또는 비결정구조)를 이해해야 한다. 특히, 나노미터 크기의 물질에서는 물질의 표면에 위치하는 원자들의 수가 벌크(bulk) 재료에 비하여 상대적으로 많기 때문에, 표면에너지가 전체 시스템(system)의 에너지에 기여하는 부분이 상대적으로 크게 되고 따라서, 표면에너지에 대한 이해를 필요로 한다. 마지막으로는 물질의 크기가 나노미터급이 될 때에 나타나는 물질의 제반적인 물리적 특성을 양자효과의 개념에서 접근하고자 한다.

2.1 결정구조

고체물질의 물리적 또는 화학적 특성을 이해하기 위해서는 그 물질을 구성하는 원자들의 배열에 대한 이해가 필요하다. 고체물질은 그 원자들의 배열 상태에 의하여 크게 결정질(crystalline)과 비정질(amorphous)로 나눌 수 있다. 결정질은 원자, 이온, 혹은 분자가 장범

그림 2-1 결정질과 비정질의 원자 배열 2차원(2D) 모식도 (예: SiO_2)

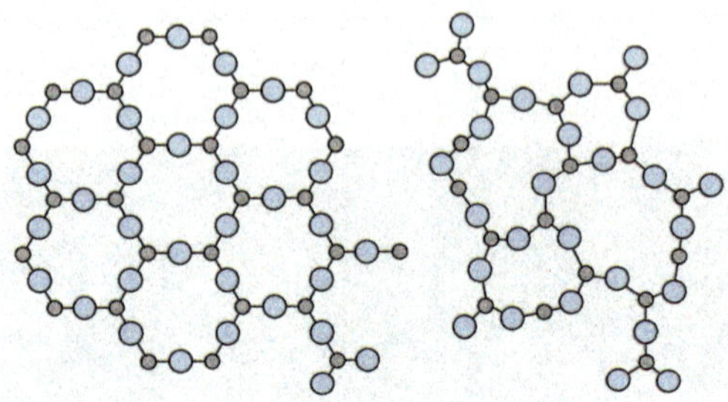

위 규칙성(long range ordering)을 갖고 3차원 공간에 주기적으로 배열되어 있는 상태를 정의한다. 반면, 비정질에서는 구성 입자의 원자 결합에 기인하는 최인접 원자들의 배열에 규칙성(ordering)은 존재하나 – 이것을 단범위 규칙성(short range ordering)이라고 한다. – 장범위 규칙성(long range ordering)이 존재하지 않는 입자들의 배열로 이루어지는 물질로서 유리가 대표적인 물질이다(그림 2-1).

본 장에서는 기본적인 물질의 결정 구조(crystal structure)를 이해하고, 물질이 나노미터 크기가 될 때, 물질의 결정 구조에 어떠한 변화가 일어나는가를 알아보고자 한다.

2.1.1 결정격자, 격자방향, 격자면

2.1.1.1 결정격자(Lattice)

3차원 공간에 장범위 규칙성을 갖는 원자들의 배열은 격자의 개념을 도입하여 그 구조를 비교적 용이하게 설명할 수 있다. 격자는 3차원 공간상에 놓이는 기하학적인 점(격자점, lattice point)의 배열로서 각각의 점은 주변이 물리적, 화학적으로 동일하며, 결정을 구성하는 원자, 이온, 분자 또는 그들의 집단의 위치에 상응한다. 즉 하나의 격자점은 하나의 원자의 위치를 표현할 수도 있지만, 여러 개 원자들의 집단의 위치를 의미하기도 한다.

공간상에 배열되는 3차원 격자를 표시하기 위해서는 서로 평행이 아닌 3개의 벡터(vector)가 필요하며, 이 세 개의 벡터를 이용하여 모든 격자점을 표시할 수 있다. 이 3개의 벡터로 이루어진 가장 간단한 구조의 단위를 단위포(unit cell)라 하며, 단위포가 갖는 치수 즉 단위 병진 벡터의 길이와 이들 상호 간의 각도를 격자상수(lattice constants 혹은 lattice parameters)라고 한다. 즉 세 벡터의 길이 (a, b, c)와 이들 사이의 각도(α, β, γ)를 표시해야

그림 2-2 단위포와 격자상수

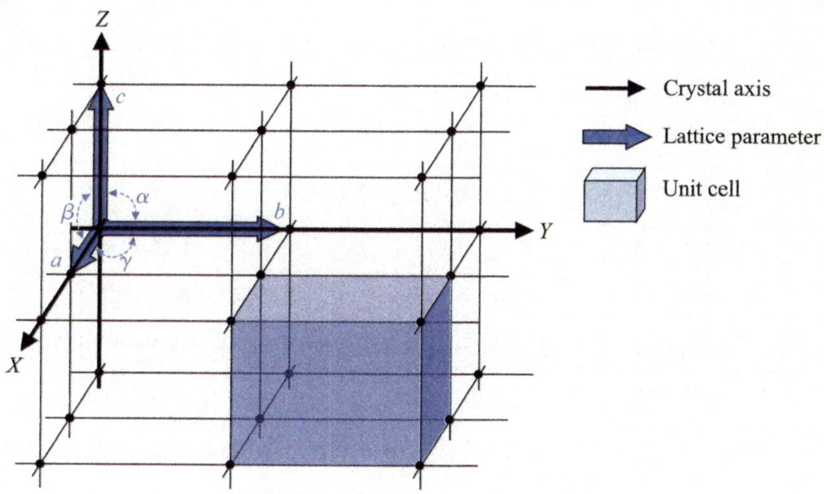

한다(그림 2-2). 여기서 축계는 오른손 축계를 사용하여 이루는 각이다.

단위포에는 한 개의 격자점만 포함된 단순포(primitive cell)와 여러 개의 격자점이 포함된 단위포로 구분할 수 있는데, 이러한 단위포에는 저심격자(base centered), 체심격자(body centered), 면심격자(face centered)가 있다. 결정 구조는 이 각각의 격자점에 원자, 이온, 분자 혹은 이들의 집합으로 구성된 basis로 구성된다. 즉 결정구조는 결정격자와 basis의 결합으로 이루어진다. 일례로, 2차원 격자점에 3개의 원자로 구성되어 있는 basis가 합쳐져 2차원 결정 구조가 형성되는 것을 그림 2-3에 나타내었다.

그림 2-3 결정구조

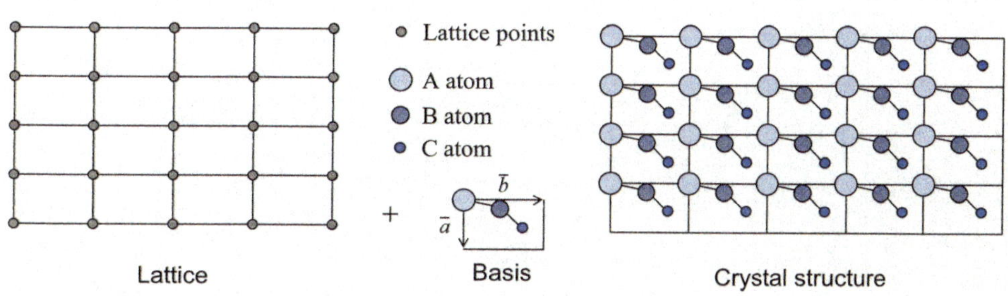

위와 같은 결합으로 결정 구조가 형성되므로, 동일한 격자로부터 다양한 결정 구조가 생길 수 있게 된다. 여기에서 중요한 사실은 한 개의 격자점에 동일한 basis가 와야 한다는 것이며, 이럴 경우에만 3차원적으로 주기적인 구조를 형성할 수 있게 된다. 격자는 3차원적으로 주기적이기 때문에 임의의 한 점을 원점으로 잡으면 모든 다른 점은 그림 2-3과 같이 단위 벡터를 사용하여 표시할 수 있다.

2.1.1.2 격자방향(Lattice direction)

격자 방향은 임의의 두 개의 격자점을 연결하는 선 혹은 벡터로 정의되며 $[uvw]$와 같은 정수의 집합으로 표시하고, 이 정수는 결정축의 원점으로부터 그은 선이 만나는 가장 작은 정수위치를 찾아서 결정한다. $[uvw]$는 원점을 지나는 선뿐만 아니라 이와 평행한 무한한 수의 선을 표시하게 된다. 일례를 들면, 두 개의 격자점$[u_1v_1w_1]$과 $[u_2v_2w_2]$를 지나는 격자 방향은 $u = u_2 - u_1$, $v = v_2 - v_1$, $w = w_2 - w_1$의 값을 갖는 $[uvw]$로 표시하게 된다.

2.1.1.3 격자면(Lattice plane)

결정학적인 격자 내의 면은 Miller 지수(Miller index)라고 불리는 정수의 집합으로 표시된다. 이 정수들은 임의의 면과 축이 만나는 축교차점의 역수를 취하고, 이 역수의 값에 최소공배수의 값을 곱하여 얻은, 가장 작은 정수의 쌍으로 표시하게 되며 (hkl)의 기호를 사용한다. 격자면 역시, 유일하게 정의되지는 않으며, 단위포만큼 병진하여 평행한 모든 면들이 같은 Miller 지수로 표현된다. 예를 들면, 그림 2-4에서 보는 면은 각 축 x, y, z과 m, n, p에서 만나고 있다. 이 경우 Miller 지수는 다음과 같이 얻어진다.

$$1/m \sim h$$

그림 2-4 Miller 지수

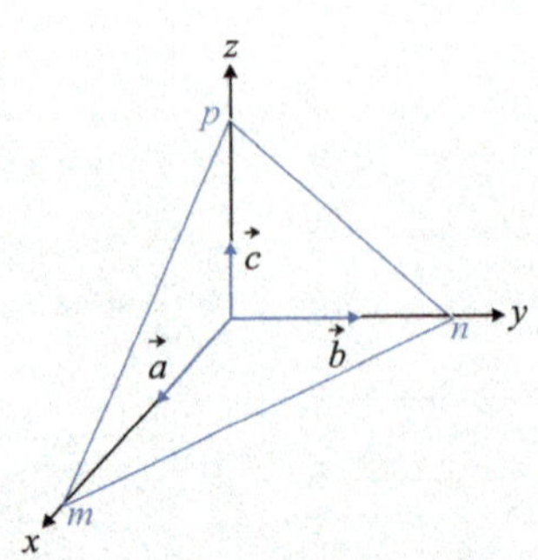

그림 2-5 대표적인 격자면

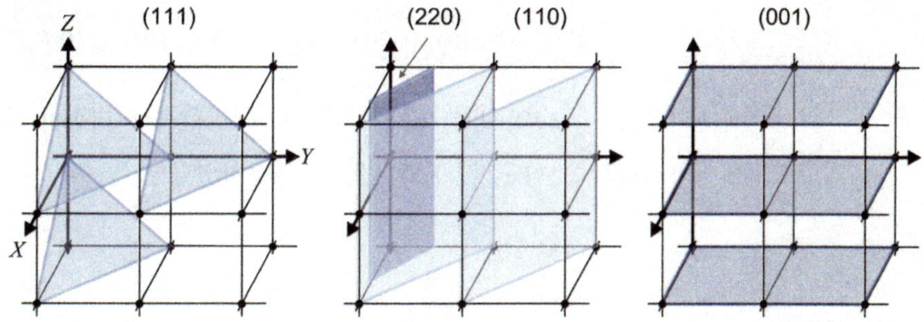

$$1/n \sim k$$

$$1/p \sim l$$

결정격자에서 나타나게 되는 대표적인 격자면을 그림 2-5에 나타내었다.

2.1.1.4 방향군 및 면군(Family of directions and planes)

격자방향과 격자면은 결정이 가지는 대칭에 의하여 구조적으로 등가인 동일한 선과 면을 나타내게 되고, 이를 군(family)이라 부른다. 구조적으로 등가인 방향의 집합을 방향군(family of directions)이라고 부르고, $\langle uvw \rangle$로 표시하며, 구조적으로 등가인 면군(family of planes)은 $\{hkl\}$로 표시한다. 격자상수 a, b, c의 길이가 동일하고, α, β, γ가 90° 인 입방 결정에서 체대각선 $\langle 111 \rangle$은 다음과 같고,

그림 2-6 입방결정에서의 방향군과 면군

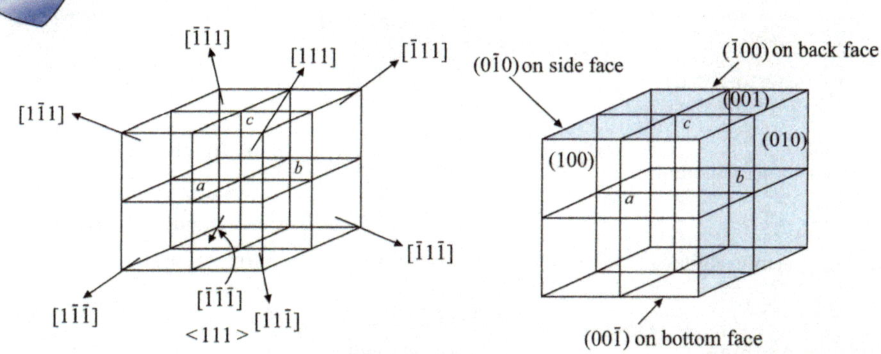

$$<111> = [111], [\bar{1}11], [1\bar{1}1], [11\bar{1}], [\bar{1}\bar{1}\bar{1}], [1\bar{1}\bar{1}], [\bar{1}1\bar{1}], [\bar{1}\bar{1}1]$$

{100}면군은 다음과 같다.

$$\{100\} = (100), (010), (001), (\bar{1}00), (0\bar{1}0), (00\bar{1})$$

여기에서 $\bar{n}$의 부호는 $-n$의 방향, 즉 음의 부호의 방향을 의미한다. 다음 그림 2-6에서는 입방결정에서의 <111> 방향군과 {100}면군을 표시하였다.

2.1.2 결정계와 14 Bravais 격자

흔히 결정은 결정 외형이 갖는 대칭에 따라 7개의 결정계(7 crystal system)로 분류되며, 각각의 결정축계는 서로 구분할 수 있는 최소의 특성 대칭요소 (symmetry element)를 갖고 있다. 예를 들어, 입방정계(cubic)의 경우 3회 회전축 (triad axis) 4개가 <111> 방향으로 109.47°를 이루면서 존재하게 된다. 축계가 갖고 있는 최소한의 대칭의 변화 없이, 각 축계마

표 2-1 결정계, 결정축계, Bravais 격자

결정계	결정축계	격자 상수	특성(최소)대칭	Bravais 격자
입방 (cubic)	입방	$a=b=c$ $\alpha=\beta=\gamma=90°$	4 triads equally inclined at 109.47°	P, I, F
육방 (hexagonal)	육방	$a=b\neq c$ $\alpha=\beta=90°$ $\gamma=120°$	1 rotation hexad or inversion hexad (= triad + perp.mirror plane)	P
삼방 (trigonal)	능면 (rhombohedral)	$a=b=c$ $\alpha=\beta=\gamma\neq 90°$	1 rotation triad or inversion triad (= triad + centre of symmetry)	R
정방 (tetragonal)	정방	$a=b\neq c$ $\alpha=\beta=\gamma=90°$	1 rotation tetrad or inversion tetrad	P, I
사방 (orthorhombic)	사방	$a\neq b\neq c$ $\alpha=\beta=\gamma=90°$	3 diads equally inclined at 90°	P, C(A, B), I, F
단사 (monoclinic)	단사	$a\neq b\neq c$ $\alpha=\gamma=90°\neq\beta$	1 rotation diad or inversion diad (= mirror plane)	P, C
삼사 (triclinic)	삼사	$a\neq b\neq c$ $\alpha\neq\beta\neq\gamma\neq 90°$	None	P

그림 2-7 14개의 Bravais 격자

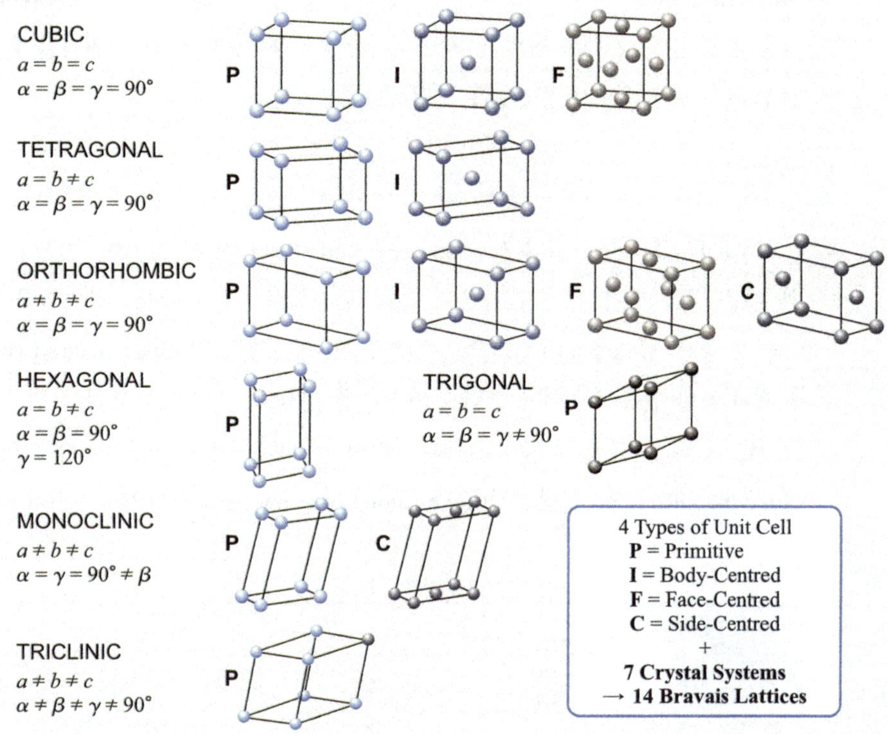

다 P(단순격자), C(저심격자), I(체심격자), F(면심격자) 의 4종의 격자형을 가질 수 있어, 총 28개의 공간격자가 가능하나, 이 중 14개는 다른 격자와 동일하거나 또는 대칭에 의하여 존재할 수 없기 때문에 14개의 격자만이 존재하게 되고 이를 14 Bravais 격자라 한다.

그림 2-7에 14개의 Bravais 격자에 해당되는 단위포(unit cell) 내의 격자점(lattice point)의 배열을 도시하였다.

2.1.3 결정구조

위에서 설명한 격자점(lattice point)에 실제로 원자 또는 분자들을 배열함으로써 얻어지는 것이 결정 구조이다. 물론 이 경우에 원자 또는 분자들의 배열은 각 격자점에서 동일하게 배열되어야 한다. 자연계에는 수 많은 종류의 결정 구조가 존재하게 되나 여기서는 이 모든 구조를 설명할 수는 없고, 대표적으로 금속 결합을 하는 금속에서 나타나는 면심입방구조(FCC:

face centered cubic), 육방밀집구조(HCP: hexagonal close packed), 체심입방구조(BCC: body centered cubic)에 대해서 설명하며, 또한 이러한 구조에서 나타나는 침입형자리(interstitial site)에 다른 크기의 원자들이 전하의 균형을 이루며 형성되게 되는 이온 결합을 하는 결정 구조의 대표적인 것과 마지막으로 공유 결합을 하는 원자들에 의하여 이루어지는 결정 구조들의 대표적인 것들을 설명하고자 한다.

2.1.3.1 구밀집구조(Close packed structure)

대부분의 금속은 구밀집구조(close packed structure)를 가지며, 이온결정에 있어서도 산소와 같은 이온 반경이 큰 음이온이 흔히 구밀집구조를 이룬다. 구밀집구조는 탁구공과 같이 크기가 같은 공들을 2차원적으로 밀집하여 만든 밀집면(close packed plane)을 연속적으로 포개어 놓아 만들 수 있다. 그림 2-8에서 첫 번째 층의 중심을 A라 하면 두 번째 층의 밀집층은 B나 C의 위치에 올 수 있다. 두 번째, 세 번째 층이 오는 순서에 따라 입방밀집(cubic close packed) 또는 육방밀집(hexagonal close packed)구조라고 부른다

그림 2-8 구밀집구조

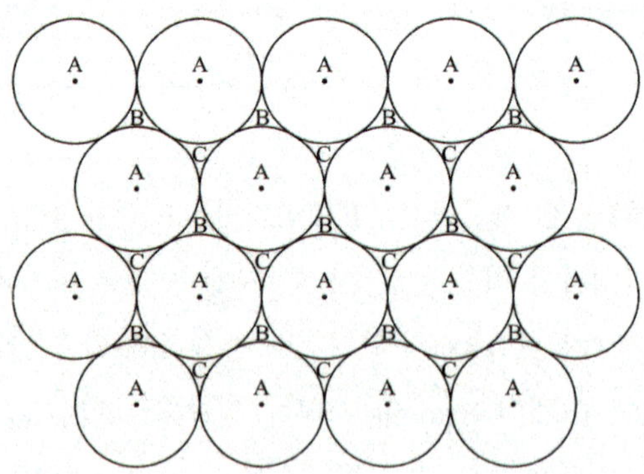

2.1.3.2 입방밀집구조(Face centered cubic structure)

그림 2-9(a)와 같이 밀집면의 적층 순서를 ABCABC…와 같이 쌓아 올리면 입방밀집구조를 가지게 된다. 입방밀집구조의 단위포를 그림 2-9(b)에 나타내었으며, 적층 방향은 단위포에서 <111> 방향이고, 단위포 내에는 4개의 격자점(또는 원자)이 존재한다. 입방밀집구조에서 꼭지점에 존재하는 원자와 면심에 존재하는 원자는 서로 접촉하고 있으며($a = 2\sqrt{2}r$, r은 원자의 반지름), 이로부터 공간 충진률이 74%임을 계산할 수 있다. 26%의 빈 공간이 존재하

그림 2-9 입방밀집구조

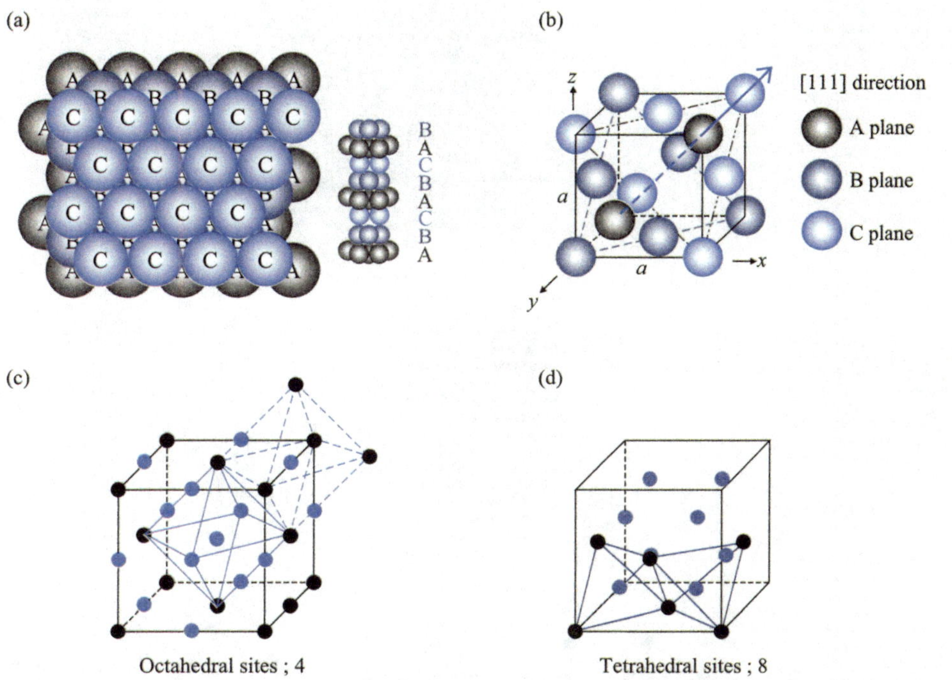

며 이 중에서 가장 큰 빈 공간은 6개의 원자로 둘러싸인 팔면체 자리(octahedral site)로 단위포 내에 4개 존재하게 된다[그림 2-9(c)]. 또한, 4개의 원자로 둘러싸인 빈 공간도 존재하며 이를 사면체자리(tetrahedral site)라 칭하고 단위포 내에 8개가 존재하게 된다[그림 2-9(d)]. 이러한 빈 공간들에 작은 원자나 이온들이 들어가 좀더 복잡한 결정 구조를 형성하게 된다. 입방밀집을 이루는 단원자 구조로는 Al, Cu, Au와 같은 금속이 있다.

2.1.3.3 육방밀집구조(Hexagonal close packed structure)

2차원 밀집면의 적층 순서가 ABABAB…와 같게 되면 육방밀집구조를 형성하게 된다. 육방밀집구조의 단위포를 그림 2-10(a)에 나타내었다. 그림 2-10(b)에서 보는 바와 같이 단위포 내에는 2개의 격자점이 존재하게 된다. 육방밀집구조에서 꼭지점에 존재하는 원자들은 서로 접촉하고 있으며 ($a = 2r$), 첫 번째 층의 세 원자와 두 번째 층의 한 원자와는 정사면체를 형성하여 단위포의 높이는 정사면체의 높이의 두 배인 $\sqrt{(8/3)}\,a = 1.633a$이다. 이로부터 공간 충진률이 입방밀집구조와 동일하게 74%임을 계산할 수 있다. 또한 사면체 자리[그림 2-

그림 2-10 육방밀집구조

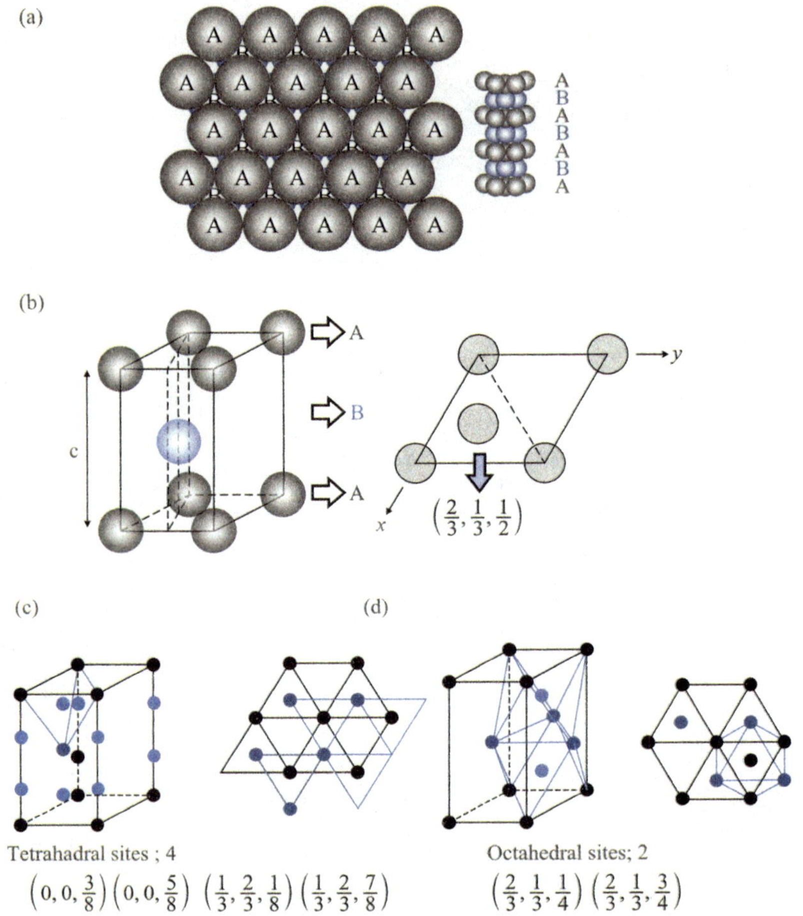

10(c)]와 팔면체 자리[그림 2-10(d)]는 각각 4개, 2개씩 존재하게 된다. 육방밀집구조를 이루는 단원자 구조로는 Be, Mg, Zn 등의 금속이 있다.

2.1.3.4 NaCl 구조(Rock salt structure)

NaCl 구조는 Na 이온과 Cl 이온이 1:1의 화학양론(stoichiometry)을 가지며, Na 이온은 Cl 이온 크기의 0.414 ~ 0.732에 해당되어, Cl 이온의 면심입방구조의 팔면체 위치에 들어가는 결정구조를 말한다. 즉, Cl 이온이 면심입방구조를 이루고 있고, Na 이온이 이 구조에서 존재하는 모든 팔면체 위치를 점유하는 결정구조이다. 따라서, 하나의 단위포에 4개의 Na 이온과 4개의 Cl 이온이 존재하게 된다. 따라서 Na 이온 또한 면심입방구조를 이루게 되는

그림 2-11 NaCl 구조

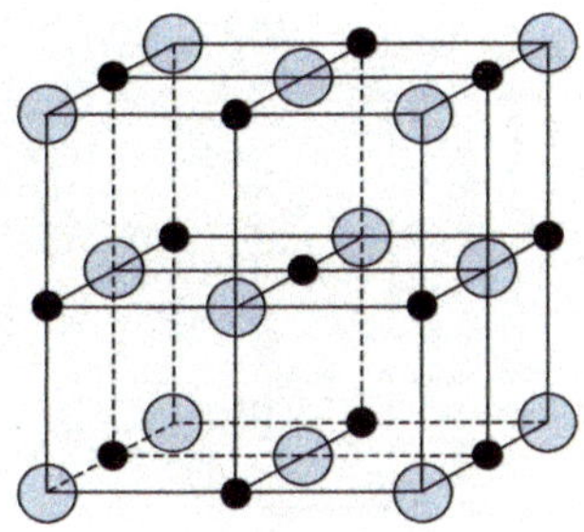

데, 이 두 개의 면심입방격자는 서로 간의 이탈벡터 (1/2, 0, 0)만큼 떨어져서 겹쳐 있는 구조이다(표 2-2). 이러한 구조는 많은 이온결합을 하는 물질에서 찾아볼 수 있다(그림 2-11).

표 2-2 NaCl 구조의 원자 위치

Cl 이온의 위치		Na 이온의 위치
(0 0 0)	→	(1/2 0 0)
(1/2 1/2 0)	이탈벡터	(0 1/2 0)
(1/2 0 1/2)	(1/2 0 0)	(0 0 1/2)
(0 1/2 1/2)		(1/2 1/2 1/2)

2.1.3.5 다이아몬드 구조(Diamond structure)

다이아몬드 구조는 탄소 원자의 sp^3의 혼성 공유결합에 의한 방향성을 갖는 결합으로 이루어져 있으며 사면체 배위를 가진다. 탄소 원자가 입방밀집을 이루고 있는 구조에서 사면체 자리의 반을 다른 탄소 원자가 다시 채우고 있는 구조로서 사면체 자리를 채우고 있는 탄소들도 자기들끼리 역시 입방면심격자를 이룬다(그림 2-12). 즉 단위포에 8개의 탄소 원자가 존재한다. 따라서 다이아몬드 구조는 탄소가 이루는 입방면심격자 두 개가 서로 간의 이탈벡터 (1/4, 1/4, 1/4)만큼 떨어져서 겹쳐 있는 구조이다(표 2-3). 다이아몬드 구조에서는 꼭지점에 있는 탄소원자와 대각선으로 1/4 떨어져 있는 탄소원자가 접촉하게 되어 $a = 8r/\sqrt{3}$의 관계가 있게 되고 이로부터 계산된 공간충진률은 상대적으로 낮은 34%가 된다. Si, Ge도 다이아몬드 구조를 갖고 있다.

그림 2-12 다이아몬드 구조

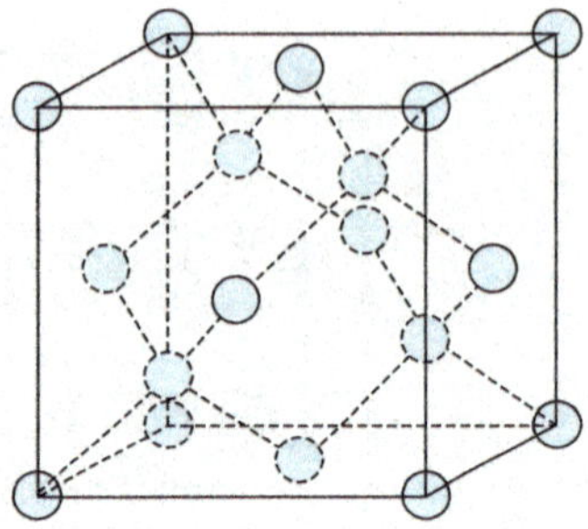

표 2-3 다이아몬드 구조의 원자 위치

C (입방밀집)		C (사면체 자리)
(0 0 0)	→	(1/4 1/4 1/4)
(1/2 0 1/2)	이탈벡터	(3/4 1/4 3/4)
(1/2 1/2 0)	(1/4 1/4 1/4)	(3/4 3/4 1/4)
(0 1/2 1/2)		(1/4 3/4 3/4)

2.1.3.6 징크블랜드 구조(Zinc blend structure)

ZnS, GaAs 등 화합물 반도체가 이루고 있는 구조로서, 다이아몬드로부터 유도된 구조로 볼 수 있다. 다이아몬드 구조에서 탄소 원자를 Zn과 S가 치환한 구조이다. 따라서 S가 입방밀집구조를 이루고 있는 구조의 사면체 자리의 반을 Zn가 채우고 있는 구조이며, 또는 Zn과

그림 2-13 징크블랜드 구조

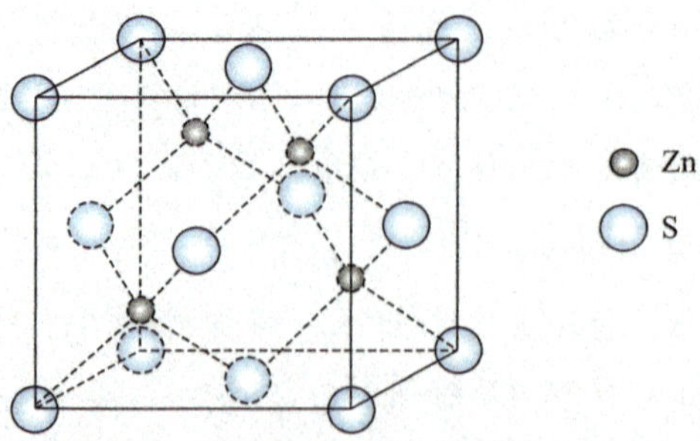

S가 각각 입방면심격자를 이루고 이탈벡터 (1/4, 1/4, 1/4)만큼 떨어져서 서로 겹쳐 있는 구조라고 생각할 수 있다(그림 2-13).

2.1.3.7 우르자이트 구조(Wurtzite structure)

ZnO, ZnS가 갖는 구조로서, S(혹은 O)가 육방밀집을 이루는 구조의 사면체 자리의 반을 Zn이 채우고 있는 구조이다. 단위포 내에는 2개의 S와 2개의 Zn원자들이 존재하게 된다(그림 2-14).

그림 2-14 우르자이트 구조

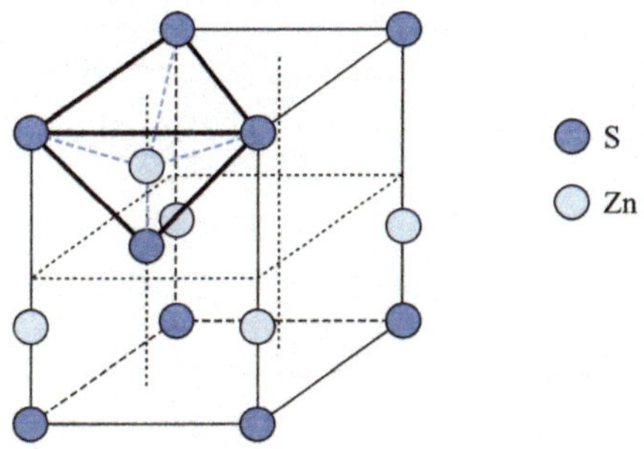

표 2-4 우르자이트 구조의 원자 위치

S (혹은 O)의 위치	Zn (사면체 자리)
(0 0 0)	(0 0 3/8)
(2/3 1/3 1/2)	(2/3 1/3 5/8)

2.1.3.8 탄소나노튜브의 구조(Structure of carbon nanotubes)

탄소나노튜브는 단일 흑연 층을 둥글게 말아놓은 구조로, 흑연 격자 위의 두 점을 연결하는 카이랄 벡터(chiral vector)로 표시된다. 임의의 원점을 벡터의 시작점으로 하고, 둥글게 말았을 때 원점과 접하게 되는 지점을 벡터의 종점으로 하면 그림 2-15에서 보는 것과 같이 카이랄 벡터를 얻을 수 있다.

그리고 탄소나노튜브 결정 구조는 카이랄리티(chirality)로 분류할 수 있다. 즉, 그림 2-16에서 보는 것과 같이 탄소 단일층을 펼쳐보면 튜브가 둥글게 말리는 카이랄 각도에 따라서 다양한 구조를 갖는다. 이 구조는 나노튜브의 특성을 지배한다면 점에서 단순한 구조 이상의 의미를 갖는다.

그림 2-15 탄소나노튜브의 구조

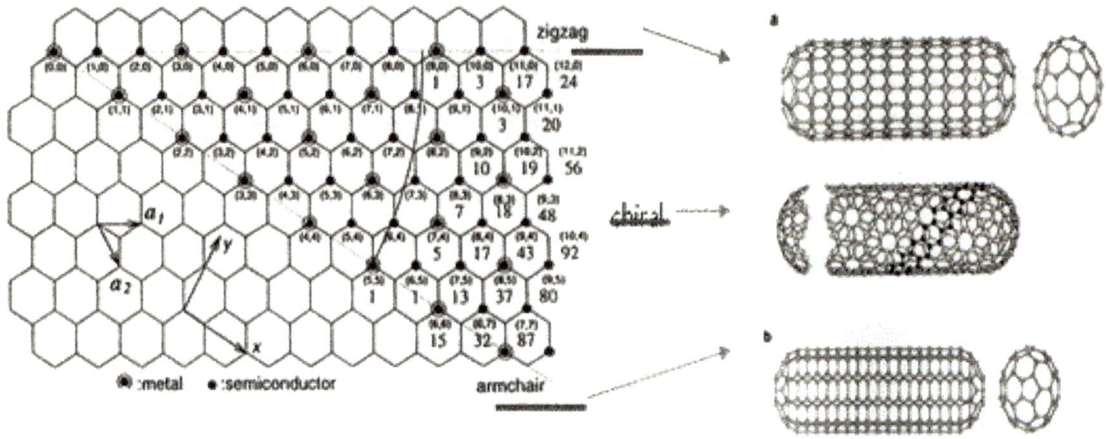

탄소나노튜브의 구조는 탄소 간 결합에서 나타나는 혼성궤도(orbital hybridization) 형성으로 설명할 수 있다. 즉 탄소나노튜브는 탄소 사이의 결합에서 흑연이 갖는 sp2와 다이아몬드가 갖는 sp3 결합을 동시에 가진다(그림 2-16).

한편, 탄소나노튜브는 흑연 층의 개수에 따라, 그림 2-17에서 보듯이, 단일벽 탄소나노튜

그림 2-16 탄소나노튜브의 카이랄리티

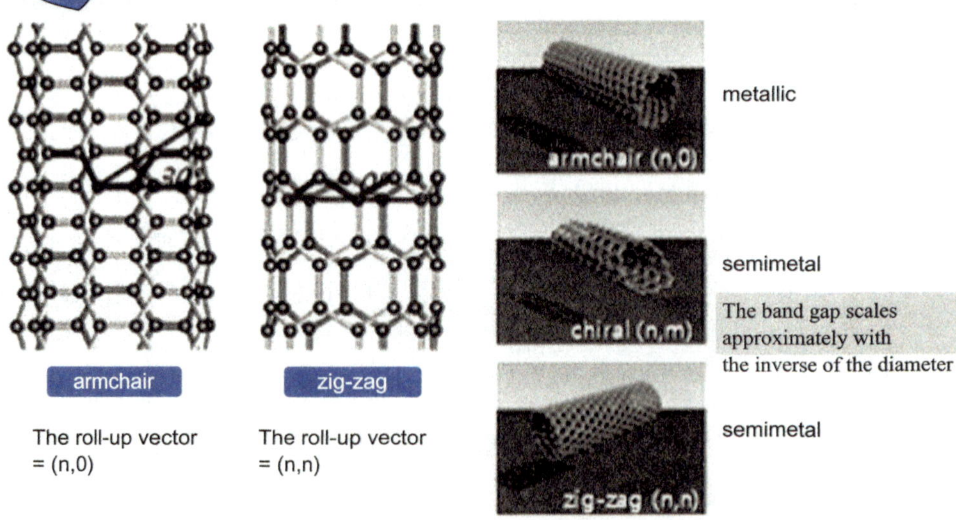

그림 2-17 단일 및 다중 탄소나노튜브

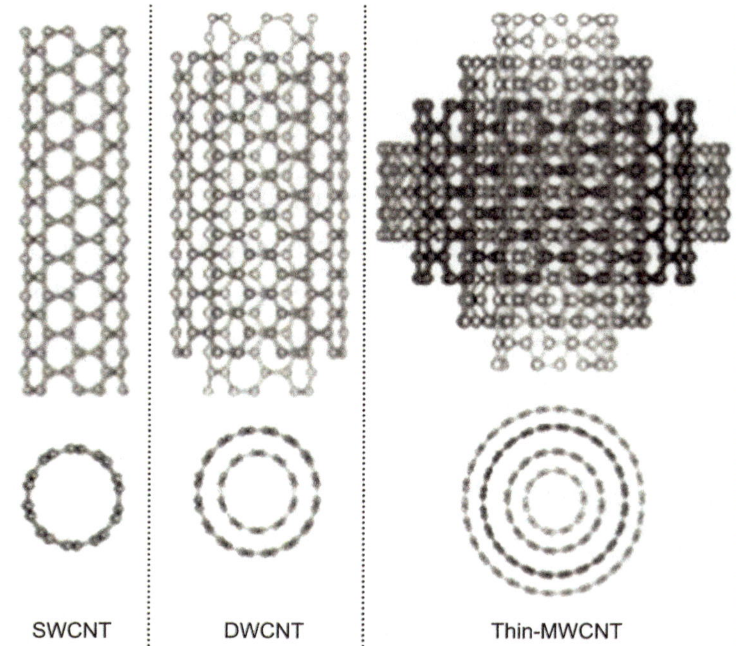

브(SWNT, single wall carbon nanotube)와 다중벽 탄소나노튜브(MWNT, mult wall carbon nanotube)로 분류할 수 있다.

앞서 기술하였듯이 탄소나노튜브의 특성은 구조와 밀접한 관계를 갖는다. 예를 들어 단일벽 탄소나노튜브는 카이랄리티에 따라 금속성이나 반도체 특성을 가지며, 반도체일 경우 밴드갭(band gap)은 직경에 반비례한다. 그리고, 다중벽 탄소나노튜브의 전자구조는 최외각 껍질의 특성에 의해 결정되는데, 반경이 커질수록 밴드갭이 작아지기 때문에, 20 ~ 30 nm이상의 직경을 가지는 다중벽 탄소나노튜브는 거의 금속성을 가진다.[1, 2]

2.2 표면 및 표면 에너지(Surface and surface energy)

나노 재료나 나노구조물은 상당히 큰 비표면적과 상대적으로 큰 표면 에너지를 갖고 있어, 나노 재료의 합성, 제조, 공정 시 입자 성장에 의한 표면 에너지를 낮추고자 하는 구동력을 제어해야 한다. 이를 위해서는 고체의 표면 에너지와 표면의 물리화학적 특성에 대한 고찰이 필수적이며, 표면 에너지를 낮추기 위한 기구들에 대한 이해가 있어야 한다. 이러한 토대 위에서 나노 입자가 갖는 표면의 특성을 알아보고자 한다.

2.2.1 표면(Surface)

나노재료나 나노구조물은 단위 부피당 표면에 원자나 분자가 많이 존재하게 된다. 예를 들어, Pd 클러스터(Cluster)의 경우 지름이 63 μm의 경우 표면에 놓여 있는 원자의 상대적인 비율은 무시할 정도로 작지만, 입자의 크기가 5 nm의 경우 표면 원자의 비율이 45%를 차지하게 된다. 그림 2-18에 Pd 클러스터 지름에 따른 표면에 존재하는 표면원자의 비율을 나타내었다.[3]

그림 2-18 입자 크기에 따른 표면 원자의 분율[3]

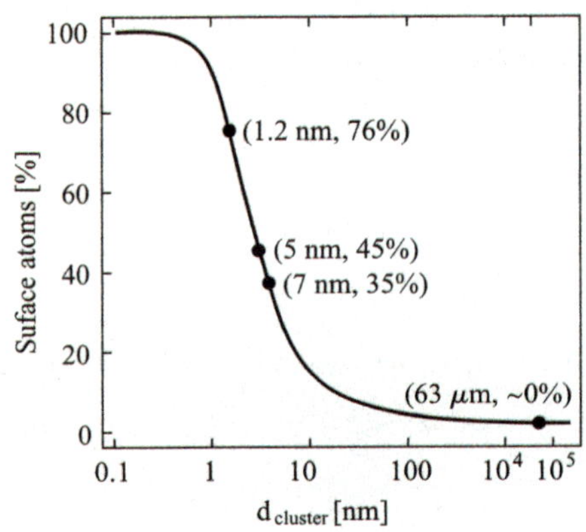

표 2-5 **입자 크기에 따른 표면 에너지 변화**

($d = 2.2\ g/m^3$, $E_{surface} = 2 \times 10^{-5}\ J/cm^2$, $E_{edge} = 3 \times 10^{-13}\ J/cm$)

한 변의 길이 (cm)	총 표면적 (cm^2)	총 변의 길이 (cm)	표면 에너지 (J)	변의 에너지 (J)
0.77	3.6	9.3	7.2×10^{-5}	2.8×10^{-12}
0.1	28	550	5.6×10^{-4}	1.7×10^{-10}
0.01	280	5.5×10^4	5.6×10^{-3}	1.7×10^{-8}
0.001	2.8×10^3	5.5×10^6	5.6×10^{-2}	1.7×10^{-6}
10^{-4} (1 μm)	2.8×10^4	5.5×10^8	0.56	1.7×10^{-4}
10^{-7} (1 nm)	2.8×10^7	5.5×10^{14}	560	170

이렇게 표면에 존재하는 원자의 비율이 증가함에 따라 표면적이 증가하게 되고 또한 표면 에너지가 증가하게 된다. 일례로 비중이 2.2 g/cm^{3}인 NaCl 큐브 1 g의 경우 큐브 한 변의 길이가 0.77 cm 에서 1 nm로 변할 때 표면적, 표면 에너지의 변화를 표 2-5에 나타내었다. 입자의 크기가 나노화되면서 표면적과 표면 에너지가 기하급수적으로 증가함을 볼 수 있다.

2.2.2 표면 에너지(Surface energy)

고체 표면의 원자나 분자는 적은 수의 최근접 이웃(nearest neighbors) 또는 배위수(coordination number)를 갖게 되어 dangling bond 혹은 결합에 참여하지 못하게 되는 결합이 존재한다. 표면의 dangling bond에 의하여 표면 원자나 분자는 내부로 향하는 힘을 받게 되고 이로 인하여 내부에 놓여져 있는 원자나 분자들에 비하여 결합거리가 줄어들게 된다. 나노크기에서는 이 힘의 세기가 상대적으로 크기 때문에 전체적으로 격자상수가 줄어들기도 한다.[4] 이때, 표면에 있는 원자의 여분의 에너지를 표면 에너지라 부른다. 표면 에너지(γ)는 열역학적으로 다음과 같이 정의되어, 압력(P), 온도(T), 화학종(n_i) 등이 일정하게 유지될 때 단위 면적을 생성할 때 드는 Gibbs 자유에너지로 정의된다.

$$dG = -SdT + VdP + \sum_i \mu_i dn_i + \gamma dA$$

$$\gamma = \left(\frac{\partial G}{\partial A}\right)_{P,T,n_i} \quad : \text{표면 에너지}(\mathrm{J/m^2})$$

여기서 G는 Gibbs 자유에너지, A는 면적이다.

표면완화(surface relaxation)를 고려하지 않고, 최근접 원자와의 상호작용만을 고려할 경우 표면에너지는 다음과 같이 대략적으로 계산할 수 있다.

$$\gamma = \tfrac{1}{2} N_b \varepsilon \rho_a$$

N_b: 깨어진 본드(broken bond)의 수
ρ_a: 표면의 원자밀도
ε: 결합에너지(bond strength)

결국 표면에너지는 표면에 노출된 각 원자당 결합을 하지 못한, 즉 깨어진 본드(broken bond)의 개수(N_b)와 원자들 간의 결합에너지(bond strength)의 절반 ($\varepsilon/2$), 그리고 단위 면적당 원자의 개수 (ρ_a)의 곱으로 표현될 수 있다.

격자상수 a를 갖는 면심입방격자 (FCC)에서 위의 식을 이용하여 낮은 면지수를 갖는 면들의 표면 에너지를 구해보자. FCC 구조에서, 모든 원자는 12개의 배위수(coordination number)를 가지며, 낮은 지수(low index)에 해당하는 결정면에 대한 단위면적당 깨어진 본드(broken bond)의 수의 개수는 {100} 면의 경우 4개, {110} 면의 경우 5개, {111} 면의 경우 3개를 가진다. 결정면의 단위 면적을 계산하여 곱하면, 각 결정면에 대한 표면에너지는 다음과 같다.

$$\gamma_{\{111\}} = 2\sqrt{3}\frac{\varepsilon}{a^2} \qquad \gamma_{\{110\}} = \frac{5}{\sqrt{2}}\frac{\varepsilon}{a^2} \qquad \gamma_{\{100\}} = \frac{1}{2}\frac{2}{a^2}4\varepsilon = \frac{4\varepsilon}{a^2}$$

$$\gamma_{\{100\}} > \gamma_{\{110\}} > \gamma_{\{111\}}$$

간단한 근사 계산을 통해서 구해진 결과는 FCC의 경우 {111}면이 가장 낮은 표면 에너지를 갖게 된다는 것을 알 수 있으며, 평형상태를 유지하면서 결정이 성장한다면 {111}면을 노

표 2-6 결정의 표면 에너지[5]

	온도(Temperature) (°C)	표면 에너지(Surface energy) (ergs/cm^2)
Solids		
Copper	1180	1430
Silver	750	1140
Iron (γ phase)	1350	2100
Platinum	1300	2200
Al_2O_3	1850	905
TiC	1100	1190
0.20 Na_2O−0.80 SiO_2	1350	380
NaCl (100)	25	300
LiF (100)	−196 (77 K)	340
CaF_2 (111)	−196 (77 K)	500
BaF_2 (111)	−196 (77 K)	280
$CaCO_3$ (1010)	25	230
MgO (100)	−196 (77 K)	1500
Al_2O_3 ($101\bar{2}$)	25	6000
($10\bar{1}0$)	25	7300
(0001)	25	>40,000
$MgAl_2O_4$ (100)	25	3000
(111)	25	5000
SiC ($11\bar{2}0$)	25	20,000
Si (111)	−	1230
Ge (111)	−	1060

출되게 하는 팔면체(octahedral) 구조를 이루는 것이 에너지 면에서 가장 유리하다는 것을 예측할 수 있다. 보통 Miller 지수에서 숫자가 낮은 결정면들일수록 지수의 값이 큰 면들에 비해 표면 에너지가 낮은 값을 가진다. 따라서, 대부분의 결정구조는 지수의 숫자가 낮은 결정면으로 둘러싸여 있다. 몇 가지 결정의 표면 에너지를 표 2-6에 나타내었다.

결정의 평형형상(equilibrium shape)은 표면 에너지를 최소화하는 방향으로 이루어지며 이는 Wulff 도표(Wulff plot)에 의하여 구할 수 있다. Wulff 이론(Wulff theorem)은 표면 에너지를 최소화하기 위하여 평형결정에서 표면 에너지 γ_i 에 비례하는 i 결정면에 수직한 거리 h_i 가 내부에 존재한다는 것이다. 이것을 수식으로 표시하면 다음과 같다.

$$\gamma_i = Ch_i$$

이러한 수식을 이용하여 결정의 평형형상을 작도적으로 구하는 방법이 Wulff 작도법(Wulff construction)이다. 즉, 결정면에 따른 표면 에너지의 변화를 위의 수식을 이용하여 그리면 그림 2-19과 같은 γ-plot (polar diagram)을 얻게 된다. 이 그림에서 특정표면이 중심점과 갖는 수선의 길이는 표면 에너지의 값이고, 그 수선과 수직인 면(Wulff plane)을 만들었을 때 중심점과 가장 가까운 Wulff 면들로 둘러싸인 형태가 평형입자 모양이 된다. 그림 2-19에서 에너지가 최소인 꼭지(cusp)가 존재하면 특정면(facet plane)이 나타나게 됨을 알 수 있다.

그러나, 모든 결정이 Wulff 도표가 예견하는 평형형상을 갖은 것은 아니다. 열적 움직임이 우세하고, 표면 에너지의 차이가 미미하게 되는 고온에서는 여러 결정면의 표면 에너지 차이가 없어지면서 구형으로 변하게 되는데 이를 roughening transition이라고 한다.

일례로 NaCl 결정은 비교적 낮은 온도인 620°C에서는 각이 진 평형형상을 보이지만 710°C에서는 꼭지점이 뭉뚝해진 모습이 나타나는 것을 볼 수 있다.[6] (그림 2-20)

그림 2-19 Wulff 작도법

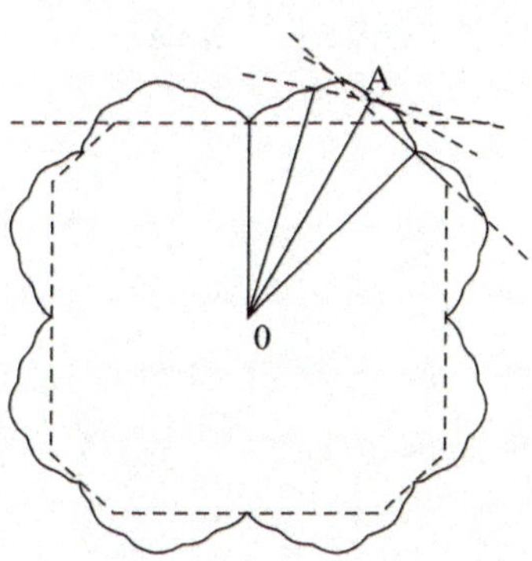

그림 2-20

NaCl 결정의 roughening transition[5]

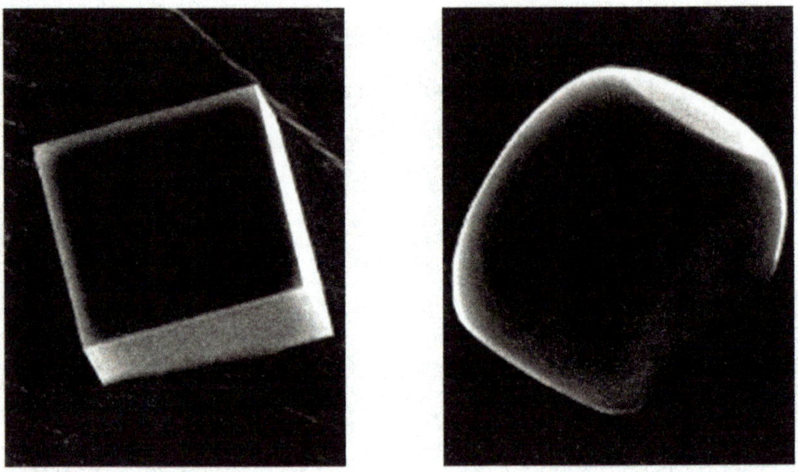

2.2.3 곡면(Curved surface)

2.2.3.1 Laplace 방정식

비눗방울과 같은 곡면은 표면 에너지에 기인한 압력차가 존재하게 된다. 아래의 그림 2-21과 같이 물속에 잠긴 모세관 끝에 구형의 방울을 형성하기 위해서는 압력이 필요하게 된다. 이 경우 부피 팽창(ΔPdV)에 필요한 일은 표면 에너지의 증가(γdA)와 같게 된다. 구형의 경

그림 2-21

곡면 (curved surface)

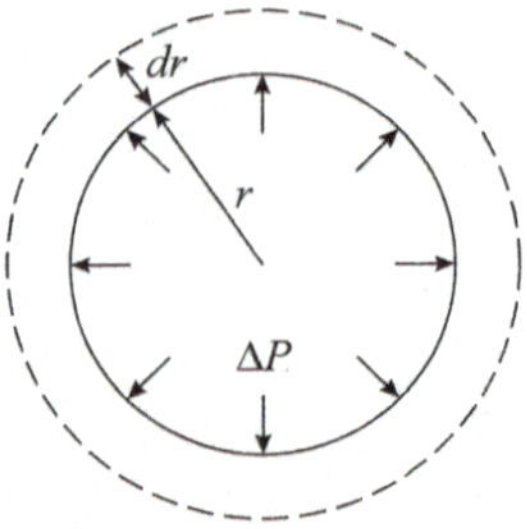

그림 2-22 두개의 곡률반경을 갖는 곡면

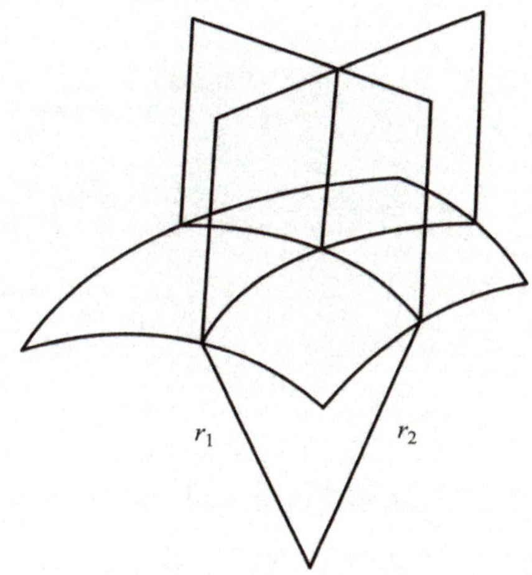

우 dV와 dA는 아래와 같이 표시할 수 있으며 이로부터 곡면에 의한 압력 차는 다음과 같이 구해진다.

$$\Delta P dV = \gamma dA$$
$$dV = 4\pi r^2 dr,\quad dA = 8\pi r dr$$
$$\Delta P = \gamma \frac{dA}{dV} = \frac{2\gamma}{r}$$

구형이 아닌 일반적인 곡면의 경우, 표면을 두 개의 주 곡률반경(principal radii of curvature r_1 and r_2)을 사용하여 정의할 수 있으며(그림 2-22), 이를 Laplace 방정식이라 일컫으며 다음과 같이 표시한다.

$$\Delta P = \gamma\left(\frac{1}{r_1} + \frac{1}{r_2}\right)$$

r_1, r_2: 주 곡률반경(principal radii of curvature)

2.2.3.2 Kelvin 방정식

곡면에 기인한 압력차의 결과는 평면에 비하여 곡면에 있어서의 용해도나 증기압이 다를 수 있음을 의미한다. 그림 2-23과 같이 볼록한 곡면의 경우(positive r) 평면보다 평형증기압이 크게 되고, 오목한 경우(negative r)의 평형증기압은 작게 된다. 증가되거나 감소되는 증기압의 크기는 1 mole의 물질을 평면에서 곡면으로 변화시키는 것을 고려하여 유도할 수 있

그림 2-23 곡면 (curved surface)

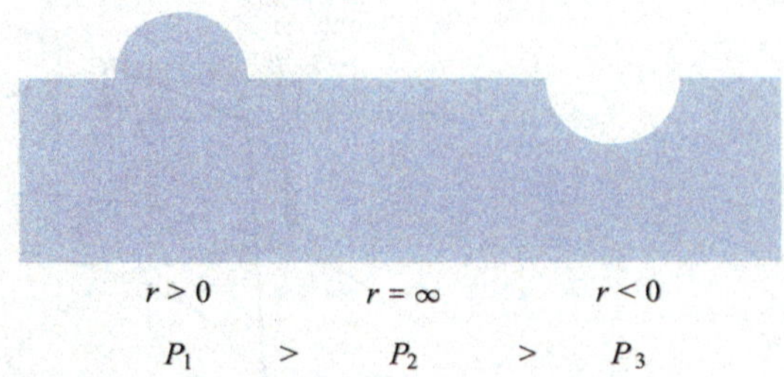

다. 온도와 압력, 그리고 전체의 조성이 일정할 경우, 이는 화학 포텐셜(chemical potential, μ)의 변화로 표시할 수 있으며 행한 일과 동등하다. 이로부터 아래와 같은 Kelvin 방정식을 얻을 수 있다.

$$\mu = \mu_o + RT\ln a = \mu_o + RT\ln c = \mu_o + RT\ln P$$

$$\Delta\mu = RT\ln\frac{P(r)}{P(r=\infty)} = V_m\Delta P = V_m\frac{2\gamma}{r} \qquad V_m : \text{몰당 부피(molar volume)}$$

$$P(r) = P(r=\infty)\exp[\frac{2\gamma V_m}{RT}(\frac{1}{r})]$$

용해도도 동일한 관계식을 얻을 수 있고 이를 Gibbs-Thompson 관계식이라 일컫는다.

$$C(r) = C(r=\infty)\exp[\frac{2\gamma V_m}{RT}(\frac{1}{r})]$$

즉 평형증기압과 용해도는 입자크기가 작아짐에 따라 크게 증가함을 알 수 있다.

2.2.3.3 Ostwald 성장(Ostwald ripening)

Gibbs-Thompson 관계식에서 지수항이 작은 경우 $\exp(x) \sim 1 + x$로 표현할 수 있으며, 다음과 같이 표시할 수 있다.

$$C_r = C_o(1 + \frac{2\sigma V_m}{RT}\frac{1}{r})$$

즉, 크기가 작은 입자는 높은 용해도를 갖고 크기가 큰 입자는 용해도가 낮게 된다. 이로부터 크기가 다른 여러 입자가 공존할 때 큰 입자는 더 커지고 작은 입자는 녹아 소멸되는 Ostwald ripening 현상이 나타나게 된다(그림 2-24).

그림 2-24 Ostwald ripening

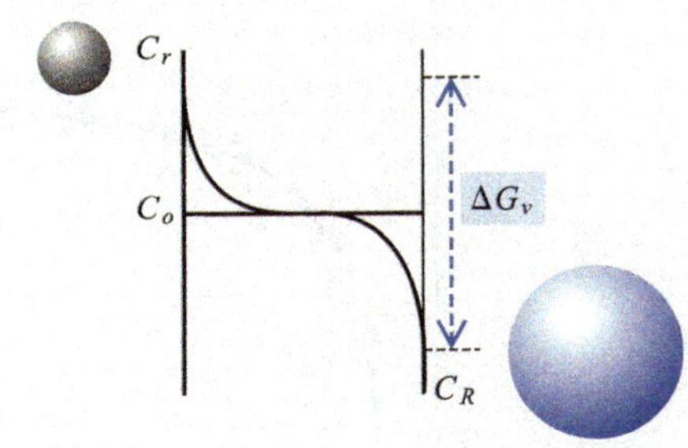

2.2.4 입자크기 의존성(Particle size dependence)

2.2.4.1 녹는점(Melting point)

금속, 반도체, 산화물 나노입자는 100 nm 이하로 줄어들면서 녹는점이 벌크에 비하여 낮아지게 된다. 이는 일반적으로 입자의 크기가 줄어들면서 표면 에너지가 커지는 것으로 설명이 가능하다. 표면의 존재에 기인하는 Gibbs의 모델을 도입하여 일정한 크기의 나노 입자의 시스템에 현상학적 열역학을 적용하여 유도된 식은 다음과 같다

$$T_b - T_m = \frac{2T_b}{\Delta H \rho_s r_s}\left\{\gamma_s - \gamma_l\left(\frac{\rho_s}{\rho_l}\right)^{2/3}\right\}$$

여기서 T_b : 벌크물질의 녹는점(melting temperature of bulk material)

T_m : 나노입자의 녹는점(melting temperature of nanoparticles)

r_s : 입자반경(radius of particle)

ΔH : 몰당 잠열(molar latent heat of fusion)

$\gamma_{s(l)}$: 고상(액상)의 표면 에너지(surface energy of solid (liquid) phase)

$\rho_{s(l)}$: 고상(액상)의 밀도(density of solid (liquid) phase)

위의 식은 시스템의 크기가 무한하다는 가정과 나노 입자가 평형 형상과 완전결정(perfect crystal)이라는 가정이 있음에도 불구하고 실험 결과를 잘 설명한다(그림 2-25). 이러한 결과는 Cu, Sn, In, Pb, Bi 입자 또는 박막에서 유사한 입자 크기 의존성이 관찰되었으며 CdS 반도체 나노 입자에서도 유사한 결과가 관찰되었다.[4]

그림 2-25 입자 크기에 따른 녹는점 변화[7]

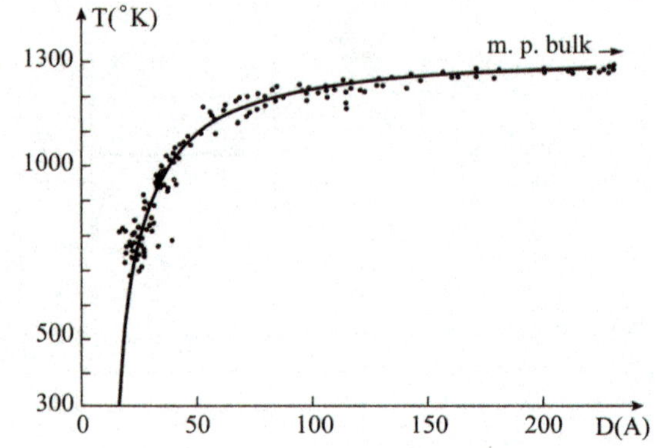

2.2.4.2 상전이(Phase transition)

녹는점 이외에도 강-상유전 전이 온도도 입자의 크기에 영향을 받게 된다. 상전이 온도의 감소는 입자 크기에 따라 부피에너지(volume energy)에 대한 표면 에너지의 비의 변화에 기인한다.

ZrO_2(지르코니아)는 세 개의 다형체(polymorph)가 존재하여, 상온에서 1170°C까지는 monoclinic 상이 안정하고, 2370°C까지는 tetragonal 상이 안정하며, 녹는 점인 2680°C까지는 cubic 상이 안정하다. Tetragonal에서 monoclinic으로 상전이가 일어날 때 약 4.7%의 부피 팽창을 수반하여 순수한 ZrO_2의 공업적 이용을 제한하고 있다. 하지만 ZrO_2에서는 Y_2O_3나 MgO와 같은 안정화제를 이용하여 상전이를 조절할 수 있어 cubic 혹은 tetragonal 상이 상온에서 안정하게 만들 수 있다. 이를 부분적으로 안정화된(partially stabilized) 혹은 완전히 안정화된(fully stabilized) ZrO_2라고 부른다. 준안정상인 tetragonal 상의 상온 안정화에는 크게 두 가지 이론이 있다. 그중 하나는 불순물의 함유, 나노 입자의 표면 에너지, 매질의 constrained force에서 비롯된 변형 에너지(strain energy)에 의하여 tetragonal 상이 안정화된다는 열역학적 이론이고, 다른 하나는 cubic 상으로부터 우선적으로 형성된 tetragonal 상이 상온까지 준안정상으로 존재한다는 동역학적 이론이다. 이를 도식적으로 그림 2-26에 나타내었다.

Alkoxide 법으로 만들어진 $PbTiO_3$의 강유전체에서 상유전체로의 상전이 온도는 500°C에서 유지되다가 입자 크기가 50 nm 이하가 되면서 급격하게 감소하게 된다. 추후 연구에 의하여 상온에서 강유전에서 상유전으로 상전이가 일어나는 임계 사이즈는 7~11 nm로 알려졌다.[9, 10]

그림 2-26 Tetragonal ZrO_2 안정화 기구[8]

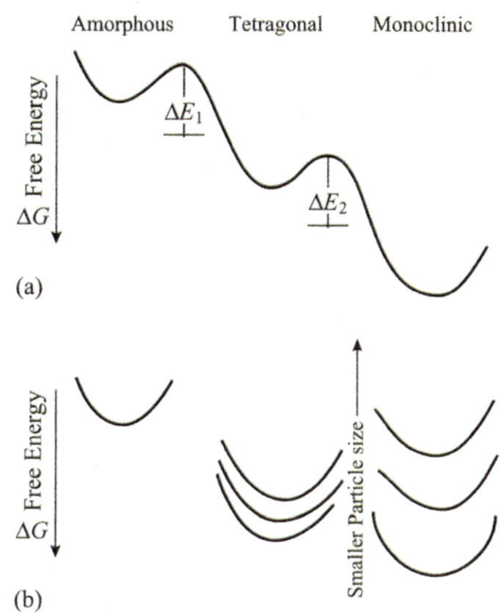

2.3 양자제한 효과

물리적인 면에서 나노재료가 갖는 가장 큰 매력은 벌크나 마이크로 크기에서 볼 수 없는 새로운 현상을 갖는 것으로, 이는 대부분 양자제한 효과(qunatum confinement effect)에 의해 나타난다. 따라서 나노재료에서 양자제한 효과에 의해 새로운 물리적 특성이 발현되는 것을 과학적으로 이해하고, 이를 공학적으로 활용하면 이제까지 볼 수 없었던 새로운 소자나 제품을 개발할 수 있으며, 이점이 나노재료가 중요한 미래기술로 각광받는 이유이다. 나노재료에서 나타나는 양자제한 효과는 양자역학(quantum dynamics)을 기반으로 이해할 수 있으며, 특히 Schrödinger 방정식을 통해 대부분의 상황에 접근할 수 있다.

한편, 나노재료에서 양자제한 효과를 관찰하기 위해선 그 크기가 보통 Bohr 엑시톤 반경(Bohr exciton radius)보다 작아야 하며, 대표적인 반도체의 엑시톤 반경은 약 2 nm – 10 nm 정도이다. 따라서 나노 재료의 크기가 이 범위에 들면 양자제한 효과를 구현할 수 있으며, 현재 다양한 공정으로 이를 만들 수 있기 때문에 새로운 물리적 현상의 관찰과 공학적 응용이 가능하다.

2.3.1 크기에 따른 양자제한 효과의 발생(Size and quantum confinement effects)

양자제한 효과란 자유 입자가 에너지 장벽 사이에 존재하고, 이 에너지 장벽의 간격이 입자가 갖는 de Broglie 파장과 같거나 작은 경우 입자의 움직임이 제한받으면서 입자가 갖는 전자기적 거동이 달라지는 현상을 가리킨다. 양자제한 효과는 나노 크기를 갖는 반도체에서 주로 관찰되며, 나노 재료가 갖는 가장 중요한 물리적 특징이다.

양자제한 효과는 입자가 갖는 파동 특성을 기반으로 이해할 수 있다. 잘 알려진 것과 같이 드 브로이의 이론으로부터 입자의 파장과 모멘텀(momentum)의 관계는 다음과 같이 나타낼 수 있다.

$$\lambda = h/p$$

여기서 λ는 파장, p는 입자가 갖는 모멘텀, h는 플랑크 상수이다.

한편, 입자가 파동 특성을 가진다면 그 거동은 기본적으로 파동 방정식(wave equation)으로 이해할 수 있다. 즉, 고전 역학에서 제시한 파동 방정식을 기본으로 여기에 양자역학 연산자(quantum mechanics operator)를 이용해 양자 역학적 특성을 반영하면 입자의 양자역학적 파동 특성을 수식으로 표현할 수 있는데, 이것이 바로 Schrödinger 방정식이다.

Schrödinger 방정식에 의하면 자유 입자(free particle)의 파동 특성은 다음과 같은 나타낼 수 있다.

$$i\hbar\frac{\partial\psi}{\partial t} = -\frac{\hbar^2}{2m}\left\{\frac{\partial^2\psi}{\partial x^2}+\frac{\partial^2\psi}{\partial y^2}+\frac{\partial^2\psi}{\partial z^2}\right\}+V(x,y,z)\psi$$

$$\left(\hbar = \frac{h}{2m}\right)$$

여기서 $\hbar$는 환원 플랑크 상수, m은 질량, ψ는 파동함수, V는 포텐셜 장벽이다.

그림 2-27 길이가 L인 포텐셜 장벽

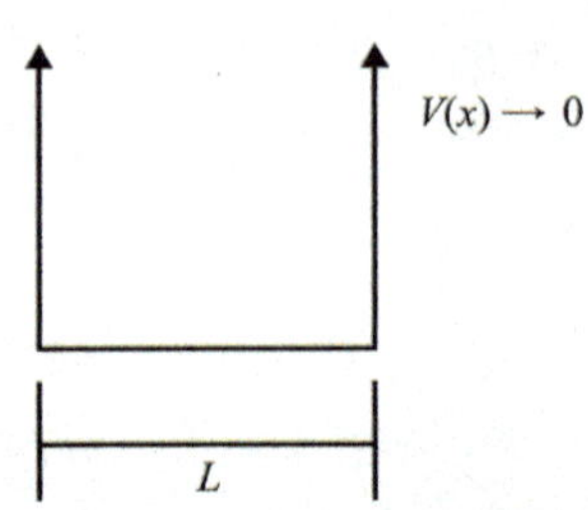

이제 입자가 (즉 파동이) 그 움직임을 제한받는 경우를 생각해 보자. 즉, 그림 2-27과 같이 파동이 포텐셜 장벽 사이에 존재하고, 포텐셜 장벽의 간격이 충분히 작다면 파동의 거동은 포텐셜 장벽의 간격에 의해 제한받는다. 이때 파동이 장벽 바깥쪽에 존재할 수 없다는 점을 고려하면서 Schrödinger 방정식을 적용하면 파동이 가질 수 있는 에너지는 아래의 식과 같이 나타낼 수 있다.[11]

$$E = \frac{p^2}{2m} = \frac{1}{2m}\left(\frac{nh}{2L}\right)^2 = \frac{n^2 h^2}{8mL^2}$$

여기서 p는 모멘텀, m은 질량, n은 정수이다.

이 결과는 그림 2-27에서 보는 바와 같이 파동이 1차원적으로 (즉, 한 방향으로만) 제한받았을 때를 고려한 경우지만, 같은 방법으로 2차원이나 3차원에서 제한받은 경우로 확장할 수 있다.

이식이 갖는 중요한 의미는 입자, 또는 파동이 갖고 있는 에너지가 포텐셜 장벽의 크기에 의해 제한되며, 그 크기가 나노미터 범위에 있다는 것이다. 따라서 나노재료를 이용하여 입자가 갖고 있는 파동보다 작게 포텐셜 장벽 간격을 만든다면, 입자의 물리적 특성을 변화시킬 수 있다.

나노재료와 관계된 입자의 파동 특성과 양자역학 현상은 다양한 방법으로 관찰과 적용이 가능하다. 이제부터 나노 재료의 응용이라는 관점에서 나노재료에서 나타나는 대표적인 현상들을 살펴보자.

2.3.2 터널링 효과(Tunneling effect)

터널링 효과는 입자가 진행하는 과정에서, 입자가 갖는 운동 에너지보다 높은 에너지 장벽을 돌파하여 장벽 너머로 이동하는 현상을 가리킨다. 이는 고전역학으로 설명할 수 없는 양자 역학적 현상이다.

그림 2-28에서 보는 것과 같이 자유입자(이 경우는 전자)가 앞으로 진행할 때 입자가 가진 에너지보다 높은 에너지 장벽을 만날 때 고전 역학적 관점에서 보면 입자는 더 이상 진행하지 못한다.

그러나 입자가 파동 특성을 갖는다면, 그 파동은 장벽 내에서 서서히 감쇄(evanescent)한다. 한편 Schrödinger 방정식에서 얻을 수 있는 파동함수 ψ의 제곱은 입자의 존재 확률을 나타내며, 에너지 장벽을 통과하는 파동의 존재 확률은 다음과 같이 계산할 수 있다.[11]

그림 2-28 자유입자(전자)가 포텐셜 장벽(전기장)을 만나 입자, 또는 파동으로 거동할 때 나타나는 현상

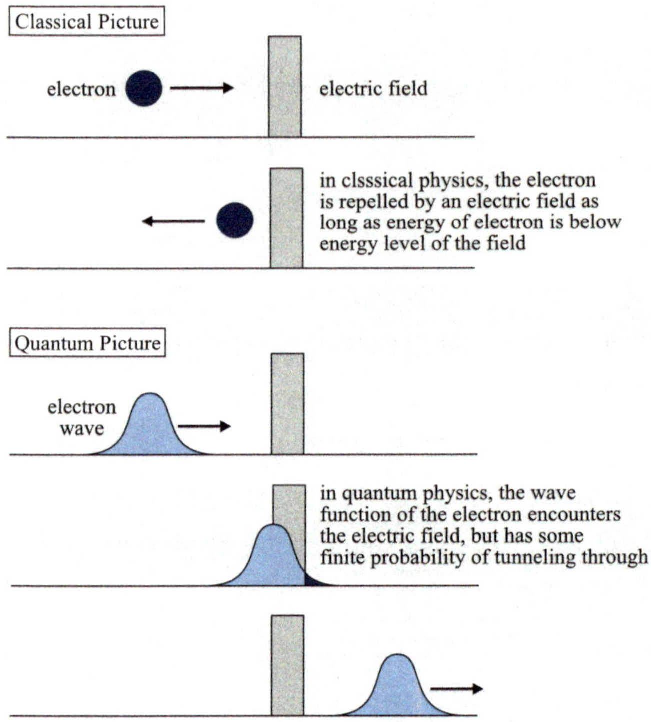

$$
\begin{aligned}
\Psi_{II}\Psi_{II}^{*} &= DD^{*}e^{-2\gamma x} \\
&= 4AA^{*}\left[\frac{1+i(\gamma/k)}{1+(\gamma/k)^2}\right]\left[\frac{1-i(\gamma/k)}{1+(\gamma/k)^2}\right]e^{-2\gamma x} \\
&= 4\Psi_{inc}\Psi_{inc}^{*}\frac{e^{-2\gamma x}}{1+(\gamma/k)^2}
\end{aligned}
$$

여기서 Ψ_{inc}는 처음 입사되는 파동의 파동함수를 나타내고, Ψ_{II}는 에너지 장벽이 존재하는 곳에서의 파동함수를 나타낸다.

이식으로부터 알 수 있는 것은 파동의 존재 확률이 진행 방향의 포텐셜 장벽에서 즉각적으로 0이 되는 것이 아니라 진행하는 거리에 따라 지수함수적으로 감소한다는 것이다. 따라서 장벽의 두께가 충분히 얇다면(보통 수 nm), 장벽 너머에 파동이 존재할 확률이 있고, 이는 에너지 장벽보다 작은 에너지를 갖는 파동이라 하더라도 장벽을 넘어갈 수 있다는 것을 의미한다.

그림 2-29 *p*–*n* 접합에서 전자의 터널링 현상

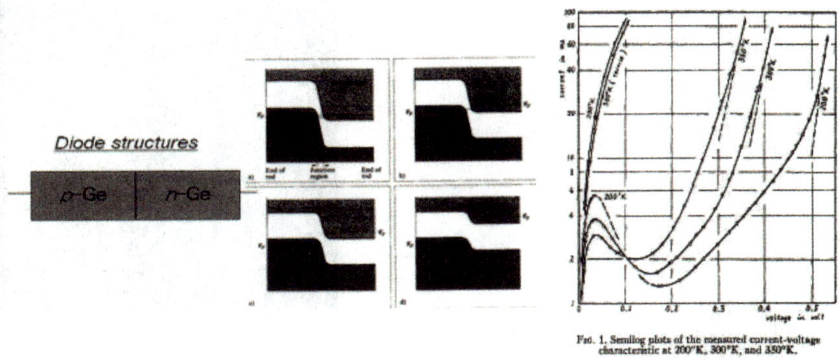

터널링 현상은 다양한 경우에서 관찰된다. 그중 한가지 예는 반도체 소자에서 전자가 *p*–*n* 접합 계면에서 형성된 부도체 공핍층(depletion layer)을 넘어 이동하는 것을 들 수 있는데, 이는 Esaki 다이오드를 구성하는 원리가 된다.[12] 즉 그림 2-29에서 보는 것과 같이 *p*–*n* 접합을 형성할 때 계면에 공핍층이 형성되며, 이 층은 부도체로 높은 에너지 장벽을 형성한다. 이때 전자는 비록 장벽보다 낮은 에너지를 가진다 해도 우측의 전도띠(conduction band)로부터 좌측의 가전자띠(volence band)로 터널링 현상에 의해 이동이 가능하다(가운데 (b)의 경우). 그 결과로 전류는 오른쪽 도표와 같은 변화를 보이게 되고, 이를 활용하면 다이오드를 구성할 수 있다.

2.3.3 밴드갭 재규격화(Band gap renormalization)

반도체에서 Bohr 엑시톤 반경(Bohr exciton radius)이 재료의 크기에 의해 제한을 받게 되면 전자와 홀 사이에 양자제한 효과와 Coulomb 인력이 함께 발생하며, 이때 밴드갭의 크기를 수식으로 나타내면 다음과 같다.

$$E_{g,\,dot} = E_g(bulk) + E_g(well) + E_g(coul)$$

$$E_{g,\,dot} = E_g(bulk) + h^2/2m^* d^2 - 1.8e^2/2\pi\varepsilon\varepsilon_o d$$

여기서 $E_g(bulk)$는 재료 고유의 밴드갭 값이며, $E_g(well)$은 양자제한 효과, $E_g(coul)$은 Coulomb 인력 효과에 의해 나타나는 밴드갭의 변화값이다. 그리고 m, e, ε, ε_o, d는 질량,

그림 2-30 CdSe 나노입자의 크기에 따라 나타나는 밴드갭 및 발광 특성 변화

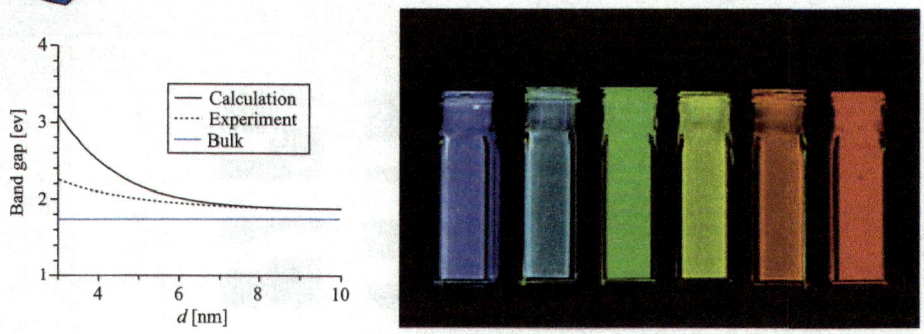

전하량, 투자율, 진공투자율, 입자의 지름이다. 이때 재료의 크기가 주는 영향이 양자제한 효과에서 상대적으로 크게 나타나기 때문에 재료의 크기가 작아짐에 따라 밴드갭이 재규격화되어 그 값이 커지게 된다.

밴드갭이 변화하면 당연히 물리적 특성이 달라진다. 예를 들어 CdSe 입자는 그림 2-30에서 보는 것과 같이 입자 크기에 따라 그 파장이 달라지면서 다양한 색상이 나타난다. 이는 응용 면에서 중요한 의미를 갖고 있는데, 예를 들면 CdSe 반도체 나노입자만으로 백색광 발광소자를 만들 수 있다.

2.3.4 상태 밀도 변화 (Variation of density of state)

전자의 상태 밀도란 단위 부피와 단위 에너지 간격당 가능한 전자 상태의 수(the number of available electronic states per unit volume per unit energy around an energy E)로 정의되며, 3차원, 2차원, 1차원 시스템에서 각각 다음과 같이 나타낼 수 있다.

$$N(E)\,dE = \frac{m_o^{3/2}\,E^{1/2}\,dE}{\sqrt{2}\,\pi^2\hbar^3} \qquad \text{3차원}$$

$$N(E)\,dE = \frac{m_o}{\pi\hbar^2} \qquad \text{2차원}$$

$$N(E)\,dE = \frac{\sqrt{2}\,m_o^{1/2}}{\pi\hbar}\,E^{-1/2} \qquad \text{1차원}$$

여기서 $N(E)$는 상태밀도, m_o는 전자의 질량, $\hbar$는 환원플랑크 상수($h/2\pi$)이다.

그림 2-31 양자제한 효과에 의한 각 차원에서 전자의 상태밀도 변화

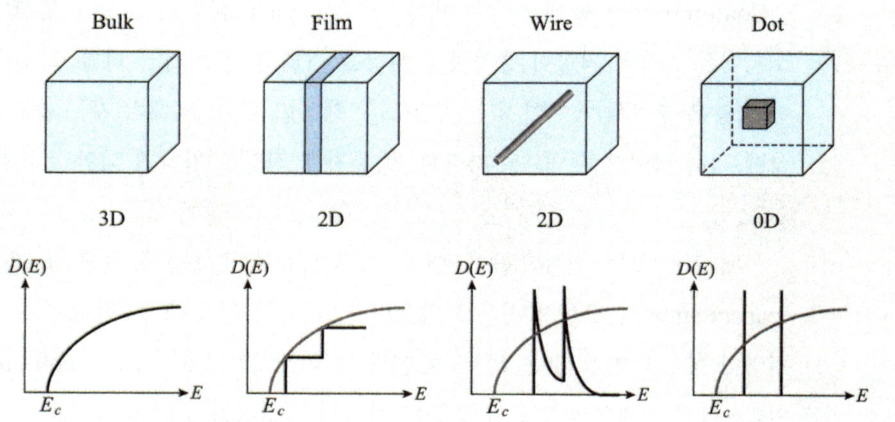

한편, 만약 전자의 움직임이 제한받게 된다면, 다시 말해서 양자 제한 효과를 받게 된다면, 전자가 갖고 있는 에너지가 달라진다. 예를 들면 2차원, 1차원, 0차원 양자우물(quantum well) 구조에서 전자는 다음과 같은 에너지를 가진다.[12]

$$E(l,k_x,k_y)=\frac{\pi^2\hbar^2 l^2}{2m^*W^2}+\frac{\hbar^2 {k_x}^2}{2m^*}+\frac{\hbar^2 {k_y}^2}{2m^*} \qquad \text{2차원}$$

$$E(l,n,k_y)=\frac{\pi^2\hbar^2 l^2}{2m^*W_x^2}+\frac{\pi^2\hbar^2 n^2}{2m^*W_z^2}+\frac{\hbar^2 {k_y}^2}{2m^*} \qquad \text{1차원}$$

$$E(l,n,p)=\frac{\pi^2\hbar^2 l^2}{2m^*W_x^2}+\frac{\pi^2\hbar^2 n^2}{2m^*W_y^2}+\frac{\pi^2\hbar^2 p^2}{2m^*W_z^2} \qquad \text{0차원}$$

여기서 W_x, W_y, W_z는 각 방향에서 양자우물구조의 크기다. 그리고 m^*는 유효질량(effective mass)이다.

이와 같은 전자의 에너지 변화를 상태밀도 변화와 연관시키면 양자제한 효과에 의한 상태밀도 변화를 알 수 있다. 그 결과를 요약하면 그림 2-31과 같이 나타낼 수 있는데, 저차원으로 갈수록 양자제한 효과가 크게 나타나면서 보다 좁은 에너지 간격에서만 전자가 존재할 수 있는 상태가 된다는 것을 알 수 있다. 이는 양자제한을 받는 자유입자의 파동 특성을 생각하면 직관적으로 이해할 수 있다. 즉 양자제한 조건에서 정수 배에 해당하는 파동만 가능하기 때문에 전자가 가질 수 있는 에너지가 제한되며, 이에 따라 전자의 상태밀도도 제한된다.

2.3.5 Coulomb 블록 현상(Coulomb blockade)

Coulomb 블록 현상은 작은 캐패시턴스(capacitance)를 갖는 터널 접합(tunnel junction) 소자에서 소자의 저항이 증가하는 현상을 가리킨다. 여기서 터널 접합이란 두 개의 전극 사이에 얇은 부도체가 끼어 있는 구조로 이해하면 된다. 이때 전자는 중간의 부도체를 터널 현상에 의해 넘어갈 수 있다. 따라서 이 소자에 전압을 가하게 되면 전류가 흐를 수 있다(그림 2-32 참조).

이때 부도체는 전류흐름에 대한 저항체로 작용하는 동시에 또 한편으로 캐패시턴스(capacitance)를 갖는 유전체로 작용한다. 따라서 전류 (또는 전자)가 흐를 때 유전체에 의해 전압이 형성되며 그 값은 $U = e/C$이다. 여기서 e는 1.6×10^{-19} coulomb, C는 캐패시턴스이다. 이때 캐패시턴스 값이 충분히 작아지면 형성된 전압이 높아지면서 또 다른 전자가 터널링되는 것을 막아 전류의 흐름을 방해한다. 따라서 소자의 저항이 증가하는 현상이 나타나는데 이를 Coulomb 블록 현상(Coulomb blockade)이라 한다.

이 현상은 특히 나노 크기의 전기 전도 채널에서 관찰할 수 있다. 즉 위와 같은 상황에서 전자가 이동할 때 필요한 에너지는 아래와 같이 나타낼 수 있으며, 이때 캐패시턴스가 유전체의 크기에 비례하기 때문에, 그 크기가 충분히 작을 경우 아래 식에서 보는 것과 같이 전자가 이동하는데 필요한 에너지가 높아지면서 Coulomb 블록 현상이 나타나게 된다.

$$E_c = \frac{e^2}{2C} = \frac{e^2}{4\pi\varepsilon\varepsilon_0 d}$$

여기서 E_c는 전자 이동에 필요한 에너지, C는 캐패시턴스, ε는 투자율, ε_0은 전기상수, d는 유

그림 2-32 전자의 포텐셜 장벽을 넘는 터널링 현상

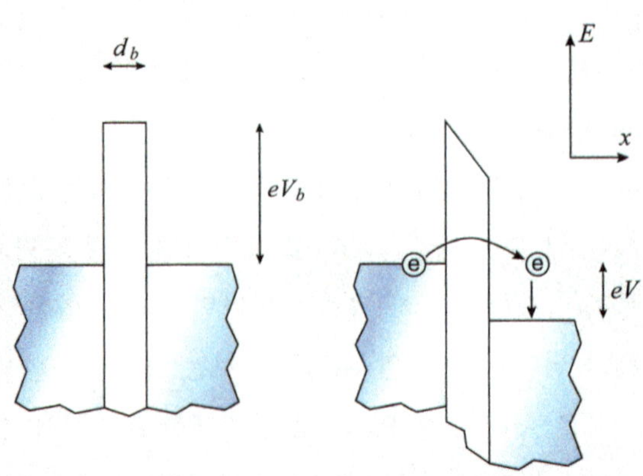

전체의 크기이다.

한편, 이 현상은 전자가 주변으로부터 흡수하는 열에너지가 작을 경우 가능하기 때문에 보통 매우 낮은 온도에서 관찰된다. 또한 이 현상은 나노 전자 소자를 설계하는데 중요한 원리로 활용될 수 있는데, 대표적인 예로는 전자 하나의 흐름을 제어할 수 있는 단일 전자 트랜지스터(single electron transistor) 구성의 기본 원리로 활용된다.

연습문제 Chapter 2

1. 사방정계(orthorhombic)의 단위포를 그리고, 그 안에 [120] 방향과 (120)면을 표시하시오. [120] 방향과 (120)면은 수직으로 만나는가?

2. 면심입방구조(FCC), 체심입방구조(BCC), 육방밀집구조(HCP), 그리고 다이아몬드구조의 공간 충진률을 각각 구하시오.

3. 비중이 2.2 cm^3인 NaCl 정육면체(cube) 1 g의 경우 정육면체 한 변의 길이가 0.77 cm에서 10 nm 로 변할 때 표면적과 표면 에너지의 변화를 구하여라. 이때 표면 에너지는 2×10^{-5} J/cm^2을 사용하시오.

4. 가상의 2차원 결정에서 (10)면의 표면 에너지는 250 erg/cm이고, (11)면의 표면 에너지는 225 erg/cm일 경우, (10)면과 (11)면으로 구성된 결정의 최소표면에너지를 Wulff 작도법을 이용하여 구하라.

5. 20°C에서 직경이 각각 1 μm, 100 nm, 10 nm인 물방울들의 평형증기압을 구하여라. 20°C에서 물의 밀도는 0.99823 g/cm^3이고, 물의 분자량은 18.015 g/mol이다.

6. 벌크 금(Au)의 녹는점은 1337 K이다. 5 nm 크기의 금나노입자의 녹는점을 추정하시오.

(ρ_s(Au) = 18400 kg/m^3, ρ_l(Au) = 17280 kg/m^3, γ_s(Au) = 1.38 J/m^2, γ_l(Au) = 1.135 J/m^2, $\Delta H = 6.27 \times 10^4$ J/kg).

7. 1차원 time dependent Schrödinger 방정식을 유도하라.

8. 파동의 움직임이 제한받을 때 그 파동이 갖는 에너지가 달라질 수 있다는 것을 Schrödinger 방정식을 사용하여 설명하시오.

9. 지름이 1 nm, 5 nm, 10 nm인 Si 양자점들의 밴드갭을 각각 계산해 보시오.

10. 10 eV의 에너지를 갖는 전자가 1 nm 두께의 에너지장벽을 만난 후 터널링에 의해 통과할 때 투과계수는 10^{-10}이다. 이 장벽의 에너지는 얼마인가?

11. 1차원, 2차원, 3차원의 경우 전자의 상태 밀도(density of state)의 에너지 의존성을 유도하시오.

참고문헌

1 S. J. Tans, A. R. M. Verschueren, and C. Dekker, "Room-temperature transistor based on asingle carbon nanotube" *Nature*, **393**, 49 (1998)

2 R. Martel, T. Schmidt, H. R. Shea, T. Herteland P. Avouris, "Single- and multi-wall carbon nanotube field-effect transistors" *Appl. Phys.Lett.*, **73**, 2447 (1998)

3 C. Nützenadel, A. Züttel, D. Chartouni, G. Schmid, and L. Schlapbach, "Critical size and surfaceeffect of the hydrogen interaction of palladium clusters" *Eur. Phys. J.*, **D8**, 245-250 (2000)

4 A. N. Goldstein, C. M. Echer, and A. P. Alivisatos, "Melting in semiconductor nanocrystals," *Science*, **256**, 1425-1427 (1992)

5 Y. M. Chiang, D. Birnie III, and W. D. Kingery, "*Physical Ceramics; Principles for CeramicScience and Engineering*", John Wiley & Sons (1997)

6 J. C. Heyraud and J. J. Metois, "Equilibrium shape of an ionic crystal in equilibrium with itsVapopr(NaCl)" *J. Cryst. Growth*, **84**, 503-508 (1987)

7 P. Buffat and J. P. Borel, "Size effect on the melting temperature of gold particles" *Phys. Rev.*, **A13**, 2287-2298 (1976)

8 M. Hosokawa, K. Nogi, M. Naito, and T. Yokoyama, "*Nanoparticle Technology Handbook*", Elsevier, Tokyo(2007)

9 K. Ishikawa, K. Yoshikawa, and N. Okada, "Size effect on the ferroelectric phase transition of $PbTiO_3$ ultrafine particles" *Phys. Rev.*, **B37**, 5852 (1988)

10 S. Chattopadhyay, P. Ayyub, V. R. Palkar, and M. Multani, "Size-induced diffuse phasetransition in the nanocrystalline ferroelectric $PbTiO_3$" *Phys. Rev.*, **B52**, 13177 (1995)

11 A.T. Fromhold Jr., "*Quantum Mechanics for Applied Physics and Engineering*", Dover, New York(1981)

12 L. Esaki, "New phenomenon in narrow germanium p-n junctions" *Phy. Rev.*, **109**, 603 (1958)

Chapter

3 용액 기반의 나노재료 합성

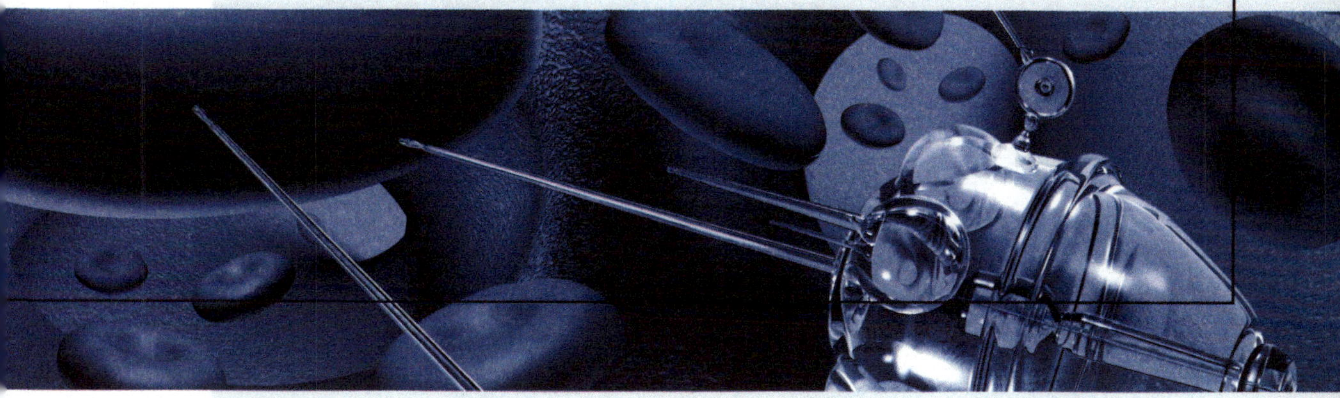

1990년 중반부터 나노재료의 합성에 대해 많은 연구가 집중되었으며, 그동안 비약적인 발전을 이루어 다양한 물질의 합성이 가능해졌다. 특히, 액상에서의 합성은 나노재료의 형태와 결정구조 및 특성을 미세하게 조절할 수 있으며, 기상 합성에 비해 대량생산의 가능성이 크기 때문에 일찍부터 산업화를 염두에 둔 연구들이 많이 진행되었다. 합성 물질은 금속, 세라믹, 반도체, 유기재료 등 거의 모든 재료를 점(0차원) 혹은 막대/선/튜브(1차원)의 형태로 제조할 수 있는 단계에 이르렀다. 그러한 성과로 다양한 나노입자 (자성, 산화물, 발광성 반도체, 금속, 유기 · 고분자)들이 촉매, 잉크, 나노바이오, 약물전달 등과 같은 분야에서 산업화가 이루어졌거나 진행 중이다. 본 장에서는 2장에서 다룬 나노 구조 및 물성을 기반으로, 액상에서 물질의 형태(0, 1차원)와 종류(금속, 반도체, 산화물, 유기/고분자)를 기준으로 삼아 다양한 합성방법에 대해서 소개한다. 이를 위하여 표면 특성 및 열역학적 고찰부터 시작하고자 한다.

3.1 표면화학 및 안정화

3.1.1 분산(Dispersion)

용액 또는 기상 내에서 입자가 취하는 운동에는 그림 3-1에서 보는 바와 같이 브라운 운동, 전단응력(shear force)에 의한 운동, 용액의 흐름에 의한 움직임, 중력과 부력에 의한 상

그림 3-1 입자의 용액 내에서의 운동 형태 및 힘의 균형[1]

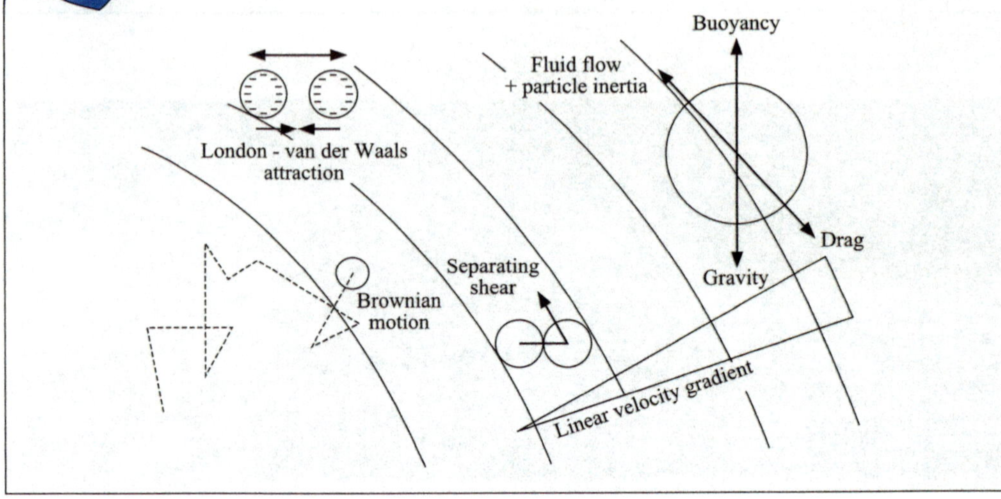

하 운동, 속도의 차이에 의한 입자의 움직임 등과 같은 다양한 운동이 존재하며 이는 끊임없이 입자를 움직이게 함으로써 입자들이 서로 붙어 있는 시간을 줄여 뭉치는 것을 방지하는 역할을 한다. 여기에서 입자 간에 서로 뭉치도록 만들어 주는 주된 요소는 반데르발스 인력(attraction)이라 할 수 있다. 물론 입자들이 전하를 띠고 있다면, 입자들 사이에는 강한 척력이 작용할 수 있다. 입자의 크기가 작아질수록 상대적으로 반데르발스 인력의 영향이 다른 영향에 비해 커지게 된다. 표 3-1은 입자의 크기에 따른 각 운동이나 힘의 영향을 나타낸 것이다.

표 3-1 입자의 크기에 따른 각 운동 및 힘의 영향력[1]

Type of interaction	Energy(in unit of KT) for particles of given size		
	0.1 μm	1 μm	10 μm
Van der waals attraction	10	100	1000
Electrostatic repulsion	0–100	0–1000	0–10,000
Brownian motion	1	1	1
Kinetic energy of sedimentation	10^{-13}	10^{-6}	10
Kinetic energy of stirring	1	1000	10^{6}

표 3-1에서 알 수 있듯이 10 μm 정도의 입자는 설령 입자 간의 반데르발스 인력이 강하다 하더라도 기계적인 분산이 가능함을 보여주며, 1 μm 정도의 입자 경우에도 콜로이드 분산액에 기계적인 힘을 가하여 분산시키는 것이 가능함을 알 수 있다. 그러나 100 nm의 수준에 이르면, 반데르발스 인력이 기계적인 분산보다 훨씬 우월하기 때문에 이것만으로는 입자가 분산되기 어렵고, 서로 뭉치게 될 것이라고 예상할 수 있다. 따라서, 나노구조체가 나노 크기의 특성을 발현할 수 있도록 유지하기 위해서는 구조체 간에 뭉침현상을 방지할 수 있는 추가적인 작업이 필요하다. 입자 간의 뭉침현상을 제어하기 위해서는, 나노입자의 표면처리를 통해 반데르발스 인력을 줄이거나 정전기적인 반발력 또는 입체적 공간 방해(steric hindrance)를 도입하여 입자들의 뭉침을 방지할 수 있다. 이를 각각 정전기적 안정화(electrostatic stabilization)와 스테릭 안정화(steric stabilization)라 부르며 입자의 분산에 가장 일반적으로 사용되고 있는 방법이다. 이 외에도 전하와 입체 장애(steric hindrance)를 동시에 구현하는 정전기적 안정화, 분산액 내에 고분자같은 물질을 함께 녹여 점도를 높임으로써 입자 간의 충돌을 막아주는 방법(depletion), 입자 간의 인력을 스크린할 수 있는 분자를 함께 넣어주는 방법(masking van der Waals forces), 폴리 나이팜 하이드로젤 등과 같은 폴리머 물질을 이용하여, 물분자가 입자와 분자들을 감싸게 함으로써 분산력을 제공하는 방법(hydration) 등이 있다(그림 3-2).

그림 3-2 입자의 분산을 유도하는 방법들[1]

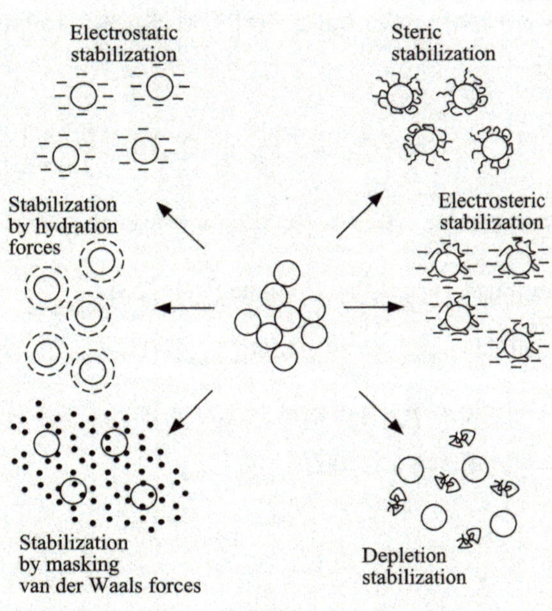

3.1.2 표면전하(Surface charge)

액상에 존재하는 고체 입자는 산(acid) 혹은 염기(basic) group의 이온화, 양이온 혹은 음이온의 차별용해(differential solution), 동형대체(isomorphic substitution), 음이온적(cationic) 혹은 양이온적(anionic) 계면활성제(surfactant)의 특성흡착(specific adsorption) 등에 의하여 표면전하를 띠게 된다(그림 3-3).[2]

AgI의 경우를 예로 들어보자.[3] AgI는 물에 녹아 Ag^+와 I^-를 형성하게 되고 25℃에서 용해도곱(K_{sp})은 7.5×10^{-17}이다. 따라서, 평형 농도는 $[Ag^+] = [I^-] = 8.7 \times 10^{-9}$ mole/l(몰농도)가 된다. 하지만 전기영동(electrokinetic) 실험을 하게 되면 AgI는 표면에 음전하를 띠게 된다. 여기에 $AgNO_3$나 KI를 넣어 Ag^+의 농도가 3×10^{-6} mole/l이상 되면 AgI의 표면전하가 양으로 바뀌게 된다. 이러한 현상은 I^-의 선택적 흡착(preferential adsorption)으로 설명할 수 있다.

농도 차이에 의한 표면 포텐셜(Ψ_0)은 Nernst 방정식에 의하여 다음과 같이 표시할 수 있으며, 여기서 영전하점(ponit of zero charge, *PZC*)은 표면에 양이온과 음이온의 수가 같을 때이다.

$$\Psi_0 = \frac{kT}{ze} \ell n\left(\frac{c}{c_{pzc}}\right)$$

k: Boltzman 상수	e: 단위전하
T: 온도	c: 농도
z: 원자가	c_{pzc}: *PZC*에서의 농도

순수한 물에 녹아 있는 AgI는 위의 식에 의하여 −150 mV의 음의 표면전하를 가지게 됨을 알 수 있다.

$$\Psi_0 = \frac{kT}{ze} \ell n\left(\frac{c}{c_{pzc}}\right) = 25.7\, \ell n\left(\frac{8.7 \times 10^{-9}}{3.0 \times 10^{-6}}\right) = -150\,\text{mV}$$

대부분의 산화물은 물속에서 다음의 표면화학 반응에 의해 지배된다.

$$-\text{MOH}^+_{2\,(\text{surface})} \underset{}{\overset{K_1}{\rightleftarrows}} -\text{MOH}_{(\text{surface})} + \text{H}^+_{(\text{solution})}$$
$$-\text{MOH}_{(\text{surface})} \overset{K_2}{\rightleftarrows} -\text{MO}^-_{(\text{surface})} + \text{H}^+_{(\text{solution})} \quad (\text{여기서 M} = \text{Al}^{3+}, \text{Ti}^{4+}, \text{Si}^{4+})$$

표면의 영전하점(*PZC*)은 위의 반응식의 반응상수에 의하여 다음과 같이 정의되고 표면의 평균 산-염기 특성을 나타낸다.

$$PZC = \frac{(pK_1 + pK_2)}{2}$$

영전하점과 비슷한 개념으로 IEP(isoelectric point)가 있다. IEP는 표면에 net charge가

그림 3-3 표면 전하 기구[2]

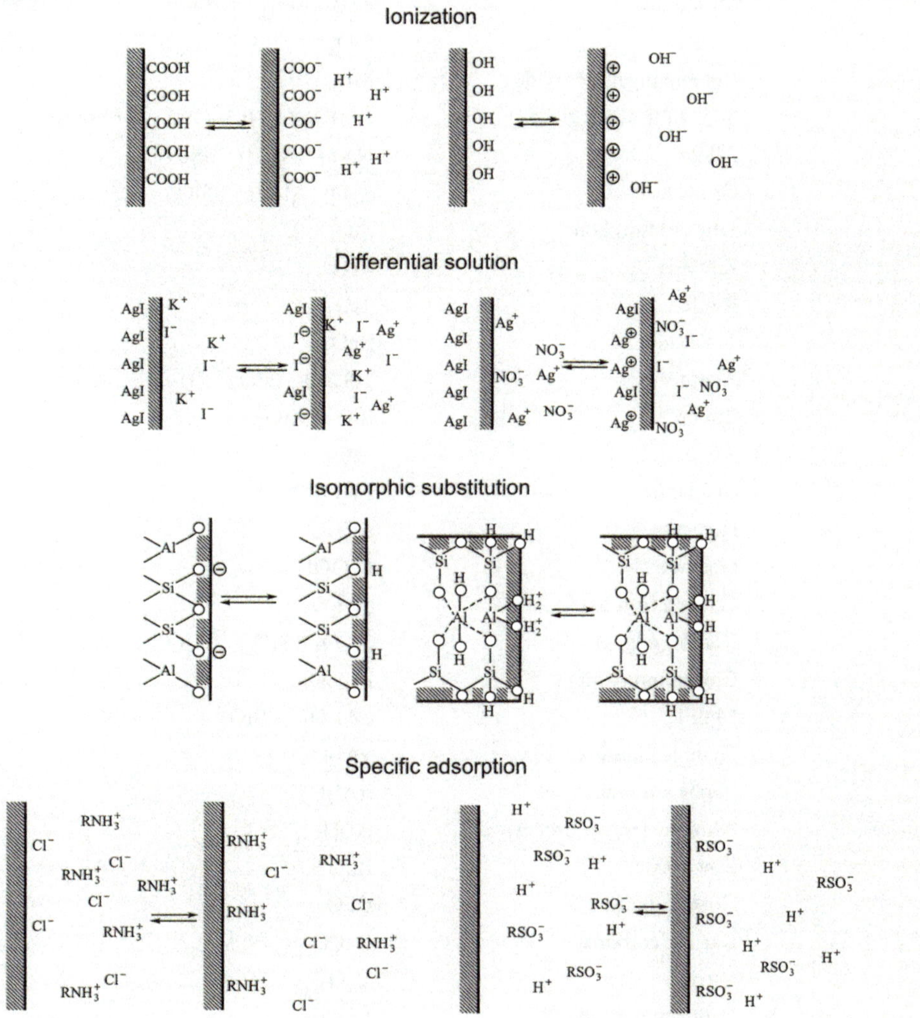

없을 때의 pH를 말하는 것으로, 일반적으로 H^+와 OH^- 이온의 표면흡착에 한정해서 사용한다. 따라서 흡착되는 이온이 H^+와 OH^-뿐이라면 IEP와 영전하점은 같은 값을 갖고, 흡착되는 이온이 다양할 때는 서로 다른 값을 갖는다.

표 3-2에 여러 산화물의 IEP을 나타내었다. 표 3-2에서 보는 바와 같이, 물질에 따라 그 값이 다양함을 알 수 있다.

물질 표면에서 영전하점보다 낮은 pH에서는 입자가 양으로 하전되고 높은 pH에서는 음으로 하전된다.

표 3-2 산화물의 영전하점(point of zero charge)[4]

Material	Nominal Composition	IEP
Muscovite	$KAl_3Si_3O_{11} \cdot H_2O$	1
Quartz	SiO_2	2
Delta manganese oxide	MnO_2	2
Soda lime silica glass	$1.00Na_2O \cdot 0.58CaO \cdot 3.70SiO_2$	2-3
Albite	$Na_2O \cdot Al_2O_3 \cdot 6SiO_2$	2
Orthoclase	$K_2O \cdot Al_2O_3 \cdot 6SiO_2$	3-5
Silica (amorphous)	SiO_2	3-4
Zirconia	ZrO_2	4-5
Rutile	TiO_2	4-5
Tin oxide	SnO_2	4-7
Apatite	$10CaO \cdot 6PO_2 \cdot 2H_2O$	4-6
Zircon	$SiO_2 \cdot ZrO_2$	5-6
Anatase	TiO_2	6
Magnetite	Fe_3O_4	6-7
Hematite	αFe_2O_3	6-9
Goethite	FeOOH	6-7
Gamma iron oxide	γFe_2O_3	6-7
Kaolin (edges)	$Al_2O_3 \cdot SiO_2 \cdot 2H_2O$	6-7
Chromium oxide	αCr_2O_3	6-7
Mullite	$3Al_2O_3 \cdot 2SiO_2$	7-8
Gamma alumina	γAl_2O_3	7-9
Alpha alumina	αAl_2O_3	9-9.5
Alumina (Bayer process)	Al_2O_3	7-9.5
Zinc oxide	ZnO	9
Copper oxide	CuO	9
Barium carbonate	$BaCO_3$	10-11
Yttria	Y_2O_3	11
Lanthanum oxide	La_2O_3	10-12
Silver oxide	Ag_2O	11-12
Magnesium oxide	MgO	12-13

3.1.3 전기이중층(Electrical double layer)

용액 내에서 하전된 입자는 반대로 하전된 이온이나 극성 분자를 표면 근처로 당기게 된다. 따라서, 용액 내의 평균 농도에 비하여 표면 근처에서는 극성 분자의 농도가 증가하게 된다. 입자 표면과 용액 사이의 포텐셜 차이는 그림 3-4와 같이 완만한 기울기를 갖게 되는데

그림 3-4 전기이중층 모델[5]

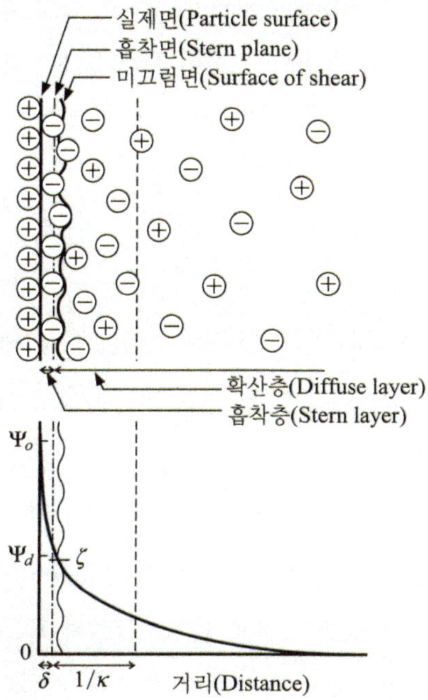

이는 열적 진동에 의한 확산 때문이다.

일반적으로 알려진 모델은 비교적 부동(immobile)의 반대이온 흡착층(stern layer)과 정상 상태(steady state) 배열에 도달한 농도구배가 있는 반대이온 확산층(diffuse layer)으로 구성되어 있고, 이를 확산전기적 이중층모델(diffuse electrical double layer model)이라 부른다. 여기에서 Ψ_o는 표면 포텐셜, Ψ_d는 반대이온 고정층에 의한 stern 포텐셜, κ^{-1}은 전기이중층 두께라 부른다. 전기영동(electrokinetic) 실험 시, 유동하는 동안에 미끄럼(slippage)은 이중층 안의 특정면에서 일어나야 하며, 이 특정면(미끄럼면)에서의 포텐셜을 제타포텐셜(zeta potential)이라 한다.

• Gouy-Chapman 모델

Gouy와 Chapman은 입자 표면이 평평하며, 균일하게 하전되어 있고, 이중층의 유전상수가 균일하며, 특성 이온 흡착층이 없을 때, 한 개의 대칭적(symmetric) 전해질(Z:Z)을 가정하여 전기이중층 안에서 포텐셜 구배를 유도하였다.

전하분포가 Boltzmann 방정식에 의하여 기술된다고 가정하면 표면 위에 흡착된 이온 농도(n_i)는 다음과 같다.

$$n_i = n_{io} \exp\left(-\frac{z_i e}{kT}\right)$$

여기서 n_{io}는 벌크(bulk) 농도이고, z_i는 양수 혹은 음수의 원자가(valence)이다.

1차원 Poisson 방정식의 전하밀도(charge density)에 이온 농도를 삽입하면 다음과 같은 Poisson-Boltzmann 방정식을 얻는다.

$$\frac{d^2\psi}{dx^2} = -\frac{e}{\varepsilon}\sum_i z_i n_{io} \exp\left(\frac{-z_i e\psi}{kT}\right)$$

ψ: 포텐셜, ε: 유전상수, x: 거리

이식에서 입자에서 멀리 떨어진 점($x = \infty$)에서의 포텐셜과, 포텐셜 구배가 0이라는 가정과 입자 표면의 포텐셜이 Ψ_o라는 가정하에서 이차 미분방정식을 풀게 되면 다음과 같다.

$$\frac{\exp(ze\psi/2kT)-1}{\exp(ze\psi/2kT)+1} = \frac{\exp(ze\psi_0/2kT)-1}{\exp(ze\psi_0/2kT)+1}\exp(-\kappa x)$$

이식이 전기이중층 안에서 전위의 변화를 표현하는 Gouy-Chapman 식이다.

여기서 전기이중층의 두께 κ^{-1}는 다음과 같고 대략적인 값을 표 3-3에 나타내었다.

$$\kappa^{-1} = \left(\frac{1000e^2 N_A}{\varepsilon kT}\sum_i z_i^2 M_i\right)^{-1/2}$$

전기이중층의 두께의 2배 거리에서 포텐셜을 표면포텐셜의 2%에 해당한다.

여기서 M_i는 몰농도이고, 벌크(bulk) 농도 n_i와는 $n_i = 1000 M_i N_A$(N_A: Avogadro 수)의 관계가 있다.

표 3-3 전해질의 농도 및 폴리머의 질량에 따른 전기이중층의 두께[3]

1:1 Electrolyte concentration (mol dm^{-3})	Double layer thickness (nm) κ^{-1}	Polymer molecular weight	Spatial extension (nm)
10^{-5}	100	1,000,000	60
10^{-4}	30	100,000	20
10^{-3}	10	10,000	6
10^{-2}	3	1000	2
10^{-1}	1		

여기서 표면 포텐셜이 낮은 경우를 고려하면($ze\Psi_0/kT < 1$), 다음과 같이 간단하게 Debye-Huckel 방정식으로 표시할 수 있다.

통상 ±25 mV를 기준으로 작은 값을 가질 때는 low-charged 표면이라 하고, 그보다 높은

그림 3-5 Debye-Huckel 에서 전해질의 농도, 원자가에 따른 전기이중층 내 전위의 거리에 따른 변화[3]

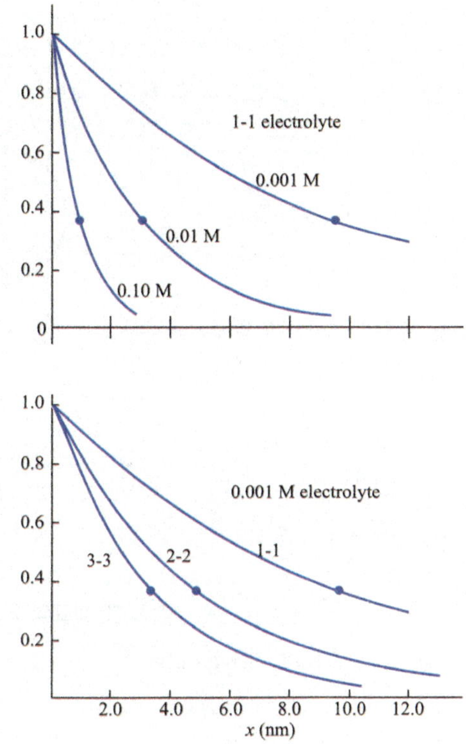

값을 가질 때는 highly-charged 표면으로 구분짓는다.

$$\Psi = \Psi_0 \exp(-\kappa x)$$

전해질의 농도와 원자가에 따른 포텐셜의 변화와 이중층의 두께를 위의 그림 3-5에 표시하였다. 전해질의 농도가 증가할수록, 그리고 원자가가 증가할수록 전기이중층의 두께가 감소함을 알 수 있다.

3.1.4 반데르발스 인력(van der Waals attraction)

반데르발스 인력은 한 분자 내의 요동하는 전기쌍극자들과 이웃 분자 내의 유기된 쌍극자 사이의 당기는 상호작용, 그리고 만약 존재한다면, 영구쌍극자와의 당기는 상호작용에 근원이 있다. 항상 인력으로 작용하며 거리에 x^{-6}에 비례하며, 다음의 3가지가 있다.

① 유도쌍극자(induced dipole)− 유도쌍극자(induced dipole) (London) ~ x^{-6}

② 영구쌍극자(permanent dipole)− 유도쌍극자(induced dipole) (Debye) ~ x^{-6}

③ 영구쌍극자(permanent dipole)− 영구쌍극자(permanent dipole) (Keesom) ~ x^{-6}

직경 r인 두 개의 구형입자에 대하여 인력(Φ_A)은 다음과 같이 표시되며, 여기서 A는 Hamaker 상수, s는 두 입자의 표면 간의 거리이다.

$$\Phi_A = \frac{-Ar}{12s}$$

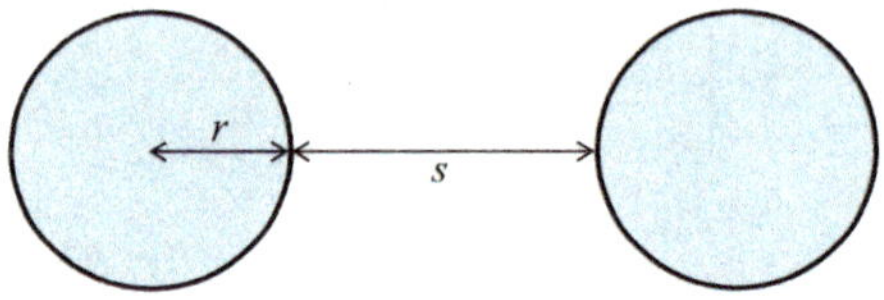

Hamaker 상수는 입자의 조성, 분자구조, 그들 사이의 매체의 함수이며, 입자들이 액체 안에 분산될 때

$$A = \left(\frac{\rho N_A \pi}{M}\right)^2 \beta$$ (ρ: 밀도(g/m^3), β: 입자간 상호작용 계수, M: 분자량)

$$A_{212} = \left(A_{11}^{1/2} - A_{22}^{1/2}\right)^2$$

표 3-4 **몇 가지 재료의 Hamaker 상수**[6]

Materials	$A_i(10^{-20}$ J)
Metals	16.2−45.5
Gold	45.3
Oxides	10.5−15.5
Al_2O_3	15.4
MgO	10.5
SiO_2 (fused)	6.5
SiO_2 (quartz)	8.8
Ionic crystals	6.3−15.3
CaF_2	7.2
Calcite	10.1
Polymers	6.15−6.6
Polyvinyl chloride	10.82
Polyethylene oxide	7.51
Water	4.35
Acetone	4.20
Carbon tetrachloride	4.78
Chlorobenzene	5.89
Ethyl acetate	4.17
Hexane	4.22
Toluene	5.40

으로 표시된다.

여기서 A_{22}, A_{11}는 각각 입자와 매체에 대한 Hamaker 상수이다. 대표적인 상수값을 표 3-4에 나타내었다. 동일한 블록의 경우는

$$\Phi_A = -\frac{A}{12\pi d^2} \quad (d\text{: 블록표면간 거리})$$

으로 표시된다.

3.1.5 DLVO 이론

3.1.5.1 DLVO(Derjaguin, Landau, Verwey, Overbeek) 이론

동일하게 하전된 전기이중층을 가진 두 입자의 상호 작용은 Derjaguin와 Landau, Verwey와 Overbek에 의해 조사되었으며, 그들의 결합한 이론을 DLVO 이론이라 말한다. 하전된 입자가 서로 접근하여 일정이상 가까워지면 반데르발스 인력과 전기이중층의 상호작용에 의한 반발력이 작용하게 된다. 정전기적 반발력의 최대 포텐셜은 제타전위와 관계가 있으며, 두 입자 간의 인력은 거리가 가까울 때 최대 포텐셜을 나타낸다. 이때 입자가 가지게 되는 전체 포텐셜 에너지(Φ)는 반데르발스 인력 포텐셜(Φ_A)과 척력 포텐셜(Φ_R)의 산술적인 합을 다음 식으로 표시할 수 있다.

$$\Phi = \Phi_R + \Phi_A$$

그림 3-6 포텐셜에너지 곡선

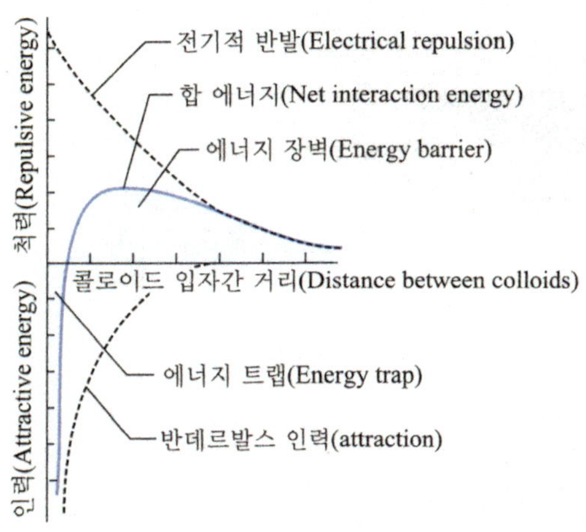

전체 포텐셜 에너지는 그 값에 따라 콜로이드가 안정한 상태로 존재할 수 있는지 혹은 응집이 일어나는지를 예측할 수 있는 하나의 기준이 될 수 있다.

두 입자의 거리에 따른 대략적인 포텐셜의 변화는 그림 3-6과 같으며, 첫 번째 최소와 두 번째 최소 사이에 에너지 장벽을 만드는 형태이다.

두 입자가 응집이 일어나기 위해서는 충돌 시 에너지 장벽을 넘을 수 있는 충분한 운동(kinetic) 에너지를 갖고 있어야 한다. 예를 들어, 그림 3-7에서와 같이 거리가 d만큼 떨어져 있는 두 블록 사이의 포텐셜 에너지(Φ_{tot})는 다음과 같이 표시할 수 있다.

$$\Phi_{tot} = \left[64 n_0 kT \Upsilon_0^2 / (\kappa)\right] \exp(-\kappa d) - A/(12\pi d^2)$$

$$\Upsilon_0 = \frac{\exp(ze\psi_0/2kT) - 1}{\exp(ze\psi_0/2kT) + 1}$$

n_0: 이온의 벌크농도

여기서 $d \gg \kappa^{-1}$인 경우를 가정하였다.

표면 포텐셜, 전해질 농도, Hamaker 상수의 변화에 따른 포텐셜 에너지의 관계를 그림 3-8에 나타내었다. Hamaker 상수의 증가, 표면 포텐셜의 감소, 그리고 전해질 농도가 증가함에 따라 에너지 장벽의 크기가 줄어들어 두 입자의 응집이 일어나게 된다.

DLVO이론에 따라 수용액에서 입자의 분산과 응집을 설명할 수 있음을 위에서 논의하였고, 이 이론에 근거한 포텐셜 곡선의 일례를 그림 3-9에 나타내었다. 표면포텐셜과 전해질의 농도가 각각 64.9 mV와 0.6 mM인 현탁액의 경우로서 전기이중층의 두께는 12.4 nm로 계산된다. 일반적으로 포텐셜곡선에서 에너지 장벽의 높이 (V_T)가 절대온도와 Boltzmann 상수 (k)의 곱보다 15배 이상이 되면 입자는 수용액에서 분산되고, 10배보다 작아지게 되면 응집이 일어나게 된다. 그림 3-9에서 볼 수 있는 바와 같이 입자의 크기가 100 nm 이하, 예를 들

그림 3-7 d만큼 떨어져 있는 두 판 사이의 전기이중층의 겹침을 표시한 도해

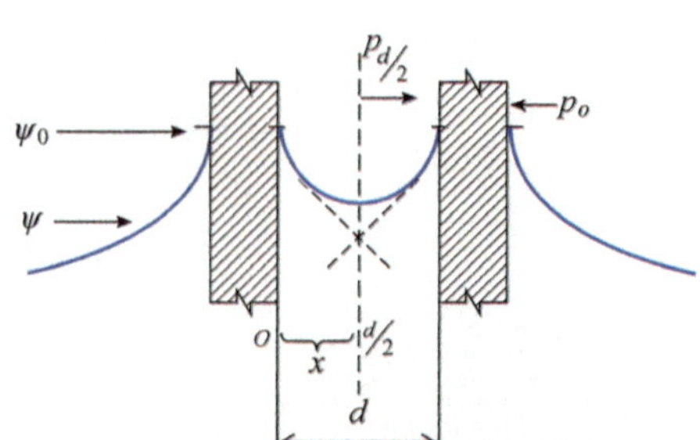

그림 3-8

표면포텐셜, 전해질 농도, Hamaker 상수의 변화에 따른 포텐셜에너지 변화[3]

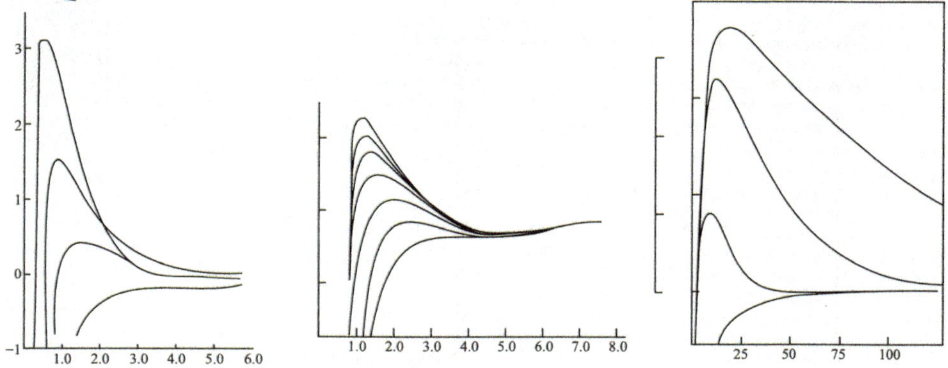

어 20nm 이하의 경우 에너지 장벽의 높이가 10 kT 이하가 되어 응집이 일어나게 되고 100nm 이상, 300nm인 경우 15 kT보다 크게 되어 분산되게 된다. 또한, 그림에서 보는 바와 같이 크기가 20nm인 입자를 분산시키기 위해서는 표면포텐셜을 백수십 mV 이상 높여야 한다. 이렇게 높은 표면포텐셜을 만들기 위해서는 특별한 방법과 기술이 사용되어야 한다.

나노 입자의 분산과 관련하여 고려해야 할 다른 한가지는 입자 표면 간의 평균거리이다. 입자 간의 최대 반발력은 표면에서 수 나노미터에 나타나게 되고 입자표면의 평균거리가 수 나노미터보다 작게 되면 응집을 피할 수 없게 된다. 입자표면 간의 평균거리는 고상분율 (solid fraction, F)과 입자직경 (D_p)의 함수이고 이를 그림 3-10에 나타내었다. 그림에서 볼

그림 3-9

DLVO 이론에 기초하여 입자의 크기와 표면 전하에 따라 계산한 포텐셜 곡선[7]

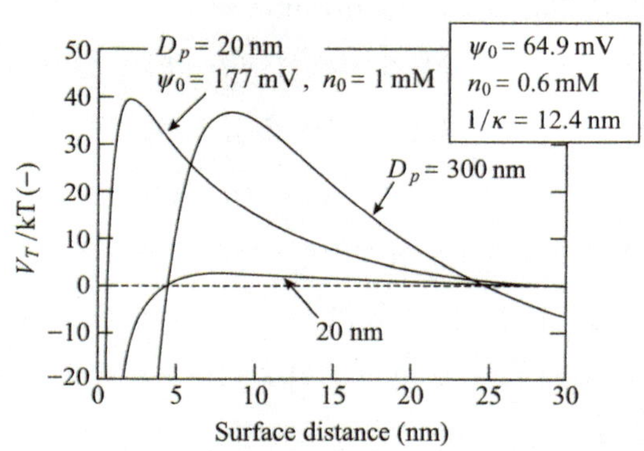

그림 3-10 고상분율과 입자 크기에 따른 입자 표면 간의 거리[5]

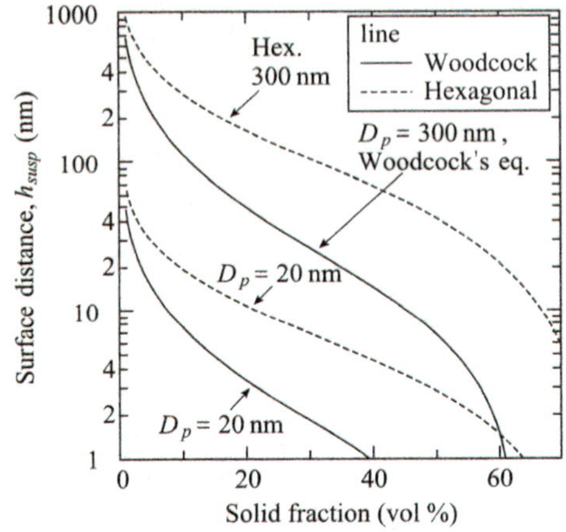

수 있듯이 나노입자(20 nm)의 경우 낮은 고상분율(10~20 vol%)에서도 입자표면 평균거리가 수 나노미터에 이름을 알 수 있다.

3.1.6 스테릭 안정화(Steric stabilization)

전기이중층에 의한 콜로이드 입자의 안정화 이외에도 흡착된 층의 입체 장애(steric hinderance)에 의한 분산 안정성을 얻을 수 있다(그림 3-11). 스테릭 안정제(steric stabilizer)는 보통 양친성(amphiphilic) 블록 혹은 접목(graft) 폴리머로서 앵커그룹(anchor group)과 안정화 그룹(stabilizing moieties)으로 구성되어 있다(그림 3-12).

스테릭 안정화(steric stabilization)는 크게 두 기구로 설명되고 있다. 고분자는 일반적인 저분자 물질과 달리 고분자 사슬의 공간적인 변화에 따라 엔트로피(S)에 많은 차이가 발생한다. 고분자 사슬이 자유롭게 풀어져 있을 때 만일 고분자 사슬을 억지로 좁은 공간에 밀집시키려 한다면 큰 엔트로피의 감소를 감내해야만 한다. 만일 두 고분자 사슬이 서로 동일한 종류이고 용매와도 친화성이 있다면, 사슬이 풀어져 있을 때와 서로 밀집해 있을 때 엔탈피(H)의 변화는 거의 없다고 볼 수 있다. 따라서, 엔트로피(S)만 감소하였으므로 자유에너지(G)는 양의 값을 갖게 되어 두 표면은 서로 달라붙을 수가 없게 된다.

$$\Delta G = \Delta H - T\Delta S > 0$$

그림 3-11 스테릭 방해 안정화 기구(steric stabilization)

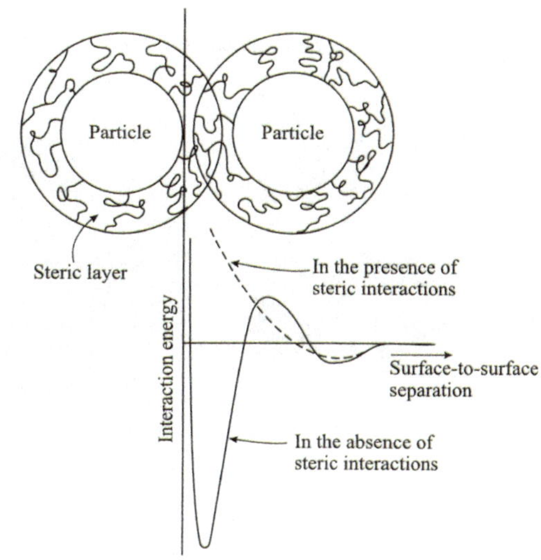

나노입자에 동일한 고분자가 계면활성화제(surfactant)로 달라붙어 있을 경우에는, 그림 3-13의 왼쪽에 나와 있는 것처럼, 입자들이 가까워짐에 따라 고분자 사슬의 엔트로피 감소로 인해 열역학적으로 서로 밀어내게 되어 입자의 뭉침을 방지할 수 있다. 그러나 입자가 비상용성 용매(poor solvent)에 분산되어 있을 경우에는 고분자 사슬은 아주 수축되어 있는 상태로 존재한다. 두 입자가 서로 접근하여 고분자끼리 접촉하게 되면, 고분자 사슬의 관점에서 용매와의 접촉으로 수축되기보다는 사슬끼리의 접촉을 통해 서로 자유도를 형성하는 것이 유리하므로 엔트로피가 증가하게 되어 입자 간에 뭉침현상이 발생하게 된다. 만일, 고분자 사

그림 3-12 안정제의 모식도

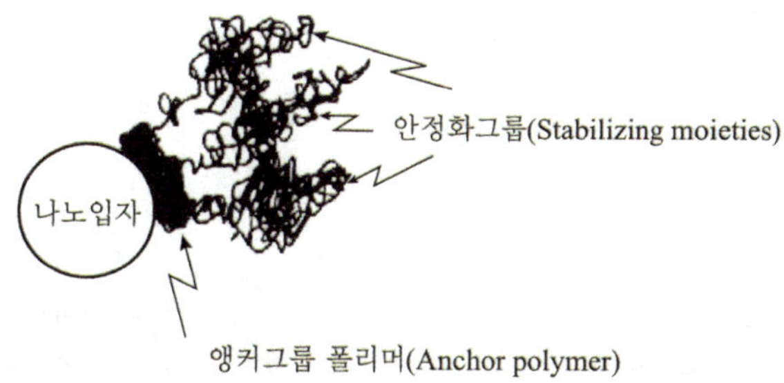

그림 3-13 고분자 스테릭 방해(steric hindrance)에 의한 분산의 경우 엔트로피에 의한 분산(좌)과 엔탈피에 의한 분산 (우)[8]

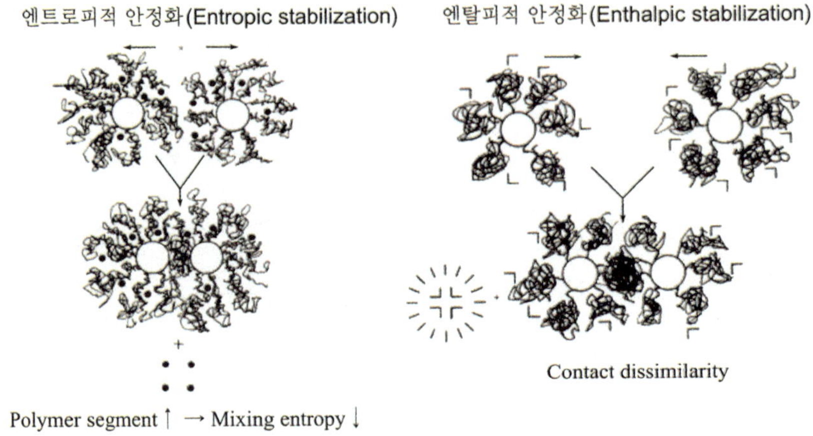

슬이 전하를 띠고 있다면, 두 사슬이 만나 엉키게 될 경우 정전기적인 반발력에 의해 자유에너지가 크게 증가하게 된다. 이때는 엔트로피의 변화가 아닌 엔탈피의 증가가 분산을 유지시켜주는 주요 기구로 작용한다[그림 3-13(우)].

어떤 기구가 우세한가는 온도에 따른 분산안정성이 어떻게 변하는가로 구별할 수 있으며 가열 시 응집이 일어나 상임계 응집온도(upper critical flocculation temperature)를 갖는 경우가 엔탈피적 안정화(enthalpic stabilization)이다.

앞서 논술한 운동(kinetic) 안정화 이외에 마이크로에멀션(microemulsion)과 같이 열역학

그림 3-14 분산안정성의 온도에 따른 변화

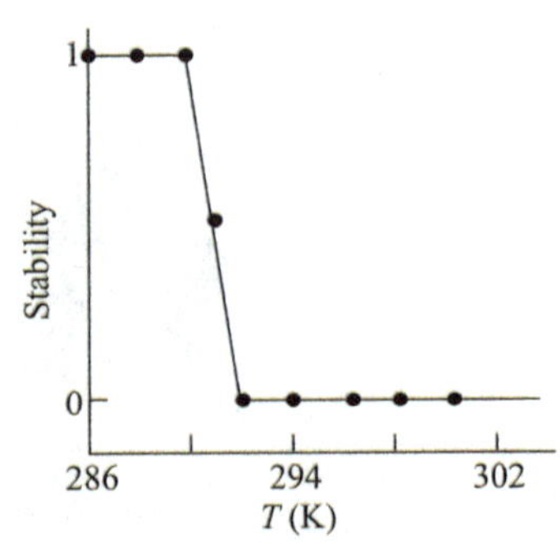

적으로 안정화된 분산도 가능하다. 즉, 침전물의 pH가 영전하점(PZC)과 차이가 나고 이온 장력(ionic strength)이 충분히 강할 때 나노입자들의 ripening을 피할 수 있다. 여기에서 'zero' 계면장력이라고 정의된 안정화 조건은 물과 산화물의 계면에서 화학적, 정전기적 포화와 관계가 있다. 하전된 표면그룹의 밀도가 최대값에 다다르고, 계면 장력이 최소가 되는 조건에서 흡착이 일어나면, 열역학적으로도 나노 입자를 안정화시킬 수 있다.[9]

3.2 핵생성 및 성장(Nucleation and Growth)

열역학적으로 볼 때 나노입자나 나노선과 같은 새로운 상의 형성은 물질이 과포화된 계에서 평형 상태의 포화도를 유지하기 위한 변화 중에 나타나는 석출과정으로 이해할 수 있다. 과포화된 물질은 석출되어 계의 에너지를 낮추고자 하나, 석출에 따라 표면에너지를 생성해 계의 에너지를 높이기 때문에, 핵의 생성은 두 에너지 변화의 상대적인 크기에 의해서 결정이 된다. 핵의 성장은 공급되는 원소의 동력학적인 면에 크게 좌우될 수 있다. 배경이 되는 열역학은 기상과 액상 모두에서 동일하다. 본 장에서는 이러한 핵의 생성과 성장에 대한 열역학적, 그리고 동역학적 이해를 도모하고자 한다.

3.2.1 핵생성에 대한 열역학(Thermodynamics for Nucleation)

총 c 개의 구성 성분을 가진 혼합용액 및 혼합기체의 Gibbs 자유에너지(G)는 Gibbs 자유에너지의 정의로부터 다음과 같은 표현이 가능하다.

$$G = G(T, P, n_1, n_2, n_3 \ldots)$$

$$dG = \left(\frac{\partial G}{\partial T}\right)_{P,n_i} dT + \left(\frac{\partial G}{\partial P}\right)_{T,n_i} dP + \sum_{i=1}^{c}\left(\frac{\partial G}{\partial n_i}\right)_{T,P,n_j} dn_i$$

$$dG = -SdT + VdP + \sum_{i=1}^{c}\left(\frac{\partial G}{\partial n_i}\right)_{T,P,n_j} dn_i$$

T: 온도, P: 압력, n_i: i종의 농도 ($i = 1, 2, 3, \ldots$), V: 부피

화학반응이 없는 닫힌계(closed system)의 경우 총 분자의 개수에 변화가 없으므로 위의

관계는 아래와 같이 단순화될 수 있다.

$$dG = -SdT + VdP$$

여러 성분의 혼합상태에서 각 성분의 Gibbs 자유에너지의 표현인 partial molar Gibbs 자유에너지($\overline{G}_i$)는 다음과 같이 표현한다.

$$\left[\frac{\partial}{\partial n_i}(dG)\right]_{T,P,n_j} = -\left(\frac{\partial S}{\partial n_i}\right)_{T,P,n_j} dT + \left(\frac{\partial V}{\partial n_i}\right)_{T,P,n_j} dP$$

$$d\overline{G}_i = -\overline{S}_i dT + \overline{V}_i dP$$

$\overline{S}_i$: partial molar 엔트로피, $\overline{V}_i$: partial molar 부피

Molar Gibbs 자유에너지를 화학 포텐셜(Chemical potential) (μ_i)라 정의하면

$$d\mu_i = -\overline{S}_i dT + \overline{V}_i dP$$

많은 화학반응에서 볼 수 있는 등온과정(isothermal process)의 경우에는 위의 식이 더 간단하게 정리된다.

$$d\mu_i = \overline{V}_i dP$$

이상기체에 대해서는 $\overline{V}_i = RT/P$이므로, μ_i는 다음과 같이 고칠 수 있다.

$$d\mu_i = RTd\ln P_i$$

R: 이상기체상수, P_i: partial 압력

기체가 A 상태에서 B 상태로 변했다면, 그때 μ_i의 변화는 다음과 같다.

$$\mu_{iB} - \mu_{iA} = RT\ln\frac{P_{iB}}{P_{iA}}$$

비이상기체까지 포함한 혼합물을 다루기 위해서는 압력 대신 activity(a_i)라는 함수를 정의하며 다음과 같이 일반화된 식으로 표현할 수 있다.

$$d\mu_i = \overline{V}_i dP = RTd\ln a_i$$

$$\mu_{iB} - \mu_{iA} = RT\ln\frac{a_{iB}}{a_{iA}}$$

계산을 간단하게 하기 위해서 표준상태(standard state)를 지정해주고, 그때의 activity를 $a_i^o \equiv 1$이라 정의하면, μ_i를 다음과 같이 표현할 수 있다.

$$\mu_i = \mu_i^{o} + RT\ln\frac{a_i}{1} = \mu_i^{o} + RT\ln a_i \quad (\mu_i^{o}\text{: Chemical potential})$$

용액의 경우, 용액상과 기체상이 함께 존재하는데, 액상에서의 partial $\mu_i(sol)$과 기상에서의 partial $\mu_i(g)$은 동일하다.

$$\mu_i(sol) = \mu_i(g)$$

이러한 관계를 이용하고 기상이 이상기체를 따른다고 가정하면, 용액상에서의 각 성분의 activity를 기체상에서의 정보를 통해 구해낼 수 있다.

$$a_i(sol) \cong \frac{P_i}{P_i^{o}} \quad (*)$$

여기서 P_i는 용액상에서 (i) 성분의 평형증기압을 말하고, P_i^o는 순수한 (i) 용액의 동일 온도에서의 평형증기압을 말하는 것이다.

혼합용액에서 각 성분의 평형증기압은 증발되는 표면이 혼합성분으로 구성되어 있기 때문에 순수한 물질의 평형증기압보다 낮은 값을 갖게 되며, 혼합용액 내에서 몰분율(X_i)에 비례하게 된다.

$$X_i = \frac{n_i}{\sum n_k}$$

여기서 n_i는 용액 내에서의 몰 수를 나타낸다.

용액에서 용매가 거의 순수한 물질에 가까울 경우 ($X_i \rightarrow 1$), $P_i \rightarrow P_i^o$의 관계가 성립하므로, 다음의 관계를 표현할 수 있으며 이를 라울의 법칙(Raoult's law)이라 한다.

$$P_i = P_i^{o} X_i$$

이러한 관계를 용질의 관점에서 본다면, 용질의 농도가 낮은 경우 용질의 증기압은 다음과 같이 용액상의 몰분율과 비례관계가 있다.

$$\lim_{X_i \to 0}\left(\frac{dP_i}{dX_i}\right) = P_i^{*}$$

이러한 관계를 헨리의 법칙(Henry's law)이라고 부르며, P_i^*를 Henry's law 상수라고 정의한다. 따라서, 용질에 대해서도 용질의 압력은 아래와 같이 몰분율로 나타낼 수 있다.

$$P_i = P_i^{*} X_i$$

이처럼 아주 묽은 용액의 경우 라울의 법칙과 헨리의 법칙이 용매와 용질에 대해서 유효하며, 관계식 (*)을 집어넣으면 activity를 용액 내 몰분율로 표현할 수 있다.

$$a_i = X_i$$

그러므로, 용액에 대한 μ_i 또한 기체에서와 마찬가지의 관계식으로 나타낼 수 있으며, 여러 실험을 통하여 입증되었다.

$$\mu_{iB} - \mu_{iA} = RT \ln \frac{X_{iB}}{X_{iA}}$$

라울의 법칙이 유효하지 않은 농도에서 activity와 몰분율 사이의 관계는 activity 계수(activity coefficient, γ_i)를 이용하여 보정해 준다.

$$a_i = \gamma_i X_i$$

단백질이나 NaCl과 같이 용질의 휘발성이 없는 경우에는 헨리의 법칙 대신 다음과 같은 Gibbs-Duhem 관계식을 사용하여 activity와 몰분율 간의 관계를 찾을 수 있다.

$$\sum_{i=1}^{c} n_i d\mu_i = 0$$

이성분계를 예로 들어보면, Gibbs-Duhem 관계식에 따라, 다음과 같이 표현된다.

$$n_1 d\mu_1 + n_2 d\mu_2 = 0$$

여기에 $d\mu_i = RTd \ln a_i$를 대입하고, $(n_1 + n_2)RT$로 나눠주면, 아래와 같은 몰분율로 표현된다.

$$X_1 d \ln a_1 + X_2 d \ln a_2 = 0$$

위의 관계식은 용매의 activity를 알면 용질의 activity를 구할 수 있음을 보여준다.

만일, 용질의 농도가 낮아서 라울의 법칙이 유효하다면 $a_1 = X_1$의 관계가 있으므로, 다음과 같이 간단하게 정리가 된다.

$$X_1 d \ln X_1 + X_2 d \ln a_2 = dX_1 + X_2 d \ln a_2 = -dX_2 + X_2 d \ln a_2$$

$$(\because X_1 + X_2 = 1)$$

$$d \ln a_2 = \frac{-dX_1}{X_2} = \frac{dX_2}{X_2} = d \ln X_2$$

$$d \ln \left(\frac{a_2}{X_2} \right) = 0$$

$$\frac{a_2}{X_2} = k \quad (k\text{: 상수})$$

결국, 비휘발성 용질의 경우에도 농도가 낮을 경우 activity는 용액상의 용질의 농도에 비례하는 헨리의 법칙과 동일한 형태가 된다.

용액을 기반으로 하는 나노구조의 합성은 크게 균질 핵생성 및 성장(homogeneous nucleation and growth)와 이종 핵생성 및 성장(heterogeneous nucleation and growth)으로 나누어볼 수 있으나, 동일한 열역학적인 기반을 가지고 있다. 용액 안에서 용질의 농도가 평형농도 이상 존재하여 과포화 상태(supersaturation)가 되면, 평형상태에 비해 전체적인 화학 포텐셜(chemical potential)이 증가하게 된다. 화학 포텐셜은 molar 자유에너지이기 때문에, 자유에너지의 변화라고 해석하면 된다.

대부분의 나노재료 합성에서는 용질의 농도가 높지 않기 때문에, 화학 포텐셜의 증가는 용질의 몰분율 즉, 농도의 변화($d\mu$)로 표현할 수 있다.

$$d\mu = RT\ln\frac{X}{X_o} = RT\ln(1+\sigma)$$

여기서, X_o는 평형상태에서의 농도(equilibrium concentration)이고, σ는 과포화도(supersaturation)라고 한다. 화학 포텐셜은 용액 내에서 용질의 과포화도가 높을수록 증가하게 된다. 따라서, 주어진 조건에서 용액이 평형상태로 다시 돌아가는 방법은 과포화된 용질이 석출되어 전체적인 용질의 농도를 낮추는 것이다. 이러한 과포화를 해소하기 위한 구동력(driving force)을 부피 자유에너지(volumetric free energy)라고 하며, G_v라고 표현한다.

$$\Delta G_v = -\frac{kT}{V_s}\ln(C/C_o) = -\frac{kT}{V_s}\ln(1+\sigma)$$

V_s: molar 부피, C: 용질의 농도, C_o: 평형농도

ΔG_v는 자유에너지를 줄이는 것이므로 음의 값을 가진다. ΔG_v는 용액의 단위부피당 자유에너지의 변화이며, 다르게 표현하면 몰부피당 화학 포텐셜의 변화라고 생각할 수 있다.

이 부피 자유에너지가 용액에서 물질의 석출이 일어나는 근본 이유이며, 나노재료의 합성 또한, 이러한 열역학적인 해석에 기반을 두고 있다. 용질은 결정질로 석출될 수도 있고 비정질의 형태를 취할 수도 있다. 두 경우 모두에 있어서 석출물과 용매 간에 새로운 계면이 발생하게 되는데, 계면에너지는 표면적과 계면장력(γ)의 곱으로 표현되기 때문에 석출물의 크기가 커질수록 계면에너지를 증가시키게 되어 전체 자유에너지를 높이는 이유가 된다. 앞에서 언급한 G_v는 용질의 석출에 대한 양의 구동력(positive driving force)이고 계면에너지는 음의 구동력(negative driving force)이라고 할 수 있다.

가장 간단한 경우로 나노재료가 완벽한 구형으로 석출된다고 하면, 전체 자유에너지의 변화(ΔG)는 다음과 같이 표현할 수 있다.

그림 3-15 핵의 생성 및 성장에 따른 자유에너지의 변화

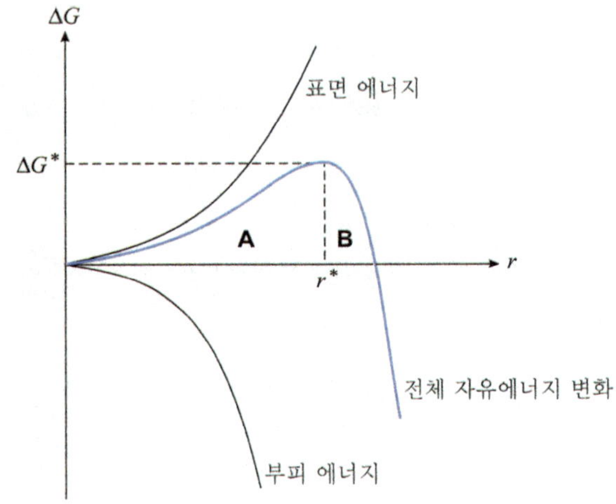

$$\Delta G = \frac{4}{3}\pi r^3 \Delta G_v + 4\pi r^2 \gamma \quad (r\text{: 반지름})$$

위의 식을 그래프로 그리면 다음과 같이 나타난다(그림 3-15).

그림 3-15에서 r은 구형 성장을 가정할 때 입자의 반지름이다. 그림 3-15에서 볼 수 있듯이, 포화상태에서 석출이 시작되어 핵이 생성될 때는 계면에너지가 증가하기 때문에 핵이 계속 성장하기 위해서는 에너지의 장벽이 발생한다. 구간 A의 영역, 즉, 핵의 크기가 작은 상태에서는 핵이 성장하여 크기가 커짐에 따라 자유에너지가 증가하기 때문에 열역학적으로 핵의 성장이 불리하므로, 핵이 다시 녹아 $r = 0$의 상태로 돌아가게 된다. 용액에서는 이러한 핵의 생성과 소멸이 수없이 반복된다. 즉, 일정 크기 아래에서는 과포화 상태라 하더라도 커다란 크기로 석출이 될 수는 없으며, 평형상태를 유지하고 있는 것처럼 인식하게 된다. 그러다, 핵의 크기가 어떤 임계크기($r = r^*$)에 이르게 되면, 핵이 계속 성장하는 것이 전체 자유에너지를 줄일 수 있게 되므로 자발적으로 계속 성장하게 되며 결국 나노 입자로 석출이 일어나게 된다. 그러므로 r^*는 입자가 안정하게 존재할 수 있는 최소의 크기라고 할 수 있다. 임계크기에서는 $d(\Delta G^*)/dr = 0$를 만족하므로, 임계크기와 그때의 자유에너지 변화를 다음과 같이 구할 수 있다.

$$r^* = -2\frac{\gamma}{\Delta G_v} = \left(\frac{-2V_s}{kT}\right)\frac{\gamma}{\ln(1+\sigma)}$$

그림 3-16 이종 핵생성에 대한 표면에너지 균형

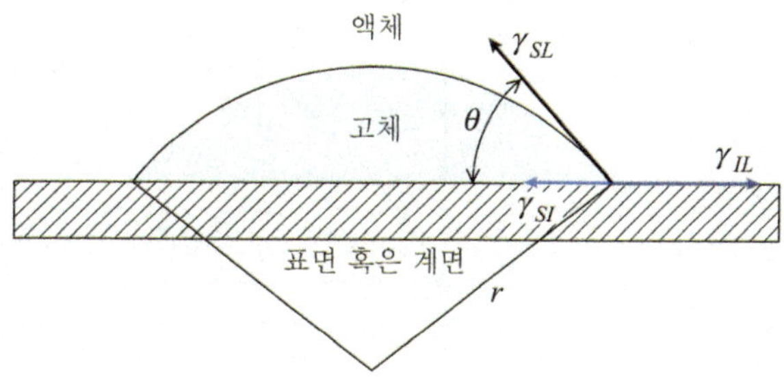

$$\Delta G^* = \frac{16\pi\gamma}{(3\Delta G_v)^2} = \left(\frac{16\pi V_s^2}{9k^2T^2}\right)\frac{\gamma}{[\ln(1+\sigma)]^2}$$

입자를 생성시키기 위해서는 임계 자유에너지가 크지 않도록 유지해 줄 필요가 있다. 임계에너지를 낮추는 방법은 위의 식에서 알 수 있듯이 과포화도(σ)를 키우거나 핵의 계면에너지(γ)를 낮추는 방법이 있다. 과포화도의 조절은 반응에 참여하는 원소의 농도를 직접 증가시키거나, 온도를 낮추어 평형농도를 감소시킴으로써 반응조건에서 과포화도를 증가시킬 수 있다. 또 다른 접근법으로 계면에너지를 낮추는 것은 계면활성화제(surfactant)를 첨가하여 핵의 표면을 둘러싸면 가능한 일이다. 실제 나노입자와 나노선을 용액상에서 합성하는 경우에는 대부분의 과정에서 계면활성화제를 첨가하고 있다. 계면활성화제는 나노입자 간에 뭉침현상을 막아줄 뿐만 아니라 입자 자체의 생성을 돕는 역할을 하고 있다.

핵의 생성이 다른 물질의 표면에서 일어날 때 이를 이종 핵생성(heterogeneous nucleation)이라고 한다. 표면에 다른 종류의 물질이 올라가게 되면 세 가지의 계면장력은 서로 상쇄되어 다음과 같이 균형을 이루게 되는데, 이를 Young의 방정식이라고 한다.

$$\gamma_{IL} = \gamma_{SI} + \gamma_{SL}\cos\theta$$

γ_{IL}: 표면에너지

γ_{SI}: 계면에너지

γ_{SL}: 고체 · 액체 계면에너지

이러한 상태에서 자유에너지의 변화는 균질 핵생성(homogeneous nucleation)에서와 마찬가지로, 과포화상태를 해소하기 위한 부피 자유에너지와 계면에너지의 합으로 나타낼 수 있다. 가장 단순한 형태로 표면 위의 물질이 반지름 r을 갖는 구의 일부라고 가정하면 자유에너지의 변화는 다음과 같이 쓸 수 있다.

그림 3-17 이종핵생성(heterogeneous nucleation) 반응에 의한 임계자유에너지의 감소

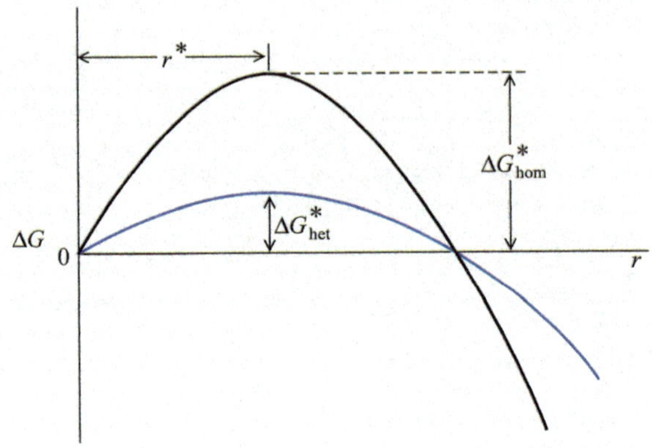

$$\Delta G = a_3 r^3 \Delta G_v + a_1 r^2 \gamma_{SL} + a_2 r^2 \gamma_{SI} - a_2 r^2 \gamma_{IL}$$
$$a_1 = 2\pi(1-\cos\theta)$$
$$a_2 = \pi \sin^2\theta$$
$$a_3 = 3\pi(2 - 3\cos\theta + \cos^2\theta)$$

위의 식에 $d(\Delta G)/dr = 0$를 적용하여, 임계크기 r^*와 임계자유에너지 ΔG^*_{hetero}를 구하면 다음과 같이 표현될 수 있다.

$$r^* = \frac{-2(a_1\gamma_{SL} + a_2\gamma_{SI} - a_2\gamma_{IL})}{3a_3\Delta G_v} = \left(\frac{2\pi\gamma_{SL}}{\Delta G_v}\right)\left(\frac{\sin^2\theta\cdot\cos\theta + 2\cos\theta - 2}{2 - 3\cos\theta + \cos^2\theta}\right)$$

$$\Delta G^*_{hetero} = \left(\frac{16\pi\gamma_{SL}}{(3\Delta G_v)^2}\right)\left(\frac{2 - 3\cos\theta + \cos^2\theta}{4}\right) = \left(\frac{16\pi\gamma_{SL}}{(3\Delta G_v)^2}\right) f(\theta)$$

$$\Delta G^*_{hetero} = \Delta G^*_{homo} f(\theta)$$

위의 식에서 $f(\theta)$는 형상인자(shape factor)라고 부르며, 크기는 0과 1 사이의 값을 가진다. 따라서, 언제나 이종 핵생성(heterogeneous nucleation)을 위한 임계 자유에너지는 균질 핵생성(homogeneous nucleation)을 위한 임계 자유에너지에 비해 작거나 같은 값을 갖게 된다. 이를 그림으로 표현하면 그림 3-17과 같다. 낮아진 임계 자유에너지는 핵의 생성이 쉽게 일어날 수 있도록 도와준다. 이러한 특성을 이용하여 과포화도가 임계 자유에너지를 넘지 않도록 유지하면 균질 핵생성은 억제하면서 모든 핵의 생성이 표면 위에서만 일어날 수 있도록 제어가 가능하다. 특히, 접촉각(contact angle)의 값이 작아질수록 형상인자가 작아지므

로, 이종 핵생성을 가속화시킬 수 있다. 여기서 접촉각이 작다는 것은 핵이 생성될 표면과 핵 간에 친화성이 있다는 것을 의미한다. 만일 접촉각이 0°가 되면 이종 핵생성은 아무런 임계 자유에너지를 필요로 하지 않기 때문에 자발적인 표면코팅이 일어날 수 있음을 알 수 있다. 표면 코팅을 막고자 한다면 표면과 코팅될 물질 간의 친화성을 없애주어야만 가능하다.

3.2.2 성장속도론(Growth kinetics)

임계크기 이상의 안정된 핵의 생성이 이루어지고 나면, 자발적인 핵의 성장 과정이 뒤따른다. 앞에서 언급한 대로 핵의 성장은 바이노달 상분리(binodal decomposition)에 의해서 진행되므로, 용액으로부터 핵의 표면까지 확산에 의한 물질의 계속적인 유입이 필수적이다. 확산되어 표면까지 도달한 물질은 표면의 상태에 따라 표면에 흡착되는 정도에 차이가 발생할 수 있다. 물질의 흡착과 탈착이 가역적인 반응이어서는 핵의 성장이 제대로 이루어질 수 없다. 따라서, 흡착된 물질이 에너지적으로 구조 내에 안정적으로 결합되는 과정이 필요하다. 핵 표면까지의 확산과 표면에서의 반응은 서로 상관관계가 없는 과정이며, 전체적인 핵의 성장속도가 확산에 의해서 결정되느냐(diffusion-limited) 혹은 표면반응에 의해서 결정되느냐(surface reaction-limited)에 따라 만들어지는 나노재료의 분산도에 큰 차이가 나타난다.

핵의 성장이 확산에 의해서 결정된다면, 즉 전체 성장에서 확산이 느린 과정으로 진행되어 표면에서의 반응속도보다 훨씬 느리다면, 전체 성장속도(dr/dt)는 아래와 같이 농도에 의존하는 함수로 표현될 수 있다.

$$\frac{dr}{dt} = D(C - C_s)\frac{V_m}{r}$$

여기서, C_s는 성장하고 있는 입자의 표면에서의 농도이고, C는 벌크 용액의 농도이다. D는 확산계수(diffusion coefficient)이고, V_m은 입자를 형성하는 물질의 몰부피(molar volume)를 의미한다. 반응시간에 따른 입자 크기의 균일도의 변화를 알아보기 위해서, $t = 0$에서 $r = r_o$이고 벌크 용액의 농도는 일정하다고 가정하면, 위의 식은 다음과 같은 과정을 거쳐 균일도의 변화를 예측할 수 있게 된다.

$$r^2 = 2D(C - C_s)V_m t + r_o^2 = k_D t + r_o^2$$
$$(k_D \equiv 2D(C - C_s)V_m)$$

$$\delta r = \frac{r_o \delta r_o}{r} = \frac{r_o \delta r_o}{\sqrt{k_D t + r_o^2}}$$

$$\frac{\delta r}{r} = \frac{r_o \delta r_o}{r^2} = \frac{r_o \delta r_o}{k_D t + r_o^2}$$

위의 식에서 δr_o는 입자의 초기에 각 입자 간의 크기 차이를 표현한 것이고, δr은 시간이 흐른 후에 각 입자 간의 크기 차이를 나타낸 것이다. 위의 식에서 δr의 값은 시간이 지남에 따라 점점 감소함을 알 수 있다. 또한, 입자의 균일도를 나타내는 $\delta r/r$의 값은 시간에 반비례하여 감소하며, 입자의 크기에 대해서는 제곱에 반비례하여 감소함을 알 수 있다.

입자의 성장이 표면반응에 의해서 결정되는 경우, 즉 확산속도는 충분히 빨라 표면에 충분한 양의 물질 유입이 있지만, 표면반응이 느린 경우에는 전체 반응속도는 물질의 농도에 무관하며 크기에 상관없이 일정한 값을 갖기 때문에 아래와 같이 표현할 수 있다.

$$\frac{dr}{dt} = k_p$$

따라서, 초기에 입자의 크기를 r_o라고 하면 시간에 따른 입자의 균일도는 아래와 같이 얻어진다.

$$r = k_p t + r_o$$

$$\delta r = \delta r_o$$

$$\frac{\delta r}{r} = \frac{\delta r_o}{r} = \frac{\delta r_o}{k_p t + r_o}$$

위의 식에서 δr의 값은 δr_o와 동일하기 때문에, 입자 간의 절대적인 크기 차이는 변함이 없을 것임을 예측할 수 있으나, 입자가 커짐에 따라 상대적인 균일도인 $\delta r/r$의 값은 시간에 반

그림 3-18 핵의 성장에서 표면반응제어(surface reaction-control)와 확산제어(diffusion-control)의 경우 입자 균일도의 변화

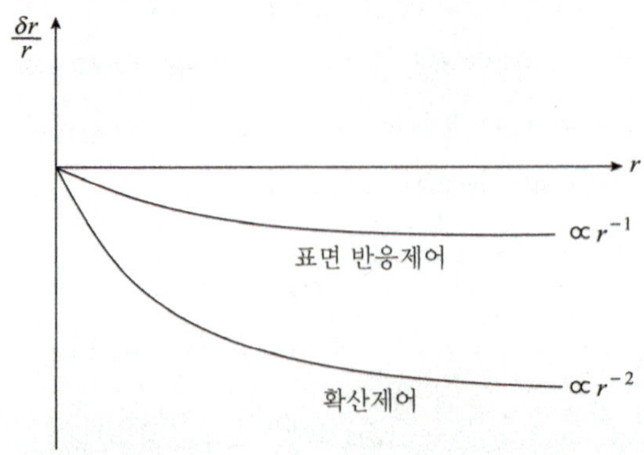

비례하여 줄어듦을 알 수 있다. 확산과 표면반응에 의해 성장속도가 결정되는 두 경우에 대해서 입자의 크기에 따른 일반적인 균일도의 변화를 그리면 그림 3-18과 같다.

그림 3-18에서 알 수 있듯이 균일한 입자를 만들기 위해서는 물질의 확산을 조절하는 것이 필수적임을 알 수 있다. 실제 합성과정에서는 물질의 확산을 조절하기 위해서 몇 가지 방법이 사용되고 있다. 우선, 반응물질을 반응의 초기에 모두 넣지 않고, 시간에 따라 조금씩 서서히 넣어줌으로써 용액 내에 물질의 농도를 아주 낮게 유지하는 방법이 있다. 둘째, 용액의 점도를 많이 올려줌으로써 물질의 확산계수를 떨어뜨려 전체적인 확산을 늦추는 방법이 있다. 셋째, 성장하는 나노입자에 도포제(capping agent)를 이용하여 자기조립체를 형성시키거나, 고분자 계면활성화제(surfactant)를 사용하여 확산방지막(diffusion barrier)를 형성시켜 주는 것도 좋은 방법이다. 실제 거의 대부분의 나노입자 합성과정에서 계면활성화제(surfactant)나 도포제를 사용하기 때문에 반응물질의 농도를 아주 낮게 유지하지 않은 상태에서도 일정한 크기의 나노입자를 합성할 수 있다.

3.2.3 크기조절(Size control)

그림 3-19는 핵생성과 성장 시, 시간에 따른 반응물의 농도를 보여주고 있다. 초기에 반응

그림 3-19 시간에 따른 핵의 생성 및 성장 그리고 Ostwald ripening에 의한 입자의 균일도 향상

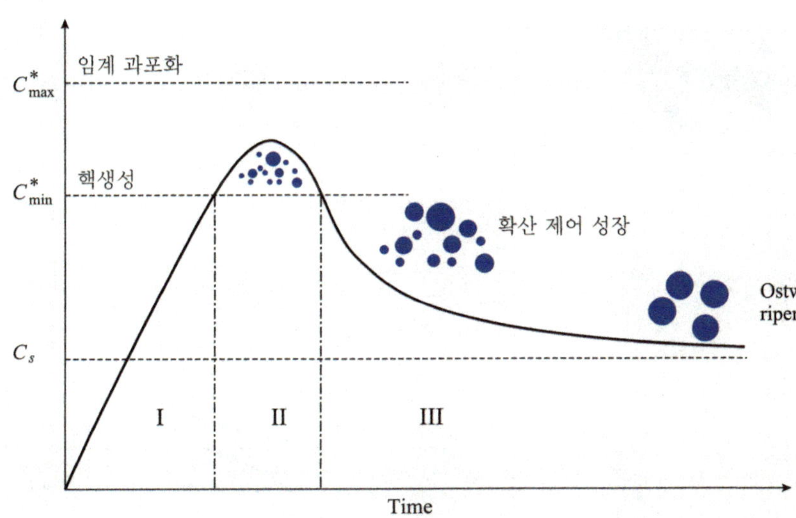

물의 농도가 낮을 경우 (I 영역)에는 과포화도가 낮기 때문에 임계크기에 이르는 핵의 생성이 어렵다. 반응물의 농도가 특정 농도 이상이 되면 임계크기에 이르는 핵이 급격하게 발생하면서, 수많은 나노입자가 생성된다(II 영역). 반응물의 농도가 일정 수준 이하로 떨어지면 핵의 생성은 더이상 일어나지 않고, 형성된 안정된 핵만 자라는 영역에 접어들게 된다(III 영역). 대부분의 입자 표면은 유기층을 가지고 있기 때문에 확산에 의해 제어되는 메커니즘으로 성장하게 된다. 이러한 성장을 통해서 입자의 크기 균일도가 높아진다. 입자의 크기가 수 나노미터에 해당하는 경우에는 확산성장(diffusion growth)에 의해서 균일도의 향상 정도가 미약하기 때문에, 동일한 크기의 핵을 짧은 순간에 생성시키는 것이 매우 중요하다.

일반적으로 성장이 가능한 핵의 생성률은 임계크기 이상의 안정한 핵의 존재확률(P), 반응물질의 초기 농도(C_o), 그리고 반응물의 움직임의 활발한 정도를 나타내는 뜀진동수(jump frequency, Γ)에 비례한다. 여기서 P는 임계자유에너지 이상을 갖게 되는 농도를 말하는 것으로 Boltzmann 분포를 따르게 된다. Γ는 반응물에 주어지는 열에너지(kT)에 비례하고, 원자의 크기(λ)에 반비례하며, 점도(η)에 반비례하는 함수관계를 가지며 다음과 같이 표현된다.

$$\Gamma = \frac{kT}{3\pi\lambda^3\eta}$$

위의 식과 P의 분포를 함께 고려하면 핵생성률(R_N)에 대한 일반화된 식을 얻을 수 있다.

$$P = \exp\left(-\frac{\Delta G^*}{kT}\right)$$

$$R_N = C_o P\Gamma = C_o\left(\frac{kT}{3\pi\lambda^3\eta}\right)\exp\left(-\frac{\Delta G^*}{kT}\right)$$

그림 3-20 핵생성속도와 핵의 성장속도의 일반적인 비교

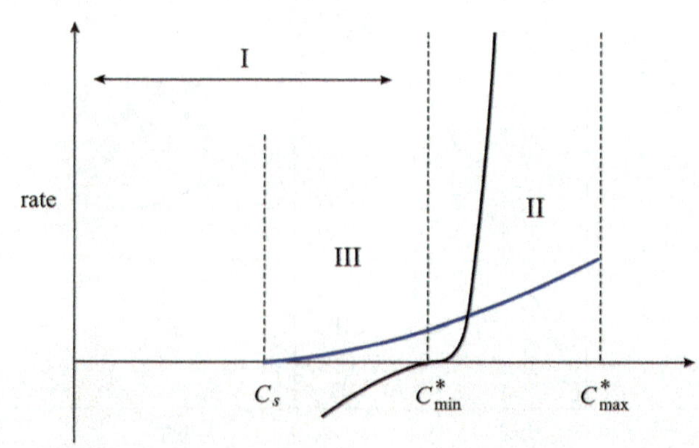

위의 식을 통해 알 수 있는 것은 핵의 생성률은 초기 농도가 높아 과포화도가 높을수록, 임계에너지가 낮을수록, 그리고 용액의 점도가 낮을수록 빠르게 일어남을 예측할 수 있다.

일반적으로 그림 3-20에 보이는 바와 같이 핵의 생성속도는 핵의 성장속도보다 훨씬 빠른 편이다. 따라서, 아주 짧은 시간에 많은 핵이 생성될 수 있도록 조건을 잡아주고 2차 핵의 생성을 막아주면 균일한 크기의 입자 합성이 가능할 수 있다.

3.3 0차원 나노입자의 합성(Synthesis of 0D nanomaterials)

다양한 형태의 나노입자를 제조하는 데 있어서 용액 공정은 생산성이나 복합재료를 만드는 데 가장 유용한 합성법으로 받아들여지고 있다. 용액 속에서 합성된 나노입자는 반데르발스 인력 때문에 쉽게 뭉치게 되는데, 이렇게 뭉치고 나면 나노입자에서 기대할 수 있는 기계적, 화학적, 물리적, 광학적, 전기적 특성을 잃어버리게 된다. 따라서, 합성과정에서 입자의 뭉침을 막을 수 있도록 표면처리를 해주어야만 한다. 이러한 표면처리를 위해서는 보통 oleic acid나 alkyl amine과 같은 양친성 저분자 유기물질 또는 나노입자와 화학적인 친화성이 있어 입자의 표면에 고정화될 수 있는 고분자 물질을 사용하여 나노입자를 안정화시켜준다. 저분자의 경우에 도포제(capping agent)라 하고, 고분자의 경우 계면활성화제(surfactant)라고 부르는 것이 통상적이다. 이러한 유기물질은 입자들 간의 뭉침을 막는 기능을 할 뿐만 아니라, 입자의 크기와 분포, 결정형태를 조절하는 데 중요한 역할을 한다. 합성을 위한 접근 방법은 물질의 종류에 따라 상이한 점들이 많기 때문에, 아래와 같이 물질 별로 알아보기로 한다.

3.3.1 금속 나노입자의 합성(Synthesis of metal nanoparticles)

금속 나노입자의 합성은 거의 대부분 금속 전구체를 환원시킴으로써 얻어지며, 크게 네 가지의 유형으로 나눌 수 있다: i) 화학적 환원(chemical reduction), ii) 열분해(thermal decomposition), iii) 광화학적 환원(photochemical reduction), iv) 초음파화학적 환원(sonochemical reduction). 네 방법 중에서 나노입자의 형태와 크기를 잘 제어할 수 있는 방법이 화학적인 환원이기 때문에 많은 합성과정에서 사용되고 있다. 열분해 방법은 주로 자성입자나 반도체입자를 합성하는 데 많이 이용되고 있다. 광화학적 환원과 초음파화학적 환원법은 합성되는 입자의 형태와 크기를 제어하기가 어려운 반면에 많은 양을 쉽게 얻어낼 수 있다는 장점이 있다. 본 장에서는 각 방법에 대해서 살펴보고, 마지막으로 환원과정에서 함께 발생하는 금속의 산화 가능성에 대해서 언급하고자 한다.

3.3.1.1 화학적 환원(Chemical reduction)

화학적인 환원법은 금속 나노입자를 합성하는 데 사용되는 가장 일반적인 방법이며 다양한 화학적인 방법이 개발되었다. 현재 거의 모든 금속재료를 균일한 크기의 나노입자로 합성할 수 있으며, 금속재료 간의 합금들도 일부 크기와 형태가 제어된 상태로 합성이 가능하다. 금속나노입자의 합성은 앞의 3.2장에서 다루었던 균질 핵생성 및 성장(homogeneous nucleation and growth)의 각 원칙이 잘 적용되는 합성과정이라 할 수 있다. 금속 전구체가 화학적인 환원과정을 거치면서 금속 원자를 만들어 내고, 계속된 환원반응으로 금속 원자의 농도는 과포화 상태에 이르게 된다. 용질이 과포화된 상태로 존재하면 용액 전체의 화학포텐셜(chemical potential)이 증가하여 열역학적으로 과포화도를 감소시키고자 하는 작용(volumetric free energy)때문에 석출이 발생한다. 일단 석출로 핵이 발생하면 핵이 점점 커짐에 따라 핵의 표면과 용매 간의 표면에너지가 함께 증가하여, 에너지적으로 불리해지고 핵이 소멸된다. 따라서, 에너지적으로 불리한 표면에너지와 유리한 부피 자유 에너지의 상대적인 크기에 의해서 핵의 성장 여부가 결정될 수 있다. 임계 크기 이상의 핵은 성장이 전체 용액의 에너지를 낮출 수 있기 때문에 계속해서 자라게 된다. 균일한 크기의 나노입자를 제조하기 위해서는 핵의 생성이 짧은 순간에 대량으로 일어나서 추가적인 핵 생성이 발생하지 않아야 하며, 용액의 전부분에서 농도와 온도가 균일성(homogeneity)을 가져야 한다. 추가적인 핵생성을 막기 위해서는, 초기 핵생성의 시기가 지난 후 금속원자의 농도가 핵 생성을 위한 임계농도 이상으로 올라가지 않도록 반응 용액의 조건을 유지시켜 주어야 한다. 또한, 핵의 성장 시에는 확산제어 성장(diffusion-controlled growth)의 조건을 유지시켜 주어야 하는데, 대개의 경우 금속과 결합력이 있는 고분자 계면활성화제(surfactact)나 저분자의 도포제(capping agent)를 사용하기 때문에 생성된 핵은 유기층으로 둘러싸여 이러한 조건을 제공하여 준다. 자세한 내용은 앞의 3.2절을 참고하면 된다.

금속입자의 합성은 대부분의 경우 반도체 입자의 합성에 비해 반응물의 농도가 낮고 시간이 더 오래 걸리는 편이라 할 수 있다. 그 이유는 뒤에서 다루겠지만, 반도체 물질의 경우에는 고열에서 분해시키는 과정을 주로 이용하기 때문에 반응물질의 초기 농도가 아주 높은 반면, 금속의 경우에는 대부분 화학적인 환원반응이기 때문에, 열분해처럼 빠른 환원을 시키기 위해서 환원제를 첨가하면 용액 안에서 환원제가 균일하게 분포되기 전에 환원이 시작되어 용액 전체가 아닌 국부적인 반응을 일으키면서(heterogeneous) 나노입자의 뭉침 현상이 발생하게 된다. 아래에 많은 합성이 이루어지고 있는 Au, Ag, Pt, Rh 등에 대해서 많이 사용되는 조건을 나열해 보았다.

Ex 1) Metal Chloride + methanol + water + at 80°C in polymer surfactant
→ Metal nanoparticles

Ex 2) $HAuCl_4 + Na_3C_6H_5O_7$ in water at 100°C → Au (3−10 nm)

많은 종류의 금속입자 합성에서 금속염화물(metal chloride)을 환원반응에 활용하고 있다. Au 나노입자를 합성하는 가장 대표적이면서 오래된 방법으로, chloroauric acid의 Au^{3+}가 약한 환원제에 속하는 구연산염(sodium citrate)에 의해서 Au로 환원이 일어난다.[10] 구체적인 실험 방법은 20ml의 $HAuCl_4$ 희석용액 (2.5×10^{-4} M)을 끓이는 도중에 0.5% sodium citrate 1 ml를 넣어주면 아주 안정적이고 비교적 균일한 Au 나노입자가 만들어진다. 여기서 sodium citrate는 환원제이면서 도포제(capping agent)로 작용한다. 그림 3-21에 보이는 것처럼 반응이 경과됨에 따라 입자가 커지기 때문에 용액의 색이 검붉은 색에서 점차 붉은빛으로 변하게 된다. 구연산염을 사용하는 방법은 현재까지도 가장 많이 사용되는 합성법 중의 하나이다. 이후로, Whyman에 의해서 phase-transfer 환원반응을 통한 금 입자 합성,[11] Whetten에 의한 alkanethiol로 도포된 금 입자를 에어로졸 방법으로[12] 합성할 수 있는 방법들이 제시되면서 금 입자의 표면특성을 제어할 수 있는 기술이 많은 발전을 이루게 되었다. Ag, Pt 나노입자도 동일한 방법으로 합성할 수 있다. 보통 Pt는 형성되는 결정립의 크기가 작기 때문에 입자도 다른 금속에 비해 작게 만들어지는 편이다.[13]

그림 3-21 0.01% $HAuCl_4$ 용액을 100°C로 가열함.(0s). 1% sodium citrate solution을 넣은 후 30초 경과(30s)와 60초 경과(60s), 120초 경과(120s).

Ex 3) $H_2PtCl_6 + Na_3C_6H_5O_7$ in water at 100°C → Pt (2.5 nm)

어떤 경우에는 용매 자체가 환원제로서 역할을 할 수도 있는데, 대부분의 경우 약한 환원 특성을 보인다. 예를 들면, Rh은 다음과 같은 변화를 거쳐 환원이 된다.[14]

Ex 4) $RhCl_3 + 3/2\ CH_3OH$
→ $Rh + 3/2\ HCHO + 3\ HCl$ at 80°C with PVA (polyvinylalcohol)

여기서 메탄올(methanol)은 약한 환원제로 작용하고, 장시간 반응을 지속시켜 안정적인 Rh 나노입자를 얻을 수 있다. 이러한 반응은 다양한 금속 염(salt)에 대해서 적용될 수 있는 방법이다.

Ex 5) Metal salts in ethylene glycol at 150°C → Metal nanoparticle

Polyol 공정은 금속 나노입자를 제조하는 데 사용되는 일반적인 방법으로 대부분의 금속 염에 적용이 가능한 방법이다. 특별한 환원제를 첨가하지 않고 진행되는 반응으로, 에틸렌글리콜(ethylene glycol)이 용매이자 환원제의 역할을 동시에 한다. 에틸렌글리콜은 120°C 이상으로 열이 가해지면 에틸렌알데히드(ethylene aldehyde)로 변하게 된다. 이 에틸렌알데히드의 카르보닐 그룹이 금속 이온과 배위결합을 형성하는 과정에서 전자를 잃고 산소와 결합

표 3-5 전구체, 환원제, 고분자 안정화제

전구체(Precursors)		환원제(Reducing agents)	
Metal anode	Pd, Ni, Co	Hydrogen	H_2
Palladium chloride	$PdCl_2$	Ethylene glycol at > 120°C	$HOCH_2CH_2OH$
Hydrogen hexachloroplatinate IV	H_2PtCl_6	Sodium citrate	$Na_3C_6H_5O_7$
Potassium tetrachloroplatinate II	K_2PtCl_6	Citric acid	$C_6H_8O_7$
Silver nitrate	$AgNO_3$	Carbon monoxide	CO
Silver tetraoxychlorate	$AgClO_4$	Phosphorus in ether	P in -O-
Chloroauric acid	$HAuCl_3$	Methanol	CH_3OH
Rhodium chloride	$RhCl_3$	Hydrogen peroxide	H_2O_2
Selenious acid	$HeSeO_3$	Formaldehyde	HCHO
		Sodium tetrahydroborate	$NaBH_4$
고분자 안정화제(Polymer Stabilizer)		Ammonium	NH_3
Poly(vinylpyrrolidone), PVP		Hydrazine	N_2H_4
Polyvinylacohol, PVA			
Polyethyleneimine			
Sodium polyphosphate			
Sodium polyacrylate			
Tetraalklammonium halogenides			

을 이루게 된다. 이러한 과정을 통해 에틸렌알데히드가 약한 환원제로 작용하여 각 종류의 금속을 서서히 환원시키게 된다. Ag의 경우를 예로 들면 다음과 같은 화학변화를 거쳐 나노선이나 입방(cubic) 구조의 나노입자, 나노막대와 같은 다양한 형태의 나노구조체로 제조가 가능하다.[15]

$$2HOCH_2CH_2OH \rightarrow 2CH_3CHO + 2H_2O$$

$$2Ag^+ + 2CH_3CHO \rightarrow CH_3CHO\text{-}OHCCH_3 + 2Ag + 2H^+$$

표 3-5는 합성과정에서 빈번히 등장하는 전구체, 환원제, 고분자 안정화제를 정리한 것이다.

3.3.1.2 열분해(Thermal decomposition)

열분해(thermal decomposition)를 통한 금속 나노입자의 제조는 대부분 자성 나노입자에 집중되어 왔다. 특히, Fe, Co, Ni와 같은 강자성 물질이나 PtFe, CoFe와 같은 금속합금에 대한 합성이 주목을 받아왔다. 강자성 금속 나노입자를 대개 5nm 이하의 크기로 제조하면 초상자성(superparamagnetism) 특성을 얻을 수 있으나, 수 나노의 크기로 균일한 입자를 만들기가 쉽지 않기 때문에 초상자성에 대한 응용은 비교적 크기가 커도 초상자성이 유지되는 산화철 입자를 사용하고 있다. 또한, 금속은 쉽게 산화가 일어나기 때문에, 합성과정을 잘 제어한다고 하더라도 표면에 산화층이 생기는 것을 피할 수 없는 경우가 많다는 측면에서도 산화철의 이용이 장점이라 할 수 있겠다. 그러나 금속성 자성 물질은 산화물에 비해 훨씬 강한 자성을 갖기 때문에 산화철과는 구별되는 응용 가능성이 얼마든지 있어 합성에 대한 연구가 꾸준히 이루어지고 있다. 보통 나노입자의 합성 요소와 마찬가지로 자성 금속입자의 합성에서도 입자의 크기와 모양 제어는 반응 온도, 시간, 전구체의 농도, 계면활성화제의 농도 및 특성에 많은 영향을 받는다. 아래에 몇 가지 예를 들어 설명하고자 한다.

Iron pentacarbonyl[$Fe(CO)_5$]은 Fe 나노입자를 합성하기 위해서 가장 빈번히 사용되는 전구체 중의 하나다. 1979년 Griffiths 그룹에서 처음으로 $Fe(CO)_5$을 비닐계 고분자 용액에서 열분해시키면 Fe 나노입자가 만들어질 수 있음을 보고하였다.[16] 열분해로 환원된 Fe 원자들은 용액 안에서 핵을 생성한 후 성장하여 나노입자로 변한다. 이때 만들어진 나노입자는 5-20 나노미터에 이르는 다소 크기에 균일도가 떨어지는 형태로 얻어졌다. 초음파화학적 분해법도 제시가 되었으나,[17] 주된 합성법은 열분해에 근간을 두고 있다. 동일한 열분해 방법으로, trioctylphosphine oxide (TOPO)와 trioctylphosphine (TOP)와 같은 효과적인 도포제를 사용하여 핵 성장이 확산에 의해 제어되도록 해주면, 2nm의 아주 작고 균일한 Fe 나노입자를 얻을 수 있었다.[18] 균일한 크기의 입자를 만들고자 할 때, 핵의 역할을 할 수 있는 나노입자를 넣어준 후 합성하는 것도 좋은 방법의 하나이다. 특히, Pt의 나노입자는 대개 1-2nm로

그림 3-22 열분해를 통해 합성된 Fe 나노입자(A)[19]와 Co 나노입자(B)[21]

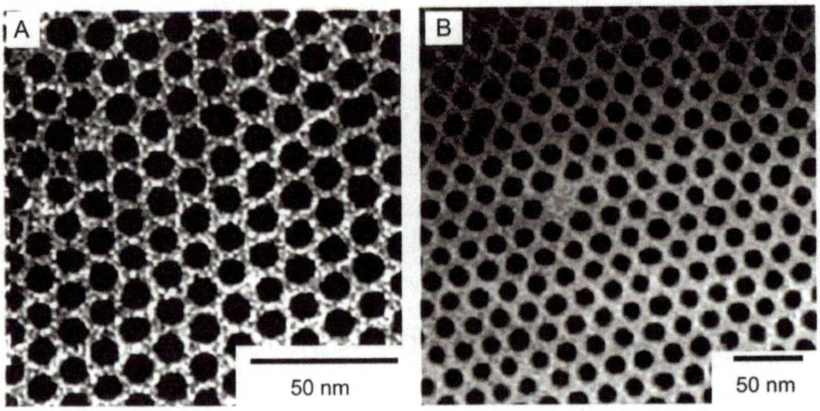

작게 만들어지기 때문에, 씨(seed)로 종종 사용된다. 이 경우에는 외부에서 핵을 넣어준 후, 용액에서 핵이 형성되지 못하고 성장만 일어날 수 있도록 과포화도를 낮게 유지시켜 주어야 한다. 열분해의 조절을 통해 과포화도를 낮게 유지함으로써 씨(seed)에서만 이종성장기구(heterogeneous mechanism)로 합성이 이루어지게 하면 그림 3-22에 보이는 바와 같이 균일한 Fe와 Co 나노입자를 합성할 수 있다.[19]

Co 나노입자에 대해서는 Murray 그룹에서 cobalt chloride를 열분해를 통해 합성하였다. 합성을 위해서 도포제(capping agent)로 사용될 oleic acid와 trialkylphosphine를 cobalt chloride가 녹아 있는 200°C의 octyl ether에 녹이고 나서, superhydride ($LiBEt_3H$)를 주입하여 제조하였다. 비슷한 방법으로 cobalt chloride 뿐만 아니라, dicobalt octacarbonyl이나 cobalt acetate와 같은 전구체를 사용하여 oleic acid, lauric acid, TOP 또는 (1, 2-dodecanediol)과 같은 약한 환원제가 포함된 환경에서 열분해함으로써 그림 3-22(b)와 같은 균일한 Co 나노입자를 합성하였다.[20, 21] 만일 사용된 도포제가 결정면에 대해서 선택적인 배위결합을 이룰 경우 나노구조체의 형태에 변화를 줄 수 있다. 한 예로, 선형 amines 고분자를 계면활성화제로 사용한 경우에는 나노입자 대신 나노디스크가 합성되었는데, 이는 아미노 그룹이 {001} 결정면의 성장을 억제하기 때문인 것으로 생각된다.[22]

금속 간의 합금 형태인 FePt와 CoPt에 대해서도 큰 자기적 비등방성(magnetic anisotropy) 때문에 최근 많은 합성 연구가 진행되었다. Pt를 기반으로 하는 합금 M_xPt_y의 경우에는 M_3Pt, MPt, MPt_3와 같은 세 가지 종류가 주를 이룬다. 면심정방(Face-centered tetragonal, FCT)($L1_0$ phase) MPt 합금이 자화이방성이 특히 커서 주목을 많이 받았다.

Sun 그룹에서 첫 번째로 FePt을 합성하였는데, oleic acid와 oleylamine을 도포제(capping agent)로 사용하여 Pt acetylacetonate, $Pt(acac)_2$와 $Fe(CO)_5$를 동시에 열분해시켜 제조하였다.[23] $Fe(CO)_5$ 전구체 뿐만 아니라, $Fe(acac)_2$와 $FeCl_3$ 또한 FePt 합금을 만드는 데 많이 사용되었다. 열분해를 통한 합성 이외에 화학적인 변환을 통한 제조도 보고되었다. Teng 그룹에서는 Pt@Fe_2O_3 core-shell nanoparticles을 Langmuur Blodget 방법으로 모노레이어로 만든 후에, Ar(95%)/H_2(5%) 성분의 가스를 흘려주면서 어닐링을 하여, Pt@Fe_2O_3를 FePt로 변화시켰으며 높은 결정화도를 얻을 수 있음을 보여주었다.[24] CoPt 또한 많은 강한 자성을 갖기 때문에 많은 관심을 받았는데, 1-adamantanecarboxylic acid (ACA) 도포제(capping agent)를 사용하여 $Pt(acac)_2$를 환원시키고, $Co_2(CO)_8$를 열분해하여 아주 균일한 크기의 $CoPt_3$ 나노입자를 합성하였다.[25] 다양한 종류의 도포제를 시험하였는데, 도포제의 종류에 따라 얻어지는 $CoPt_3$ 나노입자의 결정화도와 크기가 많은 영향을 받았다. 특히, 많이 사용하는 oleic acid는 입자의 표면과 너무 강한 결합을 해서 입자의 성장을 방해하여 입자가 제대로 성장하지 못하는 것으로 보고되었다.

3.3.2 반도체 입자의 합성(Synthesis of semiconductor nanoparticles)

반도체 나노입자는 비교적 큰 입자에서도 양자효과가 나타날 수 있어 형광 특성과 전기적 특성의 조절이 쉽다는 점 때문에 초기부터 산업화에 대한 기대가 컸던 재료이다.[26] 반도체 입자의 합성은 주로 유기금속 전구체(organometallic precursor)의 열분해를 통해서 이루어져 왔다. 따라서, 금속 원자의 합성을 피할 수 없으며, 산소에 의해 입자의 전기적/광학적 특성이 크게 떨어지기 때문에 최대한 질소와 아르곤 가스의 환경에서 진행하는 것이 보통이다. 합성과정에서 입자의 뭉침을 막을 수 있도록 acid나 alkyl amine과 같은 양친성 저분자 유기물질 도포제를 사용하는데, 이러한 도포제는 뭉침방지 뿐만 아니라 입자의 크기와 분포, 결정형태를 조절하는 데 중요한 역할을 한다.

현재 합성가능한 반도체 나노입자의 종류는 아주 다양하지만, 가장 주목을 받는 반도체 입자는 형광특성을 내는 것들이라 할 수 있다. 특히, II-IV족의 chalcogenide 화합물 반도체는 직접밴드갭(direct bandgap) 반도체로서 형광효율이 높고 비교적 합성이 쉽기 때문에 오랫동안 연구가 되어왔다.[27] Chalcogen은 O, S, Se, Te과 같은 6족 원소를 칭하는 것으로 chalcos (ore) + gen (make)의 합성어로서, 지구 상의 많은 광물이 이러한 원소를 포함하고 있기 때문에 붙여진 이름이다. 이러한 chalcogenide의 합성에서 가장 널리 알려진 방법은 tri-n-octylphosphine (TOP)와 tri-n-octylphosphine oxide (TOPO)를 용매 겸 도포제로 사용하여 전구체를 열분해하는 것이다. 현재 가장 일반적으로, 사용되는 형광 양자점은 CdE (E = S, Se, Te) 계열로서 그중에 CdSe가 가장 많이 합성되는 물질이다. 초기의 합성은 Cd 전구체와 Se 전구체를 동시에 가열된 용매에 넣어 열분해함으로써 얻어졌다. 예를 들어, 반도체 양자점 합성의 선구적인 역할을 한 Murray 그룹에서는 dimethylcadmium (Me_2Cd)를 Cd 전구체로 사용하고, chalcogen 전구체로는 trioctylphosphine selenide (TOPSe), trioctylphosphine sulfur (TOPS), trioctylphosphine telluride (TOPTe)를 사용하였다.[27] Chalcogen 전구체는 S, Se, Te 분말을 TOP 용매에 녹여서 coordination을 통해 쉽게 만들 수 있다. Cd 전구체를 TOP에 녹이고, TOPSe 전구체 용액과 섞은 후에, 300°C의 TOPO 용액에 일순간에 빠르게 집어넣는다. 반응이 빠르기 때문에 전구체를 집어넣자마자 용액의 색이 연한 오렌지 색을 띠게 된다. 이 단계에서 반응조의 온도를 180°C로 떨어뜨렸다가 230–260°C로 다시 올린 후 일정 시간 그대로 둔다.

위의 CdSe 합성을 3.2절에서 다루었던 열역학적인 관점에서 다시 볼 필요가 있다. 우선 Cd, Se의 독립적인 나노입자가 형성되지 않는 것은 CdSe의 합금 형태가 Cd과 Se의 단일성분 입자의 에너지보다 낮기 때문에 열역학적으로 더 유리한 형태를 갖기 때문이다. 물론 소량의 Cd과 Se 나노입자가 형성되는 것은 피할 수 없지만, 합성이 끝난 후 원심분리와 용해도 차이를 이용해 제거해 줄 수 있다. TOP나 TOPO의 인과 산소 원자의 비공유전자쌍이 전이금속인 Cd, Se 원자와 배위(coordination)를 이루어, 합성되는 나노입자의 표면에 자기조립층(assembled layer)을 이루면서 붙어 있기 때문에 도포제 역할을 할 수 있다. 이러한 유기층의 존재는 입자 간의 뭉침현상을 막아줄 뿐만 아니라, 반응에 참여하는 Cd과 Se 원자의 표면흡착을 지연시켜 주기 때문에 전체 반응이 확산에 의한 제어(diffusion-controlled process)가 될 수 있도록 도와준다. 처음에 높은 온도에서 시작하여 전구체를 넣은 후에 온도를 낮추어서 반응시킨 이유는 고온에서 열분해를 시켜 다량의 Cd와 Se 원자의 생성을 유도함으로써 높은 과포화상태를 만들어 주는 것이다. 이렇게 일시에 과포화가 일어나면 많은 수의 핵 생성이 일어나게 된다. 만일 높은 온도가 계속 유지가 될 경우, 핵생성이 지속적으로 일어날 수 있기 때문에, 과포화 농도를 임계농도 이하로 유지하여 핵생성은 억제하면서 생성된 핵이 자라도록 유도해줄 필요가 있다. 온도를 180°C로 낮춘 후 230°C에서 유지해주는 것이 과포화도를 임계농도 이하로 유지하는 과정이라 할 수 있다. 핵생성 시간을 짧게 만들어 주기 위해서는 전구체 용액을 짧은 시간에 반응조에 넣어주어야만 한다. 용액의 온도를 230°C에서 유지하면 160°C에 비해 입자의 용해도가 증가하기 때문에 상대적으로 작은 입자의 용해도가 높아져, Owstwald ripening에 의해 입자 크기의 균일도가 향상될 수 있다. 이 과정을 에이징(aging)이라고 하며, 에이징 시간에 따라 형성되는 나노입자의 크기가 수 nm에서 10 nm에 이르도록 조절할 수 있다. 반응을 마친 후, 반응용액을 60°C로 식힌 후에 메탄올을 넣어

주면 입자의 표면에 붙은 TOP와 TOPO가 메탄올과 상용성이 떨어지기 때문에 나노입자들이 크게 뭉치게 된다. 이렇게 뭉친 것을 원심분리시킨 후 부탄올(butanol)을 넣어주면 순수한 Cd와 Se 입자들은 침전되지만 CdSe 나노입자는 분산된 상태로 존재하기 때문에 쉽게 분리해 낼 수 있다. 알코올을 이용하여 나노입자를 두세 번 정도 세척(washing)하여 잔존하는 TOP와 TOPO를 없애주면 CdSe 나노입자의 합성이 완료된다.[28]

이렇게 합성된 나노입자는 표면에서 여기자(exiton)의 비발광성 재결합(recombination)이 많기 때문에 발광이 강하지 않고 산화에 의해서 수명이 길지 않다. 이의 해결을 위해서 표면 안정화 (surface passivation) 과정이 필요하다. 가장 많이 이용되고 있는 방법은 에피성장(epitaxial growth)을 통하여 발광특성과 안정성을 향상시키는 것이다.[29] 에피성장이 이루어지기 위해서는 코팅될 표면의 결정 격자와 코팅할 물질의 결정 격자 간의 크기 차이가 5% 이내일 때 가능하다는 것이 알려져 있다. 시판되는 형광 나노입자는 CdSe@ZnS core-shell 구조와 같이 코팅구조를 갖는 것들이다. 이러한 에피텍시(epitaxy)를 이용한 코팅은 동일한 결정 격자를 공유하기 때문에 그림 3-23과 같이 전자 파동 또한 공유할 수 있다는 면에서 실리카 코팅과 같은 물리적인 코팅과는 차이가 있다. 특히, CdSe@CdS와 같은 물질은 CdS와 CdSe(Wurtzite 구조의 경우)의 격자불일치(mismatch)가 3.9%로 작을뿐더러 CdS의 밴드갭이 CdSe의 밴드갭보다 크기 때문에 발광효율을 크게 올리고 입자의 안정성을 높일 수 있다.[30] 에피텍시를 위해서는 표면의 유기물질을 먼저 제거해 주어야 표면에 노출된 모든 원자의 결정면을 모방해 낼 수 있기 때문에, 앞에서 설명한 TOPO로 안정화된 CdSe 나노입자를 pyridine에 분산시킨 후, 환류(reflux)를 시켜 표면에 붙은 TOPO를 녹여낸다. 이 과정에서 Cd과 TOPO 간의 결합이 pyridine과 Cd와의 결합으로 대체되는데, 새로운 결합은 Cd-TOPO의 결합보다 훨씬 약하고, 공급되는 Cd-S에 의해서 쉽게 대체될 수 있기 때문에 에피성장이 가능하다. 합성 과정을 살펴보면, $(TMS)_2S$를 tributylphosphine(TBP)에 $Cd(CH_3)_2$를 녹인 용액에 Cd과 S의 몰비율을 1:2.1의 비율로 섞은 후, 100°C의 CdSe 나노입자 분산액에 서서히 집어넣어 반응을 시킨다. 비슷한 방법으로 ZnS의 코팅 또한 많이 이용되고 있다. $Zn(CH_3)_2$를 $Cd(CH_3)_2$ 대신 사용하여 동일한 과정을 거치면 CdSe@ZnS가 얻어질 수 있다. 이 과정에서 핵심이 되는 조건은 Zn, S, ZnS의 핵생성 및 성장을 방지하면서 에피성장만 일어날 수 있게 만들어 주어야 한다는 것이다. 이를 위해서는 독립적인 핵이 생성될 수 있을 정도의 과포화 상태가 되지 않도록 낮은 농도의 전구체 용액을 서서히 지속적으로 공급할 필요가 있다. 또한, 껍질(shell)의 두께를 잘 조절하기 위해서는 반응속도가 너무 빠르지 않도록 온도를 낮게 유지하는 것이 좋다.

혼성 반도체 나노입자를 합성할 때는 입자를 형성하는 전구체 간의 화학양론비(stoichiometry)를 정확하게 맞춰주어야 한다. 그렇지 않을 경우, 각 단일 성분의 금속성 나노

그림 3-23 CdSe@CdS core-shell 구조에 의한 밴드갭의 변화와 안정화

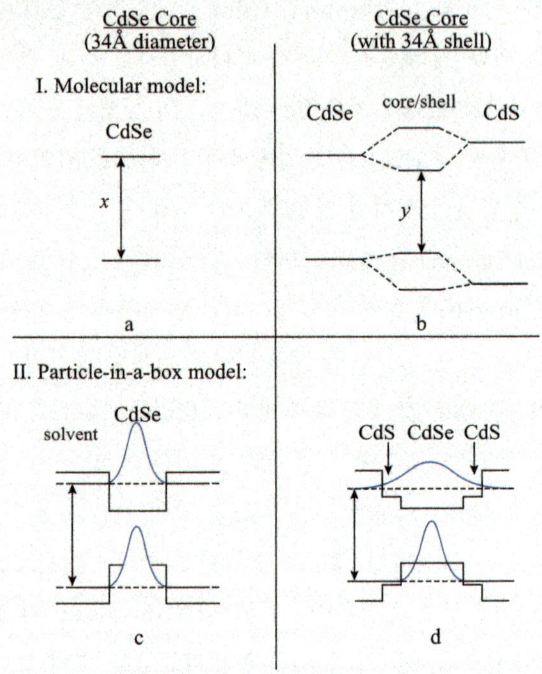

입자들이 형성될 가능성이 높아 분리작업이 어려워지기 때문이다. 또한, 화학양론비를 잘 맞추었다 하더라도 반응 조건에 따라 두 반응 물질의 열분해 속도에 차이가 나기 때문에 합성된 물질에 혼성 반도체만 존재하리라는 보장이 없다. 따라서, 최근에는 이러한 문제를 해결하기 위하여 두 반응 원소를 모두 갖는 단일 전구체를 먼저 만들어 나노입자를 합성하는 방법에 대한 연구가 많이 이루어지고 있다. 이러한 전구체는 화학양론비가 이미 맞추어져 있는 상태이기 때문에 순수한 단일 금속의 존재에 대한 우려가 낮다. 예를 들어 GaAs 나노입자를 합성하고자 할 때, $Li(THF)_2As(SiMe_3)_2$를 $[(C_5Me_5)_2GaCl]_2$에 혼합한 후 정제과정을 거쳐서 $(C_5Me_5)_2GaAs(SiMe_3)_2$라는 전구체를 만들어 주는 것이다. 전구체는 유기용매에 녹인 후, 60°C에서 열을 가하거나 공기 중에 노출시키면 GaAs 나노입자의 형태로 얻어질 수 있다.[31]

3.3.3 산화물 입자의 합성(Synthesis of metal oxide nanoparticles)

산화물 입자는 크게 졸-겔 반응(sog-gel reaction)을 이용한 경우와 전구체의 열분해 또는

화학적 환원반응과 산화반응을 이용하는 세 가지 유형으로 나눌 수 있다. 공간적으로 제약한 후 입자를 제조하는 방법도 있지만, 따로 다룰 것이므로 여기서는 위의 세 유형의 합성법에 대해서만 다루기로 한다.

가장 많이 이용되는 입자의 합성법은 졸-겔(sol-gel) 반응이라 할 수 있다. 특히, 실리카(silica) 입자의 경우에는 균일한 크기로 합성하는 방법이 잘 정립되어 있기 때문에 다양한 용도에서 활용되고 있다. 졸-겔 반응은 유기금속 전구체(organometal)의 축중합반응(polycondensation reaction)으로 축중합 과정에서 물을 잃고 고분자화되어 3차원 네트워크 구조를 이루게 된다.[32] 특히, Si를 기반으로 하는 졸-겔 반응이 가장 잘 발달되어왔기 때문에 여기서는 실리카 입자의 제조에 초점을 맞추고자 한다. 보통 금속(M)과 탄소의 결합(M-C)는 강한 결합이 아니기 때문에 금속 원자에 큰 유기 분자를 다는 것은 어려운 일이다. 그러나 Si-C의 결합은 가수분해(hydrolysis) 반응에 잘 견디기 때문에 상당히 안정적으로 다룰 수가 있다. 기본적으로, $R_{4-n}SiX_n$ (n = 1-4, X = OR′, halogen)의 구조를 갖는 전구체는 Si-X 결합이 상대적으로 가수분해 반응에 약하기 때문에 물을 만나서 결합이 끊어져 Si-OH 그룹으로 변하고, 할로겐은 H-X 분자를 형성한다. 이것은 -OH 간에 다시 축합반응을 일으켜 Si-O-Si의 결합을 일으키고 물을 내놓게 된다. 이러한 반응의 초기에는 짧은 저중합체(Oligomer) 수준의 축중합이 일어나거나 사이클릭 형태의 구조를 이루게 되는데 이 단계를 졸(sol)이라고 하고, 반응이 더 진행되어 완전히 네트워크를 이루게 되면 이 단계를 겔(gel)이라고 부른다.

졸-겔 반응이 잘 일어나게 하기 위해서는 산이나 염기에 의한 촉매작용이 필요하다. 그런데 산과 염기는 동일하게 축합반응을 유도하기는 하나 반응속도론적인 면에서 차이를 보인다. 실리카 졸-겔 반응은 산도(pH)에 민감하게 반응하는데, 실리카의 등전점(isoelectric point)인 (pH: 2.5 ~4.5)에서 가장 느린 반응을 보이고, pH가 증가할수록 반응속도가 빨라지게 된다. 일반적으로 금속에 붙어 있는 유기물질이 크면 반응속도가 느려지고, 금속의 크

그림 3-24 졸-겔 반응의 메커니즘

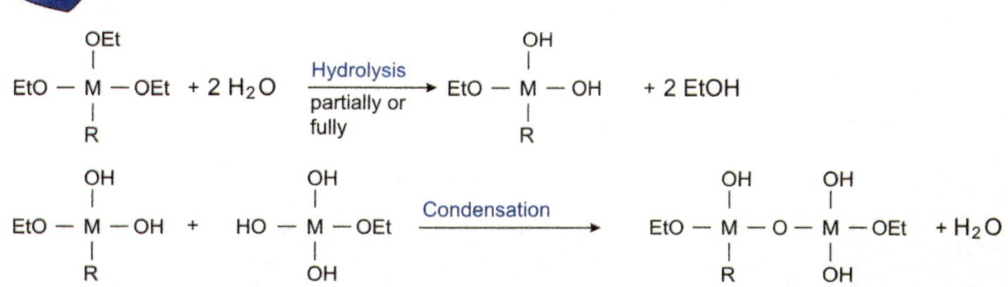

기가 커지면 반응속도가 빨라진다. 따라서 Ti를 기반으로 하는 전구체들은 Si를 기반으로 하는 전구체들에 비해 훨씬 빠른 반응속도를 보인다. pH는 반응기구뿐만 아니라 최종 물질의 구조에도 큰 영향을 미친다. 산촉매의 경우에는 열린 네트워크 구조를 만들기 때문에 주로 작은 클러스터를 형성하는 반면, 염기촉매는 처음부터 경화도가 높은 상태를 유지시키기 때문에 큰 콜로이드로 발전될 가능성이 크다. 따라서, 일반적으로 졸-겔 박막을 만들 경우에는 산촉매를 사용하고, 콜로이드를 만들 경우에는 염기촉매를 사용한다.[33]

실리카 입자의 합성에 대해서는 대부분 Stöber 공정으로 이미 잘 정립된 방식을 사용한다. Stöber 공정은 tetraethylorthosilicate(TEOS)를 전구체로 사용하고, 알코올과 물의 혼합 용액에 염기촉매를 넣어 콜로이드를 제조하는 것이다. 가장 널리 알려진 조건은 물과 에탄올 또는 이소프로필알코올(isopropyl alcohol)의 비율을 1:4로 하여 pH를 11.2에 맞추고, TEOS의 농도는 40 mM를 사용하는 것이다.[33] 이 조건 아래에서 3시간가량 반응시키면 균일한 실리카 입자가 만들어질 수 있다. 반응이 다른 졸-겔 전구체에 비해 천천히 진행되므로 대량제조가 가능하여, 이미 산업적인 응용이 이루어지고 있다. 실리카 입자의 크기 조절은 반응시간과 촉매의 농도, 전구체의 농도 등을 조절하여 수십 나노미터 수준에서 수 마이크로미터까지 조절이 가능하다. 만일 pH가 11.6 이상이 되면 실리카의 성장이 핵의 생성 속도보다 지나치게 빨라서 균일한 입자가 만들어지지 않으며 울퉁불퉁한 입자가 만들어지게 되고, pH가 10보다 작을 때에는 가수분해 반응이 너무 느리게 진행되어 핵생성의 시간이 너무 길어지기 때문에 입자의 균일도가 떨어지게 된다.

최근에는 실리카의 졸-겔 반응을 이용하여 하이브리드 구조의 기능성 입자를 만들고자 하는 노력이 많이 이루어지고 있다. 예를 들어, 이종반응(heterogeneous reaction)이 균질반응(homogeneous reaction)보다 열역학적으로 핵생성이 유리하다는 점을 이용하면 다양한 콜로이드에 실리카를 코팅할 수 있다. 그림 3-25에 보이는 것은 NH_2 표면 그룹을 가지고 있는 PS 콜로이드에 실리카를 코팅한 것이다.[33] 실리카는 졸-겔 반응이 진행되면서 OH 그룹을 갖기 때문에 고분자의 아민(amine) 그룹과 강하지는 않지만 정전기적인 인력이 작용하여 고분자 입자 위에 적층됨으로써 결국 균일한 코팅을 이룰 수 있다. (A)의 TEM 이미지는 내부의 고분자 콜로이드를 유기용매로 제거한 후에 실리카 껍질만을 관찰한 것이다. 실리카 껍질의 두께는 TEOS의 양을 조절해주면 가능하다. 이 경우 420nm PS 콜로이드에 18mM TEOS에서는 50nm 두께의 껍질이 형성되었으나, 63mM에서는 150nm 두께의 껍질이 만들어졌다. 내부의 고분자 코어는 calcination을 통해서도 제거할 수 있으며, 이 과정에서 실리카 껍질은 결정화가 이루어지게 되어 SiO_2로 변하게 된다.

이러한 이종반응의 또 다른 좋은 예로는 금속나노입자 위의 실리카 코팅이다. Au 나노입자를 합성한 후 위에서 설명한 실리카 합성을 위한 솔루션에 재분산시켜서 동일한 졸-겔 반

그림 3-25 PS 고분자 콜로이드 위의 실리카 코팅[33]

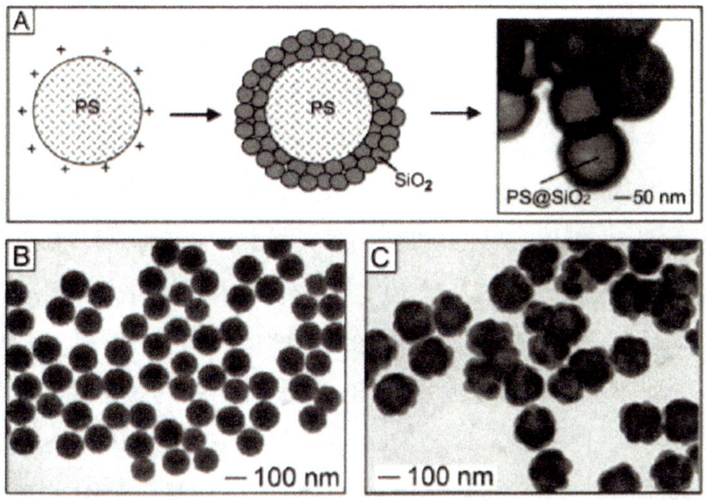

응을 거치면 Au 나노입자 위에 실리카가 코팅된 구조를 만들 수 있다.[34] 이때 실리카의 합성 과정에서 균질반응이 일어나지 않도록 억제하여야 하기 때문에, TEOS의 농도가 너무 높지 않도록 유지해 주어야 한다. 따라서, 지속적인 전구체의 주입이 효과적인 방법이 될 수 있다. 이렇게 실리카로 코팅하고 나면, 그 표면은 다시 고분자 코팅을 이룰 수 있기 때문에, Au@silica@polymer의 3중 구조로 만들 수 있다. 일정한 두께의 고분자층을 만들기 위해서는 일반적인 radical 중합으로는 어렵고, controlled-radical 중합의 일종인 atom transfer radical polymerization (ATRP) 방법을 사용하였다. 실리카는 묽은 HF 수용액(< 2%)에 담가서 실리카만 선택적으로 제거할 수 있기 때문에, 중간층을 녹여내고 고분자 hollow shell과 위치변경이 가능한 Au 나노입자로 구성된 구조를 만들 수 있다.

최근에는 TiO_2 입자에 대해서도 균일한 제조가 보고되었다. 보통 TiO_2용 전구체는 가수분해(hydrolysis)에 대해서 아주 불안정하기 때문에 졸-겔 반응이 너무 급속하게 진행되어 콜로이드의 제조가 쉽지 않았다. Xia 그룹에서는 이러한 문제를 해결하기 위해서 titanium isopropoxide acetylacetone ($Ti(OPr)_3(acac)$)을 전구체를 만들어 사용하였다. $Ti(OR)_4$ 전구체는 ethylene glycol과 혼합하면 서로 반응하여 $Ti(OCH_2CH_2O)(OR)_2$를 형성하거나 $Ti(OCH_2CH_2O)_2$를 형성하여 안정화된다. 이 전구체는 가수분해(hydrolysis)에 훨씬 강하기 때문에 공기 중에 노출돼도 안정하게 존재할 수 있다. 이 전구체를 아세톤 속에 넣으면 일정한 크기의 titanium glycolates 구형입자가 만들어지고, 500°C에서 열처리를 하면 유기물질은 연소되고 순수한 구형의 TiO_2만 남게 된다. TiO_2는 열처리 온도를 950°C까지 올리면 anatase 결정구조에서 rutile 결정구조로 바뀌게 된다.[35]

음이온의 controlled release 또한 산화물 나노입자를 합성하는 한 가지 유형이다. 예를 들어, ZnO를 합성하는 데 있어서, 먼저 zinc acetate를 메탄올에 녹여 zinc alkoxide 전구체 용액을 만든다. Zinc alkoxide 전구체는 공기 중의 물과 만나 가수분해(hydrolysis)가 일어나고 축중합을 통해 ZnO를 만들게 된다. 여기에 초음파를 가하면, OH^- group의 반응이 훨씬 촉진되면서 즉각 ZnO는 안정적인 졸 상태로 존재한다. 여기에, NaOH, KOH, $Mg(OH)_2$를 넣어주면 반응용액이 부옇게 되면서 안정적인 ZnO 나노입자 (~3.5 nm)를 형성하게 된다. 에이징(Aging)을 거치면 점점 커져서 10 nm 급의 나노입자로 변하게 된다. 이 과정에서 acetate 그룹이 ZnO 표면에 붙어 분산을 안정화시키는 것으로 여겨지고 있다.

졸-겔 반응을 이용한 실리카의 합성만큼 많은 주목을 받는 입자는 아마도 산화철 입자일 것이다. 초상자성 나노입자가 ferrofluid뿐만 아니라, MRI 조영제로 각광받으면서 많은 합성 기술이 개발되었다. 특히 산화물 중에서 산화철은 MRI 이미징과 hyperthermia, 그리고 ferrofluid로 광범위하게 사용되는 유용한 자성 나노입자라 할 수 있다. 산화철은 다양한 결정구조를 가지고 있는데, 가장 흔히 나타나는 결정은 FeO, γ-Fe_2O_3, Fe_3O_4로서 서로 상당히 다른 자성 특성을 보인다. Wüstite-type FeO는 상온에서 상자성을 갖고 Neel temperature (TN) (183 K)에서는 antiferromagnetism을 가진다. Cubic maghemite (γ-Fe_2O_3)는 ferrimagnetic이며, defect spinel 구조를 갖는 것으로 알려져 있으며, 기록용 테이프로 흔히 사용된다. Magnetite (Fe_3O_4)는 inverse spinel 구조를 가지고 있으며 ferrimagnetism을 보인다. 합성을 위해서 Fe와 carbonyl, acetate, acetylacetonate, carboxylate, chloride 등의 유기물로 이루어진 전구체들이 흔히 사용되고 있다.

많은 전구체 중에서도 $Fe(CO)_5$가 가장 많이 사용되어 왔다. $Fe(CO)_5$를 열분해하면 $Fe(CO)_4$를 거쳐 $Fe_m(CO)_n$ 성분을 갖는 핵을 생성한다. 열분해가 지속되면 결국 비정질 Fe 나노입자가 만들어진다. 이렇게 만들어진 Fe 나노입자는 공기 중에서 또는 산화제를 사용하여 쉽게 산화되어 산화철로 변하게 된다. 이러한 열분해 방법을 사용하여 균일한 크기의 γ-Fe_2O_3를 제조하였다. Cheon 그룹에서는 γ-Fe_2O_3 나노입자를 다이아몬드(40%), 삼각판상(30%), 구형(30%)의 다른 형태를 갖는 구조로 합성하였다.[37] 산화물의 합성은 $Fe(CO)_5$를 전구체로, dodecylamine(DDA)을 도포제(capping agent)로, ortho-dichlorobenzene (ODCB)을 용매로 사용하여 180°C에서 열분해시켜서 제조하였다 (그림 3-26(A) 참조). DDA와 $Fe(CO)_5$의 몰분율을 1:1에서 10:1로 바꾸면 육각 판상의 γ-Fe_2O_3 나노입자가 만들어짐을 확인하였다. 도포제(capping agent)로 alkylamine 대신에 TOPO를 사용하면 ~6nm 크기의 균일한 maghemite 나노입자를 합성할 수 있었다. Sun 그룹에서는 일정한 크

그림 3-26 열분해 방법을 통해 합성된 γ-Fe_2O_3 나노입자의 투과전자현미경 이미지[36 39]

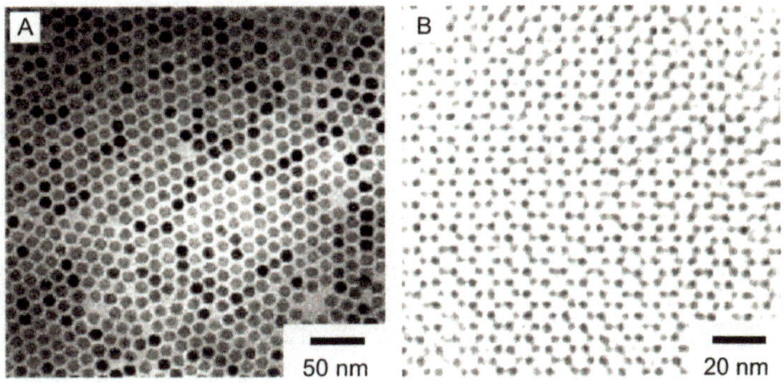

기의 magnetite 나노입자를 Fe(III) acetylacetonate, $Fe(acac)_3$가 포함된 diphenyl ether, 1,2-hexadecanediol, oleic acid, oleylamine 용액을 reflux시켜서 합성할 수 있음을 보였다.[38] Jana 그룹에서는 균일한 크기의 Fe_3O_4 나노입자를 얻기 위해서 Fe oleate salt를 열분해하여 많은 양을 한꺼번에 합성하는 기술을 개발하였고,[39] Teng 그룹에서는 200° C의 octyl ether 용액에서 oleic acid 대신 stearic 산을 도포제로 사용하여 동일한 열분해 방법으로 3 nm의 균일한 γ-Fe_2O_3 나노입자를 합성하였다[그림 3-26(B) 참조].[40]

Magnetite (Fe_3O_4)의 결정격자의 일부가 다른 전이금속(e.g., Cu, Ni, Co, Mn, etc.)으로 치환되어 있는 물질을 ferrite라 부른다. Ferrite는 산화에 비해 자성 특성이 더 뛰어나기 때문에 많은 그룹에서 ferrite의 합성을 위해 노력하였다. Ferrite의 합성은 microemulsion 방법을 사용하여 광범위하게 만들어졌다. Zhang 그룹에서는 sodium dodecylbenzensulfonate (NaDBS)로부터 water-in-toluene reverse 마이셀 시스템을 사용하여 $MnFe_2O_4$ 나노입자를 합성하였다.[41] 합성과정에서 $Mn(NO_3)_2$와 $Fe(NO_3)_3$가 먼저 물에 용해되어 균질한 용액을 만들고, 이 용액을 수용성 NaDBS에 넣어서 섞은 후, 많은 양의 톨루엔을 섞어주었다. 시간이 지나면 역마이셀이 형성되며 물과 톨루엔의 비율을 조절해서 마이셀의 크기를 제어할 수 있다. 따라서 최종 나노입자의 크기도 마이셀에 의해서 정해질 수 있다. 핵매개(Seed-mediated) 성장 또한 ferrite를 합성하는 데 사용되었다.[42] 작은 나노입자를 합성한 후 이것을 더 큰 반응조에 넣어 합성함으로써, $CoFe_2O_4$와 $MnFe_2O_4$ 등을 합성할 수 있었다. Ferrite에서 어려운 점은 화학양론비를 정확하게 맞추기가 어렵다는 것이다. 즉, Co, Ni, Cu, Mn, Mg 등이 정확한 비율로 원자단위에서 혼합물을 만들어야 하는 어려움이다. 이러한 문제를 풀기 위해서 Tirosh 그룹에서는 $CoFe_2O_4$ 나노입자를 만드는 공정을 보완하여, Fe(III) acetylacetonate 와 Fe(III) short chain alkyl-oxide salts, Fe(III) ethoxide 또는 Fe(III) isopropoxide 전구체의 혼합물을 원료로 사용하였다.[43] 다양한 종류의 산화물 합성에 대해서는 최근의 리뷰 논문을 참고할 수 있다.[44 45]

3.3.4 고분자 콜로이드의 합성 (Synthesis of polymeric colloids)

3.3.4.1 고상 콜로이드(Solid state colloids)

고분자 콜로이드를 만드는 방법은 기계적인 교반이나 초음파를 동원하여 작은 이멀젼 상태로 만드는 방식(comminution)과 모노머(monomer)나 용액 상태에서 합성이나 열역학적인 변수를 조절하여 이멀젼 상태의 입자를 합성하는 방식(condensation)이 있다. Comminution 방식은 간단하고 대량생산이 가능하며 어떤 고분자에서든 적용이 가능하다는 장점이 있는 반면, 균일한 크기의 콜로이드를 제조하기는 힘들고 마이크로 크기 이하의 콜로이드는 제조가 어렵다는 단점이 있다. 반면 condensation의 경우에는 아주 균일한 크기의 콜로이드를 원하는 크기로 제조할 수 있다는 장점이 있는 반면, 대량생산 측면에서는 불리하며 제조할 수 있는 고분자 콜로이드의 종류에 제한을 받는다는 점이 단점이라 할 수 있다. 입자의 균일도가 크게 문제가 되지 않는 분야에서는 균질화제(homogenizer)를 이용한 기계적인 방법을 많이 활용하고 있으며, 균일한 입자의 제조가 필요한 분야에서는 condensation 방식이 주로 이용되고 있다.[46]

Comminution 방식의 입자 제조는 현재 가장 널리 활용되고 있는 콜로이드 제조 방법이다. 고분자 용액이 다른 종류의 용매와 섞이지 않을 때 고분자 용액은 용매 안에서 아주 큰 덩어리로 상분리가 되어 있는데, 여기에 계면활성화제가 들어 있는 상태에서 아주 강한 기계적인 에너지를 가하면 Rayleigh 불안정성에 의해 고분자 용액이 잘게 부서져 작은 이멀젼이 만들어지게 된다. 이러한 방법으로는 주로 균질화제를 이용한 기계적인 강한 교반이나 초음파를 활용한 에너지 도입이 주로 활용되고 있다. 최종 콜로이드의 크기를 좌우하는 요소로는 가해준 기계적인 에너지의 양, 용매 대비 고분자 용액의 상대적인 부피, 계면활성화제의 종류와 농도, 온도 등의 변수가 존재한다. 계면활성화제는 연속상(용매)에 녹을 수 있어야 하며 콜로이드와 용매 간의 계면장력을 낮춰 콜로이드가 안정적으로 존재할 수 있도록 도와준다. 하향식(top-down) 방식으로 콜로이드를 형성하는 데는 크게 세 가지로 구분할 수 있다. 첫째는, 계면활성화제가 들어 있는 상태에서 불용성 연속상에 기계적인 에너지를 주어 직접 이멀젼을 제조하는 것이다. 두 번째는 역 위상화(inverse-emulsification)를 이용하는 것으로, 지방산과 같은 계면활성화제가 들어있는 고분자 용액에 물과 같은 불용성 용매를 천천히 넣어

주는 것이다. 처음에는 고분자 용액이 연속상을 이루고 있기 때문에 기름 속 물(water-in-oil)의 형태이나, 물의 양이 점점 증가하면서 두 상이 역전되어 물이 연속상을 이루게 되면서 물 속 기름(oil-in-water)의 형태로 콜로이드가 제조된다. 세 번째는 고분자 자체에 수용성과 불용성기를 동시에 갖고 있는 양친매성(amphiphilic) 고분자의 용액을 연속상에 넣을 경우 고분자 스스로 안정한 이멀젼을 형성하는 것이다. 예를 들어, 아미노 말단그룹을 가진 폴리부타디엔 (polybutadiene) 고분자를 톨루엔에 녹인 후, 초음파를 가하면서 sodium dodecyl sulfate 수용액에서 분산시키면 약 50nm 정도의 작은 나노입자가 만들어질 수 있다. 이 과정에서 초음파는 acoustic cavitation을 발생시켜 큰 고분자이멀젼을 작게 잘라 주는 역할을 한다. 또 다른 예로 블록 혼성 중합체(block copolymer)나 리피드(lipid)의 자기조립 능력을 이용하는 것이다. 콜로이드의 크기는 고분자 용액과 연속상의 계면에너지, 고분자의 분자량과 같은 고분자 자체의 특성에 의해서 열역학적으로 결정된다.

Condensation 방식은 잘 녹아있는 고분자 용액의 용해도를 떨어뜨려 용액 내에서 고분자가 침전되도록 하는 것인데, 이때 계면활성화제의 도움을 받을 수도 있고, 자체로 안정화가 일어날 수도 있다. 고분자의 용해도를 떨어뜨리는 방법은 비상용성 용매(non-solvent)를 첨가하거나, 온도변화, pH 변화 등 다양한 방법이 있을 수 있다. 예를 들어, sulfonated 폴리스티렌 (polystyrene) 고분자 수용액에 5%만 sulfonation된 폴리스티렌 THF 용액을 섞어 주면 100nm 정도의 입자가 만들어질 수 있다.[47] 나노입자의 크기와 분산도는 섞는 방법과 무관하게 두 용액의 비율에 의해서 열역학적으로 결정이 된다. 온도변화를 통해 나노입자를 만드는 방법으로 폴리나이팜[poly (N-isoproplylacrylamide), PNIPAm]과 같은 온도의 변화에 따라 팽창과 수축을 할 수 있는 하이드로젤 고분자를 이용하는 것이다. 예를 들어, PEO-b-PNIPAm 블록공중합체는 수용액에서 온도가 낮을 때는 PNIPAm이 팽창되어 잘 분산되어 있으나, 온도가 높아지면 PNIPAm의 수축으로 인해 입자로 존재하게 된다. 이때, PEO는 친수성이 있어 입자가 안정된 상태로 존재할 수 있도록 도와준다.[48] 마찬가지 메커니즘으로 pH에 민감한 하이드로겔형 고분자를 이용한 나노입자형성에 대한 연구도 약물전달체로 활용가능하기 때문에 많은 주목을 받고 있다. 그리고 양친매성(amphiphilic) 블록혼성 중합체와 리피드(lipid) 분자의 마이셀 형성 능력을 condensation에 적용하여 나노입자를 제조할 수도 있다.[49]

위에서 소개한 방법들은 이미 만들어져 있는 고분자를 이용하여 콜로이드를 제조하는 것인데, 대개의 경우 *in-situ* 고분자 합성을 통해 콜로이드를 제조하는 것에 비해 균일도가 떨어진다. 최근의 산업동향이 표면처리와 균일한 크기의 콜로이드에 대한 수요가 늘어나면서 많은 상업적 콜로이드도 고분자 중합을 통해서 제조되고 있다. 이러한 고분자 중합에서의 기본 접근은 균질중합(homogeneous polymerization)이라 할 수 있는데, 이는 최종 합성된 콜로이드 또는 시작단계에서의 모너머가 연속상인 용매와 상분리된 상태로 존재하기 때문에 붙여진 이름이다. 산업적인 생산 측면에서 볼 때 물을 용매로 사용하여 제조하는 불용성 콜로이드 시스템 (oil-in-water)가 많이 이용되고 있으나, 유기용매에서 수용성 고분자를 합성하는 (water-in-oil) 시스템을 이용한 수용성 콜로이드의 제조 또한 이루어지고 있다. 균질중합을 이용한 콜로이드 제조는 통상 모노머와 개시제의 존재 형태에 따라 suspension, emulsion, microemulsion, dispersion, precipitation polymerization 등으로 나눌 수 있다.[46]

가장 간단한 합성법은 suspension 중합으로 계면활성화제가 들어 있고 열이 가해진 수용액을 강하게 교반하면서, 개시제가 녹아있는 모노머 방울을 수용액에 떨어뜨려 suspension을 만드는 것이다. 이때 모노머와 개시제는 물에 녹지 않아야 한다. 주어진 온도 조건에서 suspension 방울 내에서만 고분자가 진행되기 때문에 작은 크기 내에서의 벌크 중합이라 할 수 있다. 이렇게 만들어진 콜로이드의 크기는 초기에 형성된 방울의 크기에 의해 좌우되며, 수십 μm 이상의 크기로 제조되는 것이 일반적이다. 제조된 콜로이드는 대개 필터링을 통해 회수하기 때문에 주로 PS나 PMMA와 같은 높은 유리전이온도를 갖는 고분자 콜로이드 제조에 사용된다.

이멀젼 중합(emulsion polymerization)은 산업적으로 유용한 중요한 콜로이드 제조법 중의 하나이다. Suspension과 마찬가지로 모노머가 용매에 녹지 않으며 독립적인 상으로 존재하나, 차이점은 개시제가 용매에 녹아 연속상에 존재한다는 것이다. 따라서 고분자 반응이 연속상에서 시작된다. 개시제가 열이나 빛에 의해서 라디칼을 형성하여 연속상의 모노머와 반응하여 분자량이 증가하면, 주변의 계면활성화제로 둘러싸여 작은 swelling된 형태의 콜로이드를 형성하게 된다. 용매에서는 평형을 유지하고자 하므로 큰 모노머 방울에서 꾸준히 연속상으로 모노머가 배출되어 나오고, 배출된 모노머는 고분자가 계속 성장할 수 있도록 모노머를 제공하는 역할을 한다. 따라서, 반응은 모노머 방울로부터 이멀젼으로의 확산에 의존하는 것이므로, 모노머의 방울이 완전히 사라질 때까지 천천히 진행된다. 콜로이드의 크기는 일반적으로 수십 나노미터에서 수백 나노미터의 범위에서 얻어지며 균일한 크기로 제조가 가능하다. 만일 1차 콜로이드가 형성된 상태에서 다른 종류의 모노머를 넣어주면 형성된 콜로이드 안에서 추가로 반응이 진행되어 core-shell 형태의 콜로이드 제조가 가능하다. Microemulsion에서는 emulsion과 마찬가지 방법을 사용하나 계면활성화제(surfactant)로 co-surfactant 특성의 분자를 (alcohols, amine 그룹의 고분자, 양친매성(amphiphilic) 고분자) 사용한다. 이 경우, 용매와 모노머가 녹아있는 이멀젼 간의 계면장력이 작기 때문에 열역학적으로 안정하여, 미세한 이멀젼 상태로 유지될 수 있기 때문에 수십 나노미터 정도로 작은 콜로이드의 제조가 가능하다.

침전법(Precipitation polymerization)에서 모노머는 용매에 용해되어 연속상에 존재하나,

그림 3-27 Dispersion polymerization에 의한 콜로이드의 제조

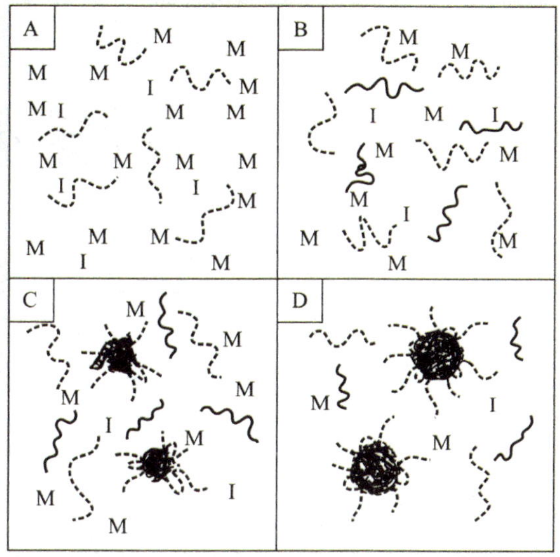

반응이 진행되어 고분자가 되면 용해도가 감소해 상분리가 일어나면서 석출되는 원리를 이용한 것이다. 계면활성화제가 존재하는 상태에서 석출될 경우, macromer 단계에서부터 고분자들끼리 뭉침현상이 발생하여 콜로이드로 얻어질 수 있다. 그러나 이러한 방법을 통해서는 구형의 콜로이드를 균일하게 얻기가 쉽지 않다. 비슷한 개념을 사용하여 이러한 문제를 해결할 수 있는데, 그림 3-27과 같이 고분자에 대해서 non-solvent 대신 θ-solvent나 약한 solvent를 사용하여 고분자들이 너무 빠르게 석출되는 것을 방지하고, 용액 안에서 swelling 된 상태로 존재하도록 유도하는 것이다. 이러한 방법을 확산(dispersion) 중합이라고 부른다. 일반적으로 확산 중합을 통해 제조된 콜로이드는 이멀젼(emulsion) 중합을 통해 제조된 콜로이드에 비해 큰 편이다.

3.3.4.2 액상 콜로이드(Liquid state colloids)

최근 나노입자들의 메디컬 응용 가능성, 특히 약물전달체로의 활용가능성이 주목을 받으면서 vesicle이나 assembled colloids, 정전기적인 결합에 의한 입자, 덴드리머(dendrimer)와 같은 non-solid 콜로이드에 대한 합성이 활발하게 이루어지고 있다. Vesicle은 지질(lipid)이 수용액에 임계농도 (critical micelle concentration) 이상 녹아 있을 때 스스로 자기조립체를 형성하여 만든 유동성 콜로이드를 말한다. 리피드(lipid)는 한쪽 끝에는 전하를 띈 친수성 머

그림 3-28 리피드에 의해 형성된 리포솜의 구조

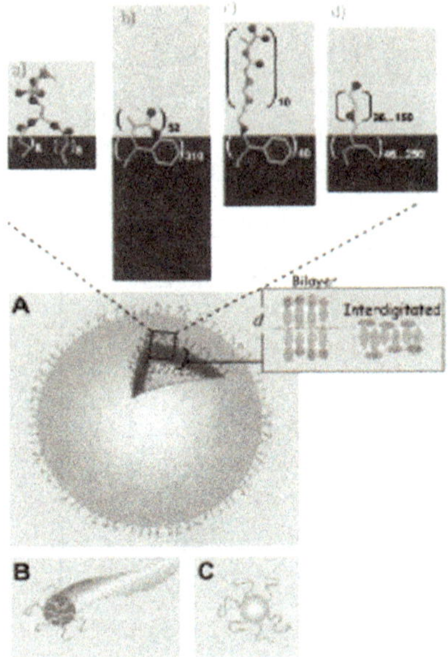

리가 있고, 반대쪽에는 alkyl 고리로 이루어진 두 가닥의 소수성 꼬리를 가지고 있어서 양친매성의 특성을 갖는 유기물질이다. 물속에서 존재할 때는 그림 3-28에 나타낸 것처럼 친수성 부분이 양 바깥쪽에 노출되는 이중벽 구조(bilayer lipid)를 형성하고 있는데, 동물 세포의 세포막이 이러한 리피드로 이루어져 있다. 이렇게 리피드(lipid)에 의해서 형성된 입자를 리포솜(liposome)이라고 부른다. 리포솜은 리피드의 농도가 증가함에 따라 그림 3-28과 같이 콜로이드, 실린더 구조, 라멜라 구조 등의 형태를 가질 수 있다.[50] 보통 리피드의 분자량이 작기 때문에 리포솜의 이중막 구조는 매우 불안정하여 물과 같은 용액상태에서만 형태를 유지하면서 존재할 수 있으며, 용매가 달라지거나 물기가 없는 상태에서는 파괴되기가 쉽다. 이러한 특성을 방지하기 위하여 경화시키거나, 고분자를 첨가하는 등 다양한 종류의 연구들이 행하여졌다.

양친매성 블록 혼성 중합체(amphiphilic block copolymer) 또한 리피드와 마찬가지로 자기조립에 의해 콜로이드를 형성할 수 있다. 그러나 이 경우에는 이중막 구조는 아니고, 마이셀과 같은 형태를 가진다. 블록 혼성 중합체 마이셀의 장점은 리포솜에 비해 훨씬 안정적이며, 여러 용매 안에서도 마이셀을 형성할 수 있다는 것이다.[51] 또한, 농도를 조절하여 콜로이드의 크기를 정밀하게 제어할 수 있다. 그리고 합성기술의 발달로 다양한 분자구조를 갖는 블록 혼성 중합체를 합성할 수 있기 때문에 다양한 콜로이드 구조를 제어할 수 있게 되었다. 음전하를 띈 고분자가 양전하를 띈 고분자 사슬을 만나면 정전기적인 힘에 의해서 서로 만나 수용액에서 안정적인 콜로이드를 형성하게 된다. 이러한 특성은 특히 음전하를 띈 DNA를 생체친화성 양전하 고분자와 결합시켜 간단하게 콜로이드를 형성할 수 있기 때문에 DNA 전달체로 많은 활용가능성을 가지고 있다.[52] 덴드리머(dendrimer)는 수십 나노미터 크기의 구형 입자인데, 중심 부분에서 바깥으로 갈수록 많은 곁가지를 가지고 있다. 반응이 시작되는 분자에 3개 또는 4개의 말단 반응기가 붙어 있어서 모든 말단 그룹이 반응에 참여할 경우, 3개나 4개의 가지를 갖게 되어 1세대를 형성한다. 반응으로 생긴 각 가지마다 다시 3개 내지는 4개의 반응기가 있기 때문에 각각 3-4개의 가지를 형성하여 2세대가 된다. 이런 방식으로 반응을 지속하여 세대수를 증가시킴으로써 콜로이드의 크기를 정밀하게 조절할 수 있다. 마지막 세대의 끝에는 대개 친수성 작용기를 갖게 하여 물에 잘 분산될 수 있도록 한다. 덴드리머는 내부가 미세 나노기공을 가지고 있기 때문에 작은 분자들이 쉽게 침투할 수 있어 다량의 약물을 함유할 수 있으며, 입자의 크기조절과 말단 그룹의 제어가 용이하기 때문에 표적지향형 약물전달체로 응용하기 위한 많은 연구가 진행되고 있다. 또한, 내부에 다양한 종류의 금속 원자를 포함시킬 수 있기 때문에 효율적인 촉매입자로도 각광받고 있다.[53 54]

3.3.4.3 고분자 코팅(Polymer coating)

고분자로 코팅된 콜로이드를 제조하는 방법은 크게 3가지 방식이 많이 사용되고 있다.[55] 첫째는 멤브레인을 통과하는 나노입자에 강제적으로 코팅하는 것과 둘째는 중합이 가능한 작용기를 표면에 갖는 콜로이드로부터 표면에서 새로운 고분자를 중합하여 코팅하는 방법, 그리고 셋째로는 표면과 고분자와의 정전기적인 인력을 이용하여 한층 한층 코팅하는 layer-by-layer(LBL) 방식이 있다. 멤브레인을 이용한 코팅방식은 나노입자가 분산된 고분자 용액이 멤브레인을 통과한 후 공기 중으로 분사되어 용매가 증발하고 나면, 나노입자에 고분자가 코팅되는 방식이다. 최근 멤브레인의 제조기술이 발달하면서 균일한 기공을 갖는 다양한 종류의 멤브레인을 만들 수 있어 이 기술의 응용 가능성이 더욱 증가되었다.

입자의 표면에 고분자를 반응시키는 방법은 living radical polymerization의 발전으로 가능해졌다. 특히, atom transfer radical polymerization(ATRP)를 활용한 고분자 코팅기술이 가장 많이 활용되고 있다. ATRP를 이용해 코팅을 하기 위해서는 코팅하고자 하는 표면에 C=C 이중결합을 말단기로 갖는 유기층을 만들어 주거나, 7족원소(halide)로 끝나는 말단을 구성해 주어야 한다. 이러한 말단그룹을 갖는 유기 분자는 코팅하고자 하는 표면 물질의 종류에 따라 사용빈도가 높은 물질들이 이미 잘 정립되어 있다. 실리카와 같은 졸-겔(sol-gel) 방식을 이용한 세라믹 표면에는 하이드록실(-OH) 그룹이 존재하기 때문에 말단에 이중결합을

그림 3-29 Layer-by-layer 코팅을 통한 core-shell 콜로이드의 제조

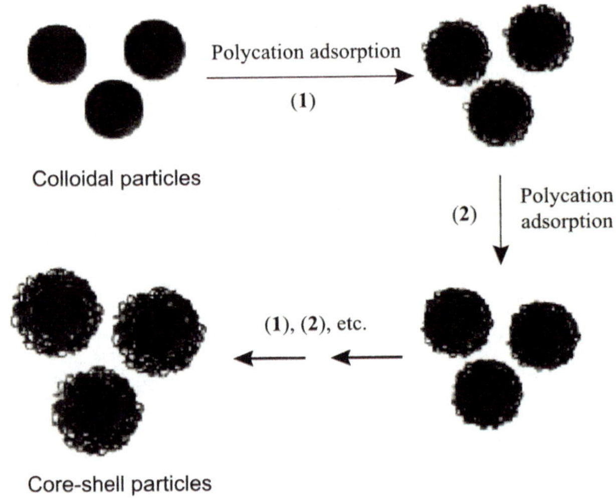

갖는 실란 화합물(silane compound)을 사용하여 쉽게 표면처리를 할 수 있다. 많이 쓰이는 실란 화합물로는 vinyl trimethoxysilane(VTMS), 3-trimethoxysilyl propyl methacrylate (MPS) 등이 있다. Si에 붙은 methoxy 그룹이 표면의 OH 그룹과 반응하여 ether (−O−) 그룹을 형성하게 되어 공유결합으로 연결된다. 만일 코팅될 표면이 금속 물질이라면 thiol화합물(−SH)이 가장 대표적으로 사용되고 있다.[56] Thiol의 황 원자가 금속 원자와 cordination을 이루면서 상당히 안정적인 결합을 이루기 때문에 말단에 이중결합을 갖는 thiol화합물을 사용하면 쉽게 표면처리가 가능하다. 고분자의 경우에는 입자의 표면에 있는 작용기와 말단에 이중결합을 갖는 분자를 연결해 주거나, 혹은 입자의 표면에 이중결합이 있는 고분자로 감싸주어야 한다. 말단에 작용기를 연결하는 방법은 전하가 없는 표면에는 공유결합을 사용하여 반응을 시키고, 전하를 띈 표면에는 반대전하를 갖는 분자를 붙여 안정적으로 연결시킬 수 있다. LBL 방식은 정전기적인 인력을 이용한 코팅기법으로, 최근에 개발되었으나 다양한 분양에서 크게 주목을 받고 있다. 코팅하고자 하는 표면에 전하가 존재하면 (예를 들어 (−) 전하), 그림 3-29와 같이 반대전하 (+)를 띈 고분자 전해질 용액에 담가 정전기적인 인력으로 한 층이 코팅되도록 한다. 잔여 고분자를 제거한 후, 이번에는 음전하를 갖는 고분자 용액에 담가 두 번째 층을 형성한다. 이러한 방법으로 계속해서 코팅을 진행해 나갈 수가 있기 때문에 코팅의 두께를 나노미터 단위에서 정밀하게 조절할 수 있다는 장점이 있다. 고분자뿐만

아니라 전하를 띈 나노입자나 나노선도 마찬가지 방법으로 코팅할 수 있기 때문에 박막형 복합재료를 형성하는 데 유용하게 사용될 수 있다.[57 58]

3.4 1차원 나노물질의 합성(Synthesis of 1D nanomaterials)

3.4.1 합성전략(Strategies)

나노선은 넓은 표면적이 갖는 화학반응 상의 유리한 점과 벌크보다 우수하거나 특이한 전기적인 특성 및 광학적 특성 때문에 각종센서와 전자기기의 주요 부품으로 사용하기 위한 많은 노력이 있었다. 기본적으로 소자의 성능이 물질의 특성에 크게 좌우되기 때문에, 다양한 물질을 합성하기 위한 방법들이 고안되었다. 그림 3-30은 나노선을 제조하기 위한 여러 방법의 모식을 나타낸 것으로 다음과 같이 정리할 수 있다.[59]

그림 3-30 나노선을 제조하기 위한 다양한 접근 방법들

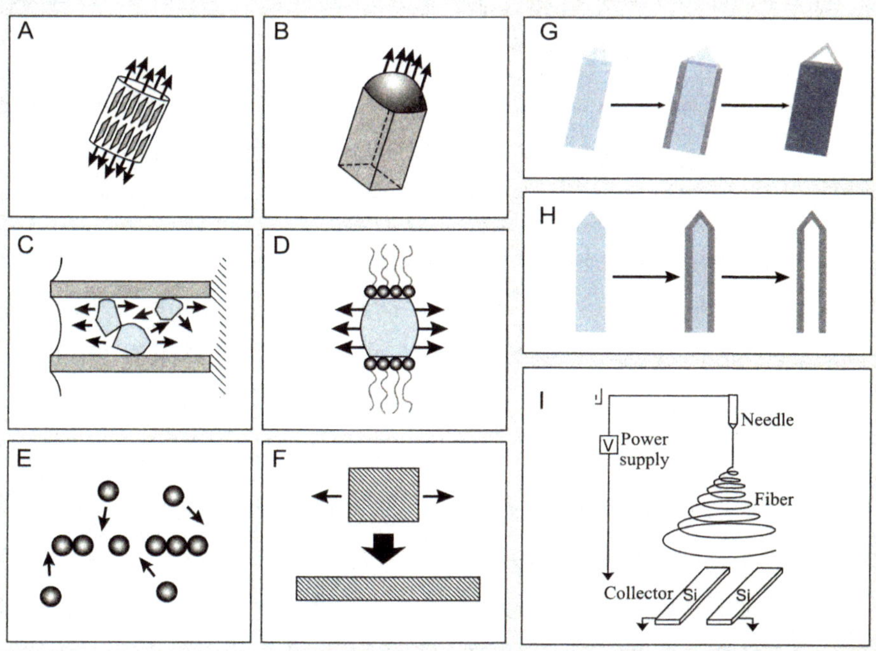

(A) Spontaneous anisotropic crystal structures
(B) Seed-initiated growth (heterogeneous)
(C) Templating (filling)
(D) Kinetic control by organic surfactants (homogeneous)
(E) Self-assembly
(F) Size reduction
(G) Templating (coating)
(H) Transforming via chemical reaction
(I) Electrospinning

(A)의 자발적인 비등방성 결정구조의 경우에는 물질고유의 특성상 나노선의 형태를 좋아하는 물질들에 해당한다. 이러한 특성을 갖는 물질의 종류가 많은 것은 아니나, 얻어진 나노선을 템플레이트로 사용하여 다른 유용한 물질을 만들어 낼 수 있다면 나노선의 대량생산이 가능하다는 점에서 큰 장점이 될 수 있다. 이러한 물질의 주된 예는 chalcogen 물질들 또는 그 화합물들이다. 그 이유는 Se, Te과 같은 chalcogen 물질들은 결정의 구조가 보통의 무기 결정질과는 달리 각 원자가 나선형으로 연결된 고분자 사슬처럼 되어 있으며, 각 사슬과 같은 결합이 규칙적으로 배열되어 하나의 결정을 이루기 때문이다. 이러한 특성은 원자들 간의 인력이 결정구조 내에서 등방성을 갖지 않기 때문에 가능한 현상이다. 즉, 특정 방향에 대해서 원자 간 인력이 더 강하게 될 경우 그 방향으로 원자의 적층이 커지면서 일차원적인 구조체가 만들어지는 것이다.[60 61]

(B)의 seeded-growth의 경우에는 이종핵생성 및 성장(heterogeneous nucleation and growth)이 균질반응에 비해 에너지가 낮다는 사실에 근간을 두고 있다. 진공에서는 vapor-liqid-solid (VLS) 공정으로 나노선을 만들 수 있는데, 용액에서는 비슷한 개념으로 solution-liquid-solid (SLS)를 생각할 수 있다. 두 메탈 원소가 합금을 이루게 될 때, 합금의 녹는점이 두 금속 자체의 녹는점보다 낮아서 액체의 상태로 존재할 수 있음을 활용한 개념이다. 합금 용액에 추가로 특정 원소의 공급이 지속적으로 이루어질 경우, 합금 내에서 특정 원소의 농도가 포화되어 순수한 물질로 상이 분리된다. 이때 분리된 상이 특정 방향성을 가질 경우, 지속적으로 추가적인 상분리가 발생해 나노선으로 자라나게 된다.

세 번째 방법 (C)는 빈 공간에 만들고자 하는 물질을 채워 넣어 나노선을 만드는 templating 기법이다. 물질을 채워넣는 방식에는 크게 전기도금, 증착, 화학적인 인력을 이용하여 자기조립이 되도록 하는 세 가지 유형이 가장 일반적으로 사용되고 있다. 최근에는 빈 공간에서의 모세관힘(capillary force)을 이용한 물리적인 방법도 시도되고 있는 중이다. 전기도금

(electroplating)을 이용한 경우에는 anodized aluminium oxide (AAO) 다공성물질 형판(mesoporous template)이 가장 이상적이다. 모든 기공이 수직배향되어 있으며, 최근 기술의 발전으로 기공의 크기도 20nm 수준에서 마이크로미터 수준까지 다양하게 조절이 가능할 뿐만 아니라, 기공의 길이도 수십 마이크로미터에서 수백 마이크로미터까지 조절이 가능하기 때문이다. Al 필름 표면에 산화물 템플레이트를 제조하는 것이므로 전도성 전극을 따로 형성할 필요가 없다는 것도 큰 장점이라 할 수 있다. 전기도금을 사용하면 빈 공간을 모두 채우게 되고(complete filling), 강한 산이나 염기를 사용하여 AAO를 녹여내면 내부에 나노선만 얻어질 수 있다. 전기도금의 또 다른 장점은 일련의 물질을 동일한 기공 안에 순차적으로 채워 넣음으로써, 단일한 조성의 나노선뿐만 아니라 하이브리드 형태의 나노선을 제조할 수 있다는 것이다. 만일 기공의 한쪽 벽에서만 서서히 반응이 일어나도록 제어하면 (incomplete filling) 나노튜브의 제조가 가능하다. 이렇게 하기 위해서는 주로 가스 상태에서 이종핵생성 및 성장 반응을 이용하여 기공의 내부에 고르게 흡착시키는 것이 보통이다. 기공 내부의 표면과 흡착될 물질이 서로 강한 인력을 갖는다면 용액공정에서도 튜브의 제조가 가능하다. 그 가장 쉬운 예는 고분자와 기공 표면의 정전기적인 인력을 이용하는 것이다. 음전하를 띤 폴리카보네이트(polycarbonate) 멤브레인의 기공 표면에 양전하를 띤 고분자를 정전기적인 인력으로 흡착시킨 후 건조시킴으로써 고분자 나노튜브를 제조하는 것이다. 폴리카보네이트 나노기공과 고분자전해질 사이에는 강한 인력이 존재하기 때문에 건조과정에서 물질의 이동이 기공의 안쪽에서 벽면으로 발생한다. 폴리카보네이트를 선택적으로 녹일 수 있는 용매로 멤브레인을 제거하고 나면 나노튜브만 얻을 수 있다.[62]

위에서 예로 든 경우는 단단히 고정된 형태의 템플레이트(template)를 사용한 것이고, 연성을 갖는 나노미터 단위의 자기조립체 내부에 반응 물질을 포함시킨 후 조립체 내부에서만 성장을 시켜 나노선을 제조할 수도 있다. 가장 많이 사용되는 템플레이트로는 cetyltrimethylammonium bromide (CTAB), tetraoctylammonium bromide (TOAB), polyethyleneoxide-*block*-polypropyleneoxide-*block*-polyethyleneoxide (PEO-b-PPO-b-PEO) 블록 혼성 중합체(amphiphilic block copolymer) 등이 있다. 템플레이트로 사용되는 유기물질들은 모두 양친매성으로 암모늄 양이온이나 PEO 블록과 같은 친수성 부분과 hydrocarbon, PPO 같은 소수성 부분으로 이루어져 있다. 물에 들어갈 때에는 소수성 부분이 내부로 들어가 core를 이루고, 바깥쪽으로는 친수성 부분이 나와서 shell을 이루게 된다. 유기용매 하에서는 반대의 구조를 갖게 된다. 템플레이트의 형태는 템플레이트를 이루는 물질의 농도에 따라 구형, 실린더형, 라멜라형의 세 가지로 구분할 수 있다. 템플레이트 물질의 농도가 진해지면 과포화 상태가 되어 특정 농도에서 자기조립현상이 일어나게 된다. 이때에 해당하는 농도를 임계 농도(critical concentration)라 한다. 일단 임계 농도를 넘게 되면 표면에너지를 최소화하기 위해서 완벽한 구형의 shell을 만들게 된다. 농도가 더 진해지면 실린더 구조를 갖는 일차원적인 나노튜브의 형태로 얻을 수 있다. 만일 화학반응이 core 부분에서만 일어나면, core를 채운 전구체를 반응시킴으로써 나노선을 제조할 수 있다. 자기조립체 템플레이트 안에서 졸-겔 전구체를 사용하여 나노미터 수준의 기공을 갖는 나노선을 제조하는 방법은 마이크로포러스 실리카를 제조하는 가장 대표적인 방법으로, MCM-41과 같은 다공성(porous) 재료들을 만드는 기본 방식이 되고 있다. Tetraethylorthosilicate (TEOS) 실리카 전구체를 유기용매 안에서 CTAB이나 블록 혼성 중합체(amphiphilic block copolymer) 템플레이트에 넣어 자기조립체를 형성하여 졸-겔 반응을 거친 후, 유기 템플레이트를 제거하면 2-3 nm 이하의 기공을 갖는 다공성물질(mesoporous) 나노구조체를 제조할 수 있다.[63 64]

네 번째 방식 (D)는 도포제(capping agent)나 계면활성화제(surfactant)를 이용하여 나노입자의 결정면 중 자라는 방향에 대해 선택성을 부여하여 1차원의 나노구조를 만들고자 하는 노력이다. 무기재료를 제조할 때, 유기물질이 생성된 핵의 표면에서 결정면에 따라 선택적으로 흡착할 수 있다면, 특정 결정면의 표면에너지를 낮춰줄 수 있다. 무기재료 결정의 성장방향은 총 표면에너지를 낮게 유지하고자 하는 방향으로 진행되기 때문에, 도포제나 계면활성화제를 이용한 표면에너지의 조절은 합성되는 나노재료의 형태를 제어하는 방법이 될 수 있다. 만일 특정 결정면에 대해서만 표면에너지가 높게 유지되면 선택적인 성장이 이루어져 나노선이 얻어질 수 있다. 많은 금속과 반도체 나노선의 구조가 첨가하는 도포제나 계면활성화제와 같은 유기재료에 의해 크게 영향을 받음을 실험 결과를 통해 이미 확인할 수 있다.[65] 그러나 이러한 개념이 성공할 수 있기 위해서는 우선 초기 나노입자 또는 나노막대 단계에서의 결정면이 동일해야 한다는 전제 조건이 따른다. 초기 핵 생성의 단계에서는 열역학적인 평형 반응뿐만 아니라 반응의 kinetics도 큰 영향을 미치기 때문에 매직수(magic number)에 해당하는 결정구조가 하나로 통일되기가 어렵다. 그리고 각 유기재료의 관능기가 어떤 결정면에 대해서 선택성을 갖고 결합을 하는지는 용매와 온도, pH, 유기재료의 분자량 및 구조 등에 따라 달라질 수 있기 때문에 좀더 많은 연구가 필요한 상태이며, 현 단계에서 이론적인 예측을 통해 결정면의 에너지를 제어하는 것은 어려운 상태이다.

자기조립을 이용한 나노선 제조(E)는 아직까지는 효용성 측면보다는 학문적인 관심에서 시도되어 왔다. 콜로이드 용액이 물리적인 패턴을 적시고 용매가 증발하는 과정에서 용매의 대류(covection)에 의해서 패턴의 안쪽에 콜로이드를 강제로 자기조립시킨다. 이때 콜로이드의 지름과 패턴의 넓이에 따라 콜로이드 자기조립의 형태가 달라지게 된다. 통상 콜로이드의 지름이 패턴의 넓이와 비슷할 때에는 일렬로 정돈된 형태를 갖게 되고, 패턴이 지름의 1.5 ~ 2배에 이를 때는 지그재그 형태를 갖게 된다. 그 이상의 패턴에서는 육각 패턴이 시작된다는 것이 실험과 이론을 통해서 알려져 있다. 일단 자기조립을 통해 방향성을 띤 구조가 만들어지고 나서, 화학적인 처리나 열처리를 통해 입자 간에 융합이 일어나도록 한 후 패턴을 제거하면 1차원의 나노구조체를 만들 수 있다. 비슷한 접근으로 계단형 표면 구조체에 나노입자 콜로이드 용액을 증발시켜 계단의 한쪽으로 나노입자를 강제이동시킴으로써 1차원 구조체를 만드는 연구도 진행되어 왔다.[66]

크기감소(Size reduction) (F)는 마이크로미터 수준의 구조체를 나노미터 크기로 줄이는 것을 의미한다. 현재는 100 nm 이하 수준의 패턴을 만드는 기술이 잘 발달되어 있어 size reduction의 가치가 줄어들었으나, 개념은 여전히 연구를 수행하는데 도움을 많이 줄 수 있다. 예를 들어 단결정 Si 웨이퍼에 수백 나노미터 수준의 패턴을 만든 후에, 산화를 시켜 Si 패턴의 표면 부분을 실리카로 변환시키고, 표면의 실리카를 HF 수용액으로 제거하면 수십 나노미터급의 단결정 Si 나노선을 제조할 수 있다. 이러한 방법은 잘 정립된 리소그라피를 사용하는 것이기 때문에, 디바이스 제작을 위한 단결정 나노선의 방향과 길이, 전기적인 특성을 인위적으로 제어할 수 있다는 측면에서 큰 장점이라 할 수 있다.[66] 그리고, 직선형의 1차원 구조뿐만 아니라 다양한 형태의 구조체를 만들 수 있다는 장점이 있다. 또 다른 size reduction의 접근으로 PDMS와 같은 탄성체 기판을 사용하는 예가 될 수 있다. 표면에 패턴이 있는 PDMS 기판에 측면에서 압력을 가해 수축시켜서 사이즈를 줄인 후, 에폭시로 몰딩하고 다시 그 위에 PDMS 복사체를 만든다. 이러한 과정을 되풀이함으로써 마이크로미터의 PDMS 패턴을 100nm 급의 패턴으로 크기를 줄일 수 있다.[67]

(G)나 (H)와 같이, 이미 만들어진 나노선을 물리적인 코팅이나, 화학적인 변환을 통해 다양한 형태로 변환시키는 것은 합성 가능한 나노선의 종류를 크게 늘릴 수 있으며, 기존의 나노선에 추가적인 기능성을 부여할 수 있다는 측면에서 유용한 접근 방법이다. 특히, 이종성장 방법을 이용한 나노선 코팅은 표면처리기술의 발전으로 다양한 합성 기술의 진보를 가져왔다. 가장 널리 사용되고 있는 코팅 기술은 졸-겔 기법을 이용한 SiO_2나 TiO_2 코팅이라 할 수 있다. 나노입자에서와 마찬가지로, 다양한 종류의 물질 (반도체, 금속, 고분자, 세라믹)에 졸-겔 기법이 사용될 수 있다. 코팅하는 방법은 실리카 입자를 만들 때의 조건과 동일하나 단지 먼저 만들어진 나노선이 들어 있을 뿐이다. 이 과정에서도 실리카 입자의 생성을 막기 위해서는 실리카 전구체의 과포화농도가 핵을 생성하지 못하도록 낮게 유지해 주어야 한다. 코팅 후 core 부분을 산으로 제거하면 실리카 나노튜브를 얻을 수 있다. 이러한 코팅 기술은 TiO_2, ZrO_2, Al_2O_3 등 다양한 세라믹 물질에 적용될 수 있다. 균일한 고분자 코팅 또한 가능하다. 일반적인 라디칼 중합을 사용해서는 코팅하고자 하는 물질의 표면을 균일하게 코팅하기가 힘들기 때문에 atom transfer radical polymerization (ATRP)와 같은 living radical polymerization을 사용해야 한다. 이를 위해서 코팅될 나노선의 표면에 유기물 처리를 하여

말단에 C=C 이중결합을 갖도록 만들어 준 후, 이로부터 고분자 중합을 하여 코팅한다. 최근 ATRP의 비약적인 발전으로 많은 종류의 고분자 코팅이 가능해졌다. 또한, Se와 Te의 chalcogen 나노선을 템플레이트로 사용하여 Pt나 Pd와 같은 금속을 코팅하는 연구가 진행되었다.[68] Chalcogen 물질의 장점은 유기물에 대한 용해도가 뛰어나기 때문에 쉽게 제거할 수 있으며, 이를 통해서 금속 나노 튜브의 제조가 용이하다는 것이다. 화학적 변환(chemical transformation) 또한 기존에 합성이 가능한 나노선의 종류를 늘릴 수 있는 좋은 접근방식 중의 하나이다. 이러한 화학적인 변환은 쉽게 변환이 가능하여야 하고, 변환된 나노선은 안정적으로 유지되어야 하며, 변환 후 나노선이 갖는 물리적, 전기적, 화학적 특성이 유용한 것이어야 한다. 이러한 조건을 잘 갖는 물질들로 chalcogen 화합물을 생각할 수 있다. Se나 Te 나노선이 물질 자체의 특성상 대량으로 합성될 수 있기 때문에 II-VI족 chalcogenide 화합물 반도체의 광학적 특성을 잘 유지하면서 쉽게 변환시킬 수 있는 기술의 개발은 높은 산업적인 가치가 있다고 할 수 있다.[68 69 70]

마지막 접근 방법인 전기방사(electrospinning)는 점도가 높은 용액에 전기장을 걸어 섬유를 만드는 방법이다. 장치의 구성은 간단한데, 용액이 주사기를 통해 일정한 양으로 공급되고, 주사기와 콜렉터(collector)에 전압을 걸어 전기장을 만들어 주는 형태를 가지고 있다. 용액에 전기장을 걸었을 때 net charge를 가질 수 있다면, 그 용액은 전기장의 방향으로 흐르게 된다. 주삿바늘을 통해 나오는 용액은 표면장력 때문에 바늘의 끝에서 방울을 만들게 되는데, 전기장 크기가 표면장력을 이기게 되면 용액이 전기장의 방향으로 잡아당겨 지고, 바늘의 끝에서는 방울 대신에 콘(cone) 형태 (일명 Taylor cone)를 만든다. 이렇게 전기장에 의해서 연신된 용액은 perturbation에 의해 회전(spinning)을 하게 되는데, 용매가 증발해 굳은 형태로 콜렉터에 모아지게 되면 연속상의 섬유가 제조될 수 있다. 전기방사에서 만들어지는 형태는 용액의 점도와 전기장의 세기에 크게 의존한다. 점도가 낮은 용액은 바늘의 끝에서 길게 연신된 후, 표면장력 때문에 Rayleigh 불안정성(instability)을 거쳐 입자의 형태로 만들어진다. 그러나 점도가 높은 용액은 전기방사 도중 용액이 증발되면서 굳기 때문에 Rayleigh 불안정성의 파장 형성이 어려워져 섬유의 형태로 콜렉터에 얻어진다. 전기방사는 연속 공정이고 대량 생산이 가능하다는 점에서, 산업적인 적용 측면에서 다른 방법들과 큰 차별성이 있다.[71] 또한, 제조되는 나노구조체의 길이가 사실상 무한대이고, 제조 시에 나노파이버가 전기장에 의해 하전되어 있기 때문에 정전기적인 인력을 이용하면 나노파이버의 배열이 가능하다는 점도 큰 장점이 될 수 있다. 제조 가능한 나노구조체의 종류에 있어서도, 용액상으로 존재할 수만 있다면 나노파이버로 만들 수 있는 재료에는 제한이 없기 때문에, 소재의 개발 측면에서 볼 때에도 큰 장점이 되고 있다.

3.4.2 금속 나노선의 합성(Synthesis of metal nanowires)

용액 상에서 금속 나노선의 합성은 환원반응에 의한 나노선과 전기도금을 이용한 템플레이트 공정이 가장 많이 사용되고 있다. 환원반응의 경우에는 입자를 만드는 공정과 별반 다르지 않다. 즉, 비슷한 용액 조건에서 핵의 결정면 간 표면에너지의 상대적인 크기에 따라서 입자의 형성과 나노선의 형성이 결정될 수 있다. 비교적 체계적으로 연구가 이루어진 Ag 나노선을 그 한 예로 들어보기로 한다. 일련의 Ag 나노선과 나노입자에 대한 연구는 Xia 그룹에 의해서 상당 부분 체계가 잡혔다. 나노선의 합성 조건은 ethylene glycol (EG)를 용매로 사용하고 $AgNO_3$를 전구체로 사용하여 180°C에서 가열해 주면 그림 3-31과 같이 나노선이 합성될 수 있다는 것이 보고되었다. 합성된 나노선은 쌍점(twin) 구조를 가진 단결정이었다.[72] 동시에 이와 비슷한 조건에서 큐브 형태의 Ag 나노입자가 합성될 수도 있으며, 많은 경우 판상이나 무정형의 입자, 정육면체(cube) 등이 혼재할 수 있다는 것이 관찰되었다. 따라서, 입자의 형성과 나노선의 형성은 미묘한 환경의 차이에 의해서 달라질 수 있음을 알 수 있다. 동일 그룹에서는 두 가지 중요한 메커니즘을 알아냈다. 우선 입자의 형태로 만들어진 Ag는 나노선에 비해 산화에 취약하다는 것과 계면활성화제(surfactant)로 사용하는 polyvinylpyrrolidone (PVP)이 <111> 방향으로 자라는 나노선의 <100> 방향에 대해서 선택적으로 표면에너지를 낮추어 주기 때문에 <111> 방향으로의 성장이 촉진될 수 있음을 알아냈다. 화학반응에서 환원반응이 발생할 때는 산화 역반응과 경쟁관계에 있기 때문에, 형성된 나노구조체는 산화에 의해 다시 용액 속으로 녹아들어 갈 수 있다. 따라서, 용액 속의 산화를 일으킬 수 있는 환경

그림 3-31 나노선의 합성 및 결정구조 분석[72]

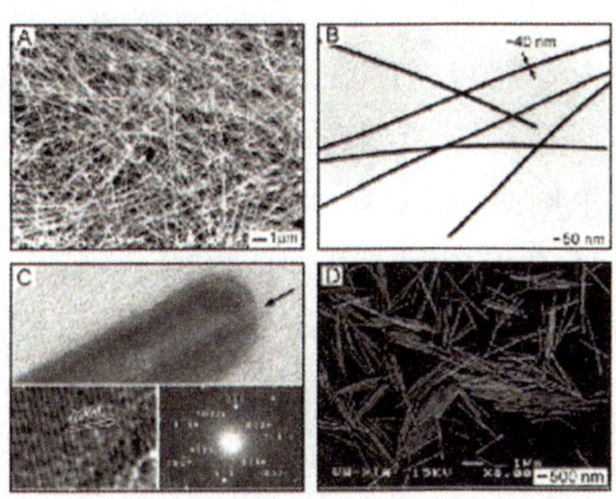

그림 3-32 Ag 나노선의 합성 과정에서 PVP 계면활성화제(surfactant)가 표면에너지에 미치는 영향[72]

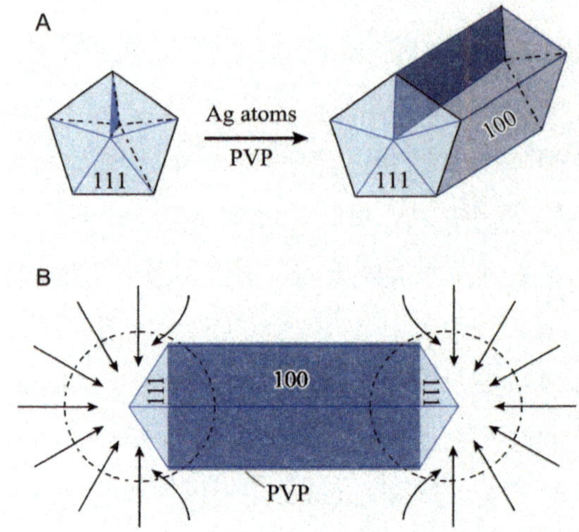

을 만들어 주면 선택적으로 입자에 대한 용해도를 높여 나노선의 수득률을 크게 늘릴 수 있다. 두 번째 중요한 메커니즘은 PVP에 의한 <100> 표면에너지의 변화라고 할 수 있다. 동일 그룹에서는 PVP가 <100> 결정면에 선택적으로 흡착해 표면에너지를 낮추는 반면 <111> 방향에 대해서는 흡착이 잘 이루어지지 못하며 결과적으로 표면에너지가 줄어드는 것이 없기 때문에 가장 높은 에너지를 갖는 위치가 된다. 따라서, 나노선의 성장은 전체 에너지를 최소화시키기 위해서 그림 3-32와 같이 <111> 방향으로 자라게 된다.

Ag 나노선은 galvanic replacement에 의해서 Au, Pd, Pt과 같은 다른 금속 나노튜브로 변환이 가능하다. 이 경우 Ag가 전자를 내놓고 이온화되고, Au, Pt, Pd은 전자를 받아서 환원된다. 세 귀금속의 환원에 대한 전극 포텐셜(electrode potential)이 Ag보다 낮기 때문에 전자의 흐름이 포텐셜이 높은 전극에서 낮은 전극으로 흘러야 하므로, 치환(replacement)이 발생할 수 있다. 다음은 각 치환에 해당하는 실험식을 표현한 것이다.[73] 이때 치환반응은 Ag 나노선의 전반적인 표면에서 발생하며 Ag^+의 이동을 수반하기 때문에, 물질의 전체적인 확산이 Ag 나노선의 표면방향으로 진행된다. 따라서, Ag 나노선의 표면에서 Au, Pt, Pd의 코팅이 발생하며, 반응이 진행될수록 코팅층은 두꺼워지고 내부의 Ag는 녹아나와 결국 그림 3-33과 같이 속이 빈 Au, Pt, Pd 나노튜브로 변환될 수 있다.

$$3Ag(s) + AuCl_4-(aq) \rightarrow Au(s) + 3Ag^+(aq) + 4Cl^-(aq)$$

그림 3-33 Galvanic replacement에 의한 Au로의 치환 및 이를 이용한 Au 나노튜브의 제조[73]

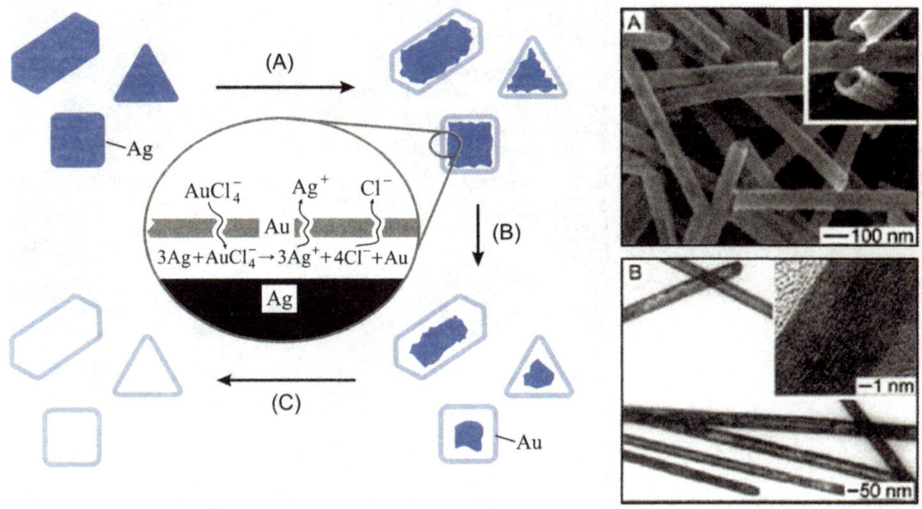

$$Pd(NO_3)_2(aq) + 2Ag(s) \rightarrow Pd(s) + 2AgNO_3(aq)$$
$$Pt(CH_3COO)_2(aq) + 2Ag(s) \rightarrow Pt(s) + 2Ag(CH_3COO)(aq)$$

기공 내부에 전기도금을 이용하여 금속을 채워 나노선을 만드는 접근 방법은 layer-by-layer 공정이 아니기 때문에, 단결정 나노선을 제조할 수는 없으나, 금속 나노선에 있어서는 단결정성이 그리 중요한 문제는 아니기 때문에 템플레이트를 이용한 균일한 금속 나노선의 제조는 특히 매력적이다. 템플레이트로 가장 많이 사용하는 anodized aluminum oxide (AAO)는 Al 표면을 이용하기 때문에 산화되지 않은 부분은 여전히 도체의 특성을 지니고 있어, 금속 원자 또는 나노입자가 쉽게 직접 기공 안을 채울 수 있다.[74] 단순한 나노선 구조뿐만 아니라, Au 나노선을 채운 후에 polypyrrole과 같은 고분자를 도금하고, 다시 Au를 도금하는 방법으로 다양한 물질을 순차적으로 도금하여 기능성 물질을 제조하는 데 유용하게 사용될 수 있음을 보여준다. 하나의 예로 polypyrrole을 먼저 채운 후에 Au를 채워넣어 하이브리드 형태의 구조를 제조한 예가 그림 3-34에 있다.[75] 이러한 하이브리드 구조체는 물질 간의 인력이 다르고, Au와 Ppy 간의 길이 비율이 다르기 때문에 자기 조립의 형태가 다양하게 나올 수 있다. 그림은 Au-Ppy의 하이브리드 재료가 Au와 Ppy의 상대적인 길이와 위치에 따라 서로 다른 구형과 평면형의 조립체를 형성할 수 있으며, 조립체의 크기 또한 조절이 가

그림 3-34 Au-Ppy 하이브리드 나노선의 자기조립 특성[75]

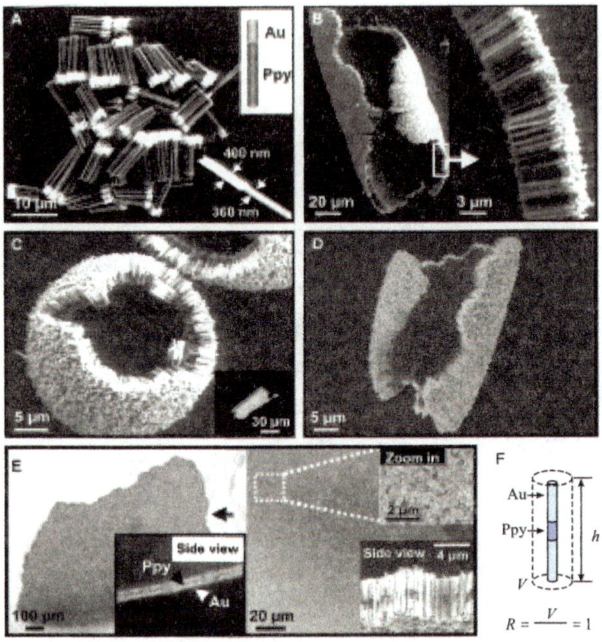

능함을 보여주고 있다. Ppy는 수용성이 아니므로 수용액 상에서 안쪽으로 자기조립이 일어나야 하므로, Ppy의 상대적인 크기가 클수록 더 큰 구형 조립체를 형성하게 된다. 만일 Ppy이 두 금속 층에 끼인 형태일 때는 (Au-Ppy-Au) Ppy의 배열에 의해서 구형의 자기조립이 아닌 판상형의 자기조립을 이루게 된다.

3.4.3 반도체 나노물질의 합성(Synthesis of semiconductors)

반도체 나노선은 단결정성이 중요하기 때문에 습식법에 의한 재료보다는 건식에 의한 재료가 물리적인 특성 연구를 위해 더 많이 사용되어 왔다. 그러나 최근 들어서는 습식법에 의해 제조된 나노선들도 결점이 거의 없는 구조체로 만들어질 수 있으며, 건식 나노선 제조보다 나노선의 두께 조절의 폭과 제어능력이 뛰어나기 때문에 습식으로 제조된 나노선을 이용한 소자가 관심을 받고 있다. 또한, 대량생산의 측면에서 건식법보다 우위에 있고, 다양한 구조 제어가 더 용이하다는 점은 습식공정이 갖는 큰 장점이 될 수 있다. 용액 상에서 반도체 나노선을 성장시키는 방법은 SLS 공정과 본질적으로 1차원 구조체를 선호하는 화합물의 사용 및 물리적/화학적 변환을 이용하여 제조하는 것이 일반적이다.

가장 흔하게 접할 수 있는 1차원 선호 물질인 chalcogen(O, S, Se, Te)은 주로 trigonal 구조의 나노선을 형성하게 된다. 이러한 나노선은 chalcogen이라는 어휘의 유래에서도 알 수 있듯이 많은 금속물질과 쉽게 화합물을 형성한다. 그 이유는 화합물로 이루어진 상태가 Se 독자로 존재할 때보다 열역학적인 에너지가 낮기 때문이다. Chalcogen은 용매에 대한 용해도가 높기 때문에, 비정질 Se과 Te은 쉽게 용매에 녹은 후에 과포화 상태가 되어 결정이 만들어지는 과정을 거치는, 이른바 solid-solution-solid(SSS) 과정을 거쳐서 단결정의 나노선이 만들어지게 된다.[76] 그림 3-35는 Se 나노선의 형성 과정을 보여주고 있다. 비정질의 Se 콜로이드를 물에 분산시킨 후 100°C로 가열하면 독립적인 콜로이드의 형태를 잃고 ripening이 일어나게 된다. 이 과정을 거치는 동안 용액은 용해된 Se에 의해 과포화 상태가 만들어진다. 이때 용액의 온도를 상온으로 떨어뜨린 후 암실에 보관하면 과포화된 Se 원자들의 결정핵이 만들어진 후 하나의 선택적인 방향으로 자라게 된다. 보통 이렇게 자란 나노

그림 3-35 비정질 Se 콜로이드의 *t*-Se 나노선으로의 변환과 분석[76]

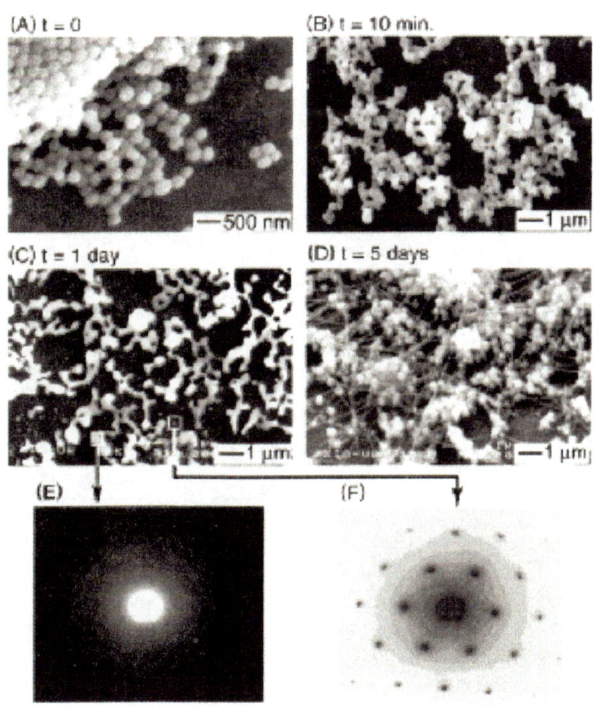

선의 결정은 육방격자(hexagonal lattice)를 갖는 *t*-Se 구조이다. 이 과정은 보통 일주일 정도가 소요되는 오래 걸리는 합성법이므로, 초음파를 이용한 핵의 조기 생성이라는 방법이 개발되었다. 비정질 Se 콜로이드를 에탄올에 분산시킨 후 초음파를 약 1분가량 조사하면, 초음파에 의해 발생하는 기포의 에너지가 비정질 콜로이드의 표면에 전달되어 순간적으로 콜로이드의 온도는 아주 높아지게 된다. 이 순간 콜로이드의 표면에서는 Se의 용해도가 급격히 올라가기 때문에 용해된 Se에 의해서 콜로이드의 표면에 결정핵이 형성된다. 초음파를 끄고 암실에서 상온 보관한 후 약 3시간 정도 지나면 모든 비정질 Se 콜로이드는 단결정 나노선으로 변환이 완료된다. Te의 경우에도 비슷한 경로를 거치는 것이 알려져 있다. Telluric acid와 같은 전구체를 사용하여 강제로 환원시키면 순간 비정질 Te이 만들어지는데, 곧 녹아버린 후 결정질 Te으로 변하게 된다. Te은 Se에 비해 결정화가 빨리 일어나는 물질이기 때문에 보통은 두꺼운 나노 튜브의 형태로 종종 만들어진다. 그런데 $NaTeO_3$를 물에서 반응을 시킬 경우에는 아래와 같은 반응식을 거쳐 Te 나노 벨트나 튜브가 만들어질 수 있다는 것이 보고된 바 있다.

$$3Na_2TeO_3 + H_2O \rightleftarrows Te + 2Na_2TeO_4 + 2NaOH$$

또 다른 열역학적인 방식인 solid-liquid-solid (SLS) 변환으로 나노선을 합성하는 과정은 기상에서 나노선을 제조하는 방식 중 VLS 과정과 아주 흡사하다.[77] 그림 3-36은 두 합성 과

그림 3-36 VLS 방식과 SLS 방식의 비교[77]

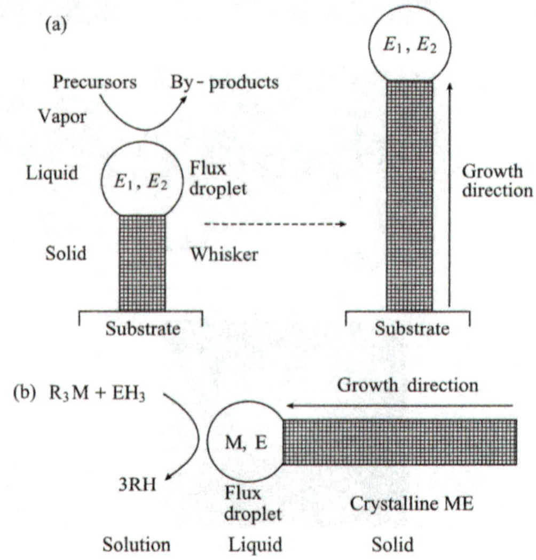

정의 유사성을 표현해 준 것이다. 예를 들어 InP 나노선을 만들 때, VLS 공정에서는 In과 P 원자가 laser ablation이나 전구체의 열분해를 통해서 제공되고, Au, Ag와 같은 금속촉매에 입자와 함께 반응하여 액상의 합금을 형성한다. 계속 In과 P가 제공됨에 따라 더 이상 액상 합금으로 존재할 수 없게 된 In과 P가 상분리되어 고체 InP로 만들어지는데, 선택적으로 자라는 결정면이 있기 때문에 나노선의 형태로 자라게 된다. 이때 만들어지는 나노선의 두께는 초기 금속 촉매의 크기에 의해 결정될 수 있다. SLS 방법에서도 비슷한 개념이 적용된다. VLS와 동일한 예로 InP를 들면, 그림 3-36(b)와 같이 $In(t\text{-}Bu)_3$ 유기금속 전구체와 PH_3를 끓는점이 높은 유기용매에 넣고, 메탄올이나 PhSH를 촉매로 사용하여 150℃ 이상에서 열을 가하면 전구체들이 열분해되어 각 원자를 공급하게 된다. 이때 In 나노입자가 형성되는데 157℃ 이상에서 용액 상태로 존재한다. 반응 용액에 존재하는 In 원자와 P 원자가 In 입자에 녹아들어 가서 InP의 형태로 상분리되어 자라게 된다. 비슷한 예로, N_3InR_2와 H_2NNMe_2를 전구체로 사용하여 210℃에서 반응시키면 액상의 In 입자가 만들어지고, 그 입자에 In 원자와 N 원자가 녹아들어 가면서 앞의 그림과 같이 InN 형태의 결정으로 석출된다.[78]

3.4.4 산화물 나노물질의 합성(Synthesis of metal oxides)

산화물 나노선의 제조는 템플레이트를 기반으로 한 졸-겔 반응이 가장 대표적인 접근이라 할 수 있다. cethltrimethylammonium bromide(CTAB)나 양친매성 블록공중합체를 자기조립시킨 후에, 자기조립체의 내부에 졸-겔 전구체 용액을 내포시키고 졸-겔 반응을 진행하면 유기물질 자기조립체 내부에 산화물이 만들어진다. 결정화를 위해 고온에서 소결하고 나면 나노미터 크기의 기공을 갖는 다공성 나노선이 얻어질 수 있다. 만일 자기조립의 농도를 높여서 실린더 구조의 자기조립체가 서로 붙어 있게 한 후, 졸-겔 반응을 시키면 육방밀집(hexagonal) 패킹이 이루어진 산화물 구조체를 얻을 수 있다.[79] 소결시키고 나면 제올라이트와 구조가 흡사한 나노기공의 촉매 및 멤브레인으로 사용이 가능하다. 유기 자기조립체를 사용하지 않고, AAO 기공구조를 템플레이트로 사용한 예도 많이 있다. AAO를 템플레이트로 사용하여 TiO_2, ZnO, WO_3와 같은 산화물을 제조한 연구들이 많이 보고되었다. 제조 방법은 titanium isopropoxoide, zinc acetate, WCl_6 전구체 등을 AAO 템플레이트의 기공 내부에 집어넣은 후 졸-겔 반응시켜 제조한 것이다. 이와 비슷한 접근이나 PEO-*b*-PPO-*b*-PEO 블록공중합체와 전구체를 함께 섞은 후에 템플레이트의 기공 내부에 넣으면 블록공중합체의 구조를 모방해낸 새로운 구조의 산화물을 얻을 수 있다.[80] 기공의 내부를 채우는 방법은 모세관력(capillary force)을 이용하면 쉽게 할 수 있다. AAO 템플레이트의 아랫면을 뜯어낸 후

그림 3-37

PAA 멤브레인과 그 내부에 채워진 PEO-*b*-PPO-*b*-PEO 블록공중합체와 실리카 전구체로부터 형성된 나선형 구조

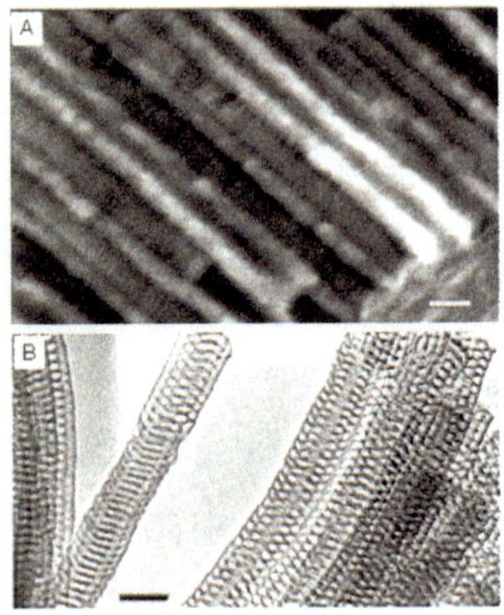

에 고분자와 전구체의 혼합용액에 올려놓으면, 모세관 현상 때문에 기공의 안쪽으로 빨려 올라간다. 졸-겔 전구체는 친수성인 PEO 블록과 친화성이 있기 때문에, PEO 블록과 PPO 블록이 상분리되어 나노구조체를 형성할 때, PEO 부분에만 선택적으로 위치하기 때문에 가능한 일이다. 그림 3-37의 첫 번째 그림은 블록공중합체와 함께 졸-겔 반응시킨 후 AAO 템플레이트 안에 형성된 실리카 스프링 구조를 보여주고 있으며, 두 번째 그림은 AAO 템플레

그림 3-38

PAA 멤브레인과 그 내부에 채워진 PEO-*b*-PPO-*b*-PEO 블록공중합체와 실리카 전구체로부터 형성된 다양한 실리카 구조체

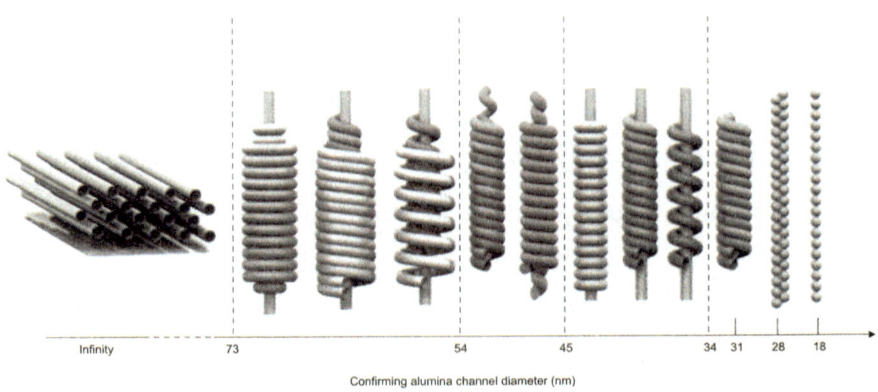

이트를 제거한 후 얻은 1차원의 구조체를 보여주고 있다. 블록공중합체의 분자량과 AAO 템플레이트 기공의 크기에 따라 그림 3-38과 같이 단일 나선구조, 이중 나선구조, 나선과 중심축 구조 등과 같은 다양한 구조가 나타날 수 있다.

3.4.5 전기방사에 의한 나노물질의 합성(Production by electrospinning)

전기방사(Electrospinning)를 통해서 얻을 수 있는 섬유의 두께는 전기장에 대한 용액의 알짜 전하(net charge) 형성 정도, 용액의 점도, 용액의 이송 속도, 고분자의 전하, 그리고 전기장의 세기에 따르지만, 통상 최소 ~30 nm에서 수 μm에 이르기까지 다양하게 조절이 가능하다. 나노섬유의 형태는 beaded fiber, cylindrical fiber, core-shell fiber, porous fiber, 리본 형태와 같이 다양한 구조를 비교적 쉽게 조절이 가능하다.[81] Beaded fiber와 cylindrical fiber는 용액의 점도로 형태조절이 가능하며, porous fiber는 휘발성이 큰 용매를 사용하거나 차가운 콜렉터를 사용하여 동결건조(freeze drying) 시킴으로써 얻어낼 수 있다. Core-shell fiber는 전도성 고분자 나노 섬유를 만든 후에 electrodeposition을 통해 코팅하여 제조할 수 있다. 최근에는 Younan Xia 그룹에서 동축(coaxial) 형태의 바늘 기구를 사용하여 *in-situ*로 그림 3-39와 같은 core-shell이나 hollow shell 구조의 나노섬유를 만들어 내는데 성공하였다.[82] 그 그룹에서는 금속산화물 전구체의 공기 중에서 빠른 졸-겔 반응을 이용한 방법으로, 동축기구에서 바깥쪽 침에 여러 종류의 금속산화물 전구체 용액을 주입하여 제조하였다. 졸-겔 반응은 금속 alkoxide 전구체가 산 촉매나 염기 촉매하에서 물과 반응하여 하이드록실기로 변화게 된다. 추가적인 반응을 통해 각 전구체의 하이드록실기들이 서로 축합반응을 일으키면서 네트워크를 이루어 겔로 변하게 된다. 이때 만들어지는 겔은 비정질 물질로 결정질을 원할 경우에는 고온에서 열처리를 통해 결정질로 변화시켜 줄 수 있다. 졸-겔 전구체는 일반적으로 금속 원자의 크기가 클수록 반응성이 뛰어나며, 붙어 있는 alkoxide 그룹의 alkyl의 길이가 길수록 반응성이 떨어진다. 겔의 네트워크 간 간격은 미반응 사이드그룹의 길이와 특성을 조절함으로써 가능하다.

전기방사(Electrospinning)를 이용하여 나노입자, 나노튜브, 나노선 등을 내포시키는 나노복합재료 파이버를 만들 수 있다는 연구들이 보고되었다.[83 84] 이러한 나노섬유(Nanofiber)는 전기전도성, 열전도성, 기계적 특성을 크게 향상시킬 수 있기 때문에 많은 그룹에서 연구를 진행하고 있다. Ko 그룹에서는 carbon nanotube(CNT)를 DMF에 분산시켜 PANi와 함께 전기방사할 경우 CNT가 만들어지는 PANi 나노섬유에 무작위로 배향되나, PVA를 이용하여 나노섬유를 만들 경우에는 CNT가 길이 방향으로 배향될 수 있음을 보고하였다. 이렇

그림 3-39 Coaxial spinneret setup을 이용한 TiO_2 나노튜브[82]

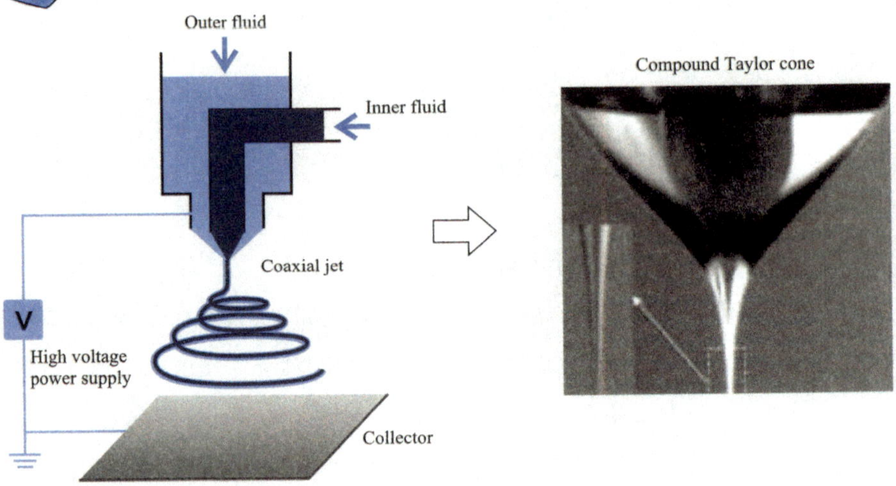

게 만들어진 나노섬유(Nanofiber)는 CNT에 percolation이 가능하기 때문에, 전도도가 크게 향상될 수 있음이 알려져 있다.[85] 나노섬유의 표면은 화학적 처리와 물리적인 코팅을 통해서 쉽게 개질이 가능하다. 그림 3-40에 보이는 예는 TiO_2 나노섬유 위에서 금과 Ag나노입자를 붙여 놓은 예이다.[86] 사용한 방법은 나노섬유를 금과 Ag전구체가 들어 있는 용액에 넣은 상태에서 UV를 쬐어 줌으로써, 나노섬유의 표면에서 핵이 생성되어 나노입자가 만들어지도록 하는 방법이다. 이러한 방법을 통해서 만들어진 나노섬유는 추가적인 화학처리가 가능하며, 기계적 강도와 열적 안정성 및 용액의 wetting을 조절해 줄 수 있다는 장점이 있다. 또한, 바

그림 3-40 나노섬유(nanofiber)에 금과 Ag나노입자를 도핑한 구조[86]

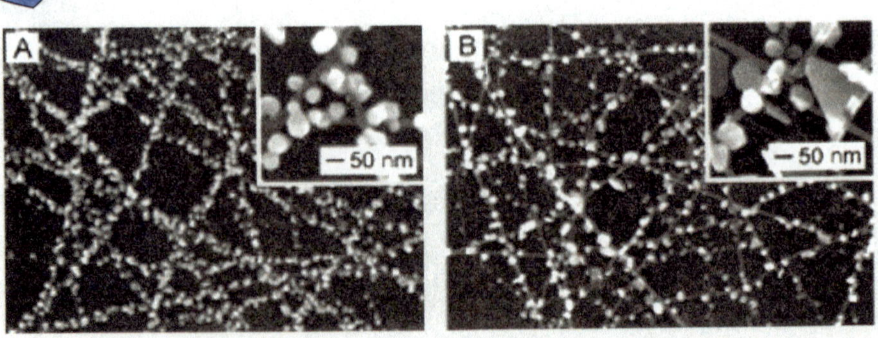

그림 3-41 전극 배치를 통한 나노섬유(nanofiber)의 직교 배열[87]

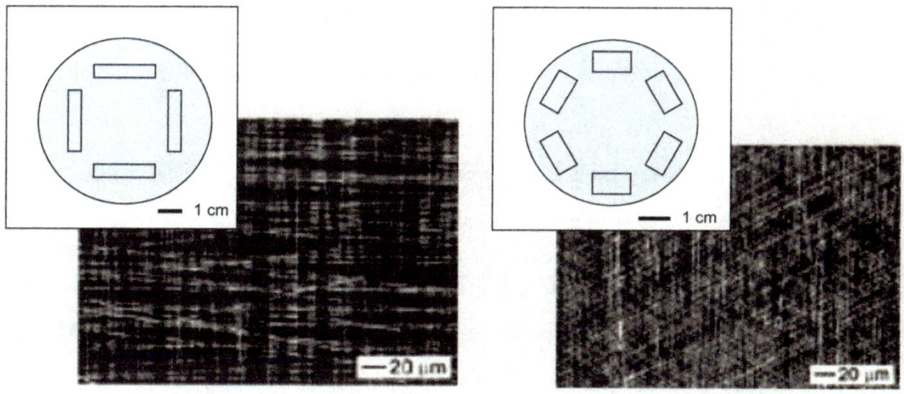

이오센서로의 사용 가능성도 크게 대두될 수 있을 것으로 보인다.

전기방사를 통해서 얻어지는 나노섬유는 콜렉터 전극의 배치와 수거 방법에 따라 제조되는 나노섬유를 일정한 방향으로 배열할 수 있다.[87] 그림 3-41(좌)는 콜렉터의 전극을 직교와 육각형으로 배치하여 섬유를 전극 배치의 형태로 배열한 모습이다. 얻어지는 나노섬유의 형태는 전극의 형태를 모방해서 얻어졌다. 이러한 전극의 배열은 넓은 영역에 걸친 배열에는 적당하지 않다. 기계적으로 배열하는 방법은 회전형 콜렉터를 만들어 나노섬유를 모으는 것이다[그림 3-41(우)]. 원통형 콜렉터에 모을 경우에는 광대역에 걸쳐 일정한 방향성을 갖는 나노섬유를 대량 생산할 수 있다.

연습문제 Chapter 3

1. 균일한 크기의 나노입자를 합성하기 위해서는 핵의 성장이 확산에 의해서 제어될 수 있도록 해주어야 한다. 그 이유를 설명하라.

2. Au 나노입자의 제조에서, $HAuCl_4$ 전구체를 citric acid 수용액에서 환원을 통해 합성하는 방법이 널리 이용되고 있다. 합성과정을 기술하라.

3. 반도체 나노입자는 CdSe@ZnS과 같이 대부분 코어-쉘 구조로 되어 있다. 코어-쉘 구조로 만들었을 때 CdSe와 같이 단일구조의 나노입자에 비해 기대할 수 있는 효과는 무엇인가?

4. 은 나노입자가 분산된 용액에서 졸-겔 방법으로 실리카 입자를 합성하였더니, Ag나노입자에 실리카가 코팅된 나노입자가 합성되었다. 이러한 현상을 열역학적인 관점에서 설명하시오.

5. 용액공정으로 단결정 나노선을 성장시키기 위해서는 표면에너지를 격자 면에 따라 선택적으로 조절할 수 있어야 한다. 어떠한 방법으로 표면에너지를 조절해 줄 수 있는가?

6. 전기방사를 이용하면 고분자와 세라믹 나노섬유를 쉽게 제조할 수 있다. 전기방사의 원리를 설명하시오.

7. 금속 나노입자와 반도체 나노입자는 모두 발광특성이 있으나, 발광하는 근본 이유는 완전히 다르다. 어떤 원리에 의해서 빛을 내는가?

8. 가지 구조의 나노입자를 합성하고자 할 때, TOPO를 도포제(capping agent)로 사용하여 반도체 나노입자를 합성하는데, 전구체의 농도에 따라 구, 막대, tetrapod 등의 다양한 형태로 합성되었다. 전구체의 농도와 합성된 나노입자의 형태의 연관성을 설명하시오.

9. 고분자 나노구조체 템플레이트에 졸-겔 반응을 시켜 나노미터 크기의 기공을 갖는 세라믹 나노구조체를 제조하고자 한다. 제조과정을 디자인하시오.

10. 반도체 나노입자는 크기와 모양, 화학성분에 따라 흡광과 발광 특성에 큰 차이가 있다. 일반적인 경향성과 이유를 설명하라.

참고문헌

[1] R. J. Pugh and L. Bergstrom, "*Surface and Colloid Chemistry in Advanced Ceramic Processing*", Marcel Dekker, New York(1994)

[2] D. H. Everett, "*Basic Principles of Colloid Science*", Royal Society of Chemistry, London (1988)

[3] P. C. Hiemenz, "*Principles of colloid and surface chemistry*", Marcel Dekker, New York (1986)

[4] J. S. Reed, "*Principles of Ceramics Processing*", John Wiley & Sons(1995)

[5] D. J. Shaw, "*Introduction to colloid and surface chemistry*", Butterworth-Heinemann Ltd.,(1992)

[6] G. Cao, "*Nanostructures &nanomaterials; Synthesis, Properties & Applications*", Imperial College Press(2004)

[7] M. Hosokawa, K. Nogi, M. Naito, and T. yokoyama, "*Nanoparticle Technology Handbook*", Elsevier, Tokyo(2007)

[8] R. J. Hunter, "*Foundation of Colloid Science*", Oxford University Press, New York(1987)

[9] L. Vayssieres, "On the thermodynamic Stability of Metal Oxide nanoparticles in Aqueous Solution" *Int. J. Nanotechnology*, **2**, 411-439 (2005)

[10] J. Turkevich, P. C. Stevenson, and J. Hillier, "A Study of the nucleation and growth processes inthe synthesis of colloidal gold" *Discuss. Faraday Soc.*, **11**, 55 (1951)

[11] M. Brust, M. Walker, D. Bethell, D. J. Xshiffrin, and R. Whyman, "Synthesis of thiol-derivatized gold nanoparticles in a 2-phase liquid-liquid system" *Chem. Commun.*, **7**, 801 (1994)

[12] R. L. Whetten, J. T. Khoury, M. M. Alvarez, S. Murphy, I. Vezmar, Z. L. Wang, P. W.Stephens, C. L. Cleveland, W. D. Luedtke, and U. Landman, "Nanocrystal gold molecules" *Adv. Mater.*, **8**, 428 (1996)

[13] A. Henglein, B. G. Ershov, and M. Malow, "Absorption Spectrum and Some Chemical Reactionsof Colloidal Platinum in Aqueous Solution" *J. Phys. Chem.*, **99**, 14129 (1995)

[14] H. Hirai, Y. Nakao, N. Toshima, and K. Adachi, "Colloidal Rhodium Polyvinyl Alcohol asHydrogenation catalyst of olefins" *Chem. Lett.*, 905 (1976)

[15] Y. T. Lee, S. H. Im, B. Wiley, and Y. Xia, "Quick formation of single-crystal nanocubes of silverthrough dual functions of hydrogen gas in polyol synthesis" *Chem. Phys. Lett.*, **441**, 479 (2005)

[16] C. H. Griffiths, M. P. Ohoro, and T. W. Smith, "The Structure, magnetic characterization, andoxidation of colloidal iron dispersions" *J. Appl. Phys.*, **50**, 7108 (1979)

[17] K. S. Suslick, M. M. Fang, and T. Hyeon, "Sonochemical Synthesis of Iron Colloids" *J. Am.Chem. Soc.*, **118**, 11960 (1990)

[18] D. Farrell, S. A. Majetich, and J. P. Wilcoxon, "Preparation and Characterization of Monodisperse Fe Nanoparticles" *J. Phys. Chem.*, **B107**, 11022 (2003)

[19] F. Dumestre, B. Chaudret, C. Amiens, P. Renaud, and P. Fejes, "Superlattices of Iron Nanocubes Synthesized from $Fe[N(SiMe_3)_2]_2$" *Science*, **303**, 821 (2004)

[20] S. H. Sun and C. B. Murray, "Synthesis of monodisperse cobalt nanocrystals and their assembly into magnetic superlattices" *J. Appl. Phys.*, **85**, 4325 (1999)

[21] C. B. Murray, S. H. Sun, W. Gaschler, H. Doyle, T. A. Betley, and C. R. Kagan, "Colloidal synthesis of nanocrystals and nanocrystalsuperlattices" *IBM J. Res. Dev.*, **45**, 47 (2001)

[22] Z. L. Wang, Z. R. Dai, and S. H. Sun, "Polyhedral Shapes of Cobalt Nanocrystals and Their Effect on Ordered Nanocrystal Assembly" *Adv. Mater.*, **12**, 1944 (2000)

[23] S. Sun, C. B. Murray, D. Weller, L. Folks, and A. Moser, "Monodisperse FePt Nanoparticles and Ferromagnetic FePt Nanocrystal Superlattices" *Science*, **287**, 1989 (2000)

[24] X. W. Teng and H. Yang, "Synthesis of Face-Centered Tetragonal FePt Nanoparticles and Granular Films from Pt@Fe_2O_3Core-Shell Nanoparticles" *J. Am. Chem. Soc.*, **125**, 14559 (2003)

[25] M. Chen and D. E. Nikles, "Synthesis of spherical FePd and CoPt nanoparticles" *J. Appl. Phys.*, **91**, 8477 (2002)

[26] A. P. Alivisatos, "Perspective on the Physical Chemistry of Semiconductor Nanocrystals" *J. Phys. Chem.*, **100**, 13226-13239 (1996)

[27] C. B. Murray, J. J. Norris, and M. G. Bawendi, "Synthesis and characterization of nearly monodisperse CdE (E = sulfur, selenium, tellurium) semiconductor nanocrystallites" *J. Am. Chem. Soc.*, **115**, 8706 (1993)

[28] S. A. Majetich and A. C. Carter, "Surface effects on the optical properties of cadmium selenide quantum dots" *J. Phys. Chem.*, **97**, 8727 (1993)

[29] H. A. Hinesand P. Guyot-Sionnest, "Synthesis and Characterization of Strongly Luminescing ZnS-Capped CdSe Nanocrystals" *J. Phys. Chem.*, **100**, 468 (1996)

[30] X. Peng, M. C. Schlamp, A. V. Kadavanich, and A. P. Alivisatos, "Epitaxial Growth of Highly Luminescent CdSe/CdS Core/Shell Nanocrystals with Photostability and Electronic Accessibility" *Am. Chem. Soc.*, **119**, 7019 (1997)

[31] E. K. Byrne, L. Parkanyi, and K. H. Teopold, "Design of a Monomeric Arsinogallane and Chemical Conversion to Gallium Arsenide" *Science*, **241**, 332 (1988)

[32] A. C. Pierre, "*Introduction to Sol-Gel Processing*", Kluwer, Boston, MA (1998)

[33] J. D. Wright, and N. A. J. M. Sommerdijk, "*Sol-Gel Materials: Chemistry and Applications*", Gordon and Breach Science Publishers, Amsterdam (2001)

[34] Y. Lu, J. McLellan, and Y. Xia, "Synthesis and Crystallization of Hybrid Spherical Colloids Composed of Polystyrene Cores and Silica Shells" *Langmuir*, **20**, 3464 (2004)

[35] K. Kamata, Y. Lu, and Y. Xia, "Synthesis and Characterization of Monodispersed Core-Shell Spherical Colloids with Movable Cores" *J. Am. Chem. Soc.*, **125**, 2384 (2003)

[36] X. Jiang, T. Herricks, and Y. Xia, "Monodispersed Spherical Colloids of Titania: Synthesis, Characterization, and Crystallization" *Adv. Mater.*, **15**, 1205 (2003)

[37] J. W. Cheon, N. J. Kang, S. M. Lee, J. H. Lee, J. H. Yoon, and S. J. Oh, "Shape Evolution ofSingle-Crystalline Iron Oxide Nanocrystals" *J. Am. Chem. Soc.*, **126**, 1950 (2004)

[38] S. H. Sun and H. Zeng, "Size-Controlled Synthesis of Magnetite Nanoparticles" *J. Am. Chem. Soc.*, **124**, 8204 (2002)

[39] N. R. Jana, Y. F. Chen, and X. G. Peng, "Size- and Shape-Controlled Magnetic (Cr, Mn, Fe, Co,Ni) Oxide Nanocrystals via a Simple and General Approach" *Chem. Mater.*, **16**, 3931 (2004)

[40] X. W. Teng and H. Yang, "Effects of surfactants and synthetic conditions on the sizes and self-assembly of monodisperse iron oxide nanoparticles" *J. Mater. Chem.*, **14**, 774 (2004)

[41] C. R. Vestal and Z. J. Zhang, "Synthesis of $CoCrFeO_4$ Nanoparticles Using Microemulsion Methods and Size-Dependent Studies of Their Magnetic Properties" *Chem. Mat.*, **14**, 3817 (2002)

[42] S. H. Sun, H. Zeng, D. B. Robinson, S. Raoux, P. M. Rice, S. X. Wang, and G. X. Li, "Monodisperse MFe_2O_4 (M = Fe, Co, Mn) Nanoparticles" *J. Am. Chem. Soc.*, **126**, 273 (2004)

[43] E. Tirosh, G. Shemer, and G. Markovich, "Optimizing Cobalt Ferrite Nanocrystal Synthesis Using a Magneto-optical Probe" *Chem. Mater.*, **18**, 465 (2005)

[44] U. Jeong, X. Teng, Y. Wang, H. Yang, and Y. Xia, "Superparamagnetic Colloids: Controlled Synthesis and Niche Applications" *Adv. Mater.*, **19**, 33 (2007)

[45] U. Jeong, Y. Wang, M. Ibisate, and Y. Xia, "Some New Developments in the Synthesis, Functionalization, and Utilization of Monodispersed Colloidal Spheres" *Adv. Func. Mater.*, **15**,

1907 (2005)

[46] O. D. Velve, "*Colloids and Colloid Assembly*", Wiley-VCH, Weinhem (2004)

[47] M. Li, M. Jiang, and C. Wu, "Fluorescence and light-scattering studies on the formation of stable colloidal nanoparticles made of sodium sulfonated polystyrene ionomers" *J. Polym. Sci. Part B: Polym. Phys.*, **35**, 1593 (1997)

[48] K. Tauer and V. Khrenov, "Polymer dispersions as intermediate state during the synthesis of specialty polymers" *Macromol. Symp.*, **179**, 27 (2002)

[49] S. Forster and T. Plantenberg, "From Self-Organizing Polymers to Nanohybrid and Biomaterials" *Angew. Chem. Int. Ed.*, **41**, 688 (2002)

[50] D. D. Lasic, "*Liposomes: From Physics to applications*", Elsevier (1993)

[51] X. Liu, M. Jiang, S. Yang, M. Chen, D. Chen, C. Yang, and K. Wu, "Micelles and Hollow Nanospheres Based on caprolactone-Containing Polymers in Aqueous Media" *Angew. Chem. Int. Ed.*, **41**, 2950 (2002)

[52] C. Nardin, T. Hirt, J. Leukel, and W. Meier, "Polymerized ABA Triblock Copolymer Vesicles" *Langmuir*, **16**, 1035 (2000)

[53] A. W.Bosman, H. M. Janssen, and E. W. Meijer, "About Dendrimers: Structure, Physical Properties, and Applications" *Chem. Rev.*, **99**, 1665 (1999)

[54] J. M. J. Frechet, "Supramolecular Chemistry And Self-assembly Special Feature: Dendrimers and supramolecular chemistry" Proc. Natl. Acad. Sci. USA, 99, 4782 (2002)

[55] S. K. Ghosh, "*Functional coatings*", Wiley-VCH, Weinhem (2006)

[56] G. Kickelbick, "*Hybrid Materials: synthesis, characterization, and applications*", Wiley-VCH, Weinhem (2007)

[57] G. Decher, "Fuzzy Nanoassemblies: Toward Layered Polymeric Multicomposites" *Science*, **277**, 1232 (1997)

[58] E. Donath, G. B. Sukhorukov, F. Caruso, S. A. Daivs, and H. Mohwald, "Novel Hollow Polymer Shells by Colloid-Templated Assembly of Polyelectrolytes" *Angew. Chem. Int. Ed.*, **37**, 2202(1998)

[59] Y. Xia, P. Yang, Y. Sun, Y. Wu, B. Mayers, B. Gates, Y. Yin, F. Kim, and H. Yan, "One-Dimensional Nanostructures: Synthesis, Characterization, and Applications" *Adv. Mater.*, **15**, 353 (2003)

[60] B. Gates, B. Mayers, B. Cattle, and Y. Xia, "Synthesis and Characterization of Uniform Nanowires of Trigonal Selenium" *Adv. Func.Mater.*, **12**, 219 (2002)

[61] B.Mayers and Y. Xia, "One-dimensional nanostructures of trigonal tellurium with various morphologies can be synthesized using a solution-phase approach" *J. Mater. Chem.*, **12**, 1875 (2002)

[62] K. S. Mayya, D. I. Gittins, A. M. Dibaj, and F. Caruso, "Nanotubes Prepared by Templating Sacrificial Nickel Nanorods" *Nano Lett.*, **1**, 727 (2001)

[63] C. T. Kresge, M. E. Leonowicz, W. J. Roth, J. C. Vartulli, and J. S. Beck, "Ordered mesoporous molecular sieves synthesized by a liquid-crystal template mechanism" *Nature*, **359**, 710 (1992)

[64] A. Corma, "From Microporous to Mesoporous Molecular Sieve Materials and Their Use in Catalysis" *Chem. Rev.*, **97**, 2373 (1997)

[65] X. Peng, "Mechanisms for the Shape-Control and Shape-Evolution of Colloidal Semiconductor Nanocrystals" *Adv. Mater.*, **15**, 462 (2003)

[66] Y. Yin, B. Gates, and Y. Xia, "A Soft Lithography Approach to the Fabrication of Nanostructures of Single Crystalline Silicon with Well-Defined Dimensions and Shapes" *Adv. Mater.*, **12**, 1426 (2000)

[67] Y. Xia, E. Kim, X. Zhao, J. A. Rogers, M. Prentiss, and G. M. Whitesides, "Complex Optical Surfaces Formed by Replica Molding Against Elastomeric Masters" *Science*, **273**, 347 (1996)

[68] P. C. Carmago, Y. H. Lee, U. Jeong, Z. Zhou, and Y. Xia, "Cation Exchange: A simple andversatile route to inorganic colloidal spheres with the same size but different compositions and properties" *Langmuir*, **23**, 2985 (2007)

[69] P. C. Carmago, Y. H. Lee, U. Jeong, Z. Zhou, and Y. Xia, "Chemical Transformation: A Powerful Route to Inorganic Nanowires" *J. Mater. Chem.*, **16**, 3893 (2006)

[70] U. Jeongand Y. Xia, "Large-Scale Synthesis of Single Crystalline CdSe Nanowires Through a Cation-Exchange Route" *Chem. Phys. Lett.*, **416**, 246 (2005)

[71] D. Li and Y. Xia, "Electrospinning of Nanofibers: Reinventing the Wheel?" *Adv. Mater.*, **16**, 1151 (2004)

[72] Y. Sun, B. Gates, B. Mayers, and Y. Xia, "Crystalline Silver Nanowires by Soft Solution Processing" *Nano Lett.*, **2**, 165 (2002)

[73] (a) Y. Sun, B.T. Mayers, and Y. Xia, "Template-Engaged Replacement Reaction:? A One-Step Approach to the Large-Scale Synthesis of Metal Nanostructures with Hollow Interiors" *Nano Lett.*, **2**, 481 (2002) (b) Y. Sun and Y. Xia, "Mechanistic Study on the Replacement Reaction between Silver Nanostructures and Chloroauric Acid in Aqueous Medium" *J. Am. Chem. Soc.*, **126**, 3892 (2004)

[74] Y. Zhang, G. H. Li, Y. C. Wu, B. Zhang, W. H. Song, and L. Zhang, "Antimony nanowire arrays fabricated by pulsed electrodeposition in anodic alumina membranes" *Adv. Mater.*, **14**, 1227 (2002)

[75] S. Park, J. H. Lim, S. W. Chung, and C. A. Mirkin, "Self-assembly of mesoscopic metal-polymer amphiphiles Self-assembly of mesoscopic metal-polymer amphiphiles" *Science*, **303**, 348 (2004)

[76] (a) B. Gates, B. Mayers, B. Cattle, and Y. Xia, "Synthesis and characterization of uniform nanowires of trigonal selenium" *Adv. Func. Mater.*, **12**, 219 (2002)

[77] J. D. Holmes, K. P. Johnston, R. C. Doty, and B. A. Korgel, "Control of Thickness and Orientation of Solution-Grown Silicon Nanowires" *Science*, **287**, 1471 (2000)

[78] T. J. Trentler, K. M. Hickman, S. C. Goel, A. M. Viano, P. C. Gibbons, and W. E. Buhro, "Solution-Liquid-Solid Growth of Crystalline III-V semiconductors: An Analogy to Vapor-Liquid-Solid Growth" *Science*, **270**, 1791-1794 (1995)

[79] Y. M. Wang, Z. Y. Wu, and L. Y. Shi, "Rapid functionalization of mesoporous materials: Directly dispersing metal oxides into as-prepared SBA-15 occluded with template" *Adv. Mater.*, **17**, 323(2005)

[80] Y. Wu, G. Cheng, K. Katsov, S. W. Sides, J. Wang, J. Tang, G. H. Fredrickson, M. Moskovits, and G. D. Stucky, "Composite meesostructures by nanoconfinement" *Nature Materials*, **3**, 816 (2004)

[81] S. Ramakrishina, "*An Introduction to Electrospinning and Nanofibers*", World Scientific Publishing, Singapore (2005)

[82] D. Li and Y. Xia, "Direct Fabrication of Composite and Ceramic Hollow Nanofibers by Electrospinning" *Nano Lett.*, **4**, 933 (2004)

[83] S. Ramakrishina, K. Fujihara, W. E. Teo, T. Yong, Z. Ma, and R. Ramaseshan, "Electrospun nanofibers: solving global issues" *Mater. Today*, **9**, 40 (2006)

[84] Z. Sun, E. Zussman, A. L. Yarin, J. H. Wendorff, A. Greiner, "Compound Core-Shell Polymer Nanofibers by Co-Electrospinning" *Adv. Mater.*, **15**, 1929 (2003)

[85] S. Koombhongje, W. Liu, and D. H. Reneker, "Flat polymer ribbons and other shapes by electrospinning" *J. Polym. Sci. Part B Polym. Phys.*, **39**, 2598 (2001)

[86] D. Li and Y. Xia, "Photocatalytic deposition of gold nanoparticles on electrospun nanofibers of titania" *Chem. Phys. Lett.*, **394**, 387-391 (2004)

[87] D. Li, Y. Xia, "ElectrospinningNanofibers as Uniaxially Aligned Arrays and Layer-by-Layer Stacked Films" *Adv. Mater.*, **16**, 361 (2004)

Chapter

4 기상공정을 통한 나노재료의 합성

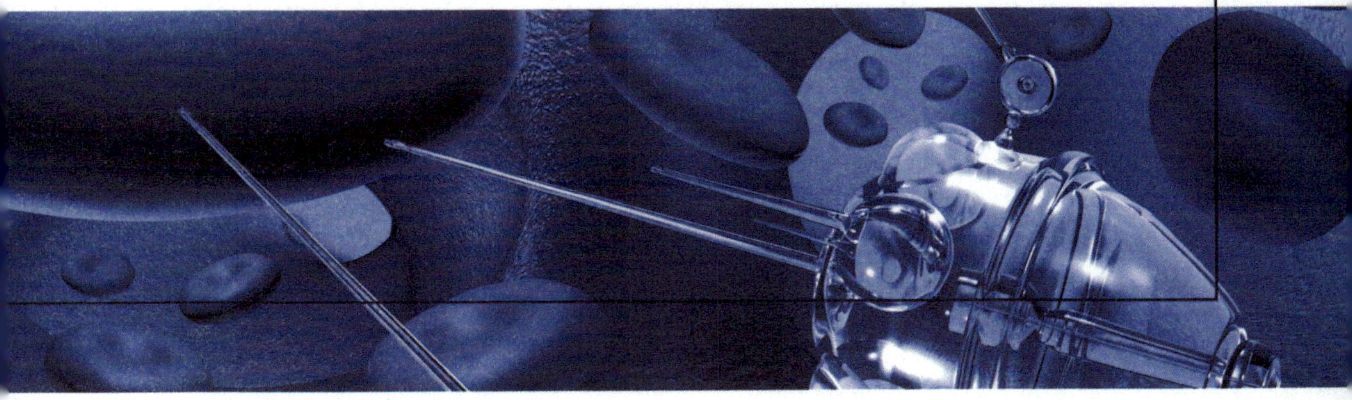

나노재료를 합성하는 방법은 앞에서 기술한 액상에서 화학반응을 이용하는 것과 기상에서 화학반응을 이용하는 것으로 나누어 볼 수 있다. 이 장에서는 화학증착법(chemical vapor deposition)으로 대표되는 기상에서 화학반응을 이용해 나노재료를 합성하는 방법에 대해 살펴보고자 한다.

기상에서 나노재료를 합성하는 원리는 액상에서 나노재료를 합성하는 방법과 기본적으로 같다. 즉 대부분의 경우 결정의 핵생성과 성장(nucleation and growth)과정을 거치며, 다만 액상이 아니라 기상을 통해 물질을 공급한다는 것에 차이가 있다. 따라서 기상상태의 열역학과 물질 이동기구(kinetics)를 이해하는 것이 기상 공정을 통한 나노물질의 합성에 매우 중요하다. 또한, 실질적인 합성을 위해 다양한 합성 장치와 공정에 대한 기본적인 사항을 알고 있어야 한다. 기상에서 나노재료를 합성하는 기본원리의 자세한 내용은 2장을 참조하기로 하고, 여기서는 기상 공정에 사용되는 다양한 방법을 간단히 살펴보고자 한다. 또한 양자점으로 대표되는 0차원 나노구조와 탄소나노튜브나 나노선과 같은 1차원 나노구조의 구체적인 합성 방법도 살펴보고자 한다.

4.1 기상 공정을 통한 나노재료의 합성원리와 장치

4.1.1 결정성장의 기본원리(Fundamental of crystal growth)

기상공정을 통한 나노재료의 합성은 결정성장(crystal growth)을 통해 달성되며, 결정성장은 열역학적 평형상태에서 벗어난 과포화 상태(supersaturation state)에서 화학반응과 물질이동을 통해 평형상태로 변화하는 과정으로 이해할 수 있다. 그리고 이 과정은 핵형성과 성장(nucleation and growth)을 통해 구체적으로 나타나기 때문에, 이를 열역학과 반응기구 관점에서 살펴보면 기본 원리를 이해할 수 있다. 한편, 이와 같은 결정 성장의 기본원리인 균일 핵형성과 성장(homogeneous nucleation and growth) 및 이종 핵형성 및 성장(heterogeneous nucleation and growth)에 대한 자세한 내용은 2장에서 다루었다.

4.1.2 합성 방법 및 장치(Growth processes and equipments)

4.1.2.1 화학증착법(Chemical vapor deposition, CVD)

화학증착법은 가장 널리 사용되는 기상을 통한 나노 재료 합성 방법이다. 기본적인 원리는 합성하고자 하는 물질의 성분을 포함한 화학 전구체를 고온에서 열에너지에 의해 유도되는 화학반응으로 분해하는 것이다. 분해된 성분은 때로는 단독으로, 때로는 다른 기체 성분과 반응하면서 고체상태의 분말이나 박막 등 다양한 형태로 전환된다(그림 4-1).

그림 4-1 화학증착 합성 공정[1]

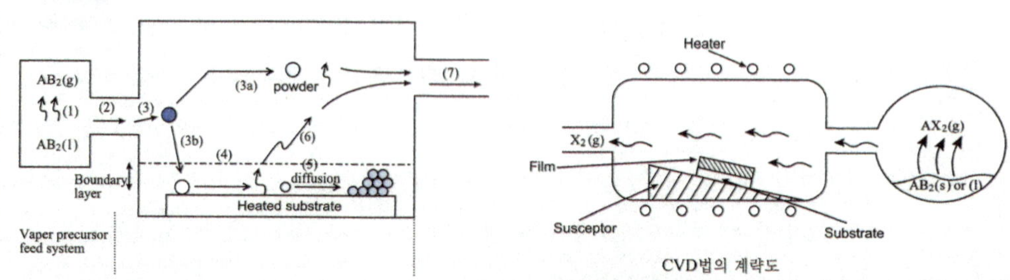

CVD법의 계략도

화학증착법은 고순도의 다양한 재료를 화학 전구체의 선택에 따라 쉽게 얻을 수 있고, 다른 공정에 비해 합성된 재료의 물리, 화학적 특성을 손쉽게 조절할 수 있다는 장점이 있다. 또 대량생산에 유리하기 때문에 반도체 산업을 포함한 다양한 산업 분야에서 널리 쓰이는 방법이다.

화학증착법은 에너지 공급방법, 온도(temperature), 압력(pressure) 등에 따라 여러 종류로 구분할 수 있다. 즉, 원료의 화학 반응에 필요한 에너지(활성화 에너지)를 공급해 주는 방법에 따라 열(thermal-), 플라즈마(plasma-), 레이저(laser-), 광(photo-), 이온 클러스터(ion cluster-) 화학증착법으로 구분할 수 있고, 반응로의 온도를 높여 주는 방법에 따라 핫월(hot wall)과 콜드월(cold wall) 시스템으로 구분할 수 있다. 또 반응로 내부의 압력에 따라 상압 화학증착법(APCVD, atmospheric pressure CVD), 저압화학증착법(LPCVD, low pressure CVD), 초고진공 화학증착법(UHV-CVD, ultra high vacuum CVD)으로 구분할 수 있다.

4.1.2.1.1 에너지 공급 방법(Excitation method)에 따른 분류

화학 전구체를 분해하기 위한 에너지를 공급하는 방법에 따라 열(thermal-), 플라즈마(plasma enhanced-), 레이저(laser assisted-), 광(photo assisted-), 이온클러스터(ion cluster beam-) 화학증착법으로 분류할 수 있다. 각각의 세부적인 사항은 다음과 같다.

① 열 화학증착법(Thermal CVD)

화학 전구체를 분해할 때 필요한 에너지를 고온의 반응로에서 열을 통해 공급하는 방식이다. 반응로 내로 유입된 전구체는 고온의 열에너지에 의해서 단일 원자 형태로 분해되거나,

그림 4-2 열화학증착 시스템 모식도

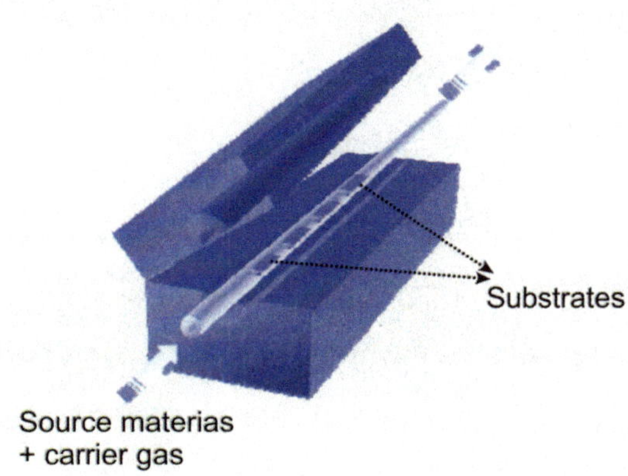

다른 전구체와 화학 반응을 일으켜 합성하고자 하는 고체 물질로 전환된다(그림 4-2).

② 플라즈마 활성 화학증착법(Plasma enhanced CVD)

플라즈마를 이용해서 화학 반응에 필요한 에너지를 공급해 준다. 이 방식은 전구체 분해를 위한 에너지를 보통의 열이 아니라 플라즈마를 통해 공급하여 반응 온도를 낮출 수 있다는 장점이 있기 때문에, 저온이 필요한 공정(반도체 공정이나 LCD TFT 공정 등)에서 많이 사용된다.

그림 4-3 플라즈마 활성화학 증착법

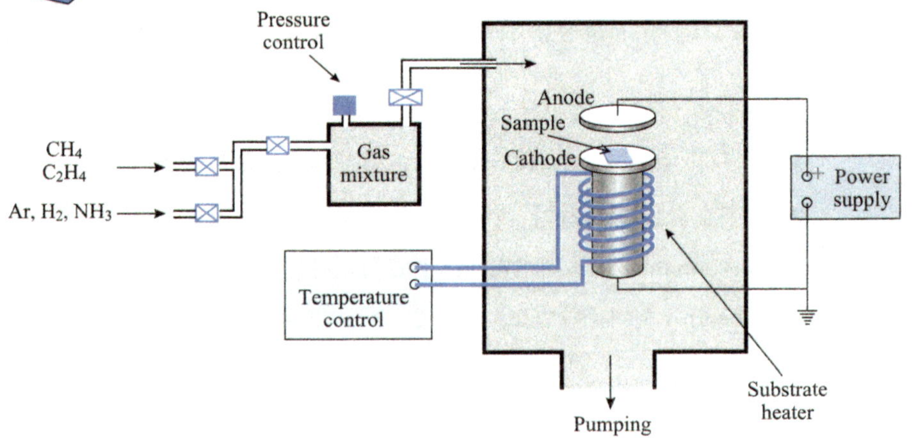

이 밖에 화학 반응에 필요한 에너지를 전달하는 방법으로 각각 레이저, 광, 이온빔 등을 사용할 수 있다.

4.1.2.1.2 반응로의 압력에 따른 분류

반응이 일어나는 반응로 내부의 압력 정도에 따라 상압 화학증착법, 저압 화학증착법, 고진공 화학증착법으로 구분할 수 있다.

① 상압 화학 증착법(Atmospheric pressure CVD, APCVD)

반응로의 압력이 대기압(atmospheric pressure)인 화학증착법을 의미한다. 압력을 낮게 유지하는 다른 저압 화학 증착법(LPCVD, UHVCVD)에 비해서 공정 비용이 싸다는 장점이 있기 때문에, 가장 널리 사용된다. 그러나, 증착되는 속도나 조성의 제어가 어렵고, 나노재료의 구조를 정밀하게 조절하기 어렵다는 단점이 있다.

② 저압 화학증착법(Low-pressure CVD, LPCVD)

진공 펌프(pump)를 이용해서 반응로 내의 압력을 낮춘 상태에서 화학 반응을 유도하는 방법이다. 반응관 내에 남아 있는 불순물의 양을 줄일 수 있고, 고순도 고체상을 얻을 수가 있다는 장점이 있다. 하지만, 진공을 유지하기 위해 공정 비용이 높아진다. 또 상압 화학증착법에 비해 반응로 내의 가스의 흐름(gas flow)이나 열평형 조건(equilibrium condition)이 크게 달라지기 때문에 이를 고려한 공정 설계가 필요하다. 예를 들면 진공에서는 가스의 확산 속도가 빨라져서 표면반응속도에 의해 전체 반응 속도가 결정될 가능성이 매우 높기 때문에 이를 생각해서 공정을 설계해야 한다.

③ 초고진공 화학증착법(Ultrahigh vacuum CVD, UHVCVD)

소량의 불순물이라도 증착되는 물질의 특성에 큰 영향을 주는 경우 고순도를 유지해야 하기 때문에 일반적인 저압 화학증착법보다 고진공이나 초고진공 화학증착법을 이용할 수 있다. 하지만, 진공도가 높아지면 공정 비용이 높아진다. 따라서 일반 반도체 공정에서는 사용하지 않고, 소규모 실험에서 주로 사용된다. 저압 화학증착법과 초고진공 화학증착법은 반응로 압력 [보통 10^{-6} Pa (~ 10^{-8} torr)] 을 기준으로 나눈다.

4.1.2.2 원자층 증착법(Atomic layer deposition, ALD)

원자층 증착법은 전구체 농도가 아주 희박한 조건에서 단일 원자층을 순차적으로 증착하는 방법이다. 즉 그림 4-4에서 보는 바와 같이 희박한 진공 분위기에서 아주 적은 양의 전구체를

그림 4-4 원자층 증착법의 증착 원리

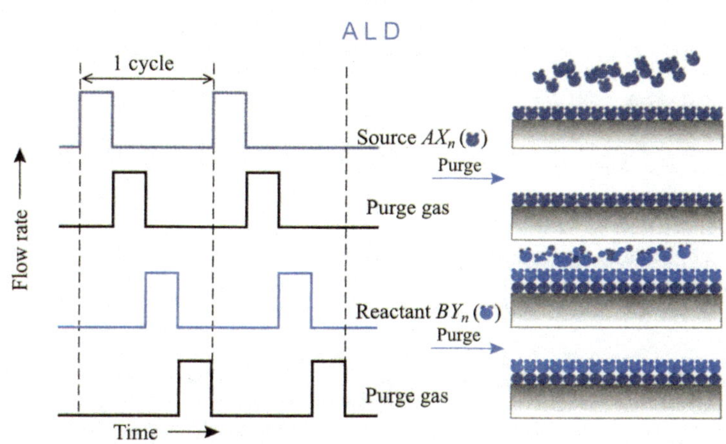

주입, 화학반응에 의해 표면에 단일 원자층을 형성한 다음, 충분한 시간을 두고 반응물을 제거하고 다시 같은 방법으로 단일 원자층을 증착하는 과정을 반복한다.

특히, 원자층 증착법은 일반적인 화학증착법과 달리 각 반응 원료를 분리하여 공급하는 방식을 사용하여 하나의 반응 사이클(cycle)에서 단일 원자층 이하의 박막이 성장하도록 한다. 원자층 증착법의 반응 단계와 구체적인 화학 반응은 다음과 같다.

먼저 그림 4-4에서 보는 것과 같이 원료 AX_n를 공급하면 A원소가 기판 위에 흡착된다. 이때 AX_n끼리의 흡착은 물리적 흡착(physisorption)이기 때문에 결합력이 약해 쉽게 떨어질 수 있는 반면 기판과 흡착한 A원소는 화학적 흡착(chemisorption)으로 더 강하게 결합한다. 따라서 그다음 배기(purging) 단계에서 물리적 흡착을 한 반응 원료는 모두 떨어져 나가 제거되고 화학적 흡착을 한 A원소는 기판에 남아 있게 된다. 이러한 화학적 흡착과 물리적 흡착의 결합력 차이에 의해 원자층 증착법에서 원자층 단위의 두께 조절이 가능하다. 그 다음 AB 화합물을 만들기 위해 BY_m를 공급하게 되면, BY_m과 기판에 흡착되어 있는 A원소가 서로 반응하여 A-B 결합이 이루어지게 되고 mY와 nX는 결합하여 부산물로서 기상으로 빠져나가게 된다. 그리고 다시 배기를 통해 물리적으로 흡착된 BY_m을 모두 제거하면 단일 AB층을 얻을 수 있다. 이와 같은 과정이 한 반응 사이클이며, 리간드(ligand)의 크기 효과로 인해 보통 한 사이클당 단일층 이하의 두께로 증착된다.

4.1.2.3 물리증착법(Physical vapor deposition, PVD)

물리증착법은 물리적으로 가스 원자를 발생시켜 증착하는 기판으로 이동시키는 방법으로 열(thermal)을 이용한 증발(evaporation) 방식과 플라즈마(plasma)를 이용한 스퍼터링(sputtering) 방식이 있다.

4.1.2.3.1 열 증발법(Thermal evaporation)

그림 4-5는 열 증발법의 대표적인 두 가지 예로, 증착 물질의 기체를 만들기 위해 시료에 직접 열을 가하거나 전자빔을 사용하는 방법을 보여준다.

증발법은 물리적 방법이기 때문에 어떠한 단일 원소라도 쉽게 증발시킬 수 있어 다양한 재료를 증착하는데 유리하다. 그러나 합금이나 화합물에 대해서 사용하기 힘들다. 또 스텝 커버리지(step coverage, 박막이 입혀질 때 평평한 부분에 대해 경사진 단차 부분이 입혀진 정도)가 나쁘다는 단점이 있다.

4.1.2.3.2 스퍼터링(Sputtering)

스퍼터링은 챔버 내에 Ar 혹은 기타 반응성 가스를 주입한 다음 플라즈마를 발생시키면서

그림 4-5 가열에 의한 열 증착법과 전자빔에 의한 증착법

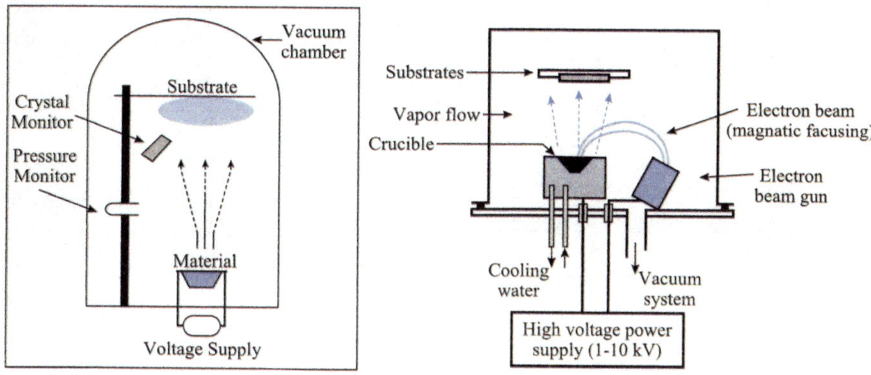

타켓에서 원자를 분리, 기판에 도달시켜 원하는 구조체를 형성하는 방법이다. 비교적 경제적이며, 양질의 구조체를 제조할 수 있다. 또 두 개나 그 이상의 타켓을 이용하여 다양한 조성을 만들 수 있다는 장점이 있다.

스퍼터링의 구체적인 원리는 그림 4-6에서 볼 수 있듯이, 전압에 의해서 가속된 Ar^+ 이온이 타겟과 충돌할 때 운동량 전달(momentum transfer)이 일어나면서 타켓 표면에서 원자가 튀어나오게 하고, 이를 기판에 증착되도록 유도하는 것이다.

그림 4-6 스퍼터링 방법의 원리를 나타내는 모식도

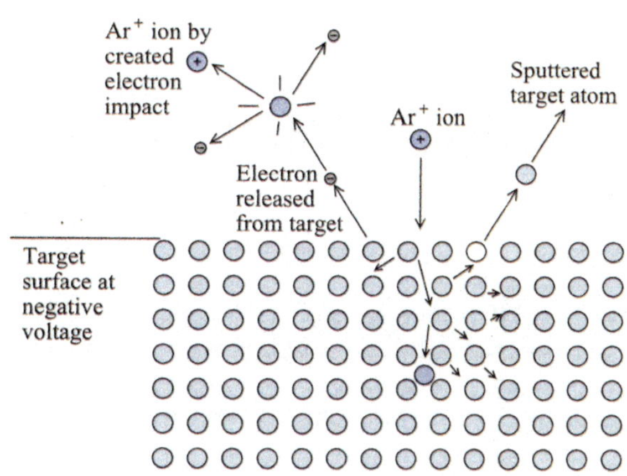

그림 4-7 직류(DC) 스퍼터와 고주파(RF) 스퍼터의 모식도

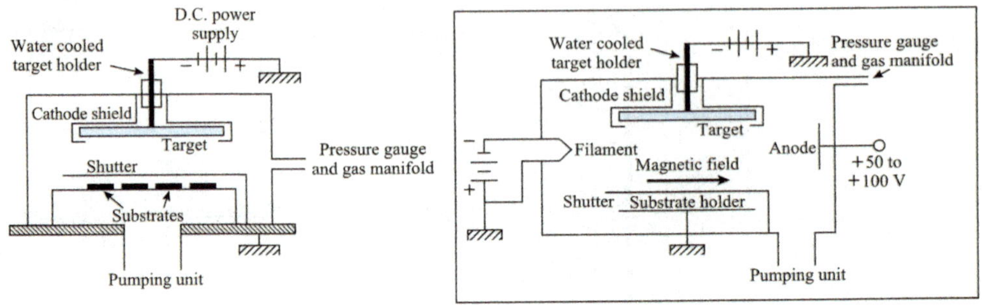

이때 스퍼터링 되는 속도는 타켓에 충돌하는 이온의 개수 및 에너지, 전압에 의해서 결정된다. 스퍼터링 방법은 증발(evaporation) 방식에 비해 저진공(1~100 mtorr)이 필요하지만, 합금이나 화합물 박막을 증착하는데 유리하다

한편, 스퍼터링 방식은 전압을 주는 방식에 따라 직류(DC), 고주파(RF), 3극, 마그네트론(magnetron), 불균형 마그네트론(unbalanced magnetron), 반응성 스퍼터링으로 나눌 수 있다.

① 직류(Direct current, DC) 스퍼터링

직류 전원을 이용하며, 장치와 조작이 간단하다. 하지만, 증착 속도가 낮고 기판에서 열이 많이 발생하기 때문에 에너지 효율이 낮다. 또한, 전자의 입사에 의해 기판이 손상되고, 박막의 순도가 떨어지는 단점이 있다. 아울러 전압에 의해서 증발되기 어려운 물질 (예를 들면 음이온이나 화합물 등)에 이용하기 어려워, 보통 금속 물질을 대상으로 사용된다(그림 4-7).

② 고주파(Rapid frequency, RF) 스퍼터링

절연체 박막을 증착하기 위해 개발되었으며, 금속뿐 아니라 합금, 산화물, 질화물, 탄화물 등 거의 모든 물질을 증착할 수 있다. 낮은 주파수를 사용할 수 없고 10 MHz 이상의 고주파만 사용하는데, 절연체 타켓의 경우 열전도성이 좋지 않으면 열충격에 의해 타겟이 깨질 수 있기 때문에 제한된 속도로만 증착이 가능하다.

4.1.2.3.3 분자빔 증착법(Molecular beam epitaxy, MBE)

분자빔 증착법은 반도체, 금속, 절연체의 에피택셜 층(epitaxial layer)을 성장하는데 유용

그림 4-8 분자빔 증착법

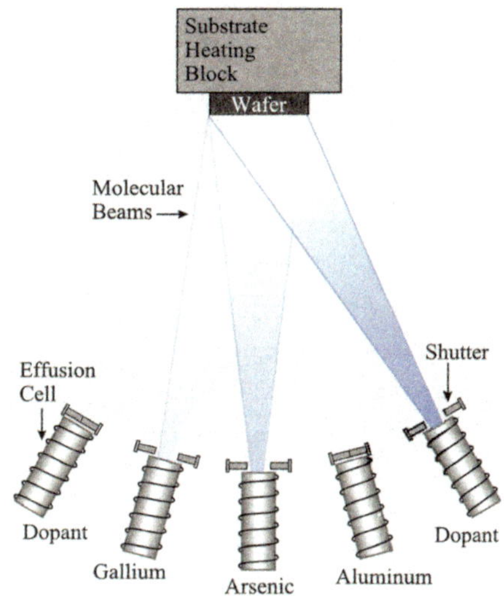

한 기술로 초고진공(10^{-10} ~ 10^{-11} torr) 내에서 분자빔을 이용해 임의의 온도(400~ 800°C)로 유지된 기판에 물질을 증착시키는 방법이다.

분자빔 증착법은 고순도 박막을 얻을 수 있고 단원자층 두께로 박막을 제어할 수 있으며, 조성 정밀 제어가 가능하고, 균일한 막을 얻을 수 있고, 성장과정에서 여러 가지 정보를 실시간으로 관찰할 수 있기 때문에 초격자(superlattice) 성장은 물론 양자 우물(quantum well), 반도체 레이저(semiconductor lasers)나 발광소자(light-emitting diodes, LED)와 같은 나노 반도체 소자재료를 제작하는데 유용하다.[2] 증착 원료로써 분자빔을 생성하는 방법은 그림 4-8에서 보는 것과 같이 열에너지를 이용하며, 발생된 분자빔을 기판 표면으로 이동, 증착 시킨다.

4.1.2.3.4 펄스 레이저 증착법(Pulse laser deposition, PLD)

펄스 레이저 증착법(pulse laser deposition, PLD)은 전구체를 레이저를 이용해 발생시키는 방법이다. 즉, 그림 4-9에서 보는 것 같이 타겟에 펄스 레이저를 조사하여 반응물을 발생시키고 이를 기판에 증착하는 방법이다. 이 방법은 주로 고진공에서 사용하며, 레이저를 이용하여 거의 대부분의 물질을 증발시켜 증착시킬 수 있기 때문에 재료의 조성이나 종류에 제한을 받지 않는 장점이 있다.[3]

그림 4-9 펄스 레이저 증착장치의 모식도

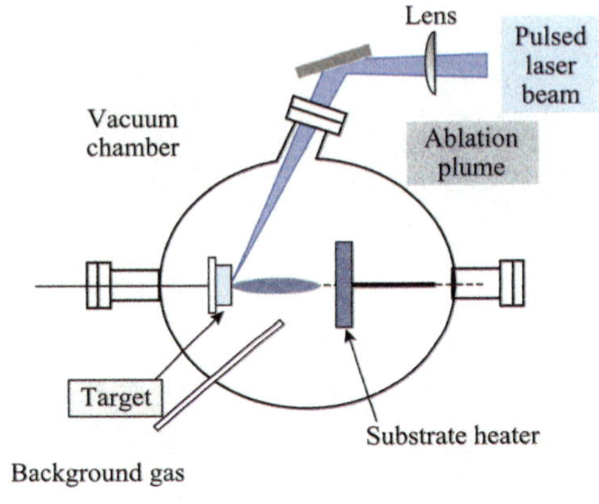

4.2 0차원 나노구조의 합성

4.2.1 양자점(Quantum dot)

최근 양자점이라고 부르는 수백 Å 크기 이하의 반도체 나노 구조가 크게 주목을 받고 있다. 이는 양자점을 통해 양자 제한 효과 및 새로운 전기적, 광학적 특성을 구현할 수 있기 때문이다.

양자점은 크게 리소그래피(lithography)를 이용하여 그 크기와 위치를 제한하여 성장시키는 방법과 자기 배열(self-assembly)를 이용하는 방법으로 만들 수 있다. 먼저 리소그래피를 이용한 방법은 에칭(etching)과 재성장(regrowth)을 통한 방법, 원하는 부분만을 남겨두고 에칭 하는 방법, 리소그래피를 통해서 선택영역만을 성장시키는 방법 등이 있다. 이런 공정들의 장점은 균일한 크기를 얻을 수 있고, 원하는 지점에 양자점을 형성시키는 것이 가능하다는 것이다. 하지만, 재료의 표면에 손상을 주며 성장 후 추가 공정이 어려운 단점이 있다.

한편, 자기 배열을 이용한 방법은 격자 불일치를 이용하여 성장시키기 때문에 양질의 에피택시 층을 성장시킬 수 있는 장점이 있지만, 크기 조절과 규칙적으로 배열된 양자점을 형성하는 데에 많은 어려움이 따른다.

4.2.1.1 선택적 성장(Selective area growth)

선택적 성장은 원하는 부분만 양자점이 성장되도록 하는 방법이며, 대표적인 예는 전자빔(electron beam epitaxy)과 분자빔 에피택시(molecular beam epitaxy)를 이용한 식각 및 재성장(etching and regrowth)이다. MBE를 이용한 구체적인 예를 보면 Ishikawa등은 GaAs 기판에 MBE를 이용하여 GaAs 박막을 형성하고, 광산화(photo-oxidation)를 통해 마스크를 형성하고, 전자빔을 이용하여 산소층을 개질화시킨 후, 선택된 영역을 에칭하고, 그 부분의 산화층을 제거하여 InAs 양자점을 제작하였다.[4] 그림 4-10은 그 결과를 보여주는 것으로 약 100 nm 크기의 InAs 양자점이 배열된 것을 볼 수 있다.

선택적 성장법은 양자점의 크기와 위치를 조절하기 힘들다는 기존의 방법들의 단점을 극복하기 위해 개발되고 있다. 이 방법은 원하는 위치에 일정한 크기의 양자점을 만들 수 있다는 장점이 있기 때문에 여러 분야에 응용이 가능한데, 대표적으로는 양자점 레이저 분야의 응용

그림 4-10 전자빔 패턴과 MBE에 의한 InAs 양자점 형성 방법[4]

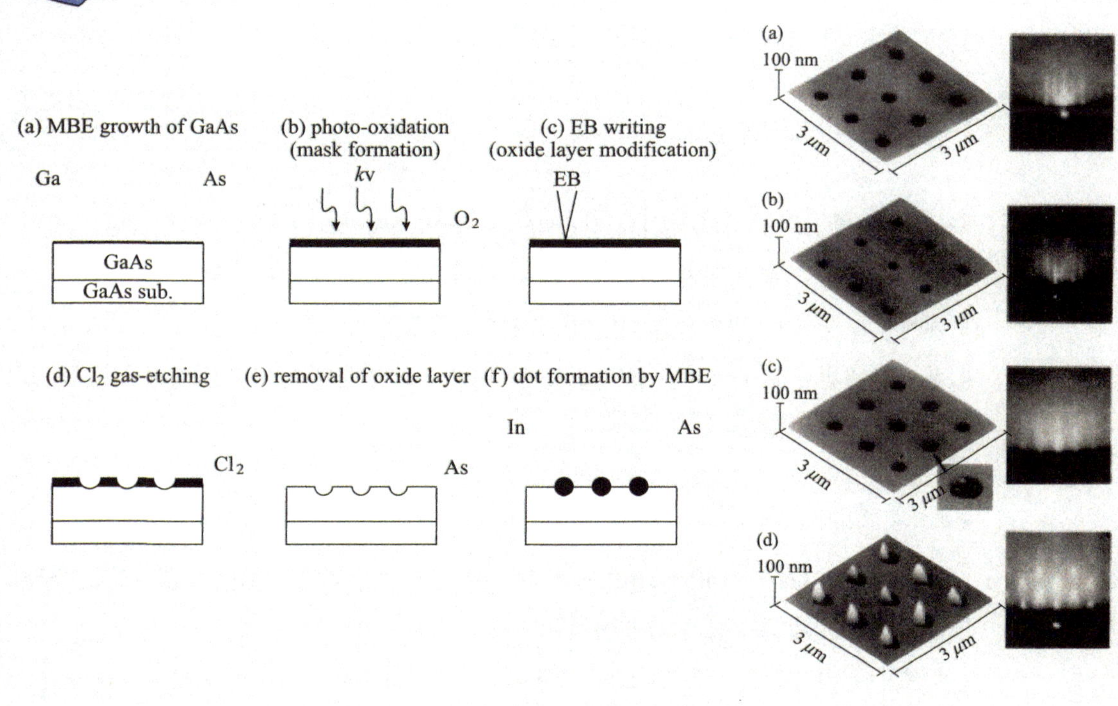

그림 4-11 MOVPE법을 이용한 SiNx 마스크 패턴 형상 및 pyramidal 구조(SEM)-(b)[5]

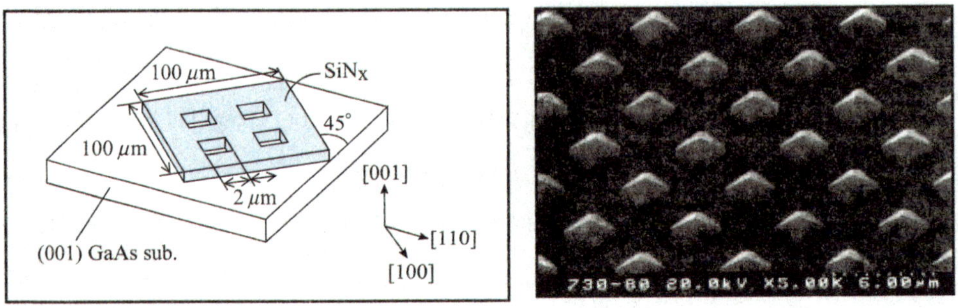

(a) (b)

이 유망하다. 선택적 성장법의 또다른 예를 보면 그림 4-11에서 보는 바와 같이 (001) GaAs 기판 위에 40nm의 SiN_x 마스크를 이용하여 GaAs를 증착 시킬 위치를 지정한다.[5] 그리고 MOVPE(metal organic vaper phase epitaxy)를 이용하여 (001) GaAs 기판 위에 GaAs를 증착 하는데 이때 GaAs가 {011} 4-fold 대칭 피라미드 형태로 증착된다. 이와 비슷한 방법으로 AlGaAs/GaAs, InAs/InP등의 양자점을 형성할 수 있다.

4.2.2 자기조립(Self Assembling)

자기조립 방법은 크기와 위치를 사전에 제한하여 성장시키는 리소그래피 방법과 달리, 앞서 언급한 대로 기판에 양자점이 형성될 때 나타나는 격자 불일치를 활용하는 방법이다. 아래 예에서 보듯이 이 방법으로 다양한 양자점을 구성할 수 있으나 아직 크기 조절과 규칙적인 분포를 완벽하게 구성하는 것이 쉽지 않다. 자기조립에 의한 양자점 형성에 관한 대표적인 사례는 다음과 같다.

4.2.2.1 Stranski Krastanov(S-K) 성장에 의한 양자점 형성

Ge/Si, InAs/GaAs, InP/GaInP 등의 다양한 양자점/기판 시스템에서 양자점을 격자불일치에 의한 자기 배열 방법에 의해 형성할 수 있다.[6]

한 예로 격자상수가 작은 Si(100) 기판 위에 격자상수가 상대적으로 큰 Ge을 높은 온도(600~700℃)에서 증착하면, 4~5 원자 단일층(ML, mono layer) 두께의 박막이 형성되며,

이 두께를 넘어설 경우 표면에 양자점이 형성된다. 이와 같이 박막 형성후 양자점이 형성되는 성장 형태를 S-K 성장 모드라 하며 그림 4-12에 이를 간단히 도시하였다.

또 다른 예를 들면 Michler는 GaAs 위에 InAs를 MBE 방법을 이용하여 증착하면서 그림 4-13에서 보는 바와 같이 In의 조성 변화에 따라, 즉 In의 양이 증가할수록, 기판과 격자 불일치에 의한 스트레인의 크기가 커지면서 양자점이 형성된다는 것을 발견하였다.[7]

한편, 이 방법으로 형성되는 양자점의 특징은 다양한 공정 변수로 제어할 수 있다. 예를 들면, Medeiros-Ribeiro 등은 CVD방법을 이용하여 Si (001) 표면 위에 Ge 양자점을 형성시키면서, 형성된 Ge 양자점의 형상이 Ge 부피에 따라 pyramid에서 dome으로 변화한다고 보고하였다.[8] 즉, 6eq-ML(1eq − ML = 6.3×10^{14} atoms/cm^2) 및 500°C 이상에서는 pyramid와 dome의 두 가지 형태가 공존하며, 이는 Ge 부피가 양자점 형성 과정의 열역학 및 반응기구에 영향을 주기 때문이다. 특히 그림 4-14에서 보는 바와 같이 Ge의 부피가 증가함에 따라서 두 형상이 분리되어 존재하고 있으며, 이는 실험 변수에 따라서 양자점의 형상 및 크기 분

그림 4-12 Stranski Krastanov 성장에 의한 양자점 형성[6]

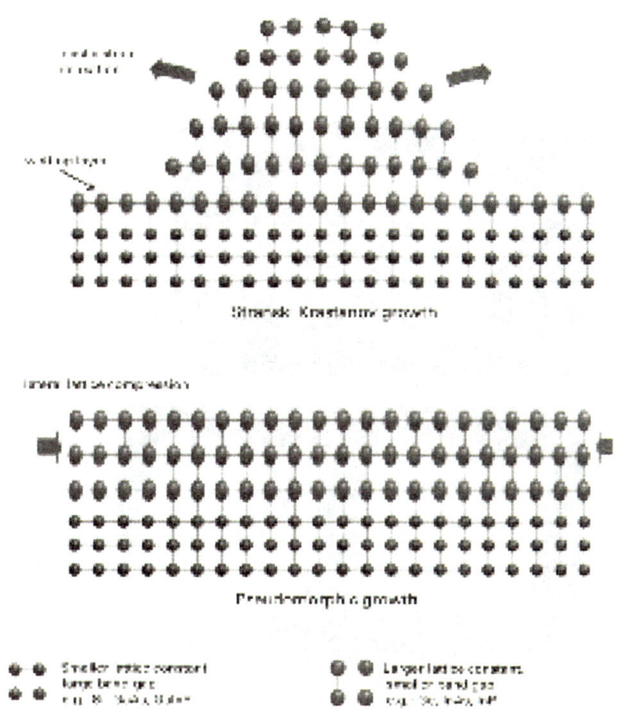

그림 4-13 InAs/GaAs 시스템에서 양자점을 형성하는 조성과 성장 모드 변화[7]

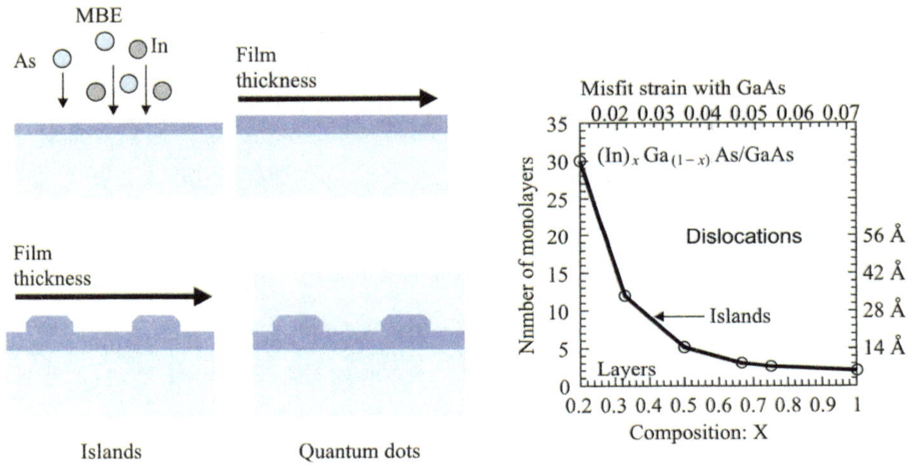

그림 4-14 부피에 따른 양자점의 형상 및 크기 분포[8]

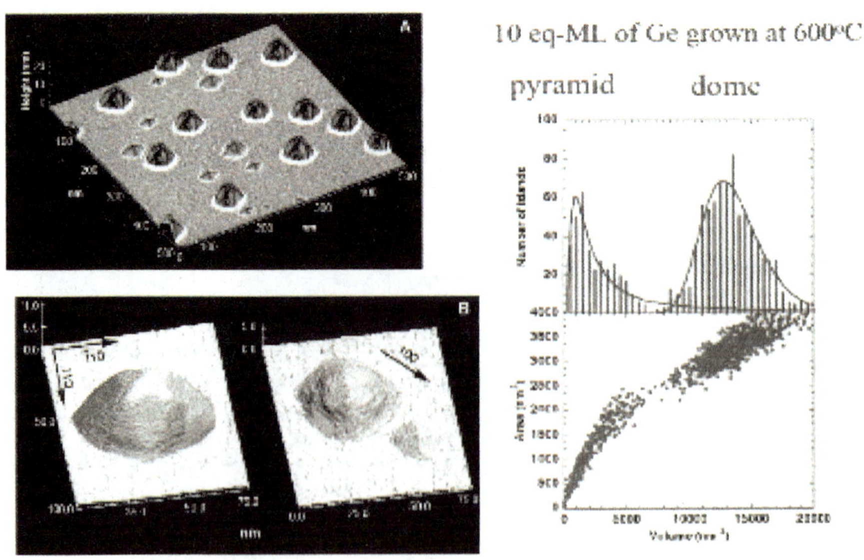

그림 4-15 다양한 온도변화에 따른 양자점의 형상 및 밀도변화[9]

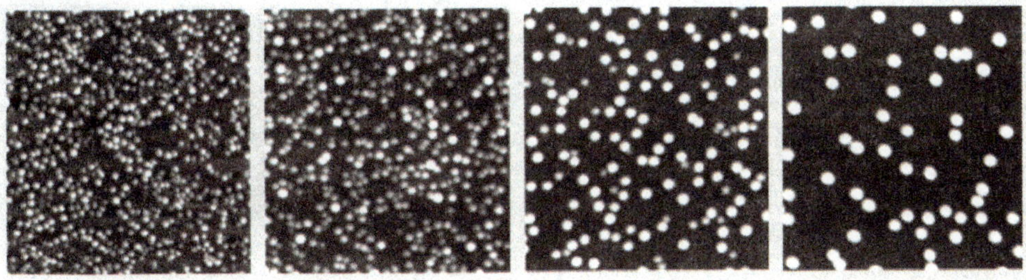

(a) 500°C (b) 510°C (c) 530°C (d) 550°C

포를 제어할 수 있음을 보여준다.

또한, Saito등은 MBE를 이용하여 GaAs기판위에 성장시킨 InAs 양자점의 형상이 성장온도에 따라서 변화하고 있음을 보여주었다.[9] 즉, 그림 4-15에서 보는 바와 같이 500℃에서부터 550℃까지 온도를 변화시킴에 따라서 양자점이 점점 성장해 나가며, 500℃ 이하의 낮은 온도 또는 570℃ 이상의 온도영역에서는 더 이상 양자점의 형상을 보이지 않았다. 따라서 온도를 통해 양자점의 크기와 분포를 제어할 수 있다는 것을 알 수 있다.

4.2.2.2 양자점 위치제어(Positioning)

양자점의 위치제어는 응용면에서 매우 중요하다. 예를 들면 주기적으로 배열된 격자 내에 양자점의 위치를 제어하여 배열하면 양자점 사이에 중요한 물리적 특성인 electron coupling을 만들 수 있다. 그 외에도 발광이나 전자기적 특성 제어 등을 위해 양자점의 위치제어가 필요하다. 그러나 양자점의 위치제어는 원자의 정밀한 증착이 필요하다는 점에서 다양한 연구에도 불구하고 만족할 만한 성과를 거두지 못하고 있다. 양자점의 위치제어를 위한 다양한 연구 중 대표적인 예를 들면 생성되는 양자점과 기판사이의 격자 불일치에 의한 변형(strain)을 이용하는 경우를 들 수 있다.

Gerardot등은 GaAs 위에 InAs 양자점 형성시 중간층(buffer layer, $In_{0.2}Ga_{0.8}As$)의 유무로 인해 생성되는 변형이 양자점의 위치를 변화시키고 있음을 보고하였다.[10] 즉, 그림 4-16에서 보는 바와 같이 중간층이 있을 경우 중간층과 GaAs 사이에 변형이 생성되고, 따라서 InAs 양자점이 메사(mesa) 위쪽에 존재하게 되며, 없을 경우에는 변형이 생성되지 않아 메사 사이에 존재함을 알 수 있다. 이 외에도 전위(dislocation)의 형성이나 DNA 등을 이용하

그림 4-16 $In_{0.2}Ga_{0.8}As$(buffer layer) 유무에 따른 양자점 형성 이미지[10]

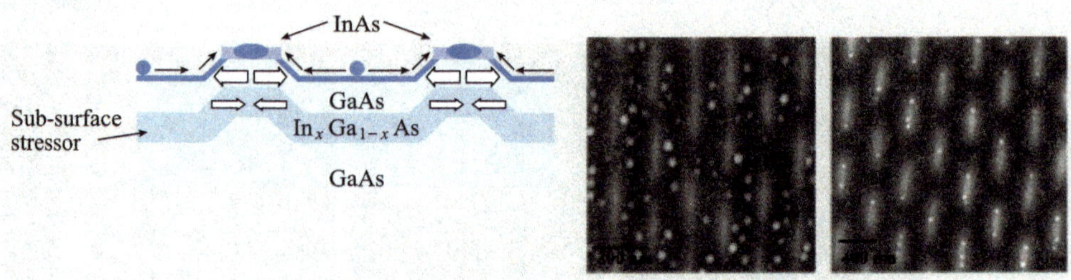

여 양자점의 위치를 제어하는 다양한 방법들이 개발되고 있다.

4.2.2.3 양자점 적층(Stacking) 구조

양자점의 소자 응용시 그 효과를 극대화하기 위해 단층의 양자점보다는 여러층의 양자점으로 구성된 양자점 적층 구조가 필요하다. 특히 양자점 적층 구조는 양자점 레이저 등과 같이 광학분야의 응용에 매우 유리한 구조이다. 따라서 최근 이에 대한 연구가 다양하게 진행되고 있다.

그림 4-17 InAs 적층시 In 양에 따른 양자점의 형상 변화[11]

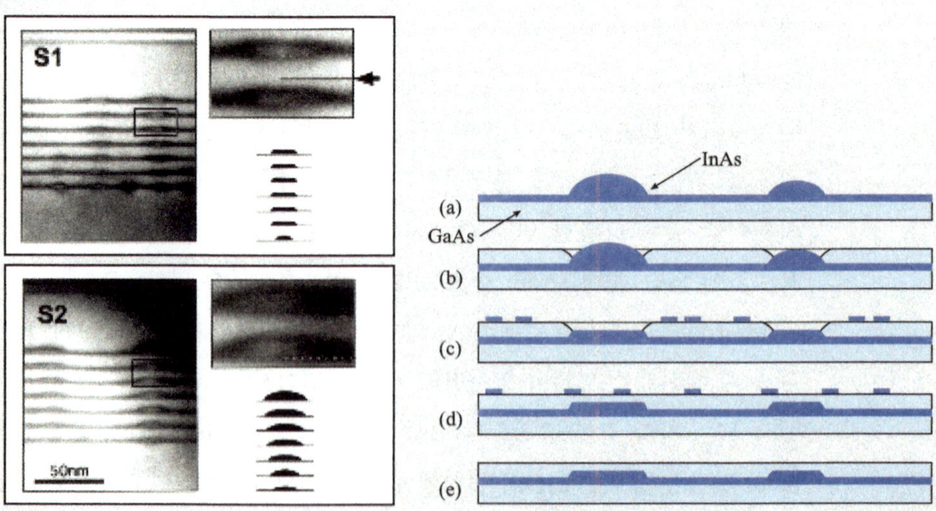

양자점 적층구조 연구사례를 살펴보면, Wasilewski등은 GaAs 위에 InAs 양자점을 다층으로 형성하였으며, 층을 쌓아감에 따라 양자점의 형상이 변화한다고 보고하였다.[11] 특히, 실험시 사용된 indium flush라는 과정이 양자점의 형상에 영향을 미치면서, 균일성을 향상시키는 것으로 나타났다. 따라서 적층수가 많아짐에 따라서 GaAs위에 형성되는 InAs 양자점의 형상이 균일하게 되는데, 이는 indium flush에 따라 형성된 큰 변형에너지에 의해 양자점이 더 이상 성장하지 못하기 때문이다. 그림 4-17은 적층구조의 투과전자현미경 사진으로써 S1(indium flush 실시)과 S2의 양자점의 형상차이를 알 수 있다.

4.2.3 세라믹 나노 분말(Ceramics nanopowders)

세라믹 나노 분말은 마이크로 크기 이상인 기존의 세라믹 분말과 다른 독특한 물성과 특성을 지니고 있다. 이는 대부분 나노 크기에서 비롯된 매우 큰 비표면적 때문이다. 즉 세라믹은 밴드갭이 매우 크기 때문에 나노 크기라 하더라도 양자 제한 효과가 나타나기 어렵다. 대신 표 4-1에서 보는 것과 같이 표면적이 매우 넓어지면서 표면 에너지 증가에 따른 화학적 특성이 크게 달라진다. 또 독특한 기계적, 전기적, 광학적, 자기적 특성도 나타나기 때문에 나노 크기를 유지한 벌크(즉 나노 결정립을 갖는 벌크)로 만들었을 때 기존 재료들보다 더 큰 유연성, 연성, 강도, 경도 등을 갖는 경우가 많다. 한편, 이같은 특성들은 앞에서 본 나노 크기 영역에서의 양자 제한 효과나 넓은 표면적 등으로 이해할 수 있기 때문에 그 원인에 대한 설명은 생략하고, 여기서는 세라믹 나노분말의 합성 방법에 대해 살펴보고자 한다.

표 4-1 합성된 나노분말의 비표면적[12]

Material	Particle Size	BET Area	Potential Use
Al_2O_3	8 nm	118 m^2/g	High strength, electrical
$ZrO_2(8\%Y_2O_3)$	20 nm	110 m^2/g	Membranes, high strength
$La_{0.15}Sr_{0.15}CrO_{3-y}$	20 nm		Electrical
NiO	20 nm		Catalyst
CoO	20 nm		Catalyst
$BaCeO_3(15\%Nd_2O_3)$	15 nm		Gas sensor
$YGa_2Cu_3O_{7-y}$	20 nm		Superconductor
Mullite	--	198 m^2/g	High strength
Exhaust Catalysts	--	80 m^2/g	NOx reduction

4.2.3.1 산화물 나노 분말(Oxide nanopowders)

4.2.3.1.1 산화물 나노 분말 합성법

① 기상 응축법(Gas phase condensation method)

기상 응축법은 금속이나 세라믹을 기상으로 증발시킨 다음 이를 새로운 형태의 분말로 응축시키는 방법으로, 나노 크기의 매우 작은 분말을 만드는데 유용하다. 구체적인 방법을 보면 세라믹을 그림 4-18과 같은 장비를 이용하여 융점보다 약간 높은 온도로 가열하여 증기를 발생시키면 이 증기가 반응 용기 안의 찬 기체와 만나 냉각, 응축되면서 나노 클러스터가 된다. 이 클러스터를 액체질소를 이용해 77K으로 냉각된 용기 안의 튜브에 포집하면 나노 분말을 얻을 수 있다.

② 고주파 플라즈마에 의한 화학 합성법(High frequency plasma-chemical process)

고주파 플라즈마에 의한 화학 합성법은 여러 종류의 화학물질과 기체를 저온에서 고주파 플라즈마로 반응시키는 방법으로 그림 4-19와 같이 플라즈마의 도움으로 짧은 시간의 반응에 의해 나노 분말을 합성할 수 있다.

그림 4-18 기상응축법에 의한 나노분말 합성장치[13]

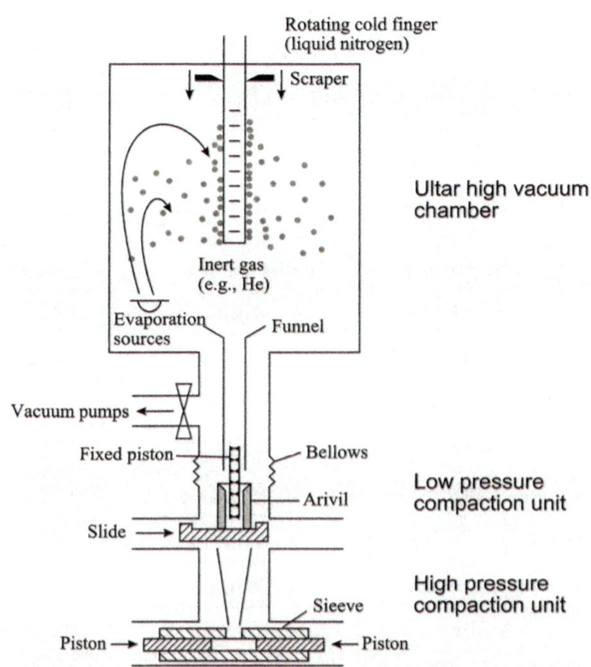

그림 4-19 나노분말을 합성하는 플라즈마 화학반응[14]

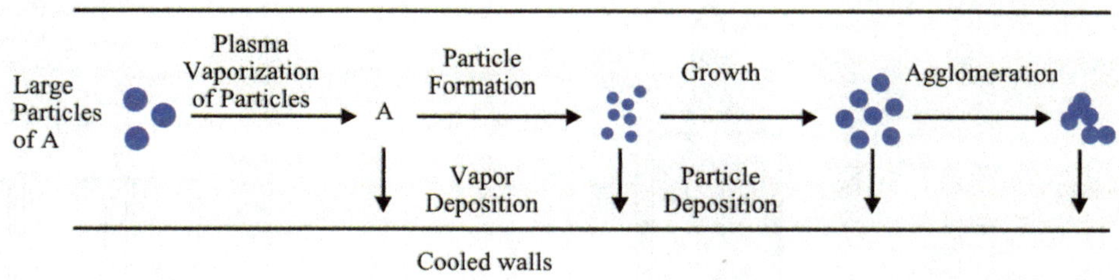

③ 연소합성법(Calcination method)

고온에서 금속 염화물(chloride)이나 그 밖의 전구체를 연소시켜 나노 세라믹 분말을 제조하는 방법이다. 먼저 금속 전구체(질산염, 염화물, 초산염 등)를 유기 운반용매를 이용하여 혼합, 용해하고 이를 분무하여 약 25마이크론 정도 크기의 액적으로 만든다. 그리고 불꽃이나 가열로에서 액적을 연소시켜 용매를 휘발시키면 금속염이 분해되면서 쉽게 휘발된 금속이 산소가 포함된 분위기로 이동한다. 그 다음 금속 증기는 산화되고 과포화 지역에서 응축되어 직경 10nm 이하의 나노 산화물 결정이 된다. 이 과정을 요약하면 그림 4-20과 같다.

그림 4-20 연소합성법에 의한 나노분말 연속합성공정[15]

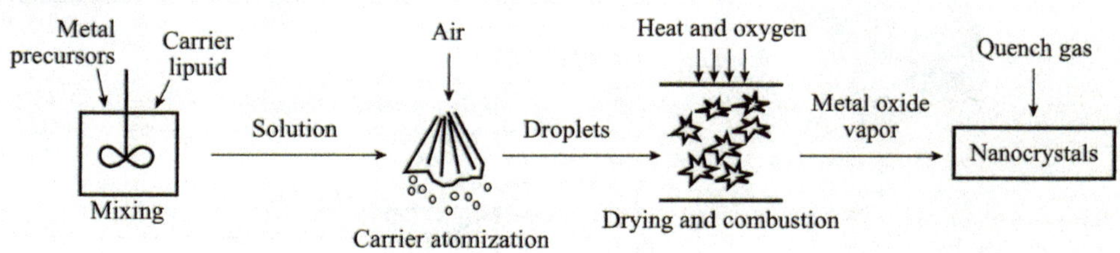

4.2.3.2 비산화물 나노분말

4.2.3.2.1 탄화물 나노분말(Carbide nanopowders)

기본적으로 탄화물 나노분말은 앞서 산화물 나노분말을 만드는 방법에 탄화물 형성에 적합한 전구체를 공급하여 합성할 수 있다. 그 외에도 여러가지 방법들이 개발되고 있는데 대표적인 예로는 그림 4-21과 같은 유도 결합 플라즈마(inductive coupled plasma)를 들 수 있

그림 4-21 유도결합 플라즈마(ICP) 법에 의한 나노분말 합성장치[16]

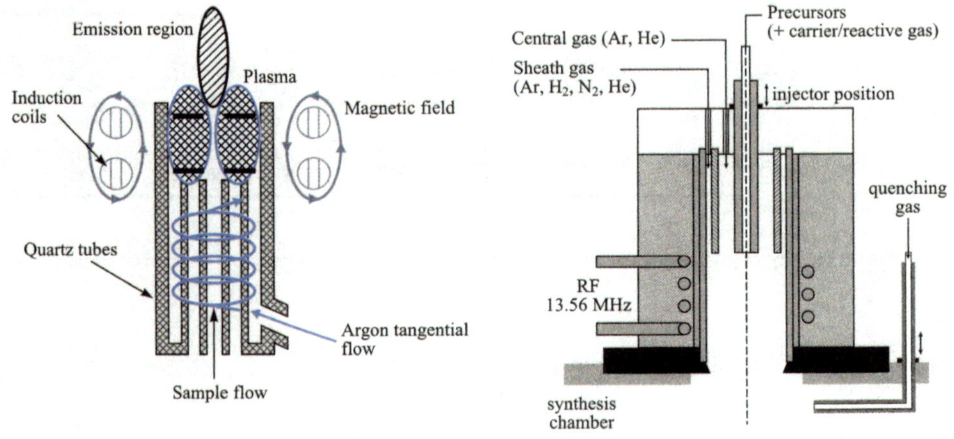

다. 이 방법은 에어로졸과 같은 시료를 고주파 유도 코일에 의하여 형성된 Ar 플라즈마에 넣어 합성하는데, 플라즈마의 고온을 이용하기 때문에 짧은 시간에 균일한 탄화물 나노분말을 얻을 수 있다.

4.2.3.2.2 질화물 나노분말(Nitride nanopowders)

앞서 설명한 탄화물 나노분말 합성법을 질화물 나노분말 합성에 적용할 수 있다. 그 외에

그림 4-22 열 플라즈마 방법의 개략도[17]

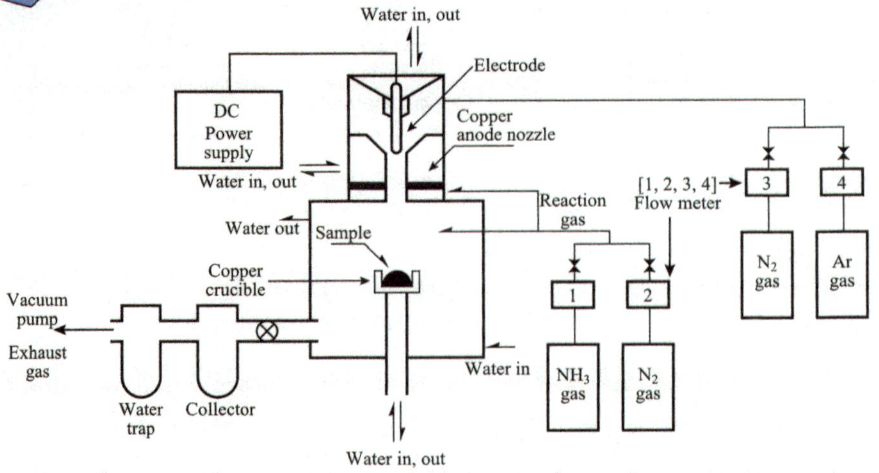

도 질화물 나노분말을 만드는 여러가지 공정이 개발되고 있는데, 대표적인 예로 열 플라즈마(thermal plasma) 방법이 있다. 이 방법은 금속을 열 플라즈마를 이용해 증발시키고, 이를 질소와 반응시키는 방법으로 구체적인 장치는 그림 4-22와 같고, 질화알미늄의 경우 평균 지름이 30 nm 정도인 분말을 만들 수 있다.

4.2.4 금속 나노분말(Metal nanopowders)

금속 나노분말도 세라믹 나노분말과 같이 크기가 작아짐에 따라 비표면적이 증가하면서 화학적 특성이 크게 달라진다. 또 금속 나노분말로부터 나노 결정립을 갖는 벌크 금속을 만들었을 때 뛰어난 기계적 특성을 얻을 수 있다.

금속 나노분말은 다양한 방법으로 합성할 수 있는데, 크게 보면 물리적 방법과 화학적 방법이 있다. 전자의 예로는 균질 핵생성과 응축을 통해 제조하는 가스 응축법, 벌크 금속을 분쇄하여 나노화 하는 기계적 분쇄법이 있고, 후자의 예로는 금속염에 침전제나 환원제를 가하여 수용액에서 금속 나노분말을 제조하는 액상환원법이 있다.

4.2.4.1 물리적 제조 방법

열이나 전자빔과 같은 높은 에너지를 금속에 가하여 용해시킨 후 증발, 응축시키는 방법이나 기계적으로 에너지를 가해 덩어리(벌크)를 분쇄하여 나노미터 크기로 만드는 방법이 있다. 가스 응축법과 같은 방법이 전자에 속하며 기계적 합금화와 같은 방법이 후자에 속한다.

4.2.4.1.1 가스증발-응축법(Gas evaporation-condensation method)

가스증발-응축법은 금속 나노분말을 제조하는 대표적인 방법이다. 합성하려는 금속을 용기 안에서 증발시키는데, 용기 내부의 압력은 0.01~수백 torr 범위로 유지하면서 He, Ar 등을 넣어 불활성 가스 분위기를 유지한다. 증발 응축법은 가열방법에 따라 구분할 수 있으며 표 4-2에 대표적인 방법과 조건, 특징을 요약하였다.

일반적으로 가스증발-응축법은 아주 낮은 압력에서 금속을 가열시키는 진공 증발법에 비해 기체의 압력이 높기 때문에 그 속을 통과하는 금속원자의 평균 자유행로(mean free path)가 진공증발의 경우에 비해 짧다. 따라서 금속원자들이 기체분자와 충돌에 의해 냉각될 때 금속 원자끼리 충돌할 기회가 많아져서 핵이 많이 생성되면서 나노분말을 쉽게 얻을 수 있다. 한편 가열에 의해 형성되는 자연대류를 합성 장치에 적용할 경우 분말의 크기나 형성을 제어할 수 있고, 회수도 쉽다.

표 4-2 금속 나노 분말 제조 조건 및 특징[18]

열원	증발방법	생성압력(Pa)	특징
저항가열	원료인 다양한 금속들을 각기 다른 용기나 필라멘트 위에 놓고 증발 시킴	$1.3 \times 10^2 \sim 1 \times 10^5$	-실험적으로 수 나노크기의 분말제조가 가능 -대량생산에 문제가 있음
플라즈마 제트	플라즈마 열원에 의한 원료의 가열 및 증발	$2.5 \times 10^4 \sim 1 \times 10^5$	-저항가열에 의해 제조된 분말보다 약간 큰 입자크기 (~30 nm) -대량생산이 가능 (20~30 kg/batch) -대부분의 금속에 적용가능
유도가열	금속을 내화물 도가니에 놓고 유도 가열에 의해 증발	$1.3 \times 10^2 \sim 1 \times 10^3$	-입자의 크기를 쉽게 조절할 수 있음 -효율면에서 우수함
전자빔	고진공 전자빔 용기와 증발용기간의 압력차. 원소재는 선재형태로 공급	$1.3 \times 10^2 \sim 1 \times 10^5$	-Ta, W, TiN, AlN 등과 같은 고융점 재료의 분말 제조가 가능
레이저빔	원료 금속에 고주파 레이저 (high energy light laser, CO_2 laser)를 조사하여 증발	$1.3 \times 10^3 \sim 1.3 \times 10^4$	-증발용기가 매우 간단함 -여러 원광석에 사용 될 수 있음

4.2.4.1.2 기계적 합성법

큰 물질을 기계적으로 분쇄하여 나노분말로 만드는 방법이다. 여러 성분으로 구성된 합금을 나노분말로 만들기 쉽다는 장점이 있지만, 분쇄 중 불순물이 많이 들어가고, 응집이 심하게 일어난다. 이 방법은 원래 금속 분말을 불활성 분위기에서 심하게 분쇄하여 비정질 재료를 만드는 과정에서 수십 나노미터 이하의 나노 결정이 형성된다는 발견으로부터 발전되었다. 이때, 나노분말이 생기는 이유는 분쇄 중에 생기는 큰 소성변형이 분말입자 내부에 축적되면서 결정이 크게 왜곡, 불균일 변형되면서 수 나노미터 크기의 결정으로 분쇄되기 때문이다.

4.2.4.2 화학적 제조법

화학반응을 이용해 금속 분말을 합성하는 방법은 오래전부터 개발되었는데, 공정 조건을 잘 제어할 경우 나노 크기의 금속 분말을 만들 수 있다. 이 방법은 화학반응에서 발생하는 에너지를 활용하기 때문에 적은 양의 에너지로 합성이 가능하며, 합성 속도가 빠르고, 균일한 반응을 일으킬 수 있다는 장점이 있다. 한편, 나노 금속 분말의 화학적 합성법은 기상반응법과 액상반응법으로 나누어 볼 수 있다. 기상과 액상에서 화학반응을 통한 나노 금속분말 제조 방법을 정리하면 다음과 같다.

4.2.4.2.1 기상 합성법

기체 상태의 전구체를 사용해서 금속 분말을 합성하는 방법이다. 대표적인 것으로 에어로졸법(aerozol process)을 들 수 있다. 기체-기체, 또는 액체-기체를 반응시켜 만든 에어로졸 입자를 기본으로 하며, 주된 반응이 화염을 동반하는 연소반응이므로 연소합성법(combustion synthesis) 또는 화염 합성법(flame synthesis)이라고도 한다. 반응에 필요한 에너지는 자체 발열 반응을 이용하거나 연료의 연소열을 이용한다.

① 수소를 이용한 기상 환원반응

금속 염화물이 H_2와 반응하면 다음과 같이 금속과 염화수소 가스가 생성된다.

$$MCl_x + x/2H_2 = M + xHCl$$

여기서 M이 금속이다. 이 방법으로 만들 수 있는 대표적인 금속 나노분말은 Fe, Co, Ni 등이 있다.

② 마그네슘을 이용한 환원반응

기상에서 금속 염화물이 Mg과 반응하면 금속과 염화 마그네슘($MgCl_2$)이 생성되는 원리를 이용한 것으로 대표적인 합성 예로는 나노 Ti이 있다.

4.2.4.2.2 액상 합성법

액상 반응을 이용하는 액상 합성법은 나노분말을 만드는데 폭넓게 이용되고 있는데, 이는 액상에서 반응의 관찰 및 제어가 용이하며, 균일하고 순도 높은 분말을 만들 수 있기 때문이다. 그러나 만들어진 나노 입자가 응집이 잘되고, 형상이 다소 불규칙하다는 단점이 있다. 액상 환원법을 이용한 금속 분말 합성의 대표적인 예로는 나노 Ag가 있다.

① 침전법(Precipitation)

침전법은 금속염을 녹인 수용액에 침전제나 환원제를 첨가하여 금속 분말을 제조하는 방법으로 생성조건에 따라 분말의 특징을 제어할 수 있다. 보통 생성되는 입자의 크기와 모양은 용액의 과포화 상태에 의하여 좌우되는데, 과포화 상태가 작은 용액으로부터 침전된 입자는 크기가 크고, 다면체 형상을 갖고, 결정상 구조를 보인다. 반면 과포화도가 큰 용액으로부터 침전된 입자는 크기가 작고, 준결정상 구조를 가지며, 불규칙한 형상을 보인다.

② 분무건조법(Spray drying)

금속 염이 녹아있는 용액을 분무하면서 건조 후 생긴 금속염 분말을 환원 처리하여 나노 금속 분말을 제조하는 방법이다(그림 4-23).[19] 이 방법은 나노 크기의 입자들이 응집된 비교적 균일한 구형의 2차 분말을 제조할 수 있으며, 대량생산도 가능하다. 분무 열분해법에서 분말의 입자크기, 분포 형태에 영향을 주는 주요 공정변수는 분사 공정조건과 용액의 농도 등이다.

그림 4-23 분무건조법에 의한 나노 분말 제조법[19]

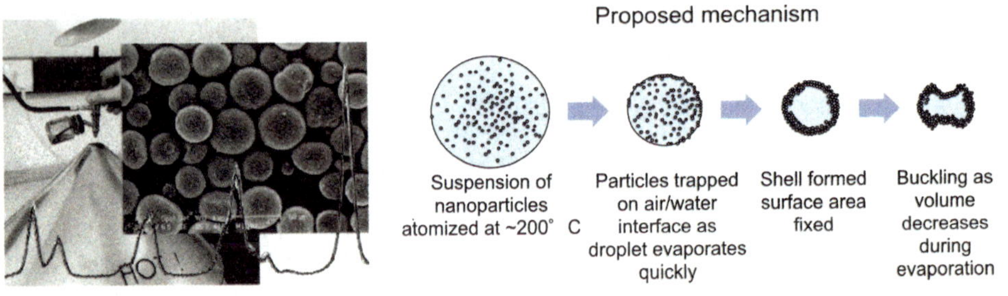

4.3 1차원 나노구조의 합성

1차원 나노재료는 나노선(nanowires)이나 탄소나노튜브(carbon nanotubes)같은 머리카락 모양의 나노 물질로 직경은 1 - 100nm, 길이는 수 μm 정도 되는 높은 종횡비(aspect ratio)를 갖는 것이 특징이다. 보통 나노선은 1차원 나노재료 중 속이 찬 재료를 의미하며, 나노튜브는 속이 빈 나노재료를 의미한다. 전자는 반도체를 포함한 다양한 재료를 기반으로 하며, 후자는 보통 탄소만을 기반으로 하는 것도 각각의 특징이다.

일반적으로 1차원 나노재료는 양자효과(quantum confinement)에 근거한 새로운 물리적, 화학적 성질 및 우수한 전기적, 광학적, 자기적 특성이 나타나기 때문에 상향식(bottom-up) 방식의 반도체 나노소재/소자 구현에 있어 가장 유망한 기본단위(building blocks)로 널리 인정받고 있다. 또한, 단위부피당 비표면적이 넓고, 단결정이기 때문에 다양한 소자 및 제품 개발에 유리한 장점을 갖고 있다.[20] 한편, 1차원 나노재료의 특징은 앞서 제 2장의 나노재료의 근본 원리로부터 대부분 이해할 수 있기 때문에, 본 장에서는 기상을 통한 일차원 나노구조의 합성 방법에 대해 살펴 보고자 한다. 특히 일차원 나노구조의 대표적인 예가 될 수 있는 나노선과 탄소나노튜브를 중심으로 합성 방법을 살펴보고자 한다.

4.3.1 나노선(Nanowire)

나노선은 넓은 의미에서는 지름 100 nm 이하의 종횡비가 매우 큰 나노물질로 정의할 수 있다. 현재 많은 재료들이 나노선으로 합성되어 연구되고 있지만 가장 활발히 연구되고 있는 재료는 소자 적용이 가능한 반도체들이다. 이런 반도체 나노선들은 기존의 박막이나 벌크 재료에 비해 매우 뛰어난 특성을 갖기 때문에 미래 신기술 개발에 유망하지만, 아직 산업화를 위해 극복해야 될 문제점이 많으며, 이에 대한 해결책은 나노선 합성법과 밀접한 관계가 있다. 예를 들어 나노선을 이용해 소자를 개발하기 위해선 나노선의 위치와 크기를 제어하는 것이 매우 중요한데, 이는 보다 진보된 합성법을 개발하므로서 달성할 수 있다. 따라서 나노선 합성과정을 이해하는 것은 향후 이 분야의 발전에 매우 중요하다.

나노선 합성 방법은 크게 촉매를 사용하지 않는 방법과 촉매를 사용하는 방법으로 나누어 볼 수 있으며, 각각 나름의 장단점을 갖고 있다. 각 방법의 구체적인 사항은 다음과 같다.

4.3.1.1 기상-고상(Vapor-solid, VS) 성장기구

기상-고상 성장기구란 기상으로부터 촉매없이 직접 원자가 증착, 1차원 결정 성장을 일으켜 나노선이 성장되는 방법이다. 이때 기판에 핵형성과 한 방향으로만 결정이 성장하도록 조

그림 4-24 기상-고상 성장 기구와 다양한 ZnO 나노선[21]

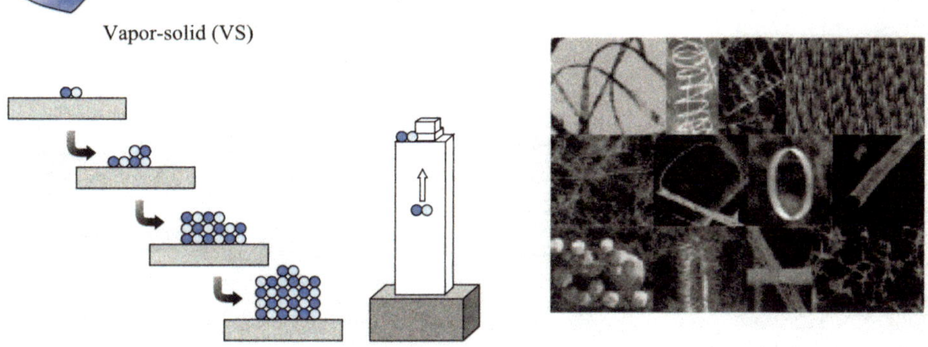

절하는 것이 가장 핵심적인 사항이며, 이는 표면 결함이나, 응력변형 등 다양한 변수로 조절할 수 있다. 주로 ZnO, SnO_2, Al_2O_3, MgO와 같은 산화물 나노선들이 이 방법으로 합성되며, 그림 4-24는 기상-고상 성장기구로 얻어진 다양한 모양의 ZnO 나노선을 대표적인 예로 보여주고 있다.[21]

4.3.1.2 기상-액상-고상(Vapor-liquid-solid, VLS) 성장기구

VLS 성장기구란 금속 촉매와 일정 성분이 공융점 이상의 온도에서 액상합금을 형성하면서, 이를 통해 결정이 1차원으로 성장하는 기구를 가리킨다. 이 성장 기구는 원래 1950년대 Si기판에 금속 불순물(주로 Au)이 존재할 때 Si이 1차원으로 성장하는 모습을 관찰하면서 발견된 결정 성장 방법이다.[22] 그 후 SiC 휘스커와 같이 다양한 1차원 소재를 합성하는데 많이 사용되었으며,[23] 최근 탄소나노튜브와 나노선을 성장시키는데 활용되면서 많은 관심을 끌고 있다.[24]

그림 4-25는 VLS 성장기구에 의한 Ge 나노선의 성장 과정을 보여주고 있다. 구체적인 과정은 다음과 같다. 먼저 기판에 금속 촉매(Ge 나노선의 경우는 Au)를 위치시키고 온도를 가열하면서 성장시키고자 하는 나노선 성분(즉, Ge)을 공급하면 촉매와 공급하는 성분이 액상합금을 형성하게 된다(왼쪽 상평형도 참조). 그리고 계속 나노선 성분을 공급하게 되면 액상에서 Ge 성분이 과포화되면서 어느 시점에서 기판과 액상합금의 계면에서 이종 핵 형성이 일어나게 되면서 나노선의 성장이 시작된다. 그리고 계속 Ge를 공급하게 되면 1차원 결정 성장이 일어나게 된다. 이때 촉매의 크기를 나노미터로 조절하면, 1차원 결정의 직경은 촉매 크기에 의해 결정되기 때문에, 나노선을 얻을 수 있다. 또한 촉매의 밀도와 위치를 제어하면 나노

그림 4-25 VLS 기구에 의한 Ge 나노선의 성장과정

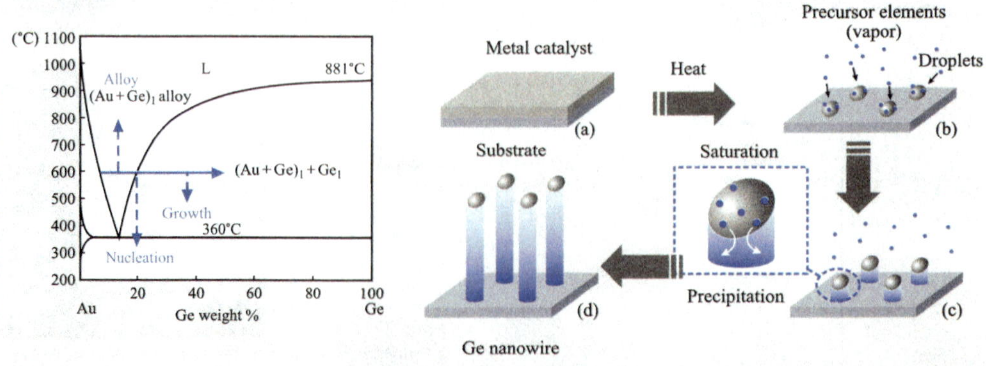

선의 밀도와 위치를 제어할 수 있다. 이점은 나노선의 소자 적용을 비교적 용이하게 할 수 있는 VLS 성장기구의 중요한 장점이기도 하다.

VLS 성장기구를 통해 나노선을 성장시키는 데 필요한 일반적인 조건은 다음과 같다.[22]

① 나노선 성분이 촉매와 액상을 형성해야 한다
② 공급하는 성분의 고상에서 용해도는 액상에서 용해도보다 매우 작아야 한다
③ 액상 촉매의 증기압은 매우 낮아야 한다.
④ 액상 촉매는 화학반응에 관여하지 않아야 한다
⑤ 계면 에너지가 적절히 유지되어야 한다
⑥ 중간 생성물이 형성되지 않아야 한다
⑦ 액상-고상 계면이 잘 정의 되어야 한다.

그림 4-26은 앞서 설명한 VLS 성장기구에 의해 성장한 Si 나노선의 초기 성장 과정을 보여주고 있다. 그림 4-26의 우측 그림에서 볼 수 있듯이 촉매가 성장한 Si 나노선의 끝에 있으며, 나노선의 직경은 촉매의 직경에 의해 결정된다는 것을 알 수 있다.[25]

VLS 성장기구에 의한 나노선 성장에서 가장 중요한 것 중 하나는 촉매의 크기를 나노 범위에서 제어하는 것이다. 이는 여러 가지 방법으로 시도될 수 있으나, 일반적으로 성장온도에서 그림 4-27에서 보는 바와 같이 촉매 자체가 Ostwald ripening 에 의한 직경 변화가 일

그림 4-26 기상-액상-고상 성장기구에 의해 기판에서 성장하는 Si 나노선

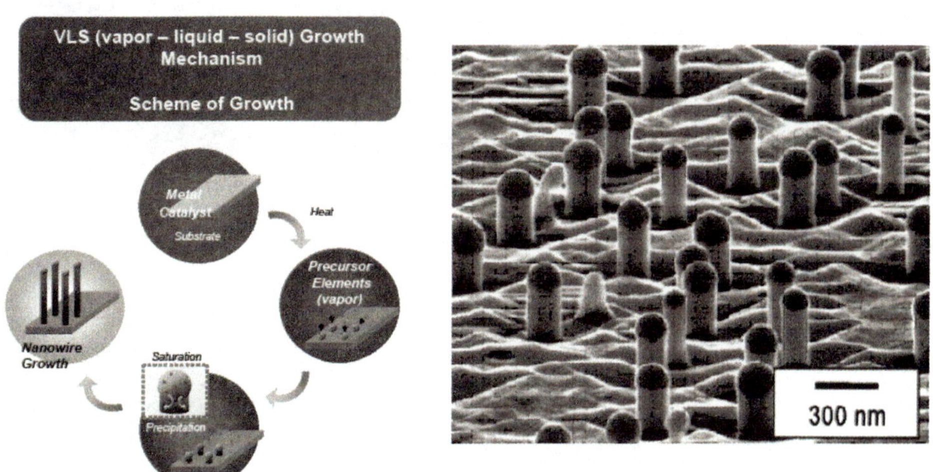

그림 4-27 Au 촉매의 고온에서의 Ostwald ripening 에 의한 크기 변화[26]

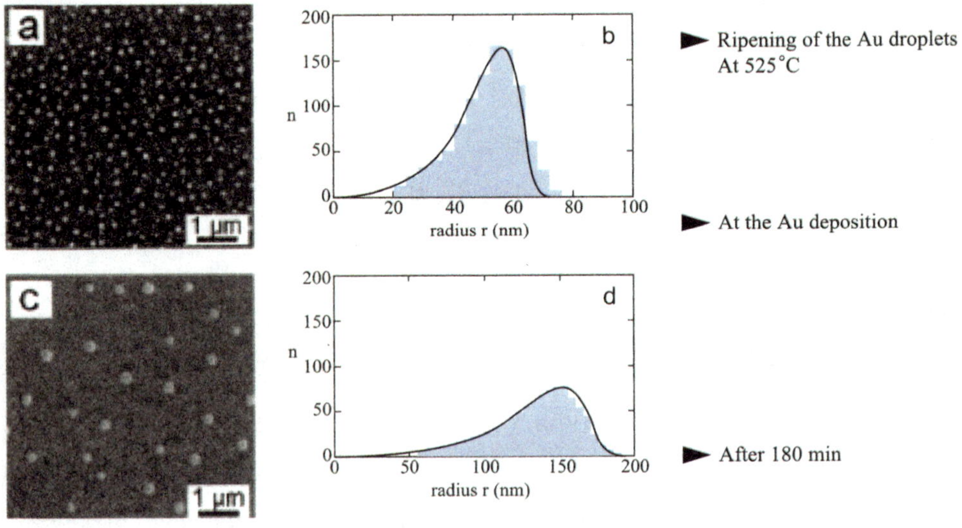

그림 4-28 나노선 성장과정에서 나타나는 Gibbs-Thompson 효과

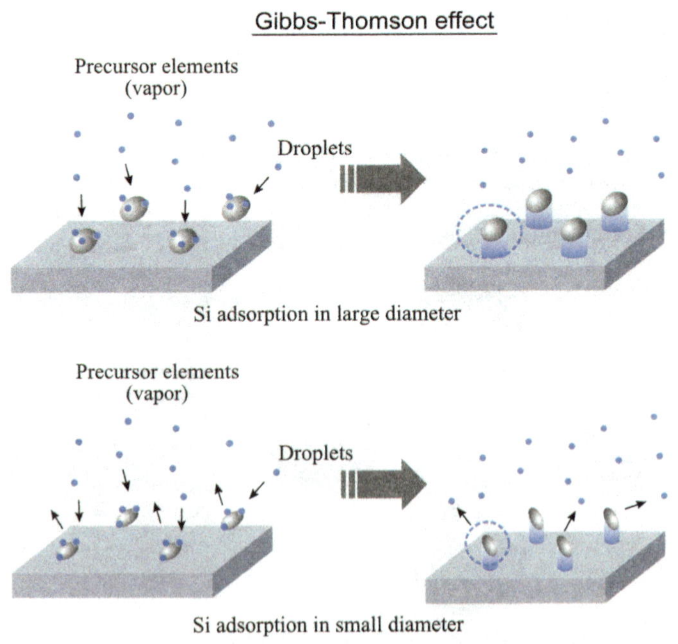

어나기 때문에, 실제 나노 범위에서 직경을 제어하는 것을 쉽지 않다. 따라서 VLS 성장기구 방법을 이용할 때 나노선의 직경을 나노크기에서 아주 정밀히 제어할 수 있는 촉매제어기술이 개발되어야 한다.

한편 VLS 성장기구에 의한 나노선 성장 과정에서 고려해야 할 열역학적으로 중요한 사항은 Gibbs-Thompson 효과이다. 즉, 금속 촉매의 크기가 작아질수록 촉매에서 각 성분의 평형증기압에 높아지기 때문에 상대적으로 큰 촉매에 비해 작은 촉매에서는 기상으로부터 나노선 성분의 용해가 어려워진다(그림 4-28 참조). 따라서 작은 금속 촉매를 이용할 경우 나노선 성장에 어려움이 예상되며, 실제 직경이 20 nm 이하인 나노선을 성장시키는 것은 쉽지 않은 것으로 알려졌다.

한편, 반응기구면에서 볼 때, VLS 성장기구와 함께 또 다른 반응 기구가 작동할 수 있다. 즉 그림 4-29에서 보는 바와 같이 나노선이 성장하는데 액상 촉매를 통한 반응 기구가 주된 역할을 하지만, 그 외에도 성장한 나노선 표면에 직접 흡착과 탈착 기구에 의한 측면 결정성장이 나타나기도 한다.

VLS 성장기구를 이용하면 다양한 반도체 나노선을 성장시킬 수 있다. 그림 4-30에서 볼 수 있듯이 IV 반도체 그룹인 SiC나 Si, 산화물 ZnO 반도체, III-V 반도체 그룹인 GaN 나노선을 성장시킬 수 있으며, 이외에도 다양한 소재를 VLS 성장기구를 이용하여 나노선으로 성장시킬 수 있다.[27 28 29 30] 이때 나노선 성분은 열탄소환원법(carbothermal reduction), 금속유기물 전구체(metal organic precursors) 등 다양한 방법으로 공급할 수 있다. 한편 일반적으로 Si이나 산화물 계열의 나노선은 Au를 촉매로 사용하고,[29 31] III-V나 IV-IV 반도체 나노선 그룹은 Ni, Fe, Co같은 전이금속을 촉매로 사용한다.[27 30]

그림 4-29 나노선 성장에서 나타나는 반응기구들

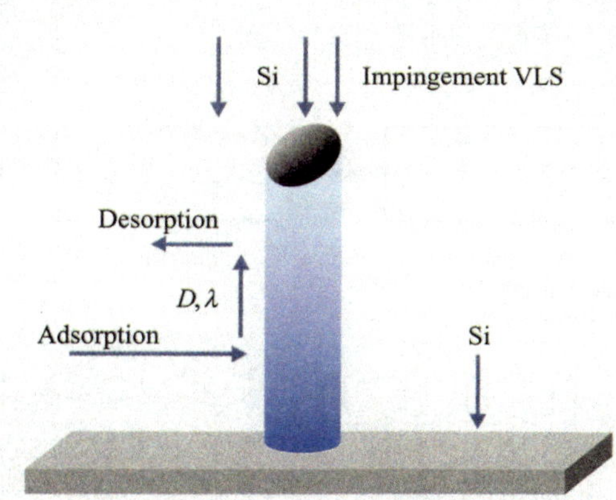

그림 4-30 기상-액상-고상 성장기구를 이용한 다양한 반도체 나노선의 합성 예

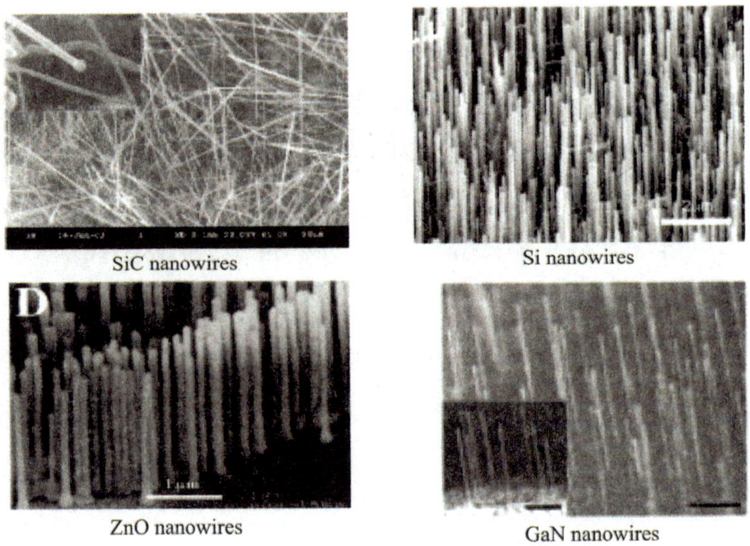

4.3.1.3 주형 방법(Templating mechanism)

1차원 나노구조를 합성하는 또 다른 방법은 주형(template)을 이용하는 것이다. 즉 원하는 1차원 구조를 갖는 주형을 준비한 다음, 이 주형에 기상 증착법을 이용하여 내부를 원하는 물질로 채우거나, 또는 주형 내에서 결정을 성장시키면 주형의 모양과 크기에 해당하는 1차원 나노구조를 얻을 수 있다. 이 방법은 사용하는 주형에 따라 다음과 같이 분류해 볼 수 있다.

① AAO 주형을 이용하는 방법: AAO(anodic aluminum oxide)는 그림 4-31에서 보는

그림 4-31 AAO 구조를 만드는 방법[32]

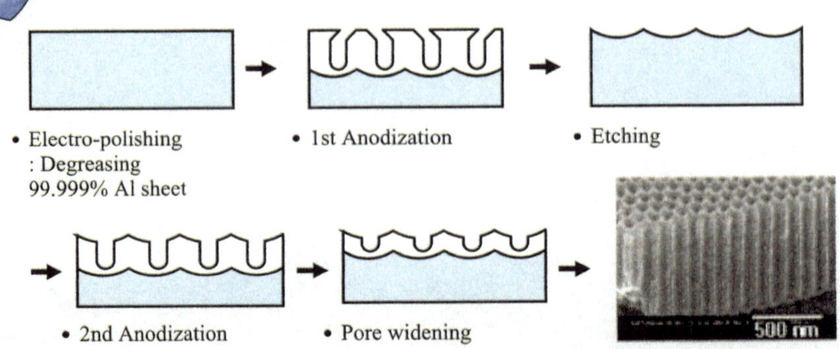

그림 4-32 AAO 구조로부터 만든 일차원 나노구조의 예

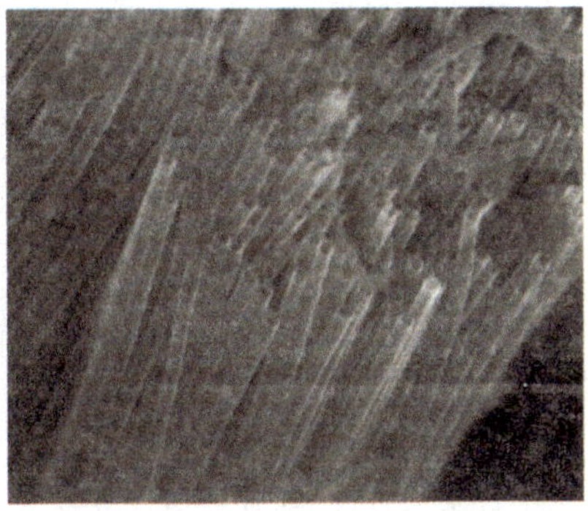

바와 같이 나노크기의 균일한 기공을 갖는다. 이 기공의 내부에 원하는 물질을 채우거나 또는 내부에 결정을 성장시키면 1차원 나노구조를 얻을 수 있다. 그리고 목적에 따라 주형을 산처리 등으로 제거하면 단일상 1차원 나노구조를 얻을 수 있다(그림 4-32).

② 소멸 주형(Vanishing template)을 이용하는 방법: 1차원 나노구조 자체를 원하는 나노구조를 만들기 위한 주형으로 사용하는 방법이다. 예를 들면 그림 4-33에서 보는 바와 같이 비교적 쉽게 만들 수 있는 ZnO 나노선을 주형으로 삼아, 여기에 GaN 상을 증

그림 4-33 소멸 주형을 이용하는 방법과 이를 이용해 만든 GaN 나노튜브[33]

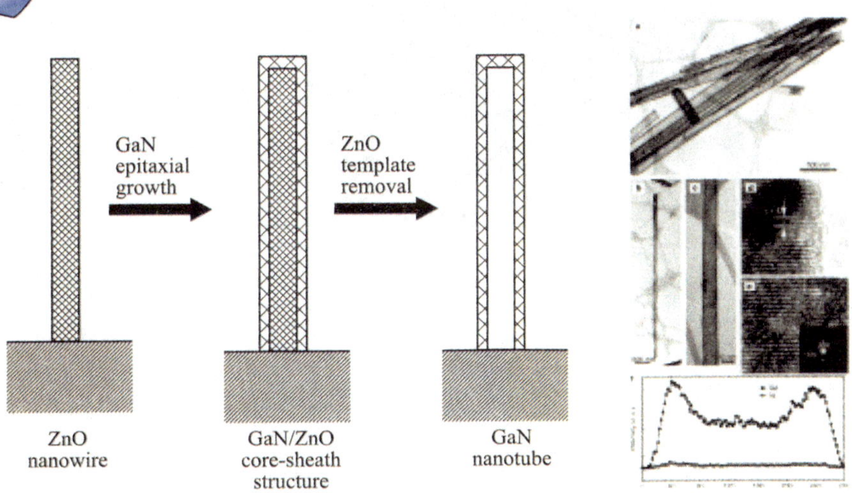

착하면서 ZnO 를 제거하면 1차원 나노구조를 쉽게 얻을 수 있다.

③ **탄소나노튜브를 주형으로 이용하는 방법:** 대표적인 1차원 나노구조인 탄소나노튜브를 주형으로 사용하여 다양한 1차원 나노구조를 만들 수 있다. 예를 들면 탄소나노튜브를 Si 과 반응시켜 SiC 나노선을 만들거나 다른 금속을 반응시켜 다양한 탄화물 나노선을 만들 수 있다.

4.3.2 나노리본(Nano ribbons)

최근 여러 가지 나노선과 함께 비슷한 1차원 구조를 갖지만 보다 넓은 너비를 갖는 나노리본(nanoribbons)의 합성이 보고되고 있는데, 이제까지 Si, CdTe, CdS, ZnO 등의 재료에서 나노리본 구조가 보고되었다. 나노리본은 1차원 나노구조가 갖는 장점과 함께 보다 넓은 표면적을 갖는다는 점에서 응용 면에서 유리하다.

나노리본은 여러 가지 경로로 만들어지는데 대표적인 예로는 ZnO의 경우 나노선이 먼저 성장한 후 측면에서 추가 성장이 일어나면서 리본 구조가 형성된다. 이외에 결정학적 우선성장에 의해 리본구조가 형성되기도 한다.

그림 4-34 ZnO 나노리본이 형성되는 과정

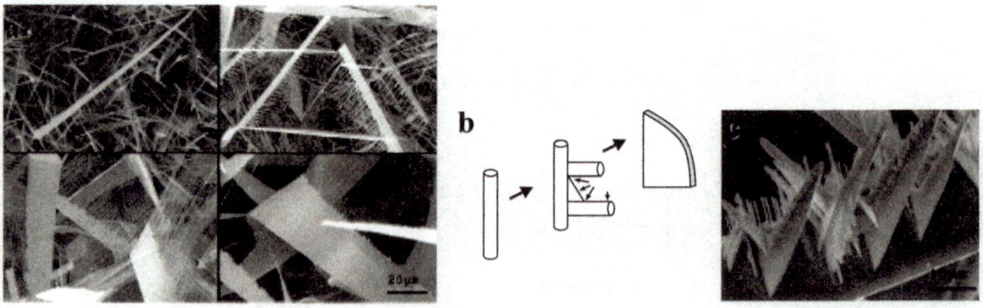

4.3.3 탄소나노튜브(Carbon nanotubes)

탄소나노튜브는 지구상에 다량으로 존재하는 탄소의 동소체로서 탄소가 육각형 벌집모양으로 결합된 튜브형태로 구성되며, 직경이 나노미터(nm) 수준이다.[34] 전기 전도도는 Cu와 비슷하고, 열전도율은 자연계에서 가장 높다. 강도는 다이아몬드와 같으며, 같은 굵기의 철강보다 100배 이상 강하다. 기계적 유연성도 우수하여 탄소섬유가 1%만 변형돼도 끊어지는 반면 탄소나노튜브는 15%의 변형에도 견딜 수 있다. 또한 우수한 기계적, 전기적 특성과 함께 뛰어난 전계 방출 특성, 고효율의 수소저장 등 다른 특성도 차례로 알려지면서 응용을 위한 많은 연구가 진행되고 있다.

4.3.3.1 탄소나노튜브의 성장기구와 합성

4.3.3.1.1 탄소나노튜브 성장 기구

탄소나노튜브는 나노선과 같이 촉매에 의한 VLS 성장기구로 성장시킬 수 있다. 즉, 그림 4-35에서 보듯이, 기판에 금속 촉매를 위치시키고 온도를 가열하면서 탄소 성분 (예: C_nH_m)을 공급하면 촉매에 탄소가 녹아 액상 합금이 형성된다. 계속 탄소가 공급되면 액상에서 탄소가 과포화되면서 기판과 액상합금의 계면, 또는 액상합금 표면에서 탄소나노튜브 성장이 시작된다. 이때 촉매의 크기를 나노미터로 조절하면, 1차원 결정의 직경은 촉매 크기에 의해 결정되기 때문에, 탄소나노튜브를 얻을 수 있다. 또 촉매의 밀도와 위치를 제어하면 탄소나노튜브 밀도와 위치를 제어할 수 있다.

그림 4-35 탄소나노튜브 성장 기구

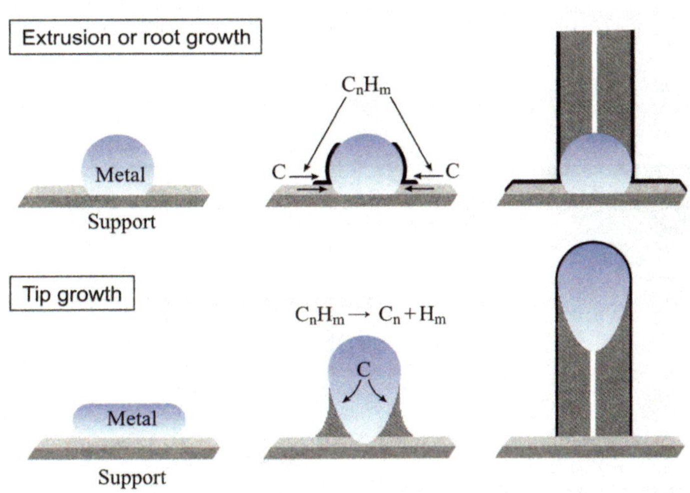

4.3.3.1.2 탄소나노튜브의 합성 방법

탄소나노튜브 합성은 처음에 전기방전법(arc-discharge)이 주류를 이루었으나, 이후로 레이저 증착법(laser vaporization)과 열분해법(pyrolysis)이 개발되었다. 그러나 이런 방법으로 합성한 탄소 나노튜브는 불순물이 많이 포함되어 복잡한 정제과정을 거쳐야 하고, 구조제어나 수직배향이 어렵다는 단점이 있다. 최근에는 탄소나노튜브를 수직으로 배향하면서 합성할 수 있는 화학증착법(CVD, chemical vapor deposition)이 크게 부각되고 있다. 화학증착법은 열 화학증착법, DC 플라즈마 화학증착법, RF 플라즈마 화학증착법, 마이크로파 플라즈마 화학증착법으로 구분할 수 있다. 화학증착법은 전기방전법이나 레이저 증착법에서는 어려운 탄소나노튜브의 수직배향과 저온, 고순도, 대면적 합성이 가능하다. 아울러 탄소나노튜브의 구조제어가 쉽다는 장점이 있다. 이는 탄소나노튜브의 응용을 위해서 요구되는 저온합성, 수직배향, 대면적 기판합성, 고품질 합성, 구조 제어 등을 화학증착법에서 달성할 수 있음을 의미한다.

한편, 탄소나노튜브를 대량합성할 수 있는 방법으로 기상성장법(vapor phase growth)이 최근 개발되었다.[35 36 37 38 39] 이 방법은 기판을 사용하지 않고 반응로 내부로 촉매금속과 탄화가스를 동시에 공급하여 반응로 내부 공간에서 기상반응으로 탄소나노튜브를 합성한다. 탄소나노튜브를 합성하는 대표적인 방법을 요약하면 다음과 같다.

① 전기방전법(arc-discharge)

그림 4-36은 탄소나노튜브를 합성할 수 있는 전기방전장치의 대략적인 모습이다. 두 개의 전극으로 흑연(graphite) 막대를 사용하고, 두 전극 사이에서 방전이 일어나면 음극(anode)으로 사용된 흑연 막대에서 기화되어 나온 탄소 클러스터(cluster)들이 낮은 온도로 유지되는 양극(cathode) 흑연 막대에 응축된다. 이 응축과정에서 다중벽 탄소나노튜브와 탄소나노입자가 생성된다. 그리고 음극으로 사용된 흑연 막대에 구멍을 뚫어 Fe, Ni, Co, Y 등의 전이금속을 그라파이트 분말과 적절하게 혼합하여 충전하면 단중벽 또는 이중벽 탄소나노튜브를

그림 4-36 전기방전법

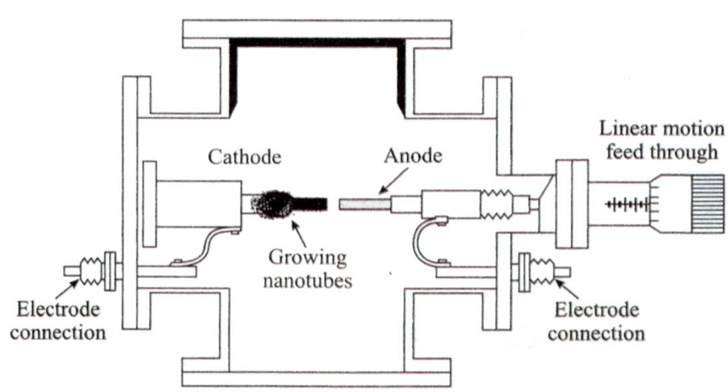

촉매에 의해 합성할 수 있다. 전기 방전법에서 우수한 고품질 탄소나노튜브를 합성하기 위해서는 적절한 촉매 비율, 전류세기, 챔버 내부 압력이 중요한 것으로 알려져 있다.

② 촉매 화학 기상증착법(Catalytic chemical vapor deposition)

고품질 단일벽 탄소나노튜브를 합성하는 방법으로 전기방전법(arc-discharge)이나 레이저 증발법(laser ablation)이 있지만, 나노튜브를 대량으로 생산하는데 적합하지 않다. 반면 그림 4-37에서 보는 촉매 화학 기상증착법(catalytic chemical vapor deposition)은 탄소나노튜브를 값싸게 대량생산할 수 있는 방법이다. 또 이 방법은 탄소나노튜브의 직경, 길이, 밀도, 구조, 결정성 등을 제어하기 쉽고, 고순도 탄소나노튜브를 얻을 수 있기 때문에 탄소나노튜브를 산업화하는데 유망하다.

그림 4-37 촉매 화학 기상증착법

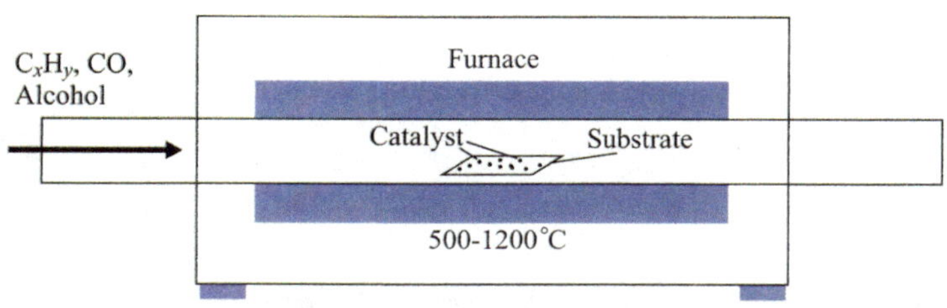

③ 기상합성법(Vapor phase growth) 및 유기화합물 열분해법(Pyrolysis)

일반적으로 탄소나노튜브를 합성하는 화학증착법은 기판 위에 촉매금속을 위치시킨 후, 촉매에 C_2H_2, C_2H_4, CH_4, C_2H_6 등의 반응가스를 공급한다. 반면 기상합성법은 기판을 사용하지 않고 반응로 안에 반응가스와 유기 금속촉매를 직접 공급하여 기상에서 탄소나노튜브를 합성하는 방법으로, 탄소나노튜브를 대량으로 합성하기에 유리한 방법이다.

④ 열화학 기상증착법(Thermal chemical vapor deposition)

대면적 기판에 탄소나노튜브를 합성하는 기술은 전계방출소자(field emission display, FED)를 비롯한 각종 전자소자 개발에 중요하다. 따라서 대면적 기판에서 열화학 증착법으로 탄소나노튜브를 합성하는 연구가 활발히 진행되고 있다. 화학증착법은 원료가 다양하고, 고순도 나노튜브를 합성하기 적당하며, 미세구조를 쉽게 제어할 수 있다는 장점이 있다. 구체적인 방법은 기판 위에 촉매금속으로 Fe, Co, Ni 등을 수십 nm 정도의 두께로 증착한 후 반응로에 넣고 NH_3 분위기에서 700~950°C의 온도로 열처리하여 촉매 금속을 미세한 나노 입자로 만든다. 이어 C_2H_2, CH_4, C_2H_4, CO 등의 탄화가스를 반응로 내부로 공급하여 탄소나노튜브를 성장시킨다.

⑤ 레이저 증착법(Laser ablation)

그림 4-38에서 보듯이, 레이저 증착법은 반응실을 1200°C 정도로 유지시킨 후, 반응실 내부에 있는 흑연 타겟에 레이저를 쪼여서 흑연을 기화시킨 후, 이를 차가운 콜렉터(collector)에 흡착시키는 방법이며, 콜렉터에서 다중벽 탄소나노튜브와 탄소나노입자를 얻을 수 있다. 만약 순수한 흑연 타겟 대신에 Co, Ni. Fe 등이 혼합된 흑연을 타겟으로 사용하면 균일한 단일벽 탄소나노튜브를 얻을 수 있다.

그림 4-38 레이저 증착법

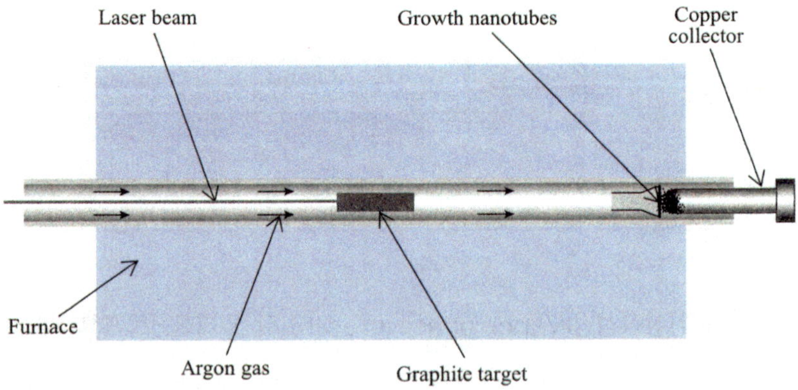

그림 4-39 플라즈마 화학기상증착법

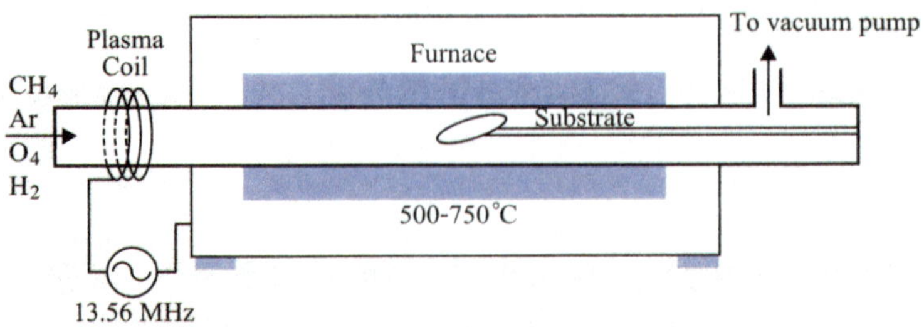

⑥ 플라즈마 화학기상증착법(Plasma enhanced chemical vapor deposition)

플라즈마 화학기상증착법의 장점은 전기방전법이나 레이저증착법에 비해서 비교적 저온에서 탄소나노튜브를 합성할 수 있다는 것이다. 플라즈마는 두 전극 사이에 인가되는 직류 또는 고주파 전계에 의하여 반응가스를 글로우 방전(glow discharge)시켜 얻는다(그림 4-39 참조). 탄소나노튜브를 합성하는 기판은 접지시킨 하부전극 위에 놓고, 반응가스는 상부전극에서 공급하며, 주로 CH_4, C_2H_2, H_2 등을 사용한다.

연습문제

Chapter 4

1. 기상에서 나노물질을 합성하는 방법과 액상에서 나노물질을 합성하는 방법을 열역학 및 반응속도론적 관점에서 비교하시오.

2. 기상 공정으로 나노입자를 성장시킬 때 크기를 제어할 수 있는 변수와 그 변수의 역할을 설명하시오.

3. 기상-액상-고상(VLS) 성장방법에 의하여 1차원 나노구조가 형성되는 메커니즘을 설명하시오.

4. 동일한 기상증착방법에 의해서도 0차원과 1차원 나노결정이 성장될 수 있다. 이렇게 다른 형태의 나노결정이 성장될 수 있는 이유는 무엇인가?

5. 나노물질을 합성할 때 크기 분포가 나타난다. 이 크기 분포를 좁힐 수 있는 방법을 제안해 보시오.

6. 기상-액상-고상(VLS) 성장방법으로 수 nm의 지름을 갖는 나노선을 성장시키는 것은 일반적으로 어렵다고 알려져 있다. 그 이유를 설명하고, 이를 극복할 수 있는 방법을 제시해 보시오.

7. 양자점 형성을 위한 방법들은 크게 자기조립과 같은 상향식방법과 리소그래피와 같은 하향식방법으로 나눌 수 있다. 이들 각각의 장단점은 무엇인가?

8. 격자불일치를 이용하여 양자점을 성장시키는 방법은, 크기조절 및 규칙적인 분포도를 가지는 데에 어려움이 있다. 이를 개선하기 위한 방법에는 어떤 것들이 있는가?

9. S-K 성장기구(growth mode)로 양자점이 형성될 때, 양자점을 형성하는 물질의 격자상수가 기판의 격자상수에 비해 클 때와 작을 때 각각 어떤 현상이 일어날지 설명하시오.

참고문헌

[1] K. L. Choy, "Chemical vapour deposition and coatings" *Progress in Mater. Sci.*, **48**, 57 (2003)

[2] Jaeger and Richard C., "*Film Deposition: Introduction to Microelectronic Fabrication*", Upper Saddle River: Prentice Hall(2002)

[3] D. B. Chrisey, and G. K. Hubler, "*Pulsed Laser Deposition of Thin Films*", John Wiley & Sons (1994)

[4] T. Ishikawa, S. Kohmoto, and K. Asakawa, "Site control of self-organized InAs dots on GaAs substrates by in situ electron-beam lithography and molecular-beam epitaxy" *Appl. Phys. Lett.*, **73**, 1712 (1998)

[5] K. Kumakura, K. Nakakoshi, J. Motohisa, T. Fukui, and H. Hasegawa, "Novel Formation Method of Quantum Dot Structures by Self-Limited Selective Area Metalorganic Vapor Phase Epitaxy" Jpn. J. Appl. Phys., 34,4387(1995)

[6] K.Eberl, M. O. Lipinski, Y. M. Manz, W. Winter, N. Y. Jin-Phillipp, and O. G. Schmidt, "self-assembling quantum dots for optoelectronic devices on Si and GaAs" *Physica*, **E9**, 164 (2001)

[7] P. Michler, "*Single Quantum Dot - Epitaxial Growth and Electronic Structure of Self-Assembled Quantum Dots*" Springer (2003)

[8] G. Medeiros-Ribeiro, A. M. Bratkovski, T. I. Kamins, D. A. A. Ohlberg, and R. S. Williams, "Shape Transition of Germanium Nanocrystals on a Silicon(001) Surface from Pyramids to Domes" *Science*, **279**, 353 (1998)

[9] H. Saito, K. Nishi, and S. Sugou, "Shape Transition of InAs quantum dots by growth at high temperature" *Appl. Phys. Lett.*, **74**, 1224 (1999)

[10] B. D. Gerardot, G. Subramanian, S. Minvielle, H. Lee, J. A. Johnson, W. V. Schoenfeld, D. Pine, J. S. Speck, and P. M. Petroff, "Self-assembling quantum dot lattices through nucleate on site engineering" *J. Crystal Growth*, **236**, 647 (2002)

[11] Z. R. Wasilewski, S. Fafard, and J. P. McCaffrey, "Size and shape engineering of vertically stacked self-assembled quantum dots" *J. Crystal Growth*, **201**, 1131 (1999)

[12] 강상규외 2명, "세라믹나노분말의 합성 및 응용", 한국과학기술정보연구원 (2005.04)

[13] H. Gleiter, "Nanocrystalline materials" *Progress in Materials Science*, **33**, 223-315 (1989)

[14] T. Kodas and M. Hampden-Smith, "*Aerosol Processing of Materials*", Wiley-VCH, New York, p. 317 (1999)

[15] 한국과학기술연구원, "나노세라믹분말- 나노금속분말재료의 연구 현황" 기계와 재료, 14, 2 (2002)

[16] http://www.unilim.fr/theses/2006/sciences/2006limo0029/html/TH.2.html

[17] S. M. Oh and D. W. Park, "Synthesis of Ultra-fine Powders of AlN by Thermal Plasma" *Journal of the Institute of Chemical Engineers*, **35**, 2, 249-254 (1997)

[18] Tetrotronics Institute, http://www.tetrotronics.com

[19] The Macaulay Institute, Spray Drying Kit, www.macaulay.ac.uk/images/collage.gif

[20] Y. Li, F. Qian, J. Xiang, and C. M. Lieber, "Hanowire electronics and optoelectronic devices" *Materials Today*, **9**, 18 (2006)

[21] W. I. Park, G. C. Yi, M. Kim, and S. J. Pennycook, "ZnOnanoneedles grown vertically on Si substrates by non-catalytic vapor-phase epitaxy" *Advanced Materials*, **14**, 1841 (2002)

[22] A. P. Levitt, "*Whisker Technology*" John Wiley & Sons, New York (1971)

[23] H. J. Choi and J. G. Lee, "Continuous synthesis of silicon carbide whiskers" *J. Mat. Sci.*, **30**, 1982 (1995)

[24] M. S. Dresselhaus, "*Science of Fullerenes and Carbon Nanotubes*", Academic Press, San Diego (1996)

[25] T. I. Kamins, S. Sharma, M. S. Islam, and R. S. Williams, "Metal-catalyzed Silicon Nanowires: Control and Connections" *Proceedings of the 5th IEEE Conference on Nanotechnology* (2005)

[26] Y. J.Xing, Z. H.Xi, Z. Q. Xueand D. P. Yu, "Diameter Modification of Si Nanowires via Catalyst Size" *Chin. Phys. Lett.*, **20**, 700 (2003)

[27] H. J. Choi, H. K. Sung, J. C. Lee, and Y. M. Sung, "Growth and modulation of silicon carbide nanowires" *J. Crystal Growth*, **269**, 472 (2004)

[28] Y. Cui, Z. Zhong, D. Wang, W. U. Wang, and C.M. Lieber, "High Performance Silicon Nanowire Field Effect Transistors" *Nano Lett.*, **3**, 149 (2003)

[29] M. Huang, S. Mao, H. Feick, H. Yan, Y. Wu, H. Kind, E. Weber, R. Russo, and P. Yang, "Room-Temperature Ultraviolet Nanowire Nanolasers" *Science*, **292**, 1897 (2001)

[30] J. Johnson, H. J. Choi, K. P. Knutsen, R. D. Schaller, P. Yang, and R. J. Saykally, "Single gallium nitride nanowire lasers" *Nature Materials*, **1**, 106 (2002)

[31] Y. Cui, Z. Zhong, D. Wang, W. U. Wang, and C.M. Lieber, "High Performance Silicon Nanowire Field Effect Transistors" *Nano Lett.*, **3**, 149 (2003)

[32] surface.skku.ac.kr/intro_aao.html

[33] J. Goldberger, R. He, Y. Zhang, S. Lee, H. Yan, H. J. Choi, and P. Yang, "Single-crystal gallium nitride nanotubes" *Nature*, **422**, 599 (2003)

[34] S. Iijima and T. Ichihashi, "Helical microtubules of graphitic carbon" *Nature*, **354**, 56 (1991)

[35] C. J. Lee, S. C. Lyu, H. W. Kim, C. Y. Park, and C. W. Yang, "Large-scale production of aligned carbon nanotubes by the vapor phase growth method" *Chem. Phys. Lett.*, **359**, 109, (2002)

[36] S. Talapatra, S. Kar, S. K. Pal, R. Vajtai, L. Ci, P. Victor, M. M. Shaijumon, S. Kaur, O. Nalamasu, and P. M. Ajayan, "Direct growth of aligned carbon nanotubes on bulk metals" *Nature Nanotech.*, **1**, 112 (2006)

[37] W. Z. Li, S. S. Xie, L. X. Qian, B. H. Chang, B. S. Zou, W. Y. Zhou, R. A. Zhao, and G. Wang, "Large-scale synthesis of aligned carbon nanotubes" *Science*, **274**, 1791 (1996)

[38] Z. F. Ren, Z. P. Huang, J. W. Xu, J. H. Wang, P. Bush, M. P. Siegal, and P. N. Provencio, "Synthesis of large arrays of well-aligned carbon nanotubes on glass" *Science*, **282**, 1105 (1998)

[39] B. Q. Wei, R. Vajtai, Y. Jung, J. Ward, R. Zhang, G. Ramanath, and P. M. Ajayan, "Microfabrication technology: Organized assembly of carbon nanotubes" *Nature*, **416**, 495 (2002)

Chapter

5 나노구조 공정

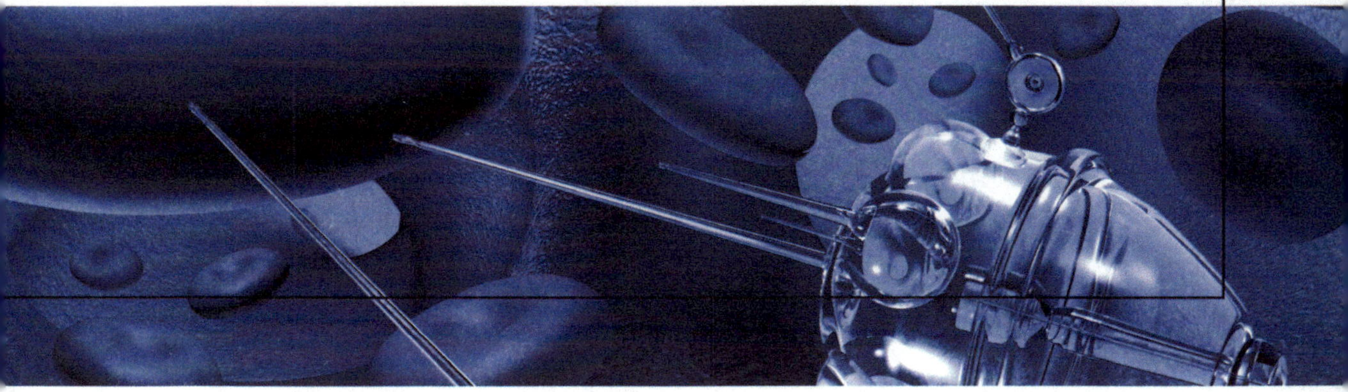

나노공정(nanofabrication)은 통상 1마이크로미터(μm) 이하의 나노구조물 또는 패턴을 1차원, 2차원 및 3차원으로 제작하는 공정 또는 방법을 의미하며, 나노공정기술은 크게 하향식(top-down) 및 상향식(bottom-up) 기술로 분류할 수 있다. 현재의 CMOS 반도체 집적 공정과 같이 큰 바위를 조각하여 형상을 만들어가는 방식을 통칭하여 하향식 접근 방식이라고 정의하는데, 문제는 이러한 방식이 어느 정도의 수준까지 그 기술적 진보가 계속될 것인가이다. 즉 지난 40여 년간의 반도체 집적 공정의 발전에 있어서 광학 리소그래피(optical lithography) 기술은 꾸준히 발전하여 왔으며, 소자의 선폭이 0.03 μm 이하의 공정에서도 소자 제조의 핵심기술은 광학 리소그래피 기술을 이용한 회로의 패터닝 기술에 달려있다고 해도 과언이 아니다. 그러나 현재 사용되고 있는 광학 리소그래피는 가까운 장래에 사용하는 파장의 길이에 따른 분해능의 한계뿐 아니라, 여러 가지 물리적, 경제적 한계에 부닥치게 될 것이고, 이러한 한계를 극복하기 위해 새로운 나노공정기술들이 필요하다는 것이 일반적으로 인정되고 있다. 여기에서 자연스럽게 등장한 방식이 개별적인 원자 또는 분자의 자발적인 응집에 의하여 나노 크기의 소재 또는 구조물을 형성하고 그것을 배열하는 방법인 상향식 접근방식이다. 이 기술은 1981년 IBM의 Binning과 Rohler에 의하여 발명된 STM(scanning tunneling microscopy)을 이용해 기판표면에 있는 원자 및 분자를 직접 관찰할 수 있게 되고 또 이 STM을 이용하여 개별적인 원자의 움직임을 제어하여(1990년 IBM의 Eigler) 일정한 패턴(35개의 Xe 원자를 이용하여 IBM이라는 글자를 씀)을 형성시킬 수 있음을 입증하면서 주목을 받기 시작하였다. 이러한 물리적인 방식에 의한 상향식 기술은 곧이어, Drexler에 의하여 화학적 또는 생물학적인 방법을 이용하여 원자 또는 분자를 배열함으로써 나노크기의 입자를 형성하고, 그곳에 기능성을 부여하는 방식으로 개념이 발전되었다. 그러나 이러한 상향식 접근 방식은 아직까지는 그 생산성이 너무 적거나(일반적인 물리적 방식의 한계) 또는 제조된 최종 산물의 특성에 있어서의 성능의 불균일성이나 신뢰성 등에 심각한 문제(일반적인 화학적 또는 생물학적인 방식)가 있어, 기존의 하향식 공정기술의 패러다임을 만족시킬 수 없다는 문제점이 있다. 이와 같이 상향식 접근 방식이 나노사이언스(nano-science)의 영역을 넘어서 나노테크놀로지(nano-techhnology)가 되기에는 아직도 넘어야 할 문제점들이 산적해 있다.

이러한 이유로 반도체 집적공정에서 여전히 리소그래피를 이용한 회로 패터닝 기술이 소자제조의 핵심기술로 자리잡고 있다. 하지만 앞서 언급된 물리적, 경제적 한계를 극복하기 위해 전통적인 광리소그래피 공정에서부터 전자빔 식각공정 및 자기조립을 기반으로 하는 상향식 공정까지 다양한 방법들이 시도되고 있다. 정보저장 및 디스플레이, MEMS(micro electro mechanical systems), 소형센서, 마이크로 유체 소자, 바이오 칩, 광결정 및 광학소자의 제작에 있어서 패터닝 기법이 실질적으로 매우 중요한 요소이다. 이러한 패터닝 기법은 전통적으로 광학리소그래피 공정에서부터 전자빔 리소그래피 및 자기조립을 기반으로 하는 상향식 공정까지 다양한 방법들이 시도되고 있다. 각각의 패터닝 방법들 중에서 특정한 방법을 선택하는 것은 적용기술에 따라서 달라지게 되고, 특히 요구되는 패턴의 크기 및 밀도에 따라서 용이한 방법을 선택해야 한다. 그 외에도 실제적용에 있어서 처리량(throughput), 중복정렬 정확도(overlay accuracy), 분해능(resolution) 등이 고려대상이다. 이 장에서는 나노패턴을 형성하는 기술관점에서 광리소그래피, 전자빔 리소그래피, 탐침 리소그래피, 나노임프린트 리소그래피 등의 다양한 방법을 소개한다.

5.1 광리소그래피(Photolithography)

광리소그래피는 대량 생산에 적합한 2차원 패턴 형성기법으로, 지난 수십 년간 반도체 산업에서 가장 많이 이용되고 있다. 광리소그래피는 기본적으로 빛에 민감한 물질인 감광막(photoresist)을 도포한 기판이나 박막 위에 일정한 패턴이 있는 마스크를 통해 빛을 비춰주면 마스크의 패턴이 기판이나 박막에 옮겨지는 방식이다. 이러한 광리소그래피의 공정 단계를 간단하게 살펴보자. 먼저 웨이퍼(wafer)에 감광막을 도포시킨다. 그런 다음 일정한 패턴이 있는 마스크(mask)를 이용해서 빛을 노광시키면 선택된 부분의 감광막이 빛에 노출되게

그림 5-1 광리소그래피의 패턴형성 모식도

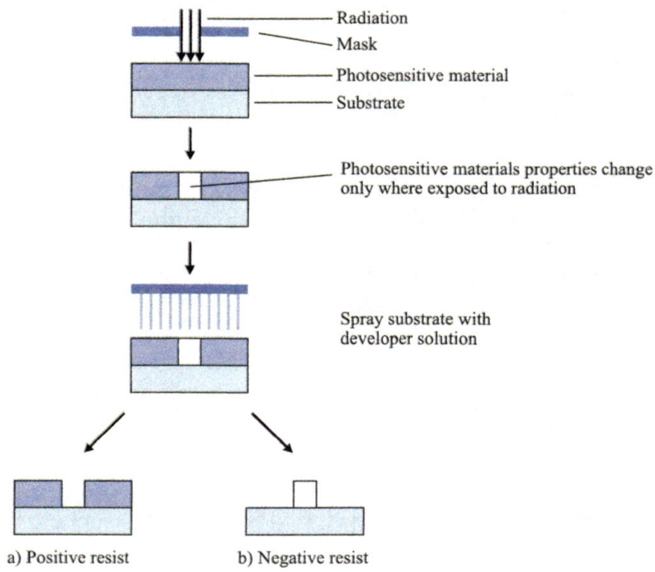

된다. 그런 다음 현상(development) 단계를 거치게 된다. 이때 광리소그래피에 사용되는 감광막이 양각(positive) 타입인지, 아니면 음각(negative) 타입인지에 따라 각각 빛에 노출된 부분의 감광막이 현상 단계에서 없어지거나 반대로 빛에 노출된 부분의 감광막이 남게 된다. 현상 단계가 끝나면 남아 있는 감광막을 마스크로 이용해서 웨이퍼를 일정한 모양으로 식각(etching)시킬 수 있다. 또한, 원하는 물질을 증착시킨 다음 리프트 오프(lift-off) 공정을 거치면 일정한 패턴을 가진 구조를 얻을 수 있다.

광리소그래피는 (1) 접촉 인쇄(contact printing)와 근접 인쇄(proximity printing)로 나누어지는 음영 인쇄(shadow printing), 그리고 (2) 투사형 인쇄(projection printing)의 크게 2가지로 나눌 수 있다. 접촉 인쇄 방식은 마스크와 웨이퍼가 직접적으로 접촉하게 된다. 따라서 이 방식은 가장 정확하고 고분해능의 패턴을 얻을 수 있다. 다른 방법으로 접근은 할 수 있지만, 접촉 방식의 분해능을 넘기기 힘들다. 하지만, 웨이퍼 표면의 오염 물질과 웨이퍼에 있는 감광막의 일정하지 않은 두께 때문에 최대 배율을 얻기 힘들다. 이런 문제점을 해결하기 위해서 마스크와 웨이퍼 사이에 일정한 공간을 두는 근접 인쇄방식이 개발되었다. 하지만, 이 공간이 커지면 입사광의 회절에 의해 분해능이 감소한다. 또한, 작고 일정한 공간을 조절하는 것 자체가 힘들다. 이러한 음영 인쇄 방식은 필요한 장비가 비교적 간단하며, 쉽게 높은 분해능의 패턴을 얻을 수 있으므로 대량 생산이 필요없는 개발 및 연구 관련 업무에 주로 사용되고 있다. 대량 생산이 필요한 경우에는 투사형 인쇄(projection printing)가 사용된다. 투사형 인쇄 기술에는 기판에 입사되는 빛의 초점을 맞추기 위해서 광학렌즈가 필요하며, 렌즈의 회절에 의한 영향 때문에 위에서 언급한 음영 인쇄 방식보다 분해능이 떨어지는 단점이 있지만, 광마스크(photomask)와 시료표면(substrate) 사이의 직접적인 접촉 없이 광마스크에서보다 축소된 패턴을 쉽게 형성시킬 수 있고, 고해상도 패턴의 대량 생산에 적합한 장점을 가지고 있다.

광리소그래피에서 분해능의 한계는 Rayleigh 식에 의해 잘 알려져 있다. 최소분해능(R)과 초점심도(depth of focus, D_F)는 아래 수식과 같다.

$$R = k_1 \frac{\lambda}{NA} \;,\;\; D_F = k_2 \frac{\lambda}{NA^2}$$

이 수식에서 λ 값은 조사하는 빛의 파장이고 k_1과 k_2 값은 각각 감광막(photoresist) 물질과 공정기술 및 이미지 형상 기술에 영향을 받는 상수값이고, NA 값은 광학 시스템의 조리개수(numerical aperture)이다. 회절에 의한 한계는 Heisenberg의 불확실성의 원리와 직접적으로 관계된 아주 기본적인 물리학적 법칙으로, 일반적인 상형성과정에서 분해능을 약 $\lambda/2$로 제한한다. 따라서 일반적인 광리소그래피 공정으로는 최소 200 nm 정도의 형상을 얻을 수 있다. 더 높은 배율의 상을 얻기 위해서는 짧은 파장의 빛과 큰 조리개수를 가진 렌즈를 사용하여야 한다. 일반적으로 얻을 수 있는 최소 형상 크기는 비교적 큰 조리개수를 사용했을 때, 노출(exposure)에 사용된 빛의 파장과 같거나 조금 작다. NA 값이 큰 시스템에서는 D_F 값이 매우 작아지게 되어서 노출 과정은 두께 변화와 감광막 층의 위치에 매우 민감해지게 된다.

상변환 광리소그래피(phase shifting photolithography) 방식은[1] 투명한 마스크를 이용해서 입사되는 빛의 상을 180도 변화시켜 광학적인 감쇠(attenuation)를 원하는 위치에서 일어나도록 해서 더 작은 패턴의 형성이 가능하도록 해준다. Phase shifter라 알려진 이 마스크를 이용하면 약 100 nm 크기까지도 패턴 형성이 가능하다.

광리소그래피는 사용하는 빛의 파장이 고해상도의 패턴을 얻는데 근본적인 제한요소로 작용하며, 지난 수십 년간 고해상도의 패턴을 구현하기 위해 점점 더 짧은 파장의 빛을 사용함으로써 이러한 제한을 조금씩 극복해왔다. 현재 193nm의 파장을 가지는 자외선 영역을 빛을 사용하여 50 nm 근처의 해상도를 구현하기에 이르렀으며, 렌즈와 패턴이 형성되는 기판 사이에 공기보다 굴절률이 큰 액체를 채우는 액침노광(liquid immersion lithography) 방식을 이용하여 193 nm의 빛으로 30 nm 미만의 해상도를 구현한 바 있다.[2] 이외에도 세계적으로 훨씬 더 짧은 파장의 빛을 사용하여 해상도를 획기적으로 높이고자 하는 다양한 시도들이 진행되고 있으며, 파장이 매우 짧은 X-선을 이용하여 해상도를 높이고자 하는 연구도 진행되고 있으나,[3] 상용화에 이르기까지 많은 기술적인 난제를 해결해야 한다.

그림 5-2 상변환 광리소그래피(Phase shifting photolithography)

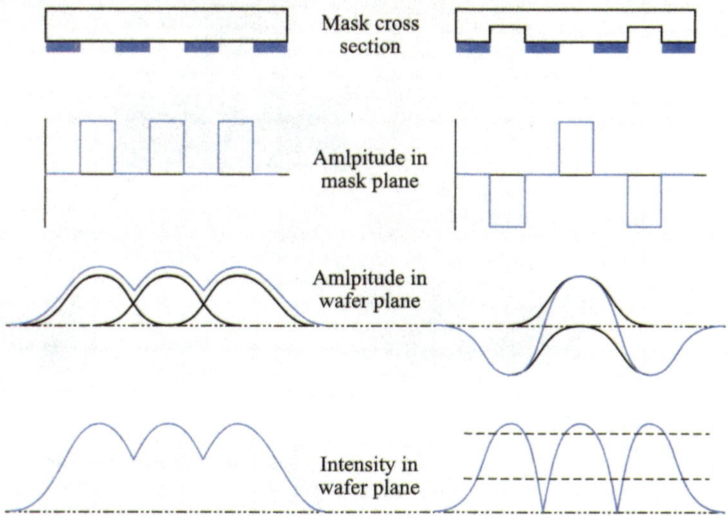

5.2 전자빔 리소그래피(Electron-beam lithography)

전자빔을 이용한 나노 스케일의 패터닝 기술은 기본적으로 광원으로 사용되는 전자빔의 파장이 기존의 광리소그래피의 광원에 비해 현저하게 작아서 구현할 수 있는 최소 분해능이 광리소그래피의 그것에 비해 현저하게 우수하다.[4] 광학현미경의 분해능에 비해 전자현미경의 분해능이 현저하게 높은 것과 같은 원리라고 할 수 있다. 전자빔 리소그래피는 역시 광리소그래피와 마찬가지로 전자빔에 감응하는 레지스트(resist)를 사용하여 패턴을 형성하고, 후속 공정과 식각 혹은 리프트오프(lift-off) 공정을 통하여 패턴을 기판으로 전사하게 된다. 그림 5-3에 양각형 레지스트(positive resist)와 음각형 레지스트(negative resist) 예를 나타내었다. 전자빔이 조사된 부분이 현상(development) 공정에 의해 제거되는 것이 양각형 레지스트이고, 반대로 전자빔이 조사된 부분이 현상 공정 후 남게 되는 것이 음각형 레지스트이다. 일반적으로 가장 많이 사용되는 양각형 레지스트는 polymethylmethacrylate(PMMA)이고, 음각형 레지스트는 hydrogen silsesquioxane(HSQ)이다. HSQ의 경우 현재 가장 높은 분해능을 보이는 것으로 보고되고 있다.

전자빔 리소그래피를 이용하여 나노패턴을 형성하는 과정은 전자빔에 감응하는 레지스트

그림 5-3 전자빔 리소그래피

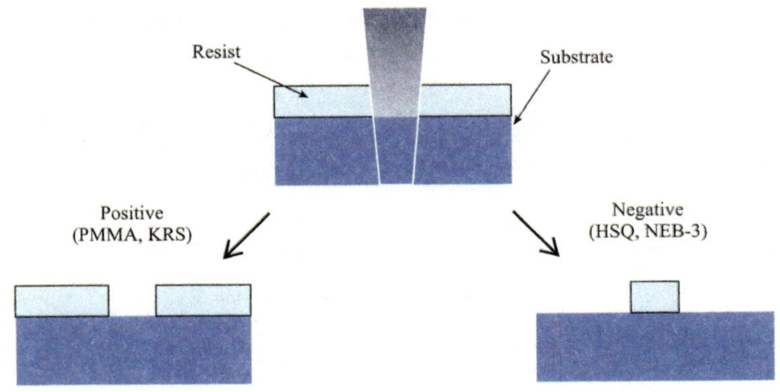

(resist)를 사용하는 관점에서 광리소그래피와 같지만, 방식에 있어서는 광리소그래피와 달리 전자현미경에 두 가지 종류가 있는 것과 같이 전자빔을 집속하여 직접 조사하여 패턴을 형성하는 방식(주사방식, serial type)과 마스크를 사용하여 패턴을 형성하는 방식(투과방식, projection type)의 두 가지 종류로 나누어진다. 집속빔을 이용하는 주사방식의 경우 집속빔의 크기에 따라 분해능이 좌우된다. 전자현미경기술의 발달로 현재 1 nm 이하의 집속빔을 만드는 것이 가능하므로 현존하는 기술 중 가장 높은 분해능을 보인다고 할 수 있다. 일반적으로 전자빔 리소그래피는 주사방식의 직접조사방식을 나타낸다. 그림 5-4는 100 kV 전자빔 리소그래피(JBX-9300FS, JEOL Ltd.)를 사용하여 HSQ 위에 고분해능 나노패턴을 형성한 것이다.[5]

이러한 주사방식의 전자빔 리소그래피는 현재까지 일반적인 광리소그래피의 분해능으로는 얻기 힘든 나노미터 크기의 패턴이나 소자를 만드는데 가장 보편적인 방법으로 자리 잡고 있으나, 산업적인 반도체 제조 공정에서는 주로 광리소그래피의 공정에 필요한 마스크를 제조하는 극히 제한된 공정에서 사용되었다. 이것은 일반적으로 전자빔 리소그래피가 펜으로 글씨를 쓰듯이 나노미터 크기로 집적된 전자빔(focused electron beam)을 레지스트 표면에 주사하여 패턴을 만들어 나가는 방식을 사용하므로, 분해능의 관점에서는 우수하지만 넓은 면적의 패턴을 한번에 빠르게 형성시킬 수 있는 광리소그래피에 비하여 생산성이 현저하게 떨어진다는 단점이 있기 때문이다. 즉, 광리소그래피를 사용하게 되면 시간당 100장의 200 mm 실리콘 웨이퍼 위에 패턴을 형성할 수 있지만, 전자빔 리소그래피를 사용하게 되면 1장의 200 mm 실리콘 웨이퍼 위에 패턴을 만드는데 약 12시간이 소모되게 되어 생산성보다 분해능이 더욱 중요한 일부분의 공정(예를 들면 mask 제작 공정)에 제한적으로 사용할 수 밖에는

그림 5-4 100kV 전자빔 리소그래피 장비를 이용하여 HSQ 위에 형성된 나노패턴

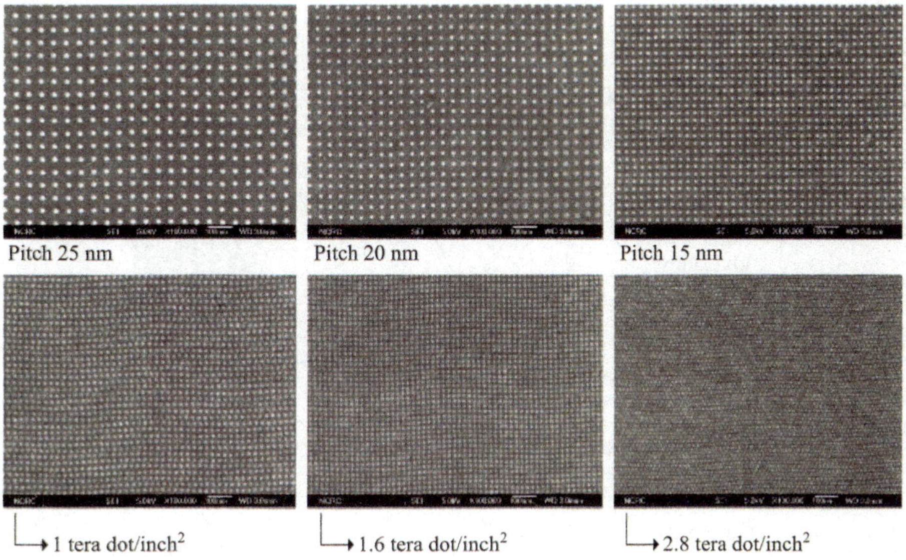

없는 문제점이 있다. 이러한 주사방식의 생산성의 한계점을 극복하고자 연구되고 있는 것이 투과방식의 전자빔 리소그래피이다.

투과 방식의 전자빔 리소그래피는 멤브레인 마스크를 사용(scattering with angular limitation projection electron beam lithography, SCALPEL)하거나, Si stencil 마스크를 사용(PREVAIL, LEEPL)하여, 광리소그래피와 같이 전자빔을 펼쳐서 전자빔 리소그래피의 생산성 한계를 극복하고자 하는 방식이다. SCALPEL과 PREVAIL은 1:4로 마스크 이미지를 축소하여 기판 위에 조사하고, LEEPL은 1:1 마스크를 사용한다. 이러한 마스크는 전자빔을 투과하지 못할 정도의 두께를 가지고 있어야 하기 때문에, 제작에 어려움이 있고, 비용 또한 증가하게 된다. 여기에, 전자는 광자(photon)와 달리 질량을 가지고 있기 때문에, 마스크를 지나면서 마스크에 에너지를 전달하게 되고, 이로 인하여 마스크의 성능 저하를 초래하게 되어, 생산성 면에서 주사방식과는 또 다른 한계를 가지게 된다. 투과방식의 전자빔 리소그래피에 대해 표 5-1에 정리하였다.

주사방식 및 투과방식 리소그래피의 각각의 생산성 한계를 극복하기 위해 최근에 진행되고 있는 연구는 maskless 리소그래피와 원자이미지를 이용한 리소그래피이다. Maskless 리소그래피는 다전자빔(multi e-beam)을 사용하는 것으로, 다전자빔을 형성하는 방법에서 획기적인 변화를 가져온 방법이다. 기존의 다전자빔이 각각의 전자빔 건(e-beam gun)을 사용하

표 5-1 투과방식 전자빔 리소그래피

	Mask Lithography (Electron-beam Projection Lithography)		
	SCALPEL (e-Lith, Lucent, Applied materials, ASML)	**PREVAIL** (IBM, Nikon)	**LEEPL** (LEEPL)
System Overview	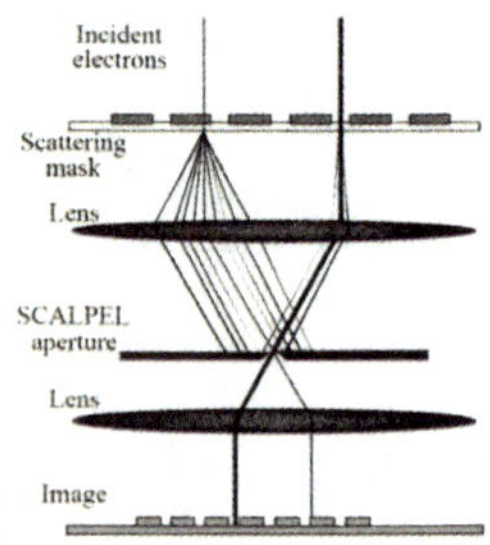	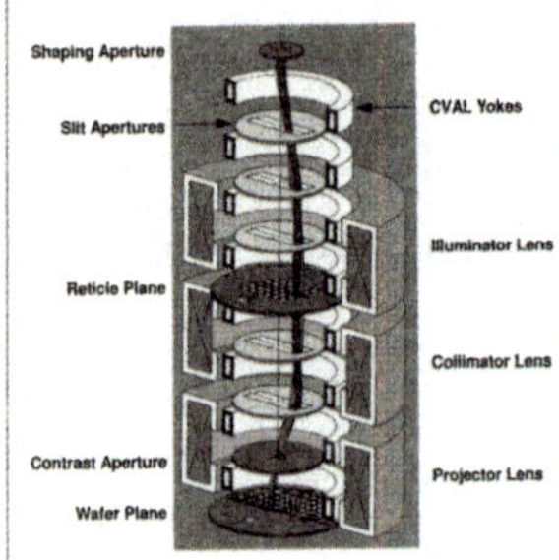	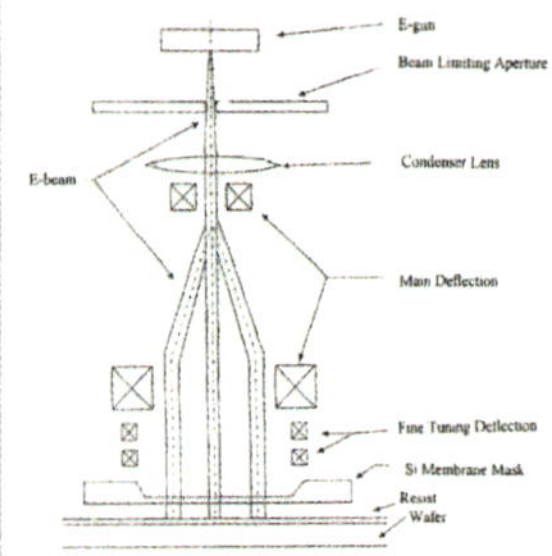
Resolution	< 100 nm	< 100 nm	< 100 nm
Reduction	1/4	1/4	1
Throughput	25 (300 mm wafers/hr)	20 (300 mm wafers/hr)	40 (300 mm wafers/hr)
Mask	Membrane mask	Si stencil mask	

여 전자빔을 조절하는 방식을 사용하였다면, Maskless 리소그래피는 하나의 전자빔 건(e-beam gun)을 사용하고, 마스크를 이용하여 다전자빔을 만든 다음 각각의 전자빔을 렌즈를 통하여 조절하는 방식이다. 다전자빔을 형성하는 마스크와 조절 렌즈의 차이에 따라 MAPPER 시스템과 projection maskless lithography(PML2)로 나누어진다(그림 5-5). 현재 유럽연합을 중심으로 개발 프로젝트가 활발하게 진행되고 있다.

또 하나의 전자빔 리소그래피의 한계를 극복하기 위한 아이디어가 국내 연구진에 의해 개발되었다. 결정구조를 갖는 물질을 투과전자현미경에서 고분해능으로 관찰하게 되면 원자들의 배열이 규칙적으로 되어 있는 기하학적 이미지를 얻을 수 있는데, 이 고분해능 이미지를 이용하여 나노패턴을 형성하는 기술이 서울대학교 김기범 교수 연구팀에서 개발되었고, "원자이미지를 이용한 리소그래피-atomic image projection electron beam lithography(AIPEL)"로 명명되었다.[6] 투과전자현미경의 고분해능 이미지를 전자빔 리소그래피의 마스크로 사용하기 위해 200kV의 투과전자현미경을 개조하여 아이디어를 구현하였다. 기존의 투과방식의 전자빔 리소그래피가 고가의 마스크를 사용해야 하는데 비하여, AIPEL 기술은 투과전자현미경 샘플을 그대로 마스크로 이용하여 마스크 제작에 큰 비용이 들어가지 않는 장점이 있다. 투과방식의 전자빔 리소그래피가 마스크의 이미지를 축소하는 반면에 AIPEL은 원자이미지를

그림 5-5 MAPPER와 PML2

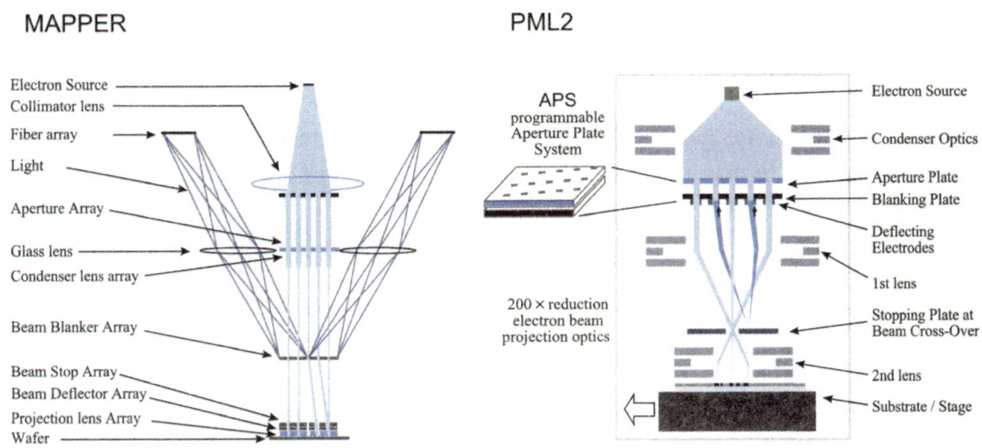

50−300배까지 확대하여 마스크의 변화 없이 다양한 크기의 나노패턴을 형성하는 것이 가능하다. AIPEL을 이용하여 형성된 나노패턴을 그림 5-6에 나타내었다.

그림 5-6 AIPEL 및 AIPEL을 이용한 나노패턴

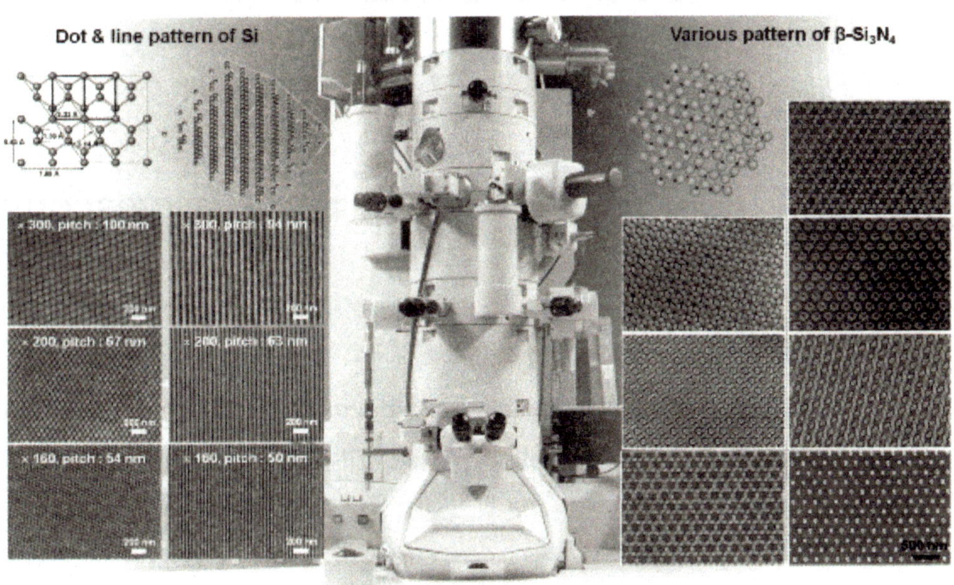

5.3 집속이온빔 리소그래피(Focused ion beam lithography)

집속이온빔 리소그래피(focused ion beam lithography, FIBL)는 전자빔 리소그래피와 유사하지만, 전자빔 대신 훨씬 더 큰 운동에너지를 가지는 이온빔을 사용하고, 전자석 렌즈(magnetic lens) 대신에 정전기적인 렌즈(electrostatic lens)를 사용한다는 점이 다르다. 이온은 기판과 반응할 수 있으므로 선택적 도핑과 같은 다양한 종류의 표면 개질이 가능하다. 전자빔 리소그래피와 마찬가지로 속도가 느리고 진공상태에서 사용해야 한다.

그림 5-7 FIBL로 제작된 패턴 예.
(왼쪽) Pt pillar, (오른쪽) MEMS thermal actuating gripper

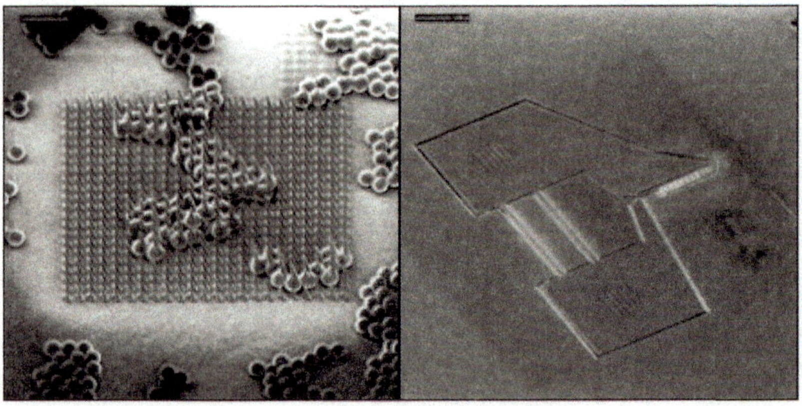

5.4 주사탐침 현미경(Scanning probe microscopy)

7장에서 좀 더 자세히 소개할 주사탐침 현미경(scanning probe microscopy, SPM)은 표면 분석 이외에도 나노 크기의 패터닝에도 매우 유용하게 응용될 수 있으며, 그 대표적인 응용 예로는 원자힘 현미경(atomic force microscopy, AFM)을 응용한 dip-pen 리소그래피(DPL)를 들 수 있다. Dip-pen 리소그래피의 기본적인 개념은 매우 간단하다. 분자 또는 나노 입자로 코팅된 끝이 매우 뾰족한 탐침을 기판과 접촉시키고 약하게 가열하면, 팁에 있던 분자들이 기판 위로 확산되면서 막을 형성하며, 이 팁을 이동하면서 마치 만년필로 글씨를 쓰듯이 기판에 패턴을 그려넣을 수 있다(그림 5-8). AFM은 형상의 영상화, 원자 및 분자의 조작, 나노리소그래피(nanolithography) 등에 적용 가능하지만, 한 개의 팁을 가진 표준형 AFM을 이용하는 경우에는 패턴 생성 속도가 매우 느려 대량생산에의 적용을 위한 병렬 팁 어레이를 가진 AFM의 개발이 현재 여러 곳에서 진행중이다.[7] 아래 그림 5-9는 탐침들이 개별적으로 구동되고 제어되는 병렬 팁 어레이를 나타낸다.

DPL 기술의 장점은 원하는 위치에 서로 다른 분자들을 패터닝 할 수 있으며, 감광막(resist), 스탬프(stamp) 등과 같은 기존에 리소그래피에서 필요한 것들이 필요 없으며, 장치가 매우 간단하다는 장점을 가지고 있다. 그림 5-10은 DPL 기술을 적용하여 Au 기판 위에 alkanthiol 분자로 나노 크기의 패턴을 형성한 예이다.

이 밖에도 DPL과 유사한 방식으로 원자현미경의 탐침을 이용해 패턴을 그려넣는 기술들로, 탐침으로 기판을 물리적으로 조각하는 방법, 전도성이 있는 탐침과 기판을 사용하여 전기화학적인 방법으로 패턴을 생성하는 방법 등 다양하게 연구되고 있다.

그림 5-8 Dip-pen 리소그래피의 모식도

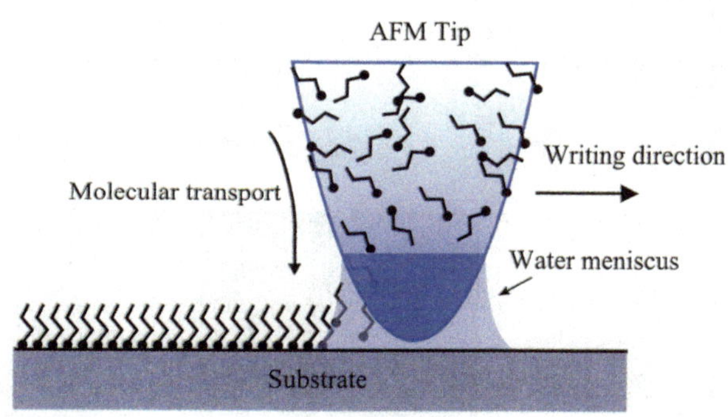

그림 5-9 병렬 팁 어레이의 모식도

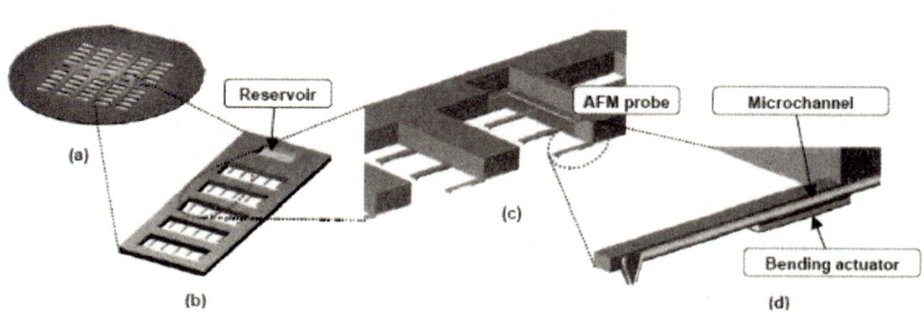

그림 5-10 DPL 기술로 Au 표면 위에 alkanthiol 분자들로 패턴을 형성한 예[8]

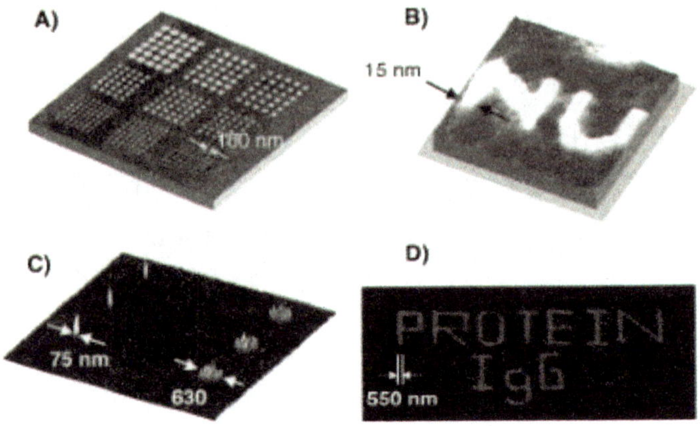

그림 5-11 (A,B) 날카로운 팁으로 기판에 물리적으로 조각하는 패턴 방법의 모식도와 예, (C, D) 팁을 이용하여 기판 표면에 전기화학적인 방법으로 패턴을 형성하는 방법의 모식도와 예

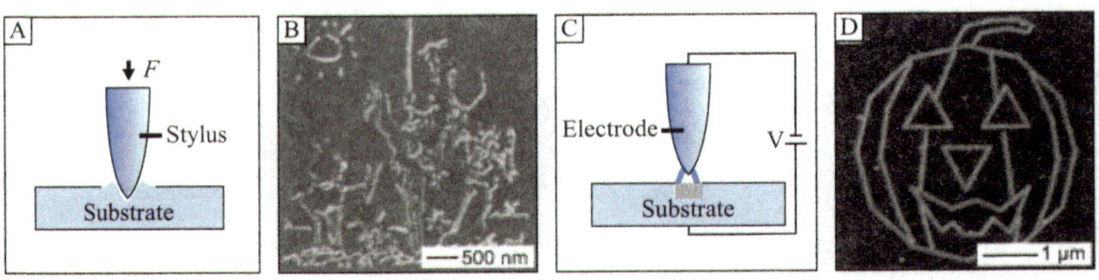

5.5 잉크젯 프린팅 기술(Ink-jet printing)

DPL과 유사한 패턴형성기술로는 잉크젯 프린팅(ink-jet printing)을 들 수 있다. 산업적으로 보았을 때, 반도체와 같은 미세 공정을 하기 위해서는 진공 장비를 사용해야 하기 때문에 경제적으로 많은 비용과 시간을 필요로 하며, 이것을 극복하기 위해 많은 노력을 하고 있다.

그림 5-12 잉크젯 프린팅의 모식도

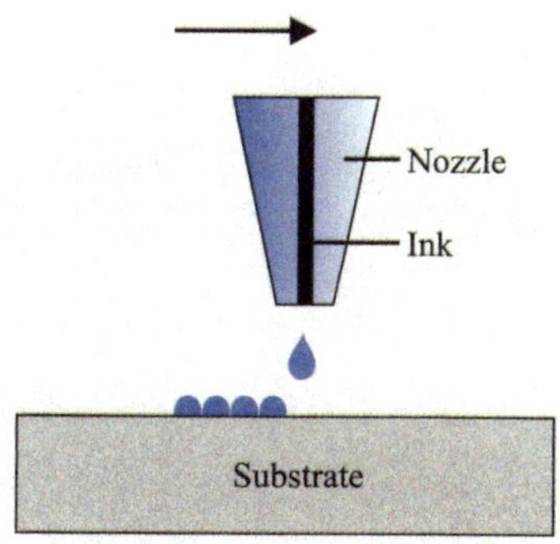

이러한 문제를 극복하기 위한 기술로 잉크젯 프린팅 기술이 주목받고 있다. 잉크젯 프린팅은 기존의 잉크젯 프린터 방식을 이용하는 것으로 폴리머(polymer) 등 다양한 종류의 잉크 물질을 원하는 곳에 노즐을 통해 잉크를 직접적으로 분사하여 원하는 패턴을 생성하는 것을 기본 원리로 한다.

이 방법은 이미 polymer electronics, 3차원 프린팅 등에서 사용되고 있으며, 특히 대면적화가 요구되는 디스플레이 산업에서 가장 주목받고 있다. 기본적인 잉크젯 프린팅의 원리는 그림 5-12에서와 같이 우리가 원하는 곳에 노즐을 통해 잉크를 직접적으로 분사하는 방식인 drop-on-demand(DOD)방식으로서, 균일한 사이즈의 잉크 방울(droplet)을 원하는 곳에 공급해주며, 잉크 방울의 크기는 점도와 표면 장력으로 조절이 가능하다. 그림 5-13은 잉크젯 프린팅 방식을 이용한 PLED 디스플레이와 그 구조이다.

그림 5-13 PLED 디스플레이의 모식도와 그 예

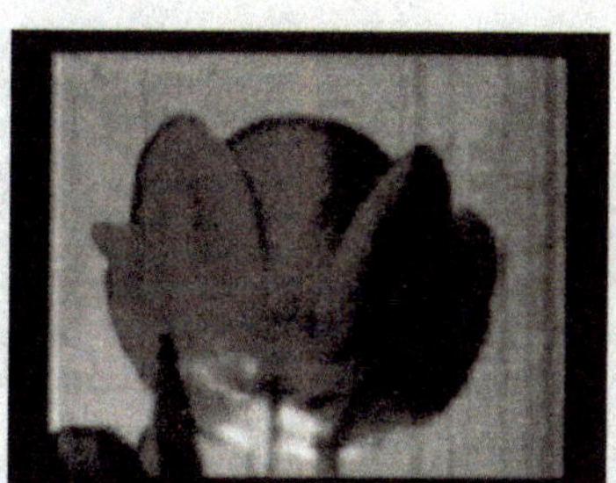

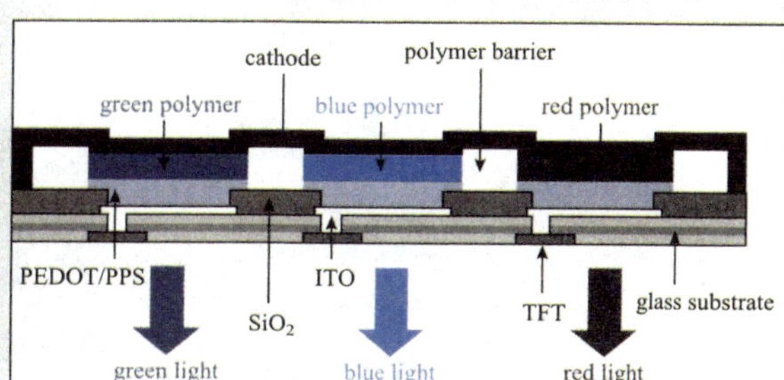

5.6 나노임프린트 리소그래피(Nanoimprint lithography)

나노임프린트 리소그래피(nanoimprint lithography, NIL)는 1990년대 중반 미국 프린스턴 대학교의 Chou 교수에 의해 도입된 나노 구조 제작 방법으로, 낮은 생산성을 갖는 전자빔 리소그래피를 보완할 기술로 주목받고 있다.[9] NIL 기술은 컴팩 디스크(CD)와 같은 마이크로 스케일의 패턴을 갖는 고분자 소재 제품의 대량 생산에 사용되는 엠보싱/몰딩 기술을 리소그래피에 적용한 것으로, 인주로 종이에 도장 찍듯이 찍어서 패턴을 만드는 것이다. 이때 종이에 해당하는 것이 반도체나 디스플레이의 기판이고, 도장에 해당하는 것이 몰드, 인주에 해당하는 것이 고분자 물질이나 포토레지스트다. 최근 NIL은 10 nm 수준의 미세구조를 저렴한 값과 좋은 재현성으로 대량 제작할 수 있는데 주목되고 있고 미국을 중심으로 여러 나라에서 집중적인 연구 개발이 진행되어, 실용화에 접근하고 있는 상황이다. NIL의 핵심은 전자빔 리소그래피를 이용하여, 나노스케일의 구조를 갖는 스탬프를 제작하고, 스탬프를 고분자 박막에 각인하여, 나노스케일의 구조를 전사하고, 이를 반복 사용함으로써, 전자빔 리소그래피의 생산성 문제를 극복하는 것이다.

그림 5-14에 나타난 바와 같이 NIL는 몰드를 이용하여 레지스트를 물리적으로 변형시키는 임프린트 단계와 식각공정을 이용한 패턴 전이 단계로 나누어 진행된다. 임프린트는 통상 100-200°C의 온도 범위에서 50 bar의 압력을 가하여 수행된다. 몰드의 재료로는 PMMA가 가장 많이 쓰이고 있으며, S1805, hybrane polymer 등이 보다 낮은 온도에서 사용할 목적으로 연구가 이루어지고 있다. 현재까지 6 nm 크기의 구조물을 만들 수 있는 것으로 보고되어 있다.

그림 5-14 NIL공정의 순서도 및 결과물

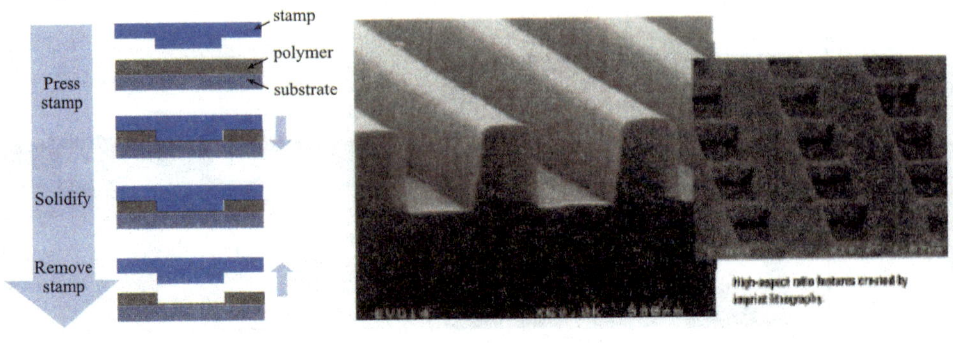

NIL은 나노스케일의 구조를 저가로 생산할 수 있는 가능성이 있지만, 실제 산업체에서 채택되는 기술로 발전하기 위해서는 다층 공정(multi-level process)을 위한 정렬 기술, 고밀도 패턴 대면적 스탬프, 스탬프와 고분자의 접착(sticking), 경화 방법 및 임프린트 온도/압력 스탬프의 수명 등 해결해야 할 많은 과제가 있다.

5.7 마이크로접촉 인쇄(Microcontact print)

마이크로접촉 인쇄(microcontact print(μCP))는 일상생활에서 흔히 사용하는 "도장찍기"와 유사한 방법이다. 예를 들어, alkanethiol과 같은 "잉크분자"를 적절한 용매에 녹인 "잉크"를 탄성을 가진 스탬프 표면에 바른 후 원하는 표면에 찍으면, 이 표면에 "잉크분자"가 스탬프의 형상대로 패턴을 형성하도록 하는 것이다. 마이크로접촉 인쇄에서 가장 많이 사용되는 PDMS(poly(dimethylsiloxane)) 스탬프는 아래 그림 5-15와 같이, 원하는 구조를 가진 주틀(master)에 액체 상태의 PDMS 전구물질을 채우고, 탄성고분자형태로 굳힌 다음, 주틀에서 분리하는 방법으로 손쉽게 제작할 수 있다.

여기서 사용된 탄성물질(elastomer)인 PDMS의 장점으로는 첫째, 고체 표면의 상대적으로 넓은 영역에 안정적으로 패턴을 형성할 수 있을 뿐 아니라, 기존의 광리소그래피나 NIL 방법

그림 5-15 PDMS stamp의 제조 개념도

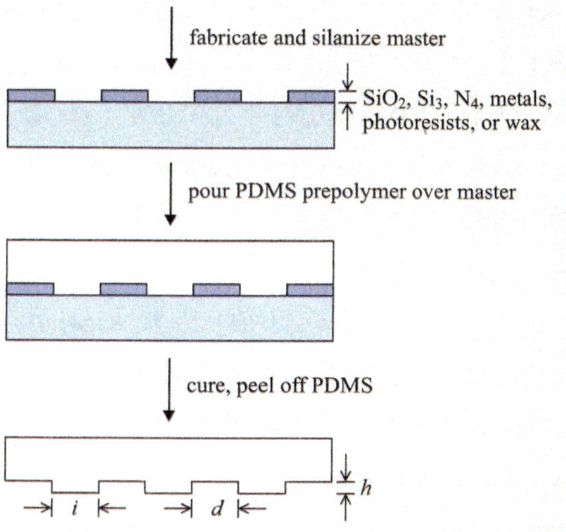

그림 5-16 가능한 PDMS의 변형 a) paring, b) sagging, c) shrinking

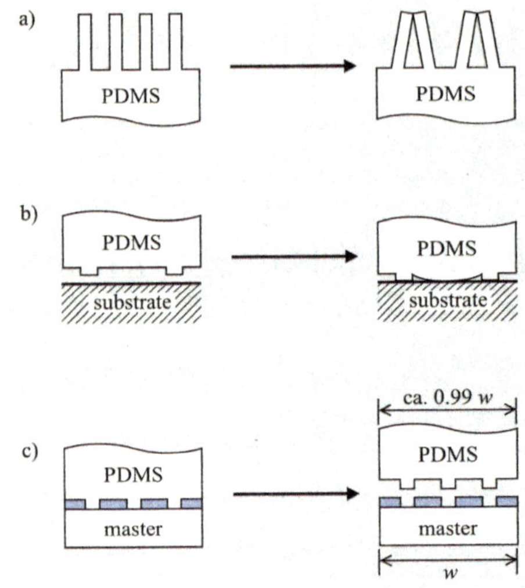

등과 달리 평탄하지 않은 표면에 대해서도 패턴 형성이 가능하다. 두 번째, PDMS는 계면에너지가 낮아 PDMS로 다른 고분자를 주조(molding)할 때 접착이 잘 일어나지 않는다. 세 번째, PDMS는 광학적으로는 300 nm의 두께까지는 투명하다. 따라서 이러한 성질을 이용하여 광학 소자(optical device)를 만드는 데 이용될 수 있다. 네 번째, PDMS는 매우 내구성이 강한 탄성물질이므로 PDMS 스탬프로 장시간 반복적으로 사용해도 물리적 변형이나 화학적 변질이 잘 일어나지 않는다. 다섯 번째, PDMS의 표면 성질은 표면에서의 SAM(self-assembly monolayer)의 형성이나 화학적인 개질(chemical modification)에 의해 원하는 대로 조절하는 것이 가능하므로, 다양한 물질의 패턴 형성에 유리하다.

반면, 이러한 PDMS와 같은 탄성 고분자 스탬프를 이용한 마이크로접촉 인쇄는 기존의 광리소그래피에 비해 패턴이 쉽게 변형되는 문제가 있어, 정확한 고해상도의 패턴 형성에 불리한 면도 있다. 그림 5-16은 흔히 나타나는 패턴 변형의 원인들을 나타낸 것이다. 첫째, paring의 원인은 중력, 접착력, 모세관 힘이 탄성물질인 스탬프에 가해짐으로써, 그 형태가 붕괴하거나 결합이 형성될 수 있다. 둘째, sagging은 패턴이 형성된 형태의 비율이 패턴이 형성되지 않은 나머지 부분에 비해서 너무 낮을 때, 스탬프를 누를 때의 압력을 견디지 못하여 그 형태가 변형되는 것이다. 셋째, shrinking은 탄성 스탬프를 주틀(master)로부터 제작할 때, 원래의 주틀(master) 모양대로 나오지 않고 변형이 일어나는 것이다. 이러한 문제들을 해결하기 위해 siloxane, composite mold, fluoropolymer 등을 이용하여 좀 더 딱딱한 스탬프를 제작하여 기존의 PDMS 스탬프가 가지는 문제점인 패턴의 변형을 줄이고 100 nm 이하의 패턴 형성을 위한 연구가 진행되고 있다.[10] 이 밖에도 형성된 패턴과 구조의 정밀도 향상도 남아 있는 과제이다. 얇은 선과 같은 패턴은 아직도 고집적반도체 회로에 쓰기에는 정밀도가 향상되지 않았다.

탄성물질을 스탬프로 사용한 마이크로접촉 인쇄(micro-contact print)는 이와 유사한 레프리카 몰딩(replica molding, REM), microtransfer molding(μTM), micromolding in capillaries(MIMIC) 등과 함께 흔히 소프트 리소그래피(soft lithography)로 분류된다. 이러한 소프트 리소그래피들과 광리소그래피는 패턴을 반복적으로 복제하는 방법들이며, 이와 달리 전자빔 리소그래피, dip-pen 리소그래피 등은 원하는 패턴을 새롭게 형성하기 위해 사용하는 방법으로 이해할 수 있다.

고해상도의 정교한 패턴을 대량으로 제작하는 것이 필요한 반도체소자의 제조 등에는 산업적으로 광범위하게 사용되고 있는 광리소그래피가 앞으로도 널리 사용될 것이 분명하지만, 소프트 리소그래피도 간단하고 저렴하게 매우 다양한 물질들의 패턴을 형성할 수 있는 장점을 가지고 있어, 마이크로미터 크기의 전극 배열, 바이오센서, 디스플레이 기기, 광학기기, 초소형 분석기기 제조 등에 저비용의 패턴형성기술로 사용되고 있다.

5.8 템플레이트를 이용한 나노구조물 형성

5.8.1 블록 공중합체(block copolymer)를 이용한 나노구조물 형성

나노구조를 만드는 데 있어서 가장 기본이 되는 원리 중 하나인 자기조립(self-assembly)를 이용하면, 나노미터 크기에서 저비용으로 패턴을 형성할 수 있다. 자기조립은 우리 주변에서 아주 쉽게 관찰할 수 있다. 예를 들어, 분자나 원자가 스스로 열역학적으로 가장 안정한 구조의 결정을 형성하는 자연현상도 대표적인 자기조립 현상이며, 생체 내의 매우 복잡한 구조나 다양한 기능들도 모두 자기조립 현상과 밀접한 연관이 있다.

이러한 자기조립 현상은 기본적으로 열역학적으로 설명하는 것이 가능하다. 즉, 모든 자연의 물질은 자유에너지를 감소시키는 방향으로 변화가 일어나며, 자유에너지 변화(ΔG)는 간단하게 엔탈피 변화(ΔH), 온도, 그리고 엔트로피 변화(ΔS)의 함수로 나타낼 수 있다($\Delta G = \Delta H - T\Delta S$). 예를 들어, 물과 기름이 서로 섞이지 않는 것은 섞이면서 엔트로피가 증가하는

그림 5-17 엔탈피(enthalpy)와 엔트로피(entropy)

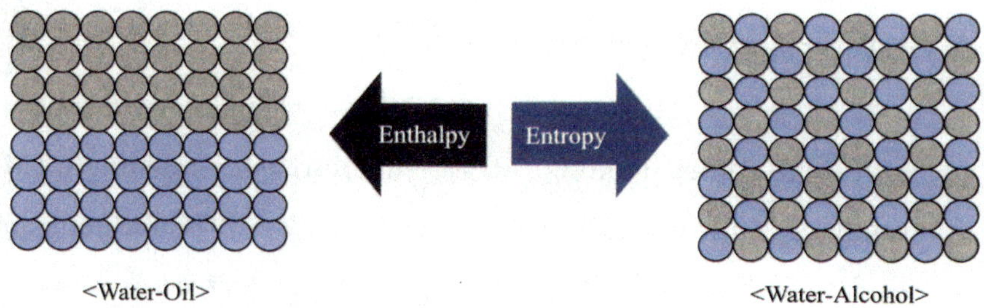

것보다 엔탈피가 증가하는 것이 더 크게 작용하여 결과적으로 섞이지 않는 것이 섞이는 것보다 자유에너지가 더 작기 때문이며, 이와 반대로 알코올과 물이 서로 섞이는 것은 섞임에 따른 엔트로피 증가가 엔탈피 증가보다 더 크게 작용하여 결과적으로 섞이는 것이 자유에너지 감소에 더 유리하기 때문으로 이해할 수 있다(그림 5-17).

지금까지 이러한 자기조립 현상을 나노구조물 합성이나 나노 크기의 패턴 형성에 응용된 대표적인 예로 블록 공중합체의 자기조립을 들 수 있다. 그림 5-18에서 보는 것처럼 블록 공중합체란 서로 성질이 다른 두 가지 이상의 고분자 단위들이 화학적인 공유결합으로 서로 연결되어 있는 고분자를 말하며, 각 단위의 성질 및 길이의 조절을 통해 패턴의 모양 및 크기를 조절하는 것이 가능하다.

이때 공유결합으로 연결된 고분자 단위의 갯수에 따라 이중블록 공중합체(diblock copolymer), 삼중블록 공중합체(triblock copolymer) 등으로 분류할 수 있다. 두 가지 이상의 서로 다른 성질의 고분자 단위가 공유결합으로 연결되어 있기 때문에 일정 온도와 압력하에서 물과 기름이 분리되는 것과 같이 자기조립 현상에 의해 상 분리가 일어나게 된다. 상 분리에 따른 구조의 변화는 여러 가지 조건에 의해 결정되는데, 기본적으로 기본 고분자 단위

그림 5-18 블럭 공중합체의 기본적인 구조

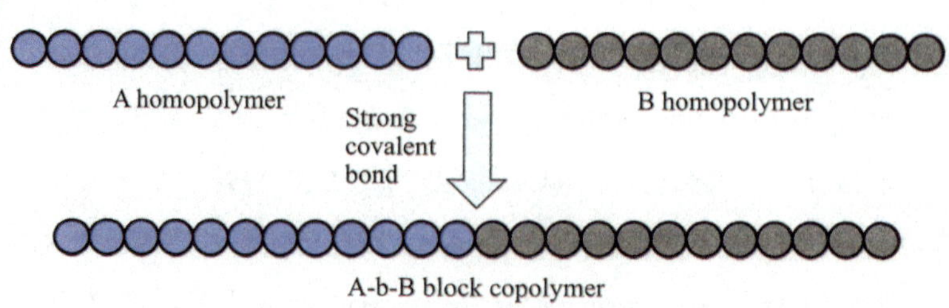

의 종류, 크기 등에 따라 결정이 되며, 이것은 아래와 같은 고분자 단위들 간의 결합에너지계수 (Flory-Huggins segment-segment interaction parameter)에 의해서도 유추해볼 수 있다.

$$X = \frac{E_{AB} - 1/2\left(E_{AA} + E_{BB}\right)}{k_B T} \quad [E_{AB}, E_{AA}, E_{BB}\text{: A와 B, A와 A, B와 B 간의 반응에너지}]$$

여기에서 X의 값이 음의 값을 가질수록 균일한 단일상의 구조를, 양의 갑을 가질수록 상분리가 쉽게 일어나며, 그림 5-19에서 보는 것처럼, 고분자 단위간의 조성 변화에 따라 나노크기의 구형(spherical)구조, 원형막대(cylinder) 구조, 그리고 판상(lamellar) 구조로의 상변화가 일어난다.

이러한 방법으로 만들어진 블록 공중합체의 나노 구조들은 다양한 나노 구조 물질의 합성 및 나노 크기의 패턴 형성에 사용될 수 있다.

예를 들어, 블록 공중합체의 자기조립 현상을 이용하면, 열적/화학적으로 안정한 템플레이트인 메조다공성 물질(mesoporous solid)을 손쉽게 구현할 수 있다. 메조다공성 물질은 1992년 Mobil사에 의해 최초로 2~10 nm 크기의 메조 동공을 갖는 완전한 다공성 물질 MCM-41과 MCM-48이 합성된 후로 매우 많은 종류의 메조다공성 물질의 합성 방법이 보고되어왔으며, 이러한 다공성 물질들을 이용한 연구가 촉매, 바이오 센서와 바이오 칩, 광학

그림 5-19 블록 공중합체의 온도와 조성에 따른 상변화[11]

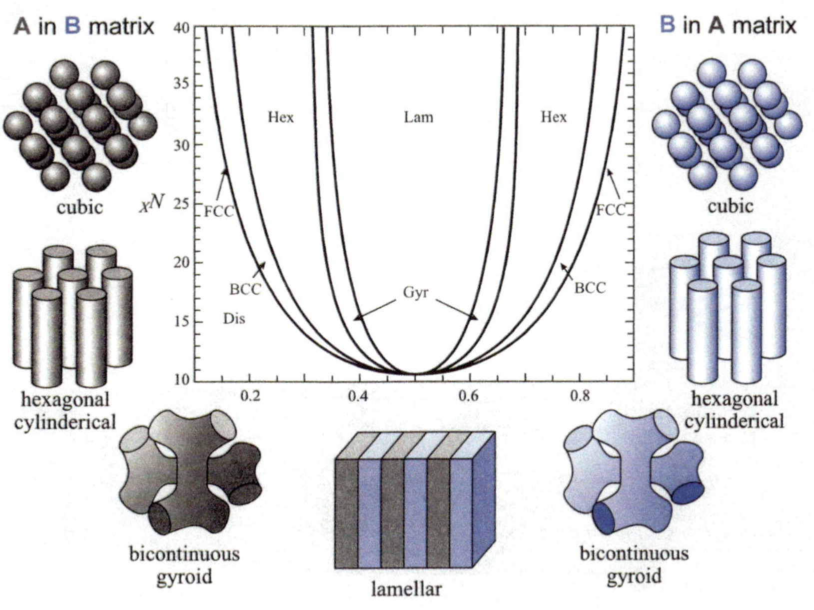

소재, 나노-복합 소재(세라믹 소재), 고분자 복합 소재 등 매우 광범위한 분야에서 진행되고 있다.

메조다공성 물질들을 합성하는 방법 중에서 가장 보편적인 방법은 계면활성제를 주형으로 사용하여 매우 규칙적인 메조동공 구조를 형성시키는 방법이다. 계면활성제는 용액에서 조성과 구조가 균일한 마이셀(micelle)을 형성하기 때문에, 이러한 계면활성제를 주형으로 하여 동공의 크기가 규칙적인 동공 구조를 갖는 메조다공성 물질을 제조할 수 있고, 또한 계면활성제 종류에 따라 다양한 주형 특성을 나타내기도 한다(그림 5-20). 최근에는 수십 나노 크기까지 동공의 크기를 확장시키기 위해 삼중블록 공중합체(triblockcopolymer)인 poly(ethylene oxide - propylene oxide - ethyleneoxide), (PEO- PPO- PEO)와 같은 양쪽성 고분자 계면활성제가 주형으로 널리 사용되고 있다. 이러한 계면활성제들 및 다양한 블록 공중합체를 주형물질로 이용하여 무기물 전구체의 선택과 합성 조건에 따라 다양한 금속 산화물, 황화물, 인 산화물, 및 금속의 무기 메조동공성 물질의 합성이 가능하다. 계면활성제를 주형 물질로 메조다공성 실리카 물질을 합성할 경우, 메조다공성 물질의 동공 구조나 안정성은 계면활성제의 분자 구조, 계면활성제의 극성 부분과 실리카 고분자체 사이의 상호작용, 계면활성제의 비극성 부분 사이의 상호작용, 그리고 용매의 특성에 따라 달라진다. 이러한 상호작용에 의해 계면활성제의 종류와 농도에 따라 그림 5-21에서 보는 바와 같이, 막대 형태의 육각 조밀 구조(hexagonal structure), 판상(lamellar), 그리고 입방(cubic) 형태 등 다양한 동공 구조를 나타내게 된다.

또한 이러한 메조다공성 물질의 내부에 금속, 산화물, 탄소 등을 채워 넣는 방법을 통하여 일정한 구조와 크기를 갖는 탄소 및 다양한 무기물 나노 물질을 얻을 수 있다. 한 예로, 육각 조밀구조의 메조다공성 물질을 주형으로 사용하면, 금속 나노선이 매우 규칙적으로 정렬된 나노 구조 물질을 얻을 수 있으며, 그림 5-22에서와 같이 실리카 메조다공성 물질 내부에 금속 대신 탄소를 채우고, 실리카를 제거하는 방법으로 메조다공성 탄소 물질을 만들 수 있다.

그림 5-20 메조다공성 합성 메커니즘

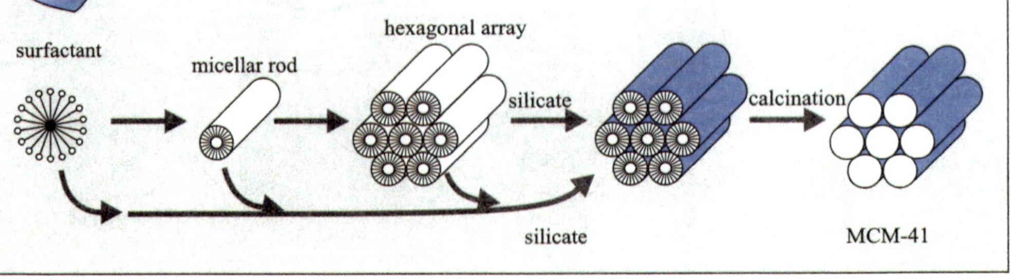

그림 5-21 다양한 구조의 메조다공성 물질

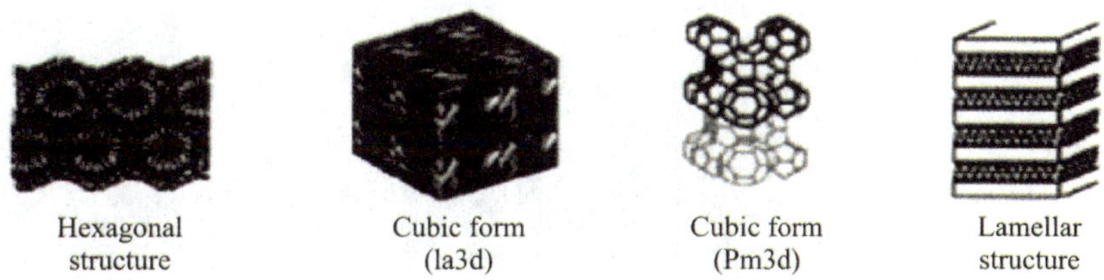

블록 공중합체는 메조다공성 물질의 합성에 유용하게 사용될 뿐 아니라, 앞서 그림 5-19에서 설명한 상분리 방식 중 판상(lamellar), 원통(cylinder) 구조 등을 이용하는 방식으로 자기조립을 통해 광식각 등으로 구현하기 매우 어려운 나노미터 크기의 패턴을 구현할 수 있다.

그림 5-22 실리카 메조다공성 물질을 이용한 메조다공성 카본 합성

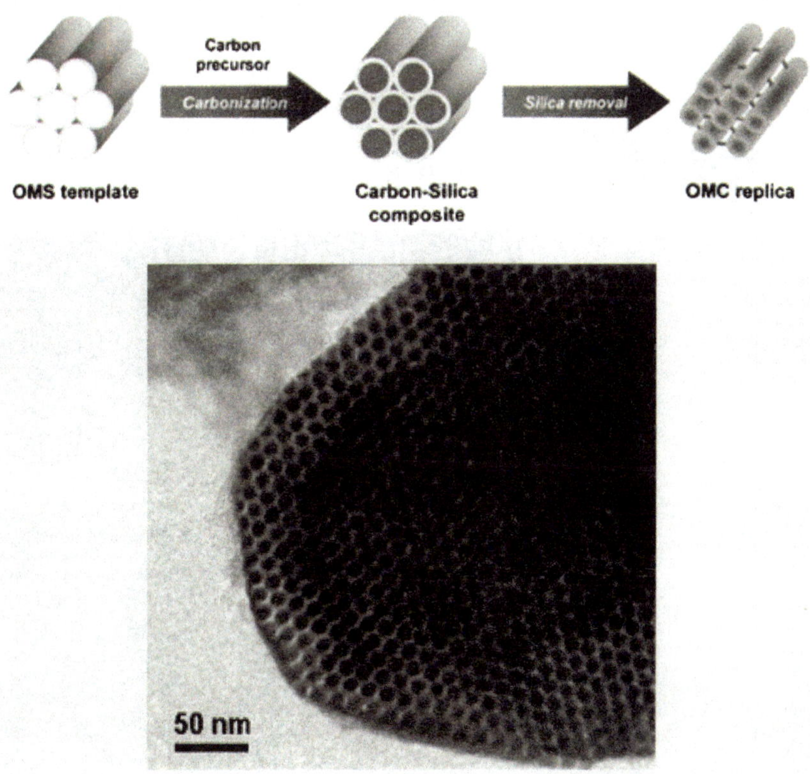

그림 5-23 톱니패턴의 AFM 이미지와 솔벤트 열처리된 PS-b-PEO 박막의 패턴 이미지[12]

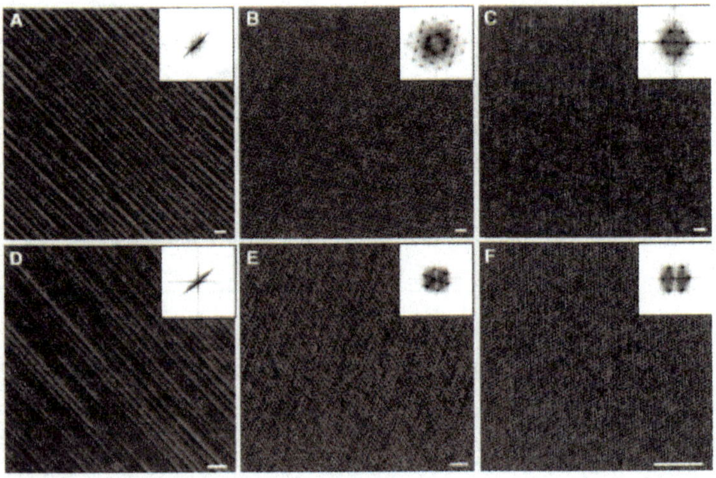

이러한 자기조립 현상을 나노크기의 패턴 형성에 응용한 대표적인 예로 블록 공중합체와 구형 입자의 자기조립을 들 수 있다. 그림 5-24는 블록 공중합체와 구형입자의 자기조립을 이용한 나노패턴의 예들이다. 그림 5-24의 A는 블록공중합체를 이용한 점 패턴, B는 실린더

그림 5-24 다양한 자기조립 패턴 예

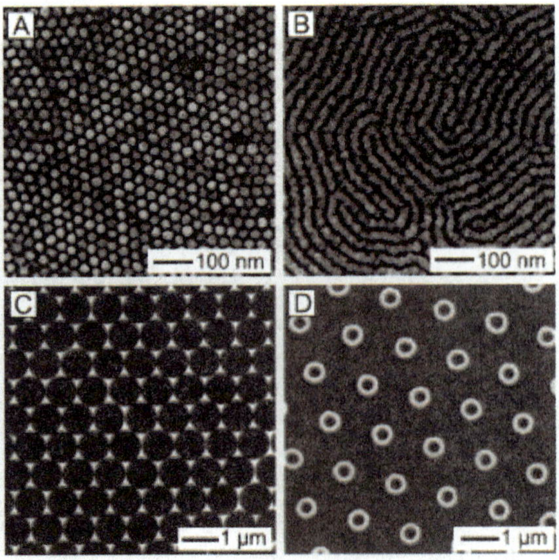

그림 5-25 전자빔 리소그래피와 블록공중합체 자기조립을 함께 이용한 패턴 예

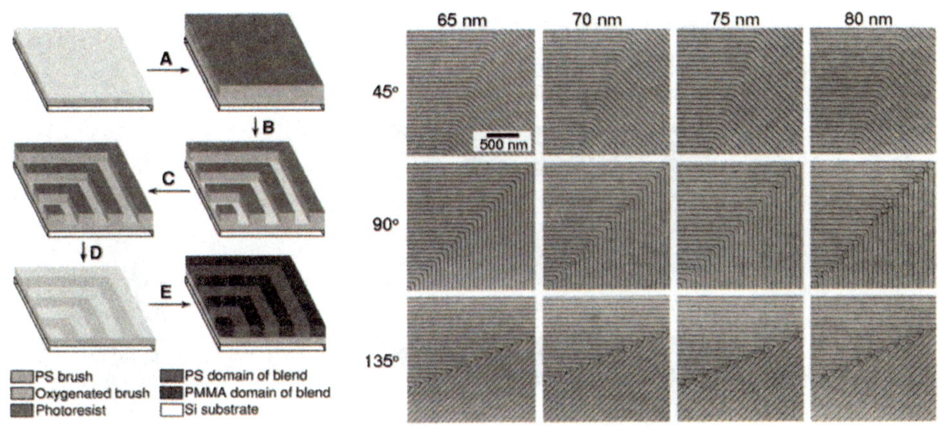

형태의 패턴으로 주로 크기가 10 nm부터 50 nm 사이의 패터닝에 적용되어 사용된다. C와 D는 구형 입자를 이용해서 패턴을 형성시킨 것으로 식각 공정과 병합되어 100 nm에서 수 마이크로미터 크기의 패턴이 주로 연구되어지고 있다.

이들 기술은 모두 상향식 방식의 패턴 형성 기술에 해당되며 기존 리소그래피 공정으로 수행하기 어려운 나노미터 크기의 패턴 형성이 가능하다는 장점이 있다. 더구나, 공정이 간단하고 특별히 고가의 장비가 필요하지 않기 때문에 공정 비용이 저렴하며 대면적 패턴 형성이 가능하다는 장점이 있다. 하지만, 이들 방법은 결함(defect) 조절과 패턴의 모양을 자유롭게 조절하기 힘들다는 단점을 공통적으로 가지고 있다. 최근에는, 광리소그래피 등의 하향식 방식과의 접목을 통해서 이들 문제를 해결하고자 노력하는 시도들이 행해지고 있으며, 그 한 예로, 그림 5-25는 블록 공중합체를 상향식 방법의 패턴 형성 공정을 통해서 다양한 모양으로 구조적 결함 없이 패턴을 형성한 예이다.

또 다른 예로서, 식각 유도 자기조립(lithographically induced self-assembly, LISA)은 그림 5-26에 나타난 바와 같이 마스크(mask)를 폴리머 필름이 입혀진 기판 위에 일정한 간격을 두고 놓은 후, 폴리머의 유리 천이 온도 이상으로 가열한다. 결과적으로 중력과 표면장력에 대한 돌기에 의해 만들어진 일정한 구조의 필라(pillar)가 두 판의 간격을 메우게 된다. 기술적인 측면에서 볼 때, LISA는 자기조립을 통해 형성된 구조물의 방향과 위치를 정밀하게 제어할 수 있고, 마스크 패턴보다 작은 자기조립된 구조물을 만들 수 있다는 장점이 있다. 또한, LISA는 이론적으로 다른 폴리머는 물론 반도체, 금속, 생체재료와 같은 단상 재료에도

그림 5-26 LISA 공정의 모식도 및 그 결과물

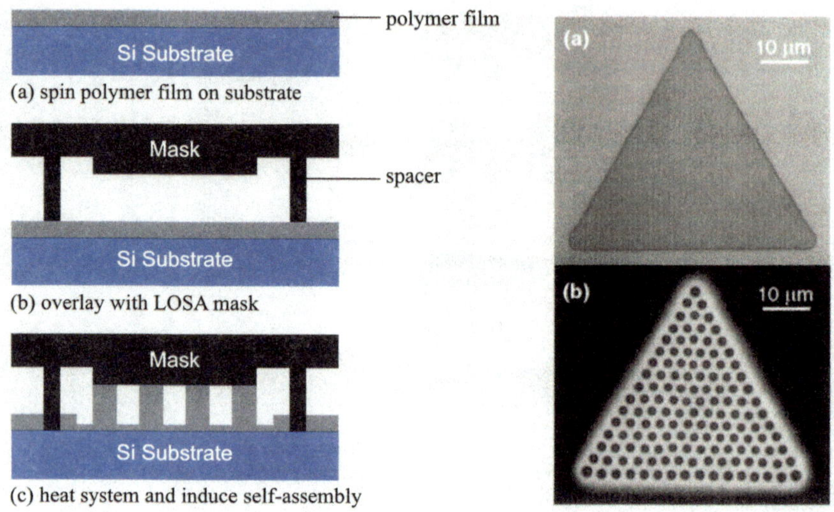

적용이 가능하다. LISA에 의해 만들어진 규칙적인 배열은 메모리 소자, 광학소재, 새로운 생체재료 등에 다양하게 사용될 수 있다.

5.8.2 양극 산화 알루미늄(Anodized Aluminum Oxide; AAO)

양극 산화 알루미늄은 이미 오래전부터 산업적으로 널리 사용되고 있다. 알루미늄을 적당한 전해액 속에 넣고 양극 산화 처리해주면 알루미늄 표면에 산화물(알루미나)피막이 생성되는데 이 산화물 층이 금속의 내부를 보호해 주는 역할을 한다. 또한 이 산화 피막은 다공질이어서 여러 가지 색으로 염색할 수 있으므로 공업용에서 장식용으로까지 많이 사용되고 있다. 최근 들어서는 Masuda의 2단계 양극 산화 방법이 연구되면서 나노 재료를 합성할 수 있는 템플레이트로 각광받고 있다. 초기 전기 연마(electropolishing)를 통하여 표면을 처리해준 다음 두 단계에 걸쳐 양극 산화를 시켜준다. 양극 산화의 초기에는 알루미나의 표면에 수직으로 구멍들이 형성되기는 하지만 배열이 불규칙하다. 하지만, 알루미늄에서 알루미나로 변하면서 생기는 스트레스로 인하여 그 구멍들이 가장 적게 스트레스를 받는 배열로 자동 정렬하게 된다. 이 구조는 육방 밀집(hexagonal close-packing) 구조를 이루게 된다. 이 단계를 두 번에 걸쳐 진행해 줌으로써 수직으로 정렬된 구조의 산화 알루미나를 얻을 수 있다. 그림

그림 5-27 2단계 양극 산화 알루미늄(AAO) 합성의 모식도

5-27은 1차 양극 산화와 2차 양극 산화를 나타낸 그림이다.

양극 산화 알루미늄의 구멍 지름 및 간격은 양극 산화의 전압, 산 용액의 종류, 농도 그리고 온도 등으로 조절이 가능하며 구멍의 깊이는 최대 수 백 마이크로미터까지도 가능하다. 또한 임프린팅 혹은 몰딩기술 등을 이용하여 포어의 모양도 조절이 가능하다. 그림 5-28은 2단계를 거친 양극 산화 알루미늄의 전자현미경 사진이다. 약 40~50 nm의 포어를 가지고 있으며 수 마이크로미터 이상의 깊이를 가진 모습을 확인할 수 있다.

이렇게 만들어진 양극 산화 알루미늄을 이용해서 나노선, 나노튜브 등 다양한 종류의 나노재료를 합성할 수 있다. 최근 반도체 나노선에 대한 연구가 활발히 진행되고 있는데, 반도체 나노선은 지름, 길이, 그리고 결정 방향 등에 따라 그 특성이 변한다. 알루미늄 양극 산화막을 이용하여 나노재료를 합성할 경우 균일한 지름, 길이를 조절할 수 있으며 최근에는 그 결

그림 5-28 균일한 pore를 가진 AAO의 모습

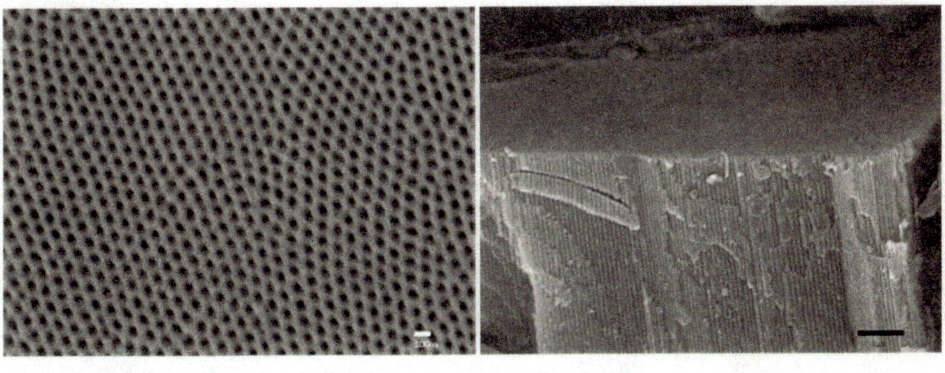

그림 5-29
AAO 템플레이트에서 합성된 Si(100) 나노선의 모습과 단면도[13]

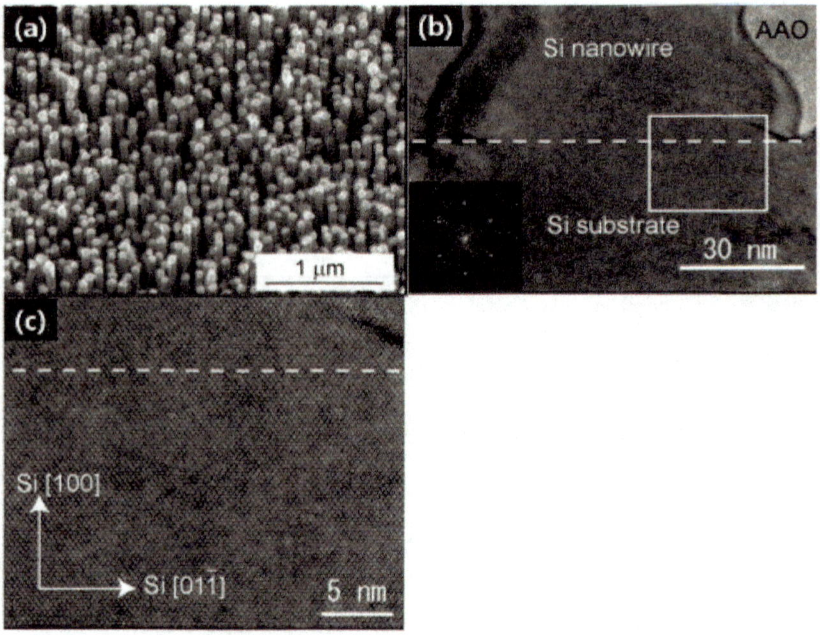

정 방향까지 조절할 수 있게 되었다. 일반적인 반도체 나노선의 경우 지름에 따라 열역학적으로 안정적인 <111>, <112> 그리고 <110> 방향으로 성장이 된다. 지금까지 <100> 방향의 나노선의 경우 에피택셜(epitaxial)로 성장시키는 것이 거의 불가능해 보였으나, 알루미늄 양극 산화막을 템플레이트로 사용하여 Si(100) 나노선 합성을 성공시켰다. 그림 5-29는 알루미늄 양극 산화막을 사용하여 Si(100) 기판 위에 에피텍셜로 성장한 Si(100) 나노선의 주자 전자현미경, 투과전자 현미경 사진이다.

5.9 3차원 구조물 제작을 위한 공정기술

앞에서 기술한 나노 임프린트 공정, 마이크로접속 프린팅 공정, 전자빔 리소그래피 등은 주로 2차원 구조의 제작에는 유용하나, 복잡한 3차원 형상을 제작하기에는 한계가 있다. 3차원 패턴 또는 형상을 제작하기 위해 다양하게 방법이 고안되고 있으며, 그 한 예로 펨토초 레이저의 이광자 흡수 광중합(two-photon polymerization, TPP) 현상을 이용하여 100 nm 수준의

그림 5-30 다양한 방법으로 제작된 3차원 구조물들[14]

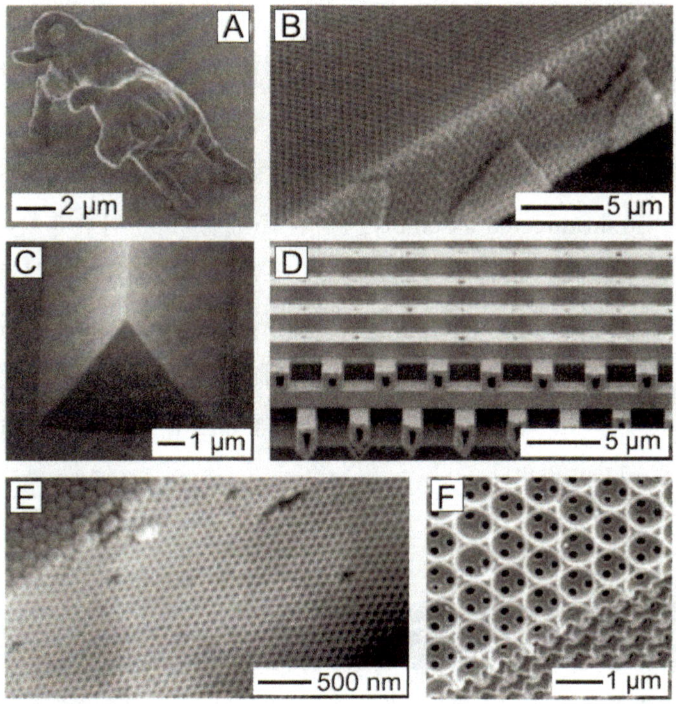

정밀도를 가지며 3차원 형상을 제작할 수 있는 공정에 대한 연구가 최근 몇 년간 진행되고 있다. 이광자 흡수 광중합 현상은 고출력 레이저에 의한 비선형 광학 현상으로 펨토초 레이저의 첨두출력 부근에서 광자 두 개를 동시에 흡수하여 광중합 레진이 중합되는 현상인데 빔의 회절 한계 이하의 정밀도로 제작이 가능하여 고정밀도를 요구하는 형상 제작 공정에 활용이 가능하다. TPP현상을 이용한 경우 다른 공정으로 제작하기 어려운 3차원 형상 제작이 가능하며, 마스크 없이 직접적으로 100 nm 수준의 정밀도를 가지는 복잡한 형태의 패턴이 제작 가능하다. 이러한 극미세 3차원 형상의 예상 응용 분야는 3차원 광결정체(3D photonic crystal) 제작, 고밀도 정보 저장 장치, 나노 반응기 등 다양할 수 있다. 그림 5-30 A는 이광자 중합법에 의해서 만들어진 3차원 구조물의 예이다. 마찬가지 개념으로 B는 홀로그래피(holography)에 의한 3차원 구조로, 주로 photon의 보강 상쇄 간섭, 즉 레이저의 간섭 현상을 이용해서 3D 패터닝이 가능하다. C는 광식각 공정에 의한 구조이며 D는 Layer-by-layer 방법에 의해서 한 층씩 쌓아나가는 방법으로 정교한 공정 기술이 요구된다. E와 F는 구형 콜로이드 입자를 이용해서 규칙적인 3차원 구조의 광결정을 제조한 것으로 결함을 줄이는 것이 관건이다.

5.10 전 망

나노 공정 기술은 상향식 방법과 하향식 방법 간의 간격을 메울 수 있는 기술의 개발이 필요할 것이다. 즉, 중간 스케일에서 작동하는 완전한 기능을 갖춘 나노 구조물을 만들기 위해서는 하향식 물리적 조립의 개념과 상향식 생화학적 조립의 개념이 통합되는 것이 필요 불가결하다.

Strain-directed assembly, 3차원 조립 등이 이 범주에 속하고, 앞으로 더 많은 방법의 개발이 필요할 것이다. 끝으로, 나노 제조 기술의 궁극적인 목표는 산업화 수준의 생산성과 품질을 갖춘 제품의 대량 생산이므로 이러한 목표를 달성하기 위한 기술의 개발도 병행되어야 할 것으로 생각된다. 소프트 리소그래피가 현재로서는 가장 가능성이 있는 기술이라 볼 수 있다. 특히, 나노임프린트 및 폴리머 몰딩은 좀 더 연구되어야 하겠지만 가능성이 높은 것으로 평가받고 있다.

연습문제 Chapter 5

1. 일반적으로 나노 패턴이나 나노구조를 구현하는 방법은 크게 “상향식(bottom-up)”방법과 “하향식(top-down)”방법으로 나눈다. 이 두 방법의 분류기준은 무엇인가? 상향식 방법과 하향식 방법이 가지는 일반적인 장점과 단점으로는 무엇이 있나?

2. CMOS 공정에서 20 nm 이하 크기의 나노 구조체를 만들기 어려운 이유는 무엇인가?

3. 일반적인 광리소그래피에 비해 전자빔 리소그래피가 가지는 장점과 단점으로는 어떤 것이 있나?

4. 광리소그래피, 나노임프린트 등의 패턴 형성 방식을 패러럴(parallel) 방식으로 전자빔 리소그래피, dip-pen lithography 등은 시리얼(serial) 방식으로 구분한다. 패러럴 방식과 시리얼 방식의 구분 기준은 무엇인가? 이들 두 방식의 장점과 단점은 각각 무엇인가?

5. 블록 공중합체(block copolymer)들이 예측 가능한 나노 구조를 자발적으로 형성하는 이유는 무엇인가? 또한, 블록 공중합체를 이용하면 일반적인 광리소그래피 등으로는 구현하기 힘든 나노패턴을 형성할 수 있다. 이 방법의 장점과 단점은?

6. 반도체 산업에서 널리 쓰이고 있는 광리소그래피의 이론적인 해상도는 광원의 파장과 조리개수(numerical aperture, NA), 그리고 k_1계수에 의해 주어진다. 조리개수가 0.6, 그리고 k_1계수가 0.5인 프로젝션 광리소그래피에서 광원의 파장과 해상도의 이론적인 한계를 상관 관계로 계산하고 그래프로 표시하라. 광원의 파장은 100 nm에서 1000 nm 사이로 하자.

7. 일반적으로 광리소그래피의 해상도는 광원의 파장을 짧게 함으로써 향상시킬 수 있다. 그렇다면, 극단적으로 파장이 짧은 X-선을 사용하여 해상도를 향상시키는 방법인 X-선 리소그래피을 응용할 때, 발생할 수 있는 문제점은?

8. 전자빔 리소그래피에서 전자빔의 에너지를 증가시키면, 형상의 해상도를 향상시킬 수 있다. 그 이유는?

9. 자기조립 방법으로 규칙적이고 반복적인 3차원 나노구조체인 광결정체(photonic crystal) 구조를 형성할 수 있다. 그렇다면, 이 접근 방법이 갖는 단점으로는 무엇이 있나?

10. Dip-pen 리소그래피에서는 AFM 팁에 분자, 나노입자 등과 같은 "잉크"로 적신 다음, 표면에 그리는 방식으로 형상을 구현하게 된다. 이러한 "잉크"을 사용하지 않고, 표면에 형상을 만드는 방법으로는 어떤 것들이 있나?

11. 50 nm의 선폭과 100 nm의 선 간격을 가진 규칙적인 금속선 패턴을 비교적 넓은 면적에서 형성하려 한다. 이때 사용할 수 있는 방법을 2가지 이상 기술하라.

12. 10 마이크로미터 이상의 해상도로 2차원 금속 패턴을 평탄한 고체 표면에 형성시키려 한다. 이때 사용할 수 있는 방법을 2가지 이상 들어보고, 각각의 방법이 가지는 장점과 단점을 기술하라.

참고문헌

[1] M. D. Levenson, N. S. Viswanathan, and R. A. Simpson, "Improving Resolution in Photolithography with a Phase-Shifting Mask" *IEEE Trans. Electron Dev.*, **29**, 1828 (1982)

[2] D. Grose, 2007 Technology Analyst Day, July 26, 2007

[3] J. A. Samson and D. L. Ederer, "*Vacuum Ultraviolet Spectroscopy II*", Academic Press, 205-223 (1998)

[4] M. A. McCord and M. J. Rooks, "*SPIE Handbook of Microlithography, Micromachining and Microfabrication*" Vol 1, Ch 2 (2000)

[5] J. S. Wi, H. S. Lee, K. Lim, S. W. Nam, H. M. Kim, S. Y. Park, J. J. Lee, C. D. Hong, S. Jin, and K. B. Kim "Fabrication of Silicon NanopillarTeradot Arrays by Electron-Beam Patterning for Nanoimprint Molds" *Small*, **4(12)**, 2118 (2008)

[6] H. S. Lee, B. S. Kim, H. M. Kim, J. S. Wi, S. W. Nam, K. B. Jin, Y. Arai, and K. B. Kim "Electron Beam Projection Nanopatterning Using Crystal Lattice Images Obtained from High Resolution Transmission Electron Microscopy" *Advanced Materials*, **19**, 4189-4193 (2007)

[7] K. Salaita, Y. Wang, J. Fragala, R. A. Vega, C. Liu, and C. A. Mirkin, "Massively Parallel Dip-Pen Nanolithography with 55000-Pen Two-Dimensional Arrays" *Angew. Chem. Int. Ed.*, **45**, 7220- 7223 (2006)

[8] D. S. Ginger, H. Zhang, and C. A. Mirkin, "The Evolution of Dip-Pen Nanolithography" *Angew. Chem. Int. Ed.*, 43, 30 (2004)

[9] S. Y. Chou, P. R. Krauss, and P. J. Renstrom, "Imprint Lithography with 25-Nanometer Resolution" *Science*, **272**, 85 (1996)

[10] H. Schmid and B. Michel, "Siloxane Polymers for High-Resolution, High-Accuracy SoftLithography" *Macromolecules*, **33**, 3042 (2000)

[11] http://physics.nyu.edu/pine/research/nanocopoly.html

[12] S. Park, D. H. Lee, J. Xu, B. Kim, S. W. Hong, U. Jeong, T. Xu, and T. P. Russell, "Macroscopic 10-Terabit-per-Square-Inch Arrays from Block Copolymers with Lateral Order" *Science*, **323**, 1030 (2009)

[13] Z. Zhang, T. Shimizu, S. Senz and U. Gösele, "Ordered High-Density Si[100] nanowire Arrays Epitaxially Grown by Bottom Imprint Method" Adv. Mater., **21**, 2824 (2009)

[14] M. Geissler and Y. Xia, "Patterning: Principles and Some New Developments" *Adv. Mater.*, **16**, 1249 (2004)

Chapter

6 특성 및 응용

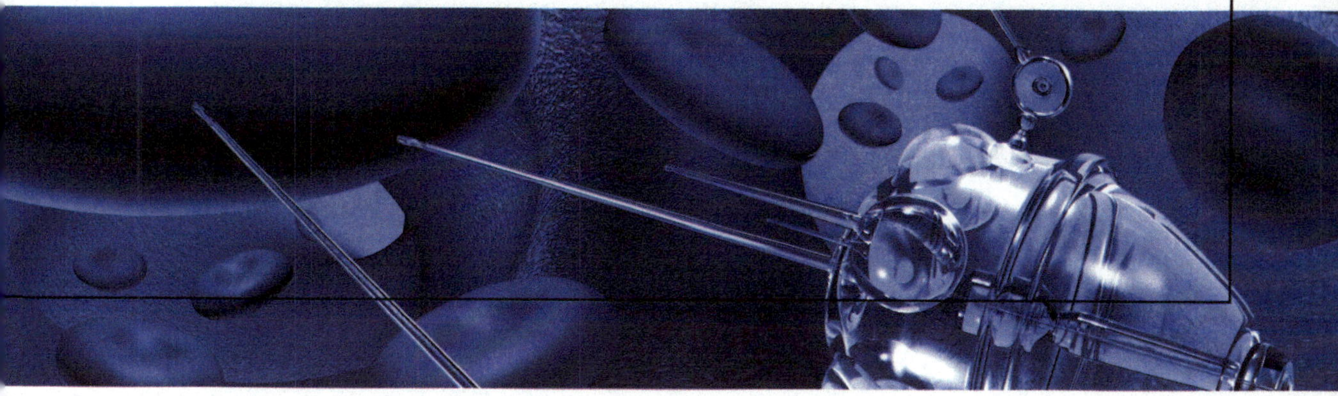

앞서 살펴보았듯이 나노재료는 양자 제한 효과와 표면 에너지 증가로 인해 박막이나 벌크 재료에 비해 새로운 물리적, 화학적 특성이 발현된다. 또 나노재료는 크기가 극도로 작기 때문에 중력이 미치는 영향이 작은 반면 van der Waals 힘이나 입자 간 분산력이 매우 크게 작용한다. 따라서 매질 안에서 나노재료가 갖는 힘의 균형이 마이크로 재료들과 크게 달라지면서 그 거동도 매우 달라진다. 예를 들면 나노입자는 합성된 상태에서 입자 간 인력이 상대적으로 커지면서 보통 잘 응집되는 경향이 있다. 나노재료에서 발현되는 이런 새로운 특성과 거동들은 그 자체로서 흥미로운 연구대상이 되면서, 공학적으로 새로운 기술을 개발할 수 있는 중요한 토대가 된다.

본 장에서는 나노재료가 갖고 있는 우수한 특성을 활용하여 새로운 기술을 개발하는 사례를 보여주고자 한다. 실제 나노재료는 과학 및 공학 전 분야에서 활용될 수 있으며 본 장에서는 제한적인 예만을 보여준다. 그러나 이러한 예를 통해 다양한 분야에서 나노재료의 우수한 특성이 어떻게 새로운 기술 개발에 활용될 수 있는지를 알 수 있을 것이다.

6.1 나노재료의 광학적 응용

6.1.1 나노재료와 광학(Nanomaterials and optics)

빛을 기술적으로 제어하는 것은 현대 문명사회의 큰 화두이다. 최근들어, 여러 가지 반도체 기술에 기반을 둔 광학기술이 크게 발전하고 있으며, 나노재료는 광학 분야를 혁신적으로 바꿀 수 있는 새로운 기술과 응용분야를 개척하는 데 중요한 역할을 할 것으로 예상된다. 광학에 관한 연구는 본질적으로 나노 크기를 갖는 빛의 파장 범위에서 수행되기 때문에 자연스럽게 나노기술에 속한다. 특히 빛의 파장 이하의 크기를 갖는 나노재료나 나노구조에 따라 광학적 반응이 달라지기 때문에 빛이나 색에 관련된 기술을 혁신적으로 진보시키는 데 나노재료가 활용될 수 있다. 한 예로, 빛을 투과시켜 주는 투명한 재료가 있고, 빛의 방향을 바꾸어 주는 반투명한 재료가 있다. 여기에 나노기술을 적용하면 이러한 성질을 원하는 대로 제어할 수 있으며, 이를 활용하면 높은 효율의 조명재료를 개발할 수 있다. 또한, 나노재료 중 상당수는 바라보는 방향이나 빛의 방향에 따라 다른 특성을 보이기 때문에 새로운 페인트 개발이 가능하고, 태양에너지 흡수가 뛰어난 나노입자를 이용해 우수한 차광제를 제작할 수 있다. 이런 예에서 보는 것처럼 나노재료의 광학적 응용은 그 잠재력이 매우 크다. 실제 나노재료는 현재 광학 분야에 광범위하게 응용되고 있으며, 여기서는 발광소자와 광통신, 그리고 나노 레이저의 예를 들어 적용 사례를 살펴보고자 한다.

6.1.2 발광소자(Light emitting diodes, LED)

반도체 발광소자는 기본적으로 p형과 n형이 접합된 반도체 양쪽에 전극 단자를 만들고 전류를 흘려 p-n 접합(p-n junction) 부근에서 빛을 방출시키는 소자를 말한다. 발광소자는 1923년에 탄화규소(SiC)에 직류전류를 흘려 발광을 관측하면서 최초로 보고되었고, GaP와 같은 III-V의 화합물 반도체가 발광소자 재료로써 처음으로 제안되었다. 1955년에 GaP 단결정에서 오렌지 색 발광을 관측하였고, 1962년에 GE에서 현재와 같은 반도체 LED를 개발하였으며, 1968년에는 GaAsP 의 3원계 화합물로 된 적색 LED가 양산되어 미국에서 상용화되었다. 1970년대 반도체 기술이 크게 발전되면서 이 기술력이 화합물 반도체에 적용되어 발광소자 관련 기술이 크게 발전되었다. 특히 화합물 반도체인 GaAs와 GaP 등의 단결정 성

그림 6-1 p형 반도체와 n형 반도체의 접합을 통한 발광소자의 구성

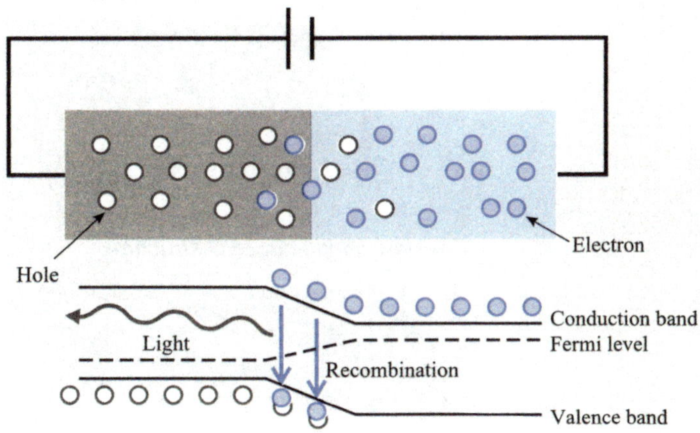

장 기술 발전에 따라 고품위 기판 양산 기술이 확보된 것이 이 분야 발전에 결정적인 역할을 하였다.

한편, 1980년대 초까지만 하더라도 발광소자의 에너지 변환효율은 1% 수준에 머물렀다. 그러나 1980년대 후반에 접어들면서 에너지 변환효율이 백열전구보다 높아졌고, AlGaAs 소재 기술을 이용한 고휘도 적색 발광소자가 개발되었다. 이후 AlGaAs 기반 발광소자보다 훨씬 휘도가 높고 신뢰성이 있는 InGaAlP 기술이 개발됨으로써 초고휘도 적색 및 주황색 발광소자가 상용화되었다.

최근 들어, 나노재료를 LED에 적용하는 연구가 크게 주목을 받고 있는데, 주요 응용 목표는 반도체의 결함을 줄이고 발광효율을 높이는 것이다. 연구되는 대표적인 나노재료는 양자우물(quantum well, QW), 양자점(quantum dot, QD), 나노선(nanowire, NW) 등이 있다.

양자우물과 양자점은 1982년 Arakawa 등이 처음 발표한 이후 발광층의 발광효율을 높일 수 있기 때문에 많은 주목을 받고 있다(그림 6-2 참조). 이는 나노 구조를 통해 결함을 줄이거나 혹은 전자나 정공이 양자점이나 양자우물에 의해 형성된 최소 포텐셜(potential minima)에 머무르게 되어 결정결함의 일종인 전위(threading dislocation,TD)에 있는 재결합 공간(non-radiative recombination site)으로 이동이 막히기 때문이다.

한편, 1차원 나노구조인 나노선(NW)도 발광소자 개발에 유망한 특성을 갖고 있다. 나노선은 단결정성과 넓은 표면적, 큰 종횡비(aspect ratio)로 인해 발광 면적을 크게 할 수 있다는 장점이 있다. 특히 직접 천이형 밴드갭을 가진 II-VI, III-V족 나노선은 높은 광전효과와

그림 6-2 QW, QD, NW를 이용한 발광소자[1 2 3]

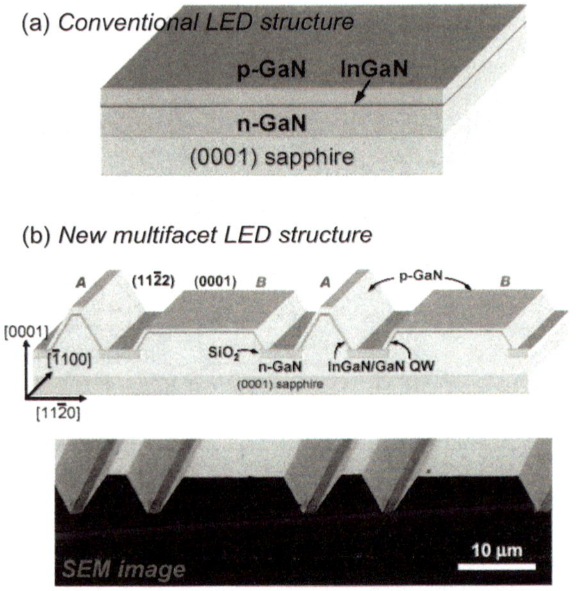

넓은 밴드갭과 함께 나노선의 장점이 복합될 경우 낮은 소비 전력과 높은 효율을 갖는 광전 소자 개발이 가능할 것으로 기대된다(그림 6-3 참조). 이외에도 나노선은 레이저를 구현할 수 있는 캐비티 기능을 갖고 있으며, 광전 소자의 제조 공정이 양자점에 비해 상대적으로 쉽다는 장점 때문에 LED 분야에서 많은 응용이 기대된다.

그림 6-3 ZnO 나노선를 통한 발광소자 구현[4]

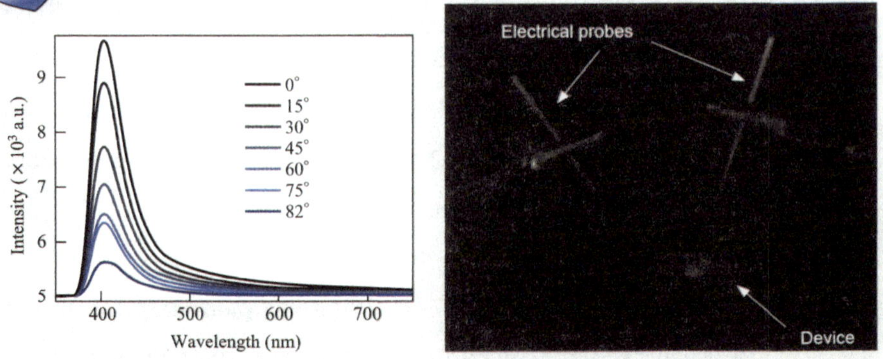

6.1.3 광통신 나노재료(Optical communications and nanomaterials)

광통신은 크게 발광소자와 이를 연결해 주는 광섬유로 구성되는데 나노재료는 주로 새로운 발광 소자를 개발하기 위해 연구되고 있다. 광통신용 발광소자는 주로 GaAs 계열의 재료가 많이 사용되고 있으며 기본구조는 그림 6-4에서 보는 것과 같다. GaAs는 직접 천이형 반도체로서 광특성이 매우 우수하여 광통신뿐만 아니라 발광소자, 레이저 등 다양한 곳에 응용되는 재료이다. 또 광통신에 사용되는 1.3~1.55 μm 파장 (광섬유의 희소 흡수선과 일치하여 장거리 광통신에서 표준파장으로 이용되는 영역)을 얻을 수 있으며, 낮은 가격과 낮은 구동 전압이 가능하다는 장점이 있다. 따라서 광통신에 응용되는 나노재료도 나노 GaAs 재료가 가장 많이 연구되고 있으며, 주로 앞서 설명한 양자우물이나 양자점 형태의 재료들이 연구되고 있다.

한편, 나노재료를 통한 Si 광통신 소자를 개발하는 노력도 활발하다. Si은 광통신 연결에 사용되는 광섬유물질(SiO_2)과 완벽하게 호환되며, 다른 반도체 물질에 비하여 화학적, 기계적 성질이 우수하고, 특히 광통신에서 중요한 1.3~1.55 μm 파장 영역에서 극히 투명하여 광통신 소자 재료로 이상적이라 할 수 있다. 예를 들면, Si은 굴절률(n)이 3.5로 SiO_2의 1.5보다 훨씬 높기 때문에 SiO_2 박막 위에 생성된 Si 박막은 적외선 영역에서 자연적으로 광도파로를 형성한다. 특히 이 경우 1.3~1.55 μm 영역에서 손실율이 0.1 dB/cm 미만인 고품질의 단일모드 광도파로를 기존의 Si 제조 기술을 통하여 쉽게 만들 수 있다. 아울러 Si의 반도체 표준 공정과의 호환성을 이용, 전자적 광스위치, 변조기 등을 손쉽게 제작할 수 있다.

그러나 Si은 간접 천이형 반도체이기 때문에 광원으로 사용하기 어려웠는데, 바로 이점을 해결하기 위해 나노재료가 연구되고 있다. 대표적인 예로는 Si 나노 양자점이나 Si 나노선에 Er을 결합하여 광통신의 광원으로 개발하는 방법이 있다. Er은 희토류 원소 중의 하나로, 덜 찬 4f 껍질은 많은 원자준위 사이의 전이를 가능하게 하며, 이 중 Er의 처음 들뜬 상태에서

그림 6-4 GaAs를 이용한 광소자[5]

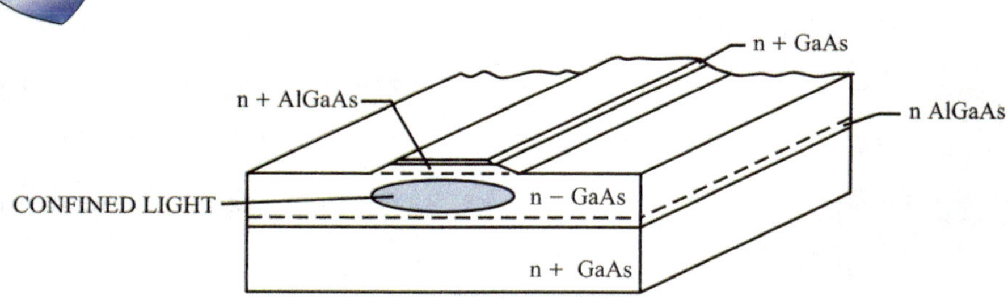

그림 6-5 Er이 코팅된 Si 나노선에서 나타나는 1.54 μm PL 구현[6]

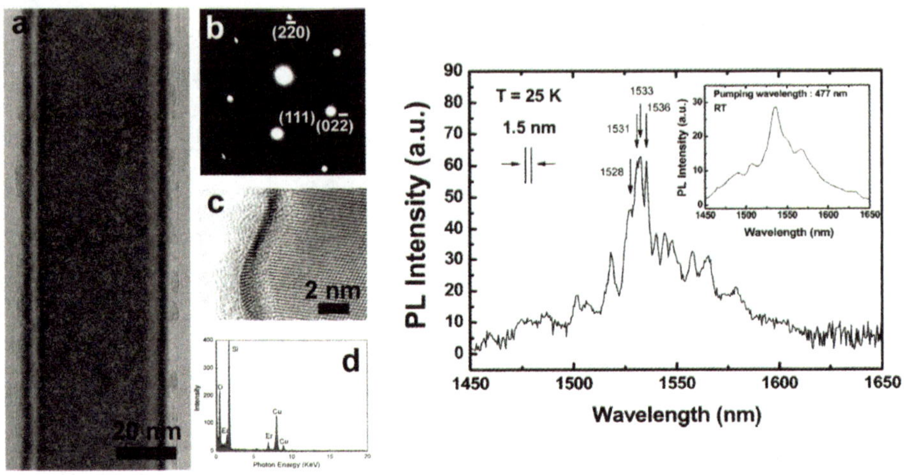

바닥상태로의 전이는 1.54 μm 파장의 빛을 나타낸다. 따라서 Si과 Er을 결합하고 Si에 0.8 eV 이상의 에너지를 주입하면 Er을 바닥상태에서 첫 번째 들뜬상태로 들뜨게 되고, 이를 통하여 1.54 μm 파장의 빛을 얻을 수 있다. 이때 Si을 양자점이나 나노선 같은 나노재료로 구성할 경우 Si으로부터 Er으로 에너지를 효율적으로 전달할 수 있기 때문에 높은 효율을 갖는 광원을 개발할 수 있다. 그림 6-5는 Si 나노선을 이용한 1.54 μm 파장대의 광원을 개발한 결과를 보여주고 있다.

6.1.4 나노 레이저(Laser)

지난 수 십년 동안 반도체 레이저 분야에서는 낮은 소비전력, 온도 의존성 감소, 좁은 파장 영역에서의 발광 등을 추구해 왔고, 이런 점에서 볼 때 나노재료에서 기대되는 양자 제한 효과는 레이저 개발에 매우 유용할 것으로 예상된다. 특히 실린더 모양의 1차원 나노소재인 나노선은 축방향으로 전자와 홀, 그리고 광자를 응축시킬 수 있어서 나노 레이저 구현에 매우 매력적인 재료이다. 또 나노선은 파브리-페롯 모드(Fabri-Perrot mode)에 의해 레이저를 발생시킬 수 있는 나노 캐비티 역할을 할 수 있기 때문에 레이저 개발에 더욱 유망한 소재로 연구되고 있다. 그림 6-6은 GaN 나노선으로부터 청색 레이저가 발광되는 것을 보여주는 것으

그림 6-6 GaN 나노선을 이용한 laser 구현[7]

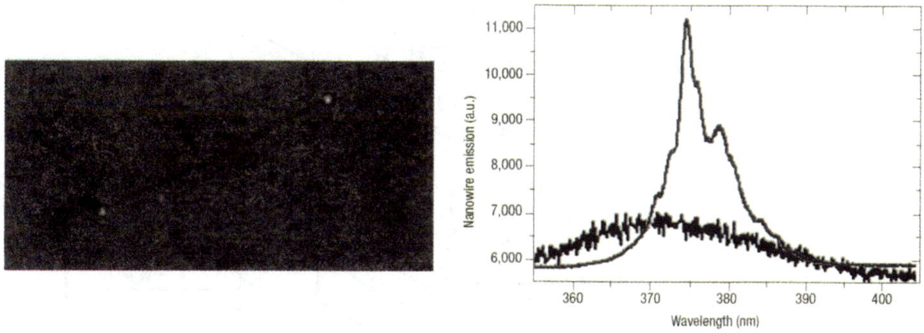

로 나노선이 레이저 분야의 재료로 큰 가능성을 갖고 있다는 것을 보여준다.

6.2 나노재료의 전자소자 응용

6.2.1 전자소자의 발전과 한계

1947년 트랜지스터(transistor)가 개발된 이래 트랜지스터 집적이 비약적으로 발전하여 매 18개월마다 한 칩에 집적되는 트랜지스터의 수가 2배로 증가한다는 Moore의 법칙에 따라 오늘날에는 수 백억 개의 소자를 수용할 수 있는 칩이 생산되고 있다. 이 같은 발전은 트랜지스터 소형화(scaling down of transistors) 기술에 기반을 둔 것으로 현재 트랜지스터의 크기는 45nm 이하까지 줄어들었다.

하지만, 트랜지스터가 45nm 이하의 크기로 작아지면서 기술적으로 많은 문제점들이 나타났다. 예를 들면 현재 널리 사용되고 있는 전계 효과 트랜지스터(field effect transistors) 구조의 경우 게이트 절연막이 20nm 이하인 영역에서 전류누설 등의 많은 문제점을 보이고 있으며, 이를 해결하기 위해 다양한 접근 방법이 제시되고 있다. 대표적인 예는 Toshiba의 Takato에 의해 제안된 surrounding gate transistor(SGT) 구조이다(그림 6-7 참조).[8] 그리고

그림 6-7

Surrounding gate transistor(SGT) 구조

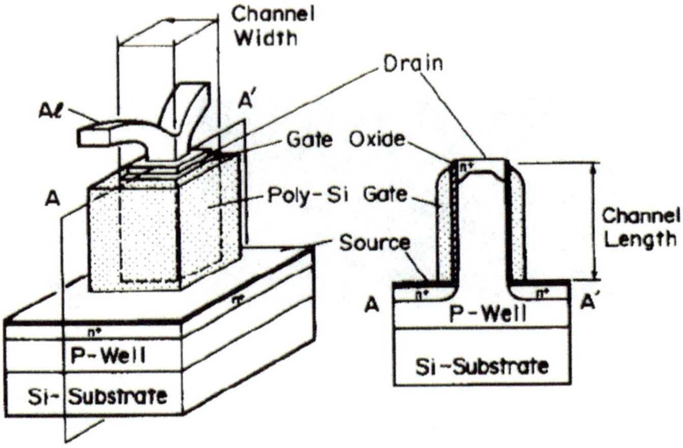

1990년에는 SGT의 구조를 기초로 하여 그림 6-8에서 보는 바와 같은 SOI 기판을 사용한 gate-all-around(GAA) transistor가 Collinge에 의하여 제안되기도 하였다.[9] 이후 SGT 및 GAA 구조를 개선한 이중 게이트 MOSFET(DG-MOSFET) 등 다양한 소자구조들이 연구되고 있다(그림 6-9 참조).[10] [11] [12] 그러나 이와 같은 노력에도 불구하고 소자 크기가 작아짐에 따라 나타나는 근본적인 문제를 해결하지 못하고 있는 실정이다.

한편, 소자 크기가 작아짐에 따라 나타나는 문제를 해결할 수 있는 방법으로 양자점이나 나노선, 나노튜브를 이용한 소자 개발이 최근 큰 관심을 끌고 있다. 이 방법은 나노소재에 기초한 상향식(bottom-up) 방식으로 나노소자를 구성하는 것으로 하향식(top-down) 방법에 비해 소자 축소에 따른 문제점을 해결할 수 있는 잠재력을 가지고 있다. 대표적인 예로는 양

그림 6-8

Gate-all-around(GAA) transistor 구조

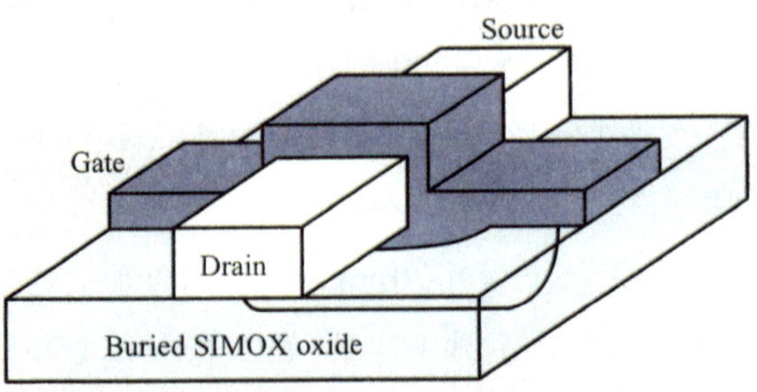

그림 6-9 게이트 길이 5 nm로 SOI 기판에 제작된 n형 DG-MOSFET 의 단면

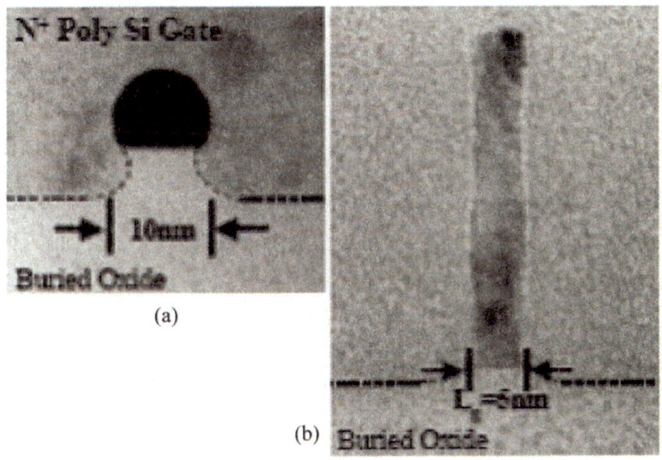

자점 단전자 트랜지스터(single electron transistor), 탄소나노튜브 트랜지스터, 반도체 나노선 트랜지스터 소자 등이 있다. 이 같은 소자들은 아직 상용 소자로 사용하기에는 부족하지만, 그 잠재력이 높기 때문에 기술 개발 여부에 따라 차세대 소자로 자리 잡을 가능성이 크다. 따라서 나노소재의 나노소자 응용이 앞으로 중요한 연구분야가 될 것으로 예상된다. 이에 대한 대표적인 경우를 살펴보면 다음과 같다.

6.2.1.1 양자점 단전자 트랜지스터(Single electron transistors, SET)

단전자 트랜지스터(SET)는 양자점을 이용한 대표적 신개념 전자소자이다. SET는 전자 한 개의 출입을 조절해 1과 0으로 구성된 이진 정보를 기억하도록 만든 소자로, 현재 쓰이고 있는 MOSFET보다 집적도를 100배 이상 높이면서 소비 전력을 1천분의 1 수준으로 낮출 수 있어 차세대 반도체 소자로 주목받고 있다. SET는 기존 반도체처럼 채널에 수많은 전자를 통과시켜 비트의 정보를 저장하지 않고 양자점(QD, quantum dot)에 단 한 개의 전자만을 통과시켜 1비트의 정보를 생성시키는 원리로 작동한다.

기본 구조는 그림 6-10에서와 같이 소스와 드레인 사이에 한 개의 양자점과 이와 전기용량적으로 커플링 된 게이트로 구성된다. 이때 양자점의 매우 작은 전기용량으로 인하여 전자 한 개의 양자점으로 이동에 필요한 에너지가 열에너지보다 커지면서 소스로부터의 전하 이동이 차단된다. 이러한 현상을 소위 쿨롱 차단(Coulomb Blockade, CB) 효과라 하는데 러시아의 Averin과 Likharev에 의해 이론적으로 금속 양자점에서 처음 제안되었다.[14] 이러한

그림 6-10 SET 기본구조 및 회로구조[13]

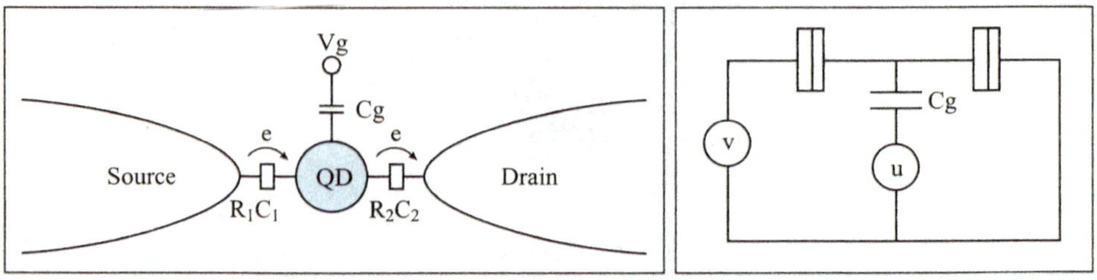

CB 효과가 나타나기 위해선 다음 조건을 만족해야 한다. 첫째는 전자 한 개의 양자점 충전(charging)에너지가 열적 에너지인 k_BT보다 커야 하며, 둘째로는 양자점과 소스 및 드레인과의 전기저항이 양자 저항 $h/e^2(= 25.813\ \mathrm{k\Omega})$보다 커야 한다. 이럴 경우 CB에 의한 전류 차단은 게이트 전압 변화에 의해 양자점 정전 포텐셜 장벽을 낮추면서 제거되어 전자가 한 개씩 연속적으로 터널링하게 된다. 보다 구체적으로 기술하면, SET 기본구조에서 게이트 전압을 증가시키면 양자점에 유도전하가 늘어나며 (이때 유도 전하량은 연속적인 값이므로 기본전하 e보다 작을 수 있다), 양자점의 에너지가 커지게 된다. 그리고 양자점의 유도 전하량이 기본 전하 e에 도달하면 소스로부터 전자 한 개가 터널링하여 유도 전하량을 상쇄시켜 양자점 에너지를 다시 최소화시킨다. 이와 같이 게이트 전압에 의해 증가되는 양자점 내의 연속적인 값의 유도 전하량이 소스로부터의 터널링 전자(기본전하 e로 양자화)에 의해 상쇄되어 에너지를 최소화하려는 현상이 게이트 전압에 따라 주기적으로 반복되게 되고, 이에 따라 게이트 전압 변화에 따른 드레인 전류의 주기적인 on/off가 가능하기 때문에 단전자 트랜지스터 구성이 가능해진다.

표 6-1 SET 소자의 장단점

장점	단점
스위칭 시간이 빠르다.	낮은 온도에서 작동한다.
집적도가 높다.	1 K의 에너지 차이가 커패시턴스 10^{-15} F의 차이에 해당된다.
소비전력이 낮다.	1 nm의 커패시터 간격을 가지려면 판은 0.5 μm이어야 한다.
장치가 튼튼하다.	안정된 작동을 하려면 크기는 더 작아야 한다.
소자구동 시 열 발생이 거의 없다.	50 nm의 간격의 금속 커패시터는 0.1 K에서 40분 이상 충전되어야 한다.

단전자 트랜지스터의 장단점은 표 6-1과 같고, 향후 연구에 따라 장점을 극대화한 신소자 개발이 가능할 것으로 기대된다.

6.2.1.2 1차원 나노재료를 기반으로 하는 전자소자

1차원 나노재료인 반도체 나노선이나 탄소나노튜브를 기반으로 하는 전자 소자 개발이 최근 관심을 끌고 있다.[15] 이 중 반도체 나노선은 전자와 엑시톤(exciton)을 효과적으로 수송하기 때문에 나노 전자 소자 개발에 사용될 수 있다.

대표적인 연구 사례로 미국 하버드 대학교의 Lieber 그룹은 반도체 나노선을 조합하여 전기적 특성을 제어할 수 있는 p-n 접합과 어레이를 만들었다.[16 17 18] 즉, 단결정 InP 나노선에 Te와 Zn를 도핑하여 n-과 p-형 InP 나노선을 형성하였으며, 그림 6-11에서 보여지는 것처럼 InP 나노선의 컨덕턴스가 n형과 p형 나노선에서 게이트 전압이 변함에 따라 서로 반대로 응답하는 특성을 보였다.

또한 Lieber 그룹은 Si 나노선을 이용하여 n^+형, n형 Si 나노선을 p형과 교차함으로써 n^+-p-n 바이폴라 접합 트랜지스터를 제작하였는데, 여기에서 나노선을 각각 채널과 게이트 전극으로 사용하였다(그림 6-12 참조). 이 방법은 나노선 FET 구조 기술이 진일보된 것으로

그림 6-11 도핑된 InP 나노선의 전기적 특성

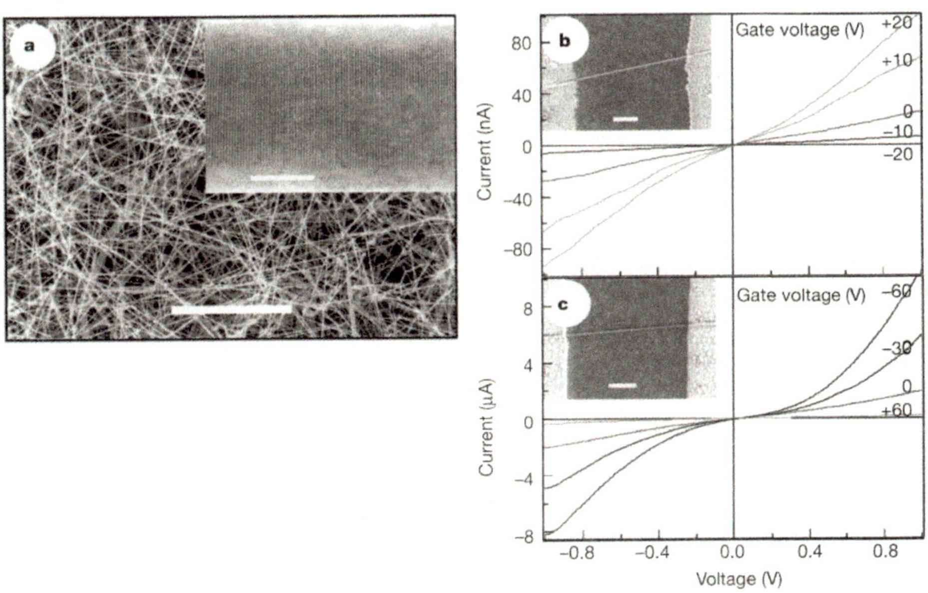

그림 6-12 p-type Si 나노선, n-type GaN 나노선 다중접합 어레이 및 FET

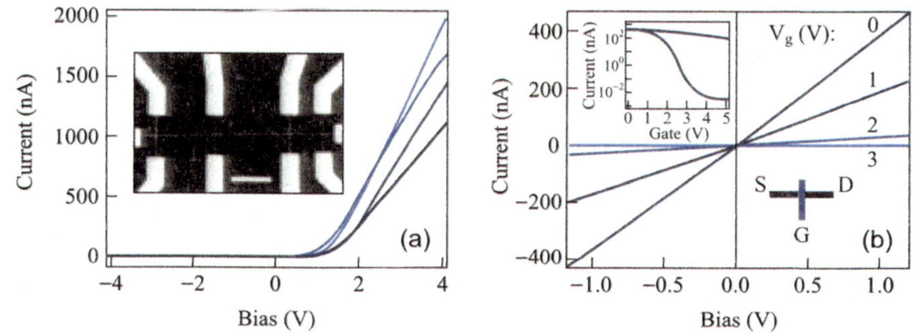

평가된다. 즉, 그동안 나노선 기반 FET는 금속 소스, 드레인, 게이트 전극을 기반으로 하며, 특히 게이트 전극의 경우 후면 게이트(back gate)나 국소적인 게이트를 구성하였는데, 이러한 구조는 금속전극 형성을 위해 고도의 리소그래피를 이용하여야 하기 때문에 현재 소자에 비교하여 큰 장점을 갖고 있지 않다.

또한, Si 나노선 소자에서 표면 패시베이션(passivation) 및 열처리를 통한 표면 산란으로 나노선 소자 성능의 저하를 최소화하고 전극의 접촉을 향상시키는 공정도 개발되었다.[19] 그 결과 Si 나노선의 전기 전도도와 전하 이동도가 평면형 반도체 소재인 SOI 기판을 활용한 FET와 비교하여 월등한 성능을 나타내었다. 이러한 결과 나노선 소자의 성능을 크게 향상시킬 수 있었다. 그림 6-13의 (a)는 패시베이션된 단일 나노선 FET 구조를 나타내고 있다. 이를 자세히 살펴보면 나노선은 SiO_x 껍질로 둘러싸여 있고 붕소(B)가 도핑된 단결정의 p형 Si 나노선이 FET의 채널로 사용되었으며 전자빔으로 각각 50 nm의 Ti/Au 전극을 형성하였다. 이후 전극 접촉의 향상을 위하여 RTA(Rapid Thermal Annealing)로 열처리하였고 표면의 산란으로 인한 Si 전도특성의 저하를 막기 위해 4-nitro-phenyl octadecanoate를 이용하여 안정한 Si-O-C의 결합을 표면에 형성하였다. 이럴 경우 그림 6-13 (b)에서와 같이 전류이득과 이동도는 전극 열처리와 표면처리에 의하여 크게 증가하였다. 특히 가장 높은 이동도와 평균이 각각 1350 $cm^2 V^{-1} s^{-1}$와 560 $cm^2 V^{-1} s^{-1}$로 나타났는데 이러한 값은 같은 도핑 정도의 벌크(40 $cm^2 V^{-1} s^{-1}$)와 비교하여 크게 증가한 값이다. 표 6-2는 SOI를 이용하여 제작된 최상의 MOSFET와 나노선 소자의 주요 특성을 요약한 것으로, 공정에 따라 나노선 소자의 성능이 크게 우수할 수 있다는 예를 보여준다.

한편, 최근 미국의 Nanosys사는 나노선 및 나노벨트를 기판 상에 배열하여 전도 채널로 이용한 박막트랜지스터(thin film transistor, TFT)를 개발하였다.[20] 이는 나노선의 향상된

그림 6-13 Si 나노선 FET 구조와 특성분석

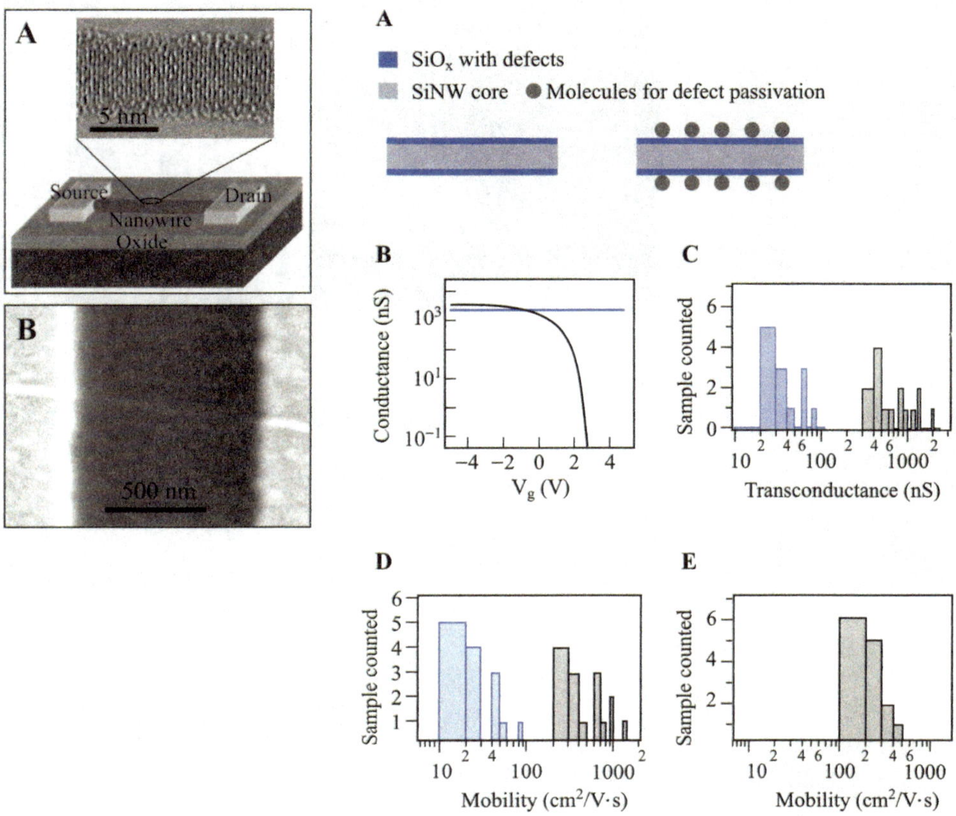

표 6-2 Si 나노선과 고품위 SOI FET 특성 비교

	nanowire raw data	nanowire coverted data	Planar Si device
gate length(nm)	800–2,000	50	50
gate oxide thickness(nm)	600	1.5	1.5
Mobility(cm^2/Vs)	230–1,350	230–1,350	
Ion(μA/μm)	50–200	2,000–5,600	650
Ioff(μA/μm)	2–50	4–45	9
subthreshold slope(mV/decade)	174–609	60	70
transconductance(μs/μm)	17–100	2,700–7,500	650

그림 6-14 나노선 TFT소자의 광학 사진[20]

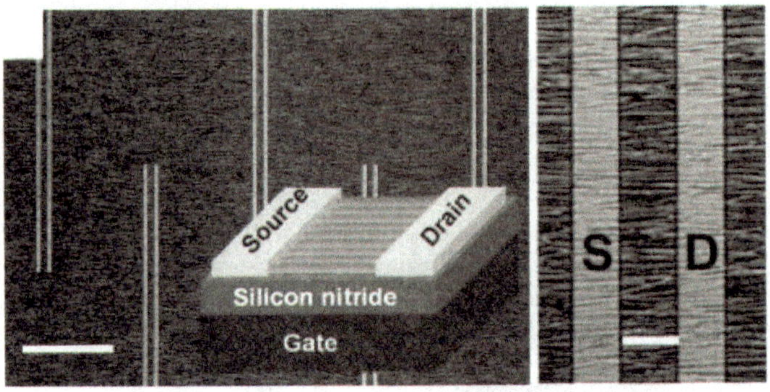

전기 전도 특성을 기존의 소자에 적용한 새로운 시도로 의미가 있다. 구체적인 방법을 살펴보면, 우선 레이저를 이용한 간단한 열화학 증착법을 이용하여 단결정의 Si 중심부와 비정질 SiO_2 외부 구조를 갖는 나노선을 합성하였다. 이렇게 합성한 나노선을 용액을 이용하여 게이트가 형성된 절연 기판상에 고밀도로 정렬하였다. 그림 6-14는 이렇게 만든 Si 나노선이 한 방향으로 분산되어 있는 나노선 박막의 구조를 보여주고 있다. 나노선은 4인치 Si 기판 크기로 분산되었고 리소그래피 공정을 통하여 Ti/Au를 전극으로 하는 소스와 드레인이 형성되었다. TFT는 간단한 형태의 후면 게이트(back gate)로서 Si 게이트 위에 유전막으로 Si_3N_4가 100 nm 두께로 사용되었다.

제작된 나노선 TFT는 드레인 전류(I_{DS}) 대 드레인-소스 전압(V_{DS})이 전형적인 축적(accumulation) 모드의 p채널 트랜지스터 성향을 나타내었다(그림 6-15). 트랜스컨덕턴스(transconductance)는 트랜지스터의 동작 및 증폭기나 논리회로 등의 전압이득을 결정하는

그림 6-15 나노선 TFT 소자의 특성

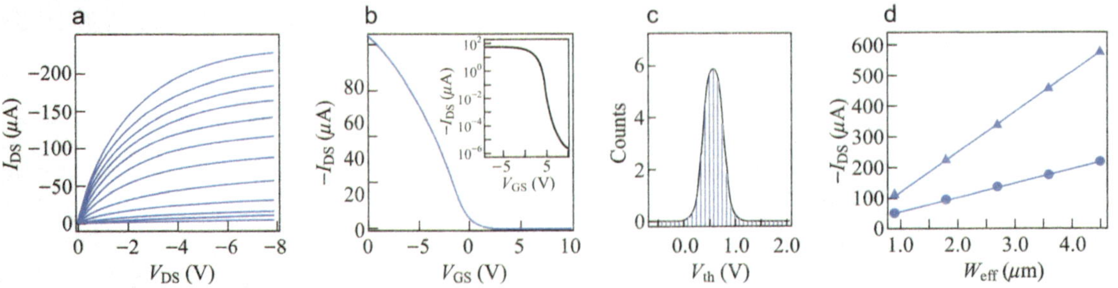

값으로 매우 중요한데, 나노선 TFT는 약 11 μS ($V_{DS} = -1$ V)를 나타내었다. 특히 나노선의 지름과 개수를 고려하여 일반화시킨 경우 컨덕턴스는 약 6 μS/μm이며, 이는 비정질 Si(<0.01 μS/μm)과 p-채널 다결정 Si TFT(약 0.2 ~ 0.8 μS/μm)를 훨씬 능가하는 성능이며 심지어 단결정의 p-채널 SOI(Silicon-On-Insulator) 트랜지스터(약 5 ~ 12 μS/μm^{-1})와 견줄만 하였다. 또한, 일반적인 MOS 트랜지스터의 모델을 통한 이동도는 약 119 $cm^2 V^{-1} s^{-1}$을 나타내었다. 이는 비정질 Si TFT(< 1 $cm^2 V^{-1} s^{-1}$)보다 상당히 큰 이동도를 보이고 있으며 현재 보고된 최고의 p-형 다결정 Si TFT(약 120 $cm^2 V^{-1} s^{-1}$)와 거의 비슷한 수치이다. 따라서 아직 공정이 최적화되지 않았다는 점을 고려하면 반도체 나노선 TFT 소자는 응용에 높은 잠재력을 갖고 있다는 것을 알 수 있다.

한편, 또 다른 대표적인 1차원 나노재료인 탄소나노튜브(carbon nanotube)는 구조에 따라서 반도체의 성질을 띠게 되는데,[21] Dekker 그룹에 의하여 처음으로 트랜지스터로서의 응용 가능성이 확인된 이후,[22] 전자소자로서의 응용 가능성이 활발히 연구되고 있다.[23 24 25] 그림 6-16은 Dekker 그룹에서 제작한 탄소나노튜브를 이용한 트랜지스터의 구조이다. 지름이 1.4 nm인 단층 탄소나노튜브를 사용하였으며, Si 기판 위에 SiO_2층을 형성하고 Pt 전극을 먼저 형성한 후, 이 위에 탄소나노튜브를 배치하여 트랜지스터를 제조하였다. 기본적으로 탄소나노튜브를 이용하여 제작된 트랜지스터의 전기적 특성은 p형 트랜지스터의 특성을 보였다.

최근에는 PMMA를 이용한 미세가공 기술과 O_2, K 등을 이용한 도핑 기술이 연구되면서 그림 6-17에서 보듯이 p형 및 n형 트랜지스터를 동시에 제작할 수 있게 되었으며, inverter,

그림 6-16 탄소나노튜브 트랜지스터의 단면 및 전기적 특성 그래프

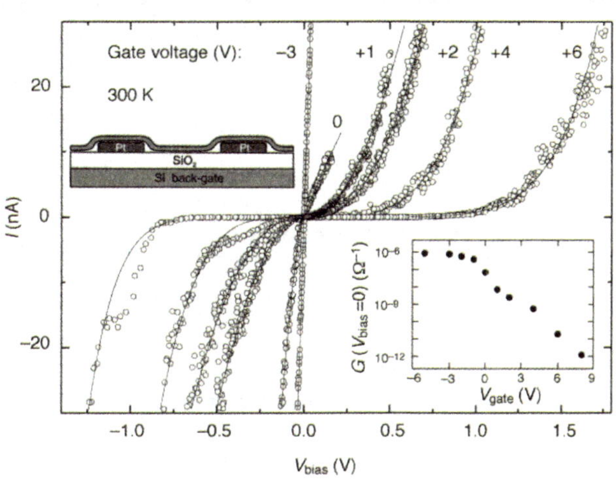

그림 6-17 진공에서의 열처리 및 PMMA를 이용한 미세가공과 산소 분위기에서의 노출을 통한 n형, p형 트랜지스터의 제작 및 이를 이용하여 제작한 인버터 특성

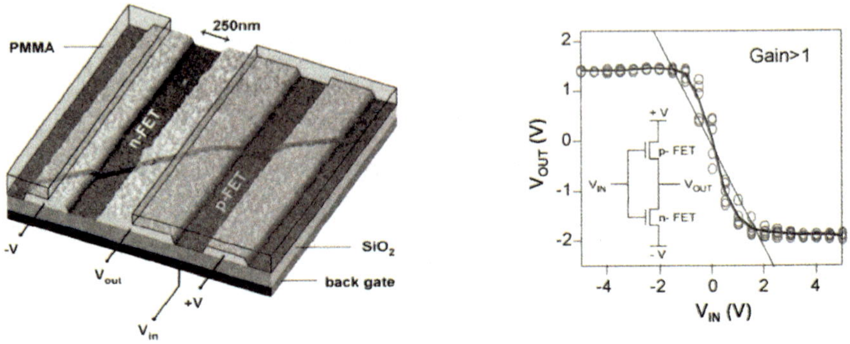

(a) Inverter의 개략도 (b) Inverter의 특성 곡선

OR, AND 및 NOR와 같은 논리회로가 제작되고 있다.[26]

한편, 탄소나노튜브를 이용하여 트랜지스터를 제작할 경우에는 적절한 밴드갭을 가지는 나노튜브의 선택과 기판 위에서의 탄소나노튜브의 규칙적인 정렬 등 해결해야 할 문제점들이 있다.

반도체 나노선이나 나노튜브는 소자로 개발하기 위한 큰 잠재력을 갖고 있지만, 해결해야 할 과제들이 많이 남아 있는 것도 사실이다. 즉, 상향식 방법을 기반으로 하는 보다 새로운 구조의 설계기술과 이를 뒷받침할 수 있는 제조, 성장 제어 및 공정 기술이 필요하다. 그럼에도 불구하고 반도체 나노선이나 나노튜브를 소자화할 경우 하향식 방법에 기인한 현재의 기술에서 예고되는 있는 기술적인 한계를 능가하는 고성능의 소자를 개발할 수 있을 것으로 예상된다.

6.3 나노재료의 기계적 응용(Mechanical properties)

나노재료의 경우 기존의 재료에 비해 입자의 크기가 감소함에 따라 결정립계(grain boundary)의 부피비, 삼중점(triple junction) 등이 변하기 때문에 기존의 재료와는 다른 기계적 성질이 예상된다. 현재까지 나노입자로 구성된 재료의 경도, 강도, 내마모 특성 등과 같은 기계적 특성 변화에 대해서는 많은 주장이 제기되고 있다. 특히 나노입자로 구성된 재료

의 경우 재료 내부의 공극률(porosity), 결정립 크기(grain size) 등의 인자에 의해 기계적 특성이 좌우되지만, 본 장에서는 주로 결정립 크기가 기계적 성질에 미치는 영향에 대해서 다루고자 한다.

6.3.1 강도와 경도(Strength and Hardness)

재료의 기계적 특징은 소재 내부의 결정립의 크기에 따라 변하게 된다. 일반적으로 알려진 바와 같이 다결정으로 이루어진 재료의 강도는 결정립 크기의 제곱근에 반비례하여 증가한다(Hall-Petch 식).[27] 즉 입자크기가 작을수록 전위(dislocation)의 전파가 힘들어지므로 다결정질 소재의 강도가 증가하게 된다(그림 6-18(a)). 하지만, 결정립의 크기가 임계점 이하의 크기로 감소할 시에는 일반적인 거동에서 크게 벗어나는 inverse Hall-Petch 현상이 나타나게 된다(그림 6-18(b)).[28]

이러한 inverse Hall-Petch 효과는 기존의 소성변형기구(전위 전파)로는 설명이 힘들기 때문에 임계점 이하의 나노 결정립에서의 새로운 소성변형 모델이 제시되었다. Hahn 등은 나노 영역에서의 inverse Hall-Petch 효과를 설명하기 위해, 결정립계 미끄러짐(grain boundary sliding) 모델을 제시하였다.[29] 즉 나노 영역에서는 전위 전파에 의한 소성변형기구와 결정립계 미끄러짐 기구가 경쟁적 관계를 이루고, 전자가 우세할 경우는 Hall-Petch식을 따르는 반면 후자가 우세할 경우는 inverse Hall-Petch 효과가 나타난다고 하였다. 반면

그림 6-18 (a) 입자 크기가 마이크론 영역일 때의 Cu소결체의 hardness변화 거동(Hall-Petch), (b) 입자크기가 나노 영역일 때의 hardness 변화(Inverse Hall-Petch).[28]

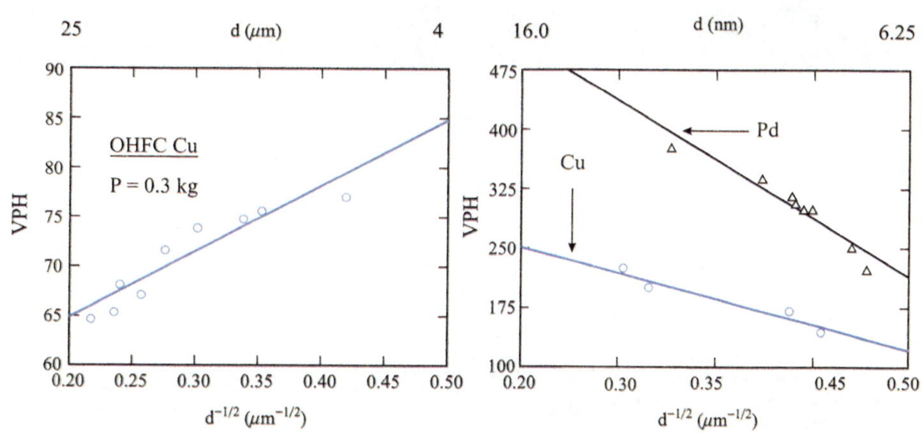

결정립 내부의 특성(bulk)과 결정립계의 상(phase)이 상호작용하여 강도 거동을 결정한다는 혼합모델도 제시되고 있다.[28]

6.3.2 마모 특성(Tribological properties)

일반적으로 내마모 특성이 요구되는 재료는 그 사용 환경이 고온, 고압의 혹독한 환경이기 때문에 기존의 재료의 특성을 향상시키고자 하는 노력이 지속되고 있다. 특히, 최근 들어서 나노 입자가 내마모 특성에 미치는 영향에 대한 연구가 많은 각광을 받고 있다. 재료의 내마모 특성은 주로 강도(strength) 및 경도(hardness)와 비슷한 경향을 보이며, 입자 크기가 감소함에 따라 내마모 특성이 향상된다.[30] 한 예로, Ni의 입자 크기가 90 μm에서 13 nm로 감소함에 따른 내마모 특성은 입자의 크기가 감소됨에 따라 마모율이 감소하였으며, 마이크론 크기 입자의 경우 마모평가가 진행됨에 따라 마모율이 계속 증가하는 반면 나노 크기의 입자는 일정한 마모 특성이 유지되는 것을 확인할 수 있다(그림 6-19).[31] 또한, Zn의 입자크기가 감소함에 따라 마모율이 감소하고 경도가 증가하는 결과가 보고되었다(그림 6-20).[32] 이러한 마모에 대한 나노입자의 우수성은 금속 재료 뿐만 아니라 세라믹 재료에서도 나타난다. 내마모 재료로 널리 알려져 있는 ZrO_2(Y-TZP)의 경우에서도 금속 재료와 비슷한 거동이 확인된다[(그림 6-19)(b)]. ZrO_2의 경우에서는 수백 nm에서 수 μm까지 비슷한 마모율을 나타내지만, 임계크기 이하(약 200 nm)에서부터 마모율이 급격히 감소한다. 또한, ZrO_2외에도 Al_2O_3에서도 입자 크기의 감소에 따라 마모율이 감소하는 것이 확인되었다.[33]

그림 6-19

(a) nickel 입자 크기에 따른 내마모 특성[31]과 (b) 산화물 소결체(Y-TZP)의 입자 크기에 따른 내마모 특성

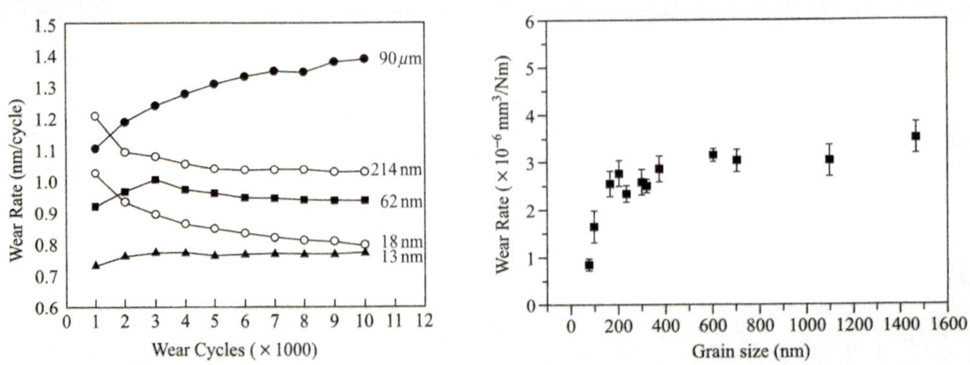

그림 6-20

Zinc의 입자 크기 변화에 따른 마모율 변화[32]

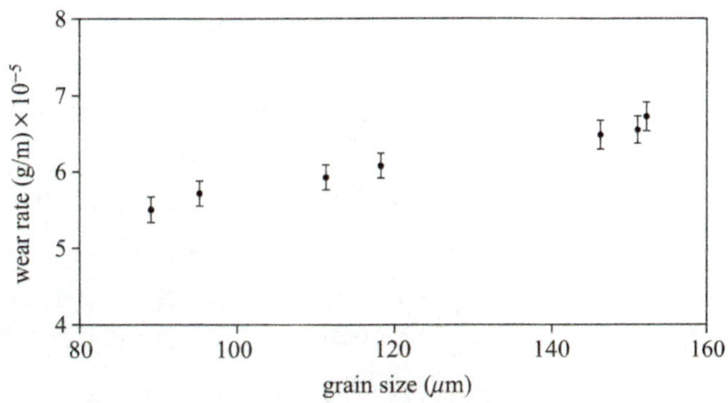

위와 같은 금속 산화물의 단일 성분 뿐만 아니라 복합체에서도 입자 크기의 감소에 따른 내마모 특성 향상이 나타나며, WC-Co 복합체의 경우 WC의 입자 크기가 70 nm 크기로 감소함에 따라 내마모 특성이 2배 이상 증가한다.[34]

6.3.3 초소성(superplasticity)

초소성(superplasticity)이란 Ni, Mg, Al 계열 등의 금속 합금 재료 혹은 Si_3N_4, Al_2O_3, ZrO_2 계열 등의 세라믹 재료가 0.5 T_m 이상의 온도에서 예외적으로 큰 인장늘림(tensile

그림 6-21

Superplasticity를 보이는 세라믹 재료의 strain-stress curve[35]

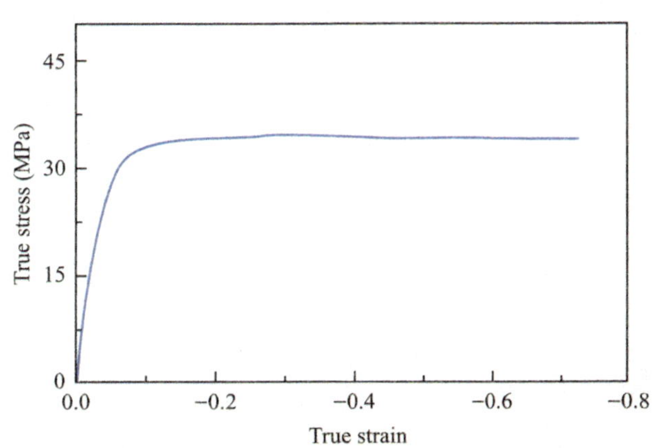

그림 6-22 Ni, Al, Ni_3Al의 초소형 변형[40]

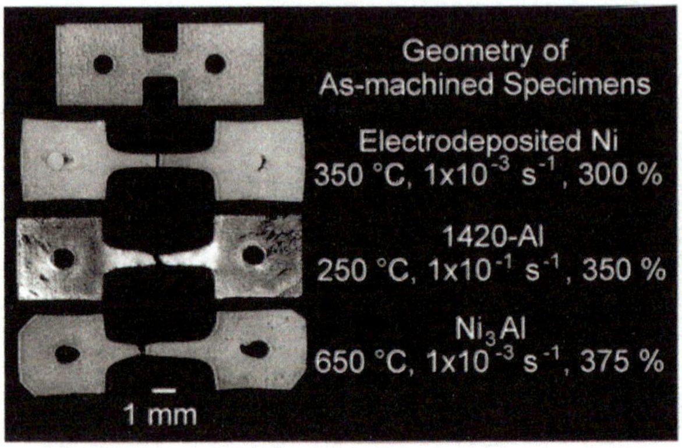

elongation)을 보이는 현상을 말한다(그림 6-21).[35 36 37] 초소성을 보이는 재료의 예로 Al 합금은 490℃에서 400%가 넘는 늘림현상(elongation)이 관찰되었으며,[38] Ni, Al 금속 및 합금에서도 300% 이상의 늘림현상이 관찰되었다(그림 6-22).[39 40] 또한 세라믹 재료로는 Y-TZP가 1,200℃가 넘는 온도에서 800% 이상의 늘림현상이 관찰되었다.[41]

특히 세라믹 재료는 취성을 갖는 재료이기 때문에, 이러한 소성변형을 갖는 것이 큰 장점이 될 수 있으나, 대부분의 경우 약 $10^{-5}s^{-1}$ 정도의 낮은 변형속도(strain rate)를 갖기 때문에 변형속도를 높이고자 하는 노력이 지속되고 있다. 일반적으로 초소성 변형(superplastic deformation)은 결정립계 미끄러짐에 의해 일어난다고 알려져 있는데, 이때 결정립 이동보다 확산 혹은 전위의 이동이 느릴 경우 파괴(fracture)의 원인이 되는 공동(cavities)이 생성된다. 하지만, 결정립 크기를 줄이게 되면 accommodation 길이가 짧아져, 변형속도를 높일 수 있다.[42 43] 또한, 입자의 성장을 억제하기 위해 좀 더 낮은 온도에서의 소성변형이 추구되고 있는데, 마이크론 크기의 입자를 가지는 재료에 비해 나노 크기의 입자를 가지는 재료에서 더 낮은 온도조건에서 소성변형을 보이는 것이 관찰되었다.[44] 이런 이유로 입자의 크기를 나노 크기까지 줄이려는 연구가 활발히 진행되고 있으며 동시에 소성변형 과정에서의 입자의 성장을 합금이나 나노 크기의 첨가물을 통해 억제하는 것에 대한 연구 또한 진행되고 있다.[45]

6.3.4 나노복합체(Nanocomposite)

최근 세라믹 물질이 많은 주목을 받으면서, 세라믹 물질에 있어서 미세구조의 조절에 의한 기계적 특성의 향상이 추구되고 있다. 하지만 이러한 방법은 고온에서의 기계적 특성 등에 아직 문제점이 남아 있어 미세복합체(microcomposite), 나노복합체(nanocomposite)의 합성을 통한 방법이 새롭게 모색되고 있다. 이 중, 세라믹 나노복합체는 크게 intragranular nanocomposite, intergranular nanocomposite, nano/nanocomposite의 세 종류로 나눌 수 있다(그림 6-23).

먼저 미세복합체(microcomposite)는 구형, 판상형, 침상형 등의 마이크론 크기의 입자를 결정립계에 분산시키는 방법으로 이를 통해 기계적 특성을 향상시킬 수 있다. 하지만, 미세복합체(microcomposite) 방법으로는 전체적인 기계적 특성을 충분히 향상시킬 수 없기 때문에, 보다 더 큰 기계적 특성의 향상을 가져올 수 있는 방법이 요구되고 있다.

Intragranular 혹은 intergranular nanocomposite 합성을 통해서는 상온에서의 강도(strength), 인성(toughness) 등의 특성이 향상된다. 그 예로, Al_2O_3/SiC 나노복합체는 Al_2O_3 결정립에 SiC 입자를 분산시킴으로써 Al_2O_3에 비해 3배 정도의 강도 증가를 보인다. 이는 모체(matrix grain) 안에 있는 나노크기의 입자가 균열모드(fracture mode)를 transgranular와 intergranular의 혼합 형태에서 transgranular 형태로 완전히 전환시키기 때문인 것으로 보고되고 있다.[46]

특히 최근에는 SiC, Al_2O_3를 비롯한 세라믹 재료에 탄소나노튜브를 첨가하여 경도(hardness), 파괴 인성(fracture toughness) 및 마모 특성을 강화시키는 방법의 연구가 진행되

그림 6-23 세라믹 나노복합체의 분류[46]

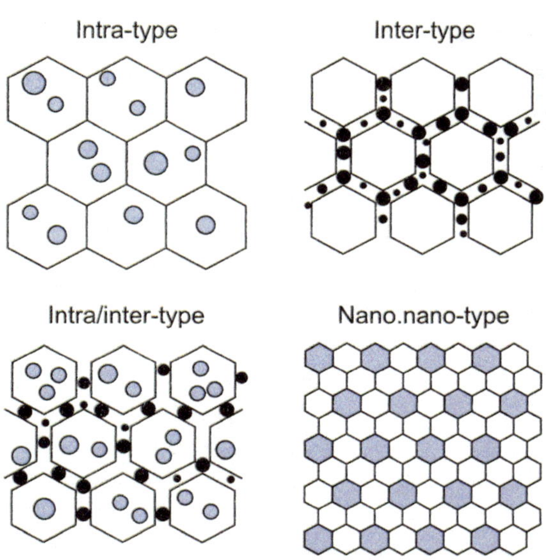

그림 6-24

SEM 사진을 통한 crack 부분에서의 CNT와 Al_2O_3 연결 모습[51]

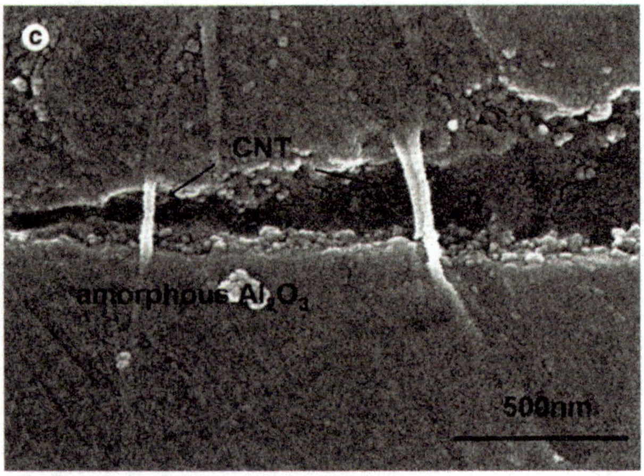

고 있다. 이 방법은 탄소나노튜브와 세라믹 재료의 모체(matrix) 간의 결합을 통해 탄소나노튜브의 힘 전달 기구(load transfer mechanism)와 브리징 기구(bridging mechanism)를 통한 경도 및 파괴 인성의 향상을 유도한다고 알려져 있다.(그림 6-24)[47 48] 하지만, 세라믹 모체에서의 탄소나노튜브의 균일한 분산의 어려움과 탄소나노튜브와 세라믹 모체 간의 결합이 약해지는 현상으로 인해, 기계적 특성이 크게 향상되지 않거나 오히려 저하되는 경우도 발생한다.[49 50]

그림 6-25

Si_3N_4/SiC nanocomposite에 대한 파괴강도의 온도 의존성[52]

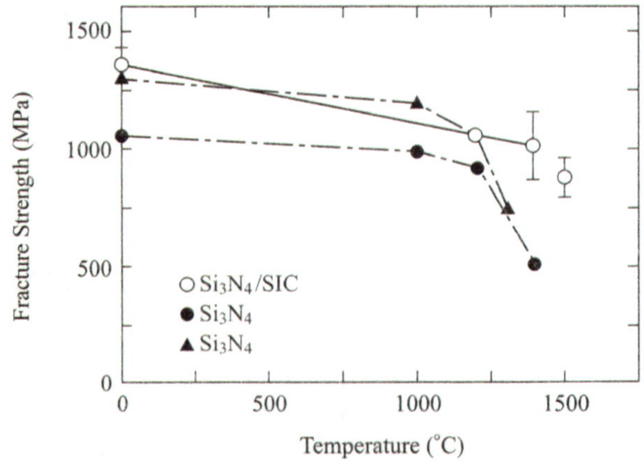

그림 6-26 Si_3N_4/SiC nanocomposite에 대한 Superplastic 변형 (a) 변형 전 (b) 변형 후[52]

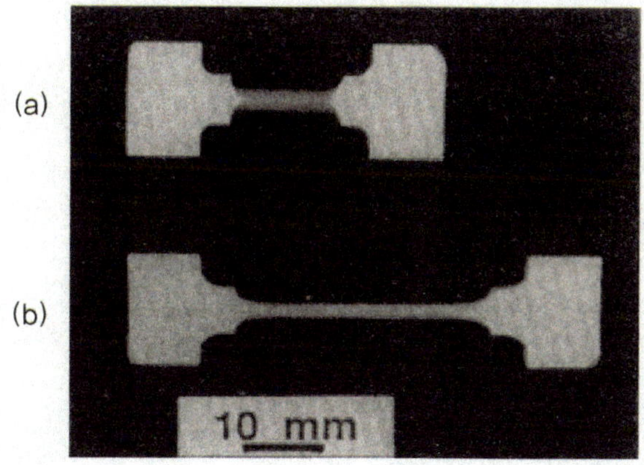

따라서 나노복합체 내에서의 탄소나노튜브의 분산과 탄소나노튜브와 세라믹 모체 간의 결합을 향상시키는 방법이 중요시되고 있으며, 이를 위해 분자수준에서의 결합을 유도하는 방법이 연구되고 있다.[51]

한편, 나노복합체는 고온에서도 향상된 기계적 특성을 보이는데, Si_3N_4/SiC 나노복합체의 경우 Si_3N_4과 비교해 1,400°C 정도의 높은 온도에서도 비교적 높은 파괴 강도를 유지한다(그림 6-25). 이는 나노 크기의 SiC 입자들이 결정립계에 존재하여 Si_3N_4 입자와 결합하는데, 이 강한 결합이 높은 온도에서 발생하는 결정립계 상의 연성화에 의한 균열 성장을 감소시키기 때문인 것으로 알려져 있다. 더불어 이러한 복합재료는 고온에서 크리프(creep) 현상을 감소시키는 효과를 얻을 수 있는데, 이는 모체 안의 SiC 입자에 의한 전위 고정(dislocation pinning) 현상 때문인 것으로 알려져 있다.[52]

한편, 나노 크기의 서로 다른 결정립으로 합성시키는 나노복합체의 경우, 기계가공성이나 초소성 등의 새로운 특성을 보이는 것으로 보고되고 있다[52](그림 6-26).

6.4 나노재료의 바이오 응용

나노재료의 바이오 응용은 소량으로 고부가가치의 제품을 대량 생산할 수 있다는 점에서 가장 산업화에 근접한 분야라고 할 수 있다. 현재 다양한 나노재료의 바이오 응용이 센서, 이미징, 치료제, 분리, 세포배양, 약물전달체의 용도로 연구되고 있으며 이미 산업화가 이루어진 분야도 상당수 존재한다. 또한, 바이오 응용 분야에서는 전자소자와 달리 나노재료의 배향에 대한 조건이 없거나 까다롭지 않기 때문에 산업화에 유리하다. 물리/화학적인 특성에서 볼 때 나노재료의 광특성과 전기적 특성은 주로 바이오센서 또는 세포 이미징을 위한 목적으로 이용되고 있고, 자기적 특성은 MRI의 조영제나 바이오물질의 분리의 용도로 사용되고 있다. 고분자나 리피드(lipid)와 같은 연성재료는 약물의 전달체, 세포배양을 위한 지지체와 같은 응용이 일반적이라 할 수 있다.

6.4.1 금속 나노입자의 표면 플라즈몬 공명(Surface plasmon resonance of metallic nanoparticles)

나노입자의 바이오 응용에서 대표적인 것은 플라즈몬(plasmon)을 이용한 바이오 센서 개발이며, 이는 금속 나노입자의 표면 플라즈몬 공명에 그 기반을 두고 있다.

표면 플라즈몬 공명은 외부에서 전자기파가 금속 표면에 도달할 때 나타나는 금속 표면 전자구름의 집단적인 움직임에 기인한다. 이러한 특성은 표면의 최상층에 전자 구름이 있어야 하므로 산화막이 없는 귀금속(Au, Ag, Pt, Pd) 등에서 나타난다.[53] 또한, 반도체 중에서도 많은 도핑으로 큰 전도성을 갖는 경우에는 동일한 현상을 관찰할 수 있다.

금속의 표면에서는 전자기파의 영향이 5 nm 정도 깊이에 머물러 있기 때문에 전자구름의 집단이동이 그림 6-27(a)와 같이 금속의 표면에서만 발생하며, 전자기파의 진행방향으로 전자구름의 집단이동이 존재하므로 표면 위에서 국부적인 파동이 발생하게 된다. 이것을 표면 플라즈몬 공명(surface plasmon resonance, SPR)라고 부른다. 금속이 나노미터 단위의 크기로 작아지게 되면, 금속의 전자구름 전체가 외부 전자기파에 의해 영향을 받기 때문에 planar SPR에 비해서 훨씬 강한 국부 전기장을 만들어 낼 수 있게 된다. 또한, 나노입자의 크기가 작아지면 자유전자가 진동(oscillation)할 수 있는 공간이 작아지므로, 그림 6-27(b)와 같이 전체적으로 에너지가 높아지게 되어 공명을 일으킬 수 있는 외부 전자기파의 파장이 짧아진다.[54] 나노입자의 경우에 전하는 금속과 유전체(dielectric)와의 계면에 존재하게 되며, 강한 국부적인 분극을 발생시키기 때문에 입자의 계면에서는 입자에서 거리가 먼 곳에서 외부 전자기파를 받는 것에 비해 100 ~ 10,000배의 전자기파를 경험하게 된다. 만일 나노입자의 주위에 스펙트럼을 줄 수 있는 인자가 존재한다면 나노입자의 표면에서 발생하는 전자기파에 의해 스펙트럼의 강도가 크게는 수천 배까지 증가한다. 이러한 특성을 이용한 것이 surface enhanced Raman spectroscopy(SERS)와 surface enhanced fluorescence, surface

그림 6-27 금속 표면과 나노입자에서의 surface plasmon resonance 비교

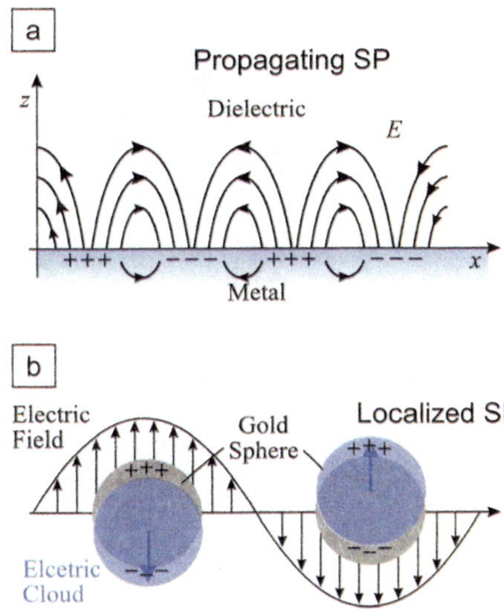

enhanced second harmonic 등이다. 이때 나노입자의 표면에 어떤 물질이 흡착되느냐에 따라 SPR 특성이 많은 차이를 가질 수 있으며, 이를 이용하면 파장의 변화가 색의 차이로 감지되는 비색센서(colorimetric sensor) 등을 개발할 수 있다.[55]

금속 나노입자의 SPR 발광특성을 이용하여 센서를 구성하고자 할 때는 감지하고자 하는 파장을 자유롭게 변조해 줄 필요가 있다. 그런데 가시광선 영역에서는 색 변화를 통해 육안으로 센서의 신호를 감지할 수 있는 반면, 몸에서 흡수가 잘 일어나기 때문에 *in-vivo*에는 사용할 수가 없다. 반면, 근적외선 영역의 파장은 육안으로 확인은 어렵지만, 피부층을 통과할 수 있기 때문에 *in-vivo* 용도로 사용이 가능하다.

SPR의 파장은 나노입자의 크기뿐만 아니라, 나노입자의 모양 및 구조에 의해서도 많은 영향을 받는다. 특히 Au 입자는 생체친화성과 안정성, 합성의 용이성 때문에 많은 주목을 받아 왔으며, 현재 Au 입자와 나노선에 대해서는 다양한 구조들의 합성이 가능한 상태이다. 일반적으로 가시광선 영역에서는 Au 입자가 많이 사용되고 있고, 근적외선의 SPR을 위해서는 속이 빈 구조에 대한 연구가 많이 이루어지고 있다. 그림 6-28에서 보듯이 Au 나노입자가 hollow cage로 변해감에 따라 SPR 파장은 긴 파장대로 옮겨감을 확인할 수 있다.

한편 Au 나노입자는 초기에 색의 변화를 육안으로 확인하는 센서 개발에 활용되었다. 한 예로 그림 6-29에 보이는 것처럼 DNA a와 b가 Au 나노입자의 표면에 붙어 있을 때, Au 나노입자의 SPR에 의한 색은 붉은색이었다. 여기에 링커(linker) DNA a′b′를 용액 안에 넣어주게

그림 6-28 Ag 나노입자와 Au hollow 나노입자의 SPR 특성 변화

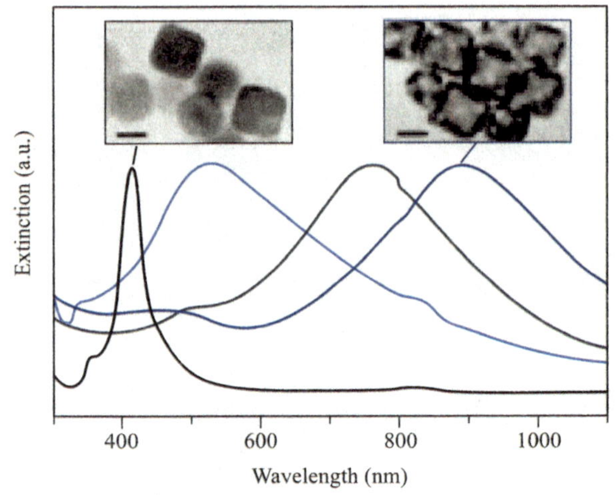

그림 6-29 Au 나노입자를 이용한 colorimetric 센서

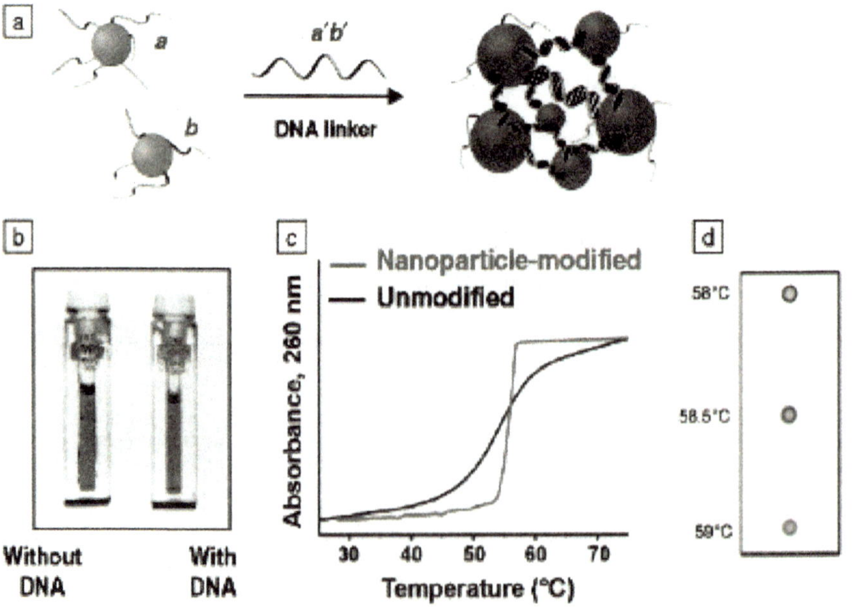

되면 나노입자들이 링커 DNA에 의해 서로 네트워크를 형성하게 되는데 이때 네트워크 형태로 연결된 나노입자의 SPR 특성은 푸른색의 파장을 띠게 되어 링커 DNA의 존재를 확인할 수 있다. DNA에 의한 커플링(coupling)이 온도가 올라가 풀어지면 원래의 붉은색으로 돌아가게 된다.[56]

비색(colorimetric) 센서는 육안으로 확인할 수 있다는 점에서 편리하다는 큰 장점이 있으나, 육안으로 nM 이하의 저농도를 확인하는 것은 힘들다. 이를 극복하기 위한 방법으로 SERS 센서를 사용할 수 있다. 센서의 준비과정은 그림 6-30과 같다. 먼저 Au 입자의 표면에 라만 염료(dye)를 붙인 후에 Au 입자의 표면에 기판의 DNA와 커플링을 이룰 수 있는 DNA로 표면처리를 한다. Au 입자 용액을 기판 위에 흘려주면 Au 입자가 기판에 흡착된다. 여기에서 샘플이 pH = 3.8의 하이드로퀴논(hydroquinone) 수용액 안에 들어가 있는 상태에서 $AgNO_3$를 넣어주면 Au 나노입자의 표면에 Ag 나노입자들이 형성된다. 두 금속 나노입자가 서로 가까울 경우 두 입자에서 발생한 SPR이 서로 커플링을 이루어 훨씬 강한 전자기파를 발생시키기 때문에, 두 입자가 독립적으로 존재할 때에 비해서 라만 염료의 스펙트럼을 강하게 만들어 줄 수 있다. Mirkin 그룹에서는 이런 방법을 사용하여 fM 수준까지 검출이 가능하다는 보고를 하였다. 따라서 검출하고자 하는 생체분자(biomolecule)의 종류에 따라 서로 다른 라만 염료를 금 입자의 표면에 부착시켜 놓으면, 염료의 스펙트럼 분석을 통해 정확하게 타겟(target) 분자가 무엇인지 알아낼 수 있다.[57]

그림 6-30 SERS에 이용하기 위하여 Au 나노입자에 Ag 나노입자를 코팅하는 방법

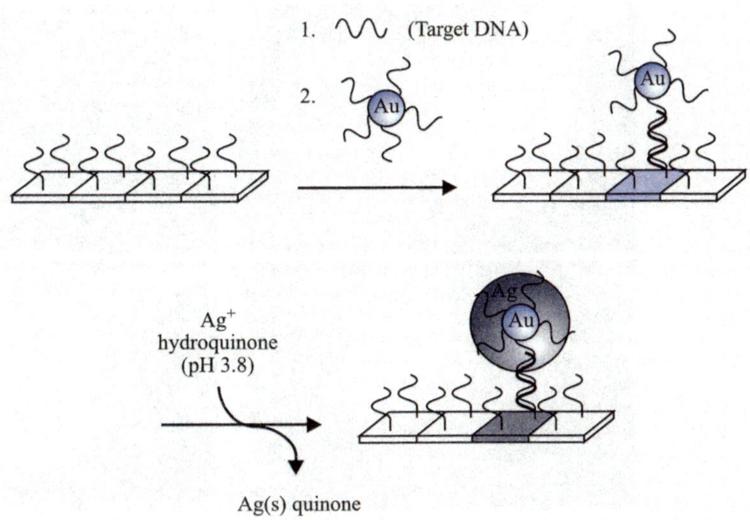

6.4.2 바이오 이미징을 위한 형광 양자점(Luminescent QDs for biological imaging)

양자점은 양자효과를 나타낼 수 있는 크기의 나노입자를 의미하는 것이나 금속의 나노입자의 경우에는 1 nm 이하 수준의 아주 작은 입자의 경우에만 양자효과를 기대할 수 있기 때문에 통상 양자점은 반도체 나노입자를 지칭할 때가 많다. 특히, 형광 반도체 나노입자를 의미하는 경우가 대부분이므로 이 장에서도 이와 동일한 의미로 한정 지어서 QD라는 용어를 사용하도록 하겠다.

보통으로는 CdS, CdSe, CdTe, ZnSe, InP, InAs 나노입자들이 주로 사용된다. QD는 엑시톤(exiton)의 재결합 과정에서 강한 형광을 나타낸다. 최근 합성기술의 발달로 균일한 크기의 입자를 합성할 수 있게 되면서 FWHM(full width at half maximum)이 10 nm 내외의 아주 좁고 밝은 형광을 가질 수 있게 되었다. 형광 특성은 나노입자의 크기와 종류를 조절하여 쉽게 변조가 가능할 뿐만 아니라, 코팅과 같은 보호막을 통해 양자효율(quantum efficiency)을 크게 향상시킬 수 있다. 또한, 표면화학의 발달로 나노입자의 표면에 다양한 종류의 작용기를 붙일 수 있게 되면서 세포나 기관의 원하는 곳에 나노입자를 위치시킬 수 있게 되었다. 바이오 이미징에서 QD가 갖는 가장 큰 장점은 유기물 염료나 형광단백질에 비해 훨씬 뛰어난 안정성 때문이라

그림 6-31 FITC 유기 dye와 QD의 형광 안정성 평가

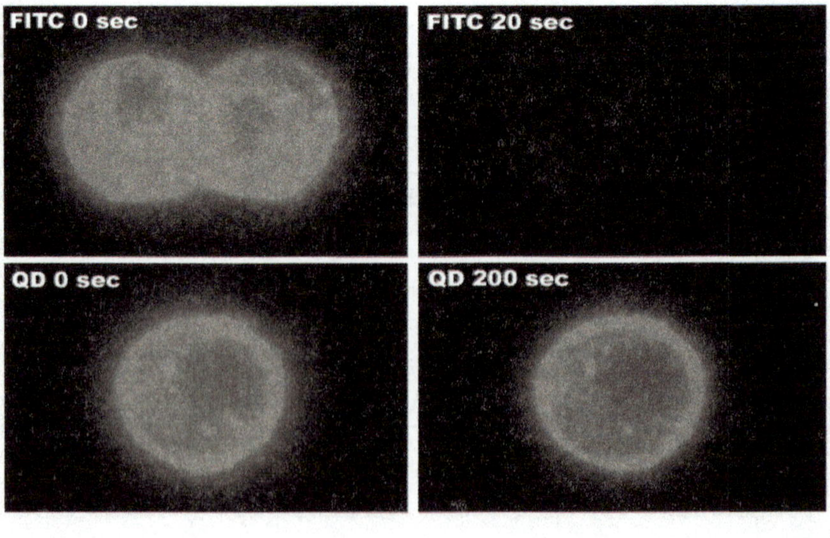

할 수 있다. 그림 6-31의 결과와 같이 QD의 안정성은 보통 유기 염료의 안정성에 비해 100-200 배 안정적인 것으로 보고되었다.[58]

QD을 바이오 이미징으로 사용하기 위해서는 우선 물에 분산될 수 있어야 하며 생체친화성을 가져야 한다. 하지만 나노입자의 합성이 유기용매에서 진행되기 때문에 합성된 나노입자의 표면은 소수성의 특성이 있다. 이러한 표면 특성을 극복하기 위해서 여러 가지 방법이 사용되고 있다. 첫 번째 방법은 나노입자의 표면에 붙은 TOPO 분자를 mercaptopropyl trimethoxysilane(MPS)과 반응시켜 치환한 후에, 졸-겔 방법을 사용하여 실리카를 코팅하는 것이다. 실리카를 코팅할 때는 암모니아와 같은 염기성 촉매를 사용하며 과포화도가 너무 높지 않게 유지해 실리카 입자가 생성되는 것을 막아야 한다. 실리카 코팅이 완료되면 aminopropyltrimethoxysilane(APTMS)나 triethoxysilyl propyl urea 등을 실리카 표면에 반응시켜 친수성을 더욱 부여함과 아울러 추가적인 기능성을 부여할 수 있다. 또 다른 방법으로는 QD에 붙어 있는 유기물을 바로 oligonucleotide나 단백질과 같은 thiol 그룹을 가진 생체친화성 물질로 치환하는 것이다. 최근에는 고분자 합성의 발달로 QD의 표면에 바로 생체친화성 고분자 코팅을 할 수 있게 되었다. 고분자의 표면에는 아민(amin) 그룹이나 카로복실산(carboxylic acid) 그룹이 있어서 추가적인 기능성을 부여하기도 쉽다. 또한, 정전기적인 인력으로 음전하를 띤 나노입자에 양전하를 띤 단백질을 직접 코팅하기도 하며, TOPO로 코팅된 나노입자에 아민그룹을 갖는 polyacrylic acid(PAAc)를 이용하여 TOPO와 강한 소수성 반응을 갖게 하여 TOPO를 제거하지 않고도 친수성을 가질 수 있도록 조절할 수 있게 되었다.

이제까지 세포에 대한 *in-vitro* 이미징 뿐만 아니라 작은 동물에 대해서는 *in-vivo* 이미징까지 성공적으로 시도되었다. 한 예로 그림 6-32는 쥐에 대한 *in-vivo* 실험으로 각 나노입자의

그림 6-32 QD을 이용한 쥐의 형광 이미지

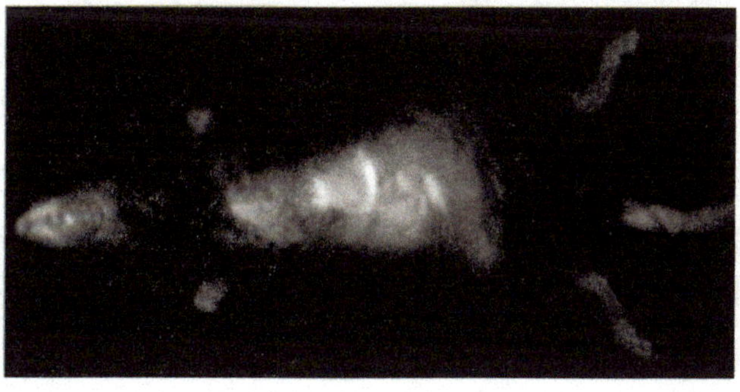

표면에 선택적인 반응기를 도입하여 나노입자의 위치를 조절한 예를 보여주고 있다. *In-vitro* 실험에 대해서는 QD의 사용이 많은 장점을 가지고 있으나, *in-vivo* 실험에 대해서는 아직 QD의 유독성에 대한 체계적인 연구 결과가 부족하기 때문에, 이러한 연구가 함께 진행되어야만 한다.

6.4.3 자성 나노입자의 초상자성(Superparamagnetism of magnetic nanoparticles) 응용

자성 입자에서는 보통 방향성을 가지고 자화된 자성 도메인이 외부 열에 의한 풀림이 발생하지 않기 때문에 아주 고온까지 온도가 올라가지 않는 이상 특정 방향으로의 자성 모멘텀을 유지하여 자석의 특징을 보유한다. 입자의 크기가 작아지면 자성도메인의 수가 감소하면서 외부 자기장의 방향으로 정렬된 자성 쌍극자(dipole)의 확률이 늘어나 자화도도 증가하게 된다. 그러나 입자의 크기가 아주 작아지면 정렬된 자성 쌍극자가 외부 열에 의해서 쉽게 풀리게 되어 정렬된 방향이 틀어지고, 나노 크기까지 줄어들게 되면 상온에서의 열에너지만으로도 자화된 쌍극자가 쉽게 풀리게 되어 전혀 방향성이 없는 상태로 돌아가게 된다. 이 상태가 되면 Hc(magnetic coercivity) 값이 0이 되는데, 이 의미는 외부 자기장을 걸었을 때는 자화되어 자성을 갖지만, 외부자기장이 없을 때는 전혀 자성을 갖지 않는다는 것이다. 이러한 특성을 초상자성(superparamagnetism)이라고 부른다. 초상자성이 나타나는 크기는 다음 식으로 표현된다.

$$r_o = (6k_BT/K_u)^{1/3}$$

온도가 증가하면 큰 입자에서도 초상자성이 나타날 수 있으며, 온도가 낮으면 입자가 작은 크기로 되어야만 초상자성이 나타날 수 있음을 알 수 있다. 또한, crystalline magnetoaniosotropy(K_u)의 값이 크면 작은 입자에서만 초상자성이 나타나고, K_u 값이 작으면 큰 입자에서도 초상자성이 나타난다. 초상자성의 정의가 온도에 따라 달라지기 때문에 통상 초상자성을 언급할 때는 상온에서의 특성을 의미하며 특별한 온도에서 초상자성을 의미하고자 할 때는 온도를 표시하는 것이 보통이다. 큰 K_u 값을 갖는 물질들을 강자성(hard magnets)이라고 부르고, K_u 값이 작은 자성 물질을 연자성(soft magnets)이라고 칭한다. 강자성의 경우에는 통상 r_c = 3~4 nm의 값을 가지며, 연자성 경우에는 r_c = ~20 nm의 값을 가진다. 강자성 물질의 대표적인 것들은 Fe, Ni, Co, FePt, CoPt와 같은 금속성 자석들이며, 연자성의 대표적인 물질은 Fe_2O_3와 Fe_3O_4와 같은 산화철이 있다.

한편, 산화철 입자는 금속 입자에 비해 바이오 응용에 여러 가지 장점이 있다. 우선 r_o의 값이 크기 때문에 10 nm 이상의 크기에서도 상온에서 초상자성을 가질 수 있다. 또한, 산화되어 있기 때문에 다양한 표면처리 및 다양한 코팅이 가능하고 유기물질을 쉽게 결합시킬 수 있어 바이오 재료로 쉽게 활용할 수 있다. 더욱이 이미 산화된 형태이므로 몸속에서도 비교적 불활성이어서 안정적이다. 이에 반해 금속성 자성입자는 크기를 정확히 수 나노급 이하로 제한하여야 한다는 부담이 있으며, 몸속에서 쉽게 산화되거나 부작용을 일으킬 가능성이 많다. 가장 심각한 문제는 몸속에 들어갔을 때 크기가 큰 입자가 존재하여 강자성을 가진다면 혈관벽에 적층되어 혈관을 막아버릴 수 있기 때문에 생체용으로 쓰기에는 적합하지 않다. 때문에 대부분의 바이오 응용 자성입자는 산화철에 국한되어 있다. 본 장에서도 자성입자를 산화철 나노입자에 국한하여 바이오 응용을 소개하고자 한다.[59]

자성입자가 바이오 분야에서 가장 먼저 응용된 것은 바이오분자나 세포의 분리 및 정제이다. 그림 6-33에 한가지 예를 보였다. 자성입자의 표면에 타겟으로 하는 바이러스와 결합을 하는 분자를 붙여 놓은 상태에서 용액에 분산시킨 후, 바이러스를 넣으면 바이러스와 자성입자의 표면이 결합하게 된다. 이때, 자기장을 걸어 자석을 분리하면 바이러스도 함께 분리된다. 이러한 개념의 바이오 물질 분리는 이미 많은 분야에서 이용되고 있다.

또한, 자성 나노입자는 자기영상조영제(magnetic imaging contrast agent)로 사용될 가능성으로 많은 집중을 받았다. 현재 조영제는 상자성(paramagnetism)을 갖는 Gd 킬레이트 화합물이 사용되고 있는데, 자성입자를 사용하면 더 정확하고 선명한 영상을 얻을 수 있을 것으로 기대되고 있다. 자성 조영제에는 두 가지 조영 방식이 있다. 현상적으로 볼 때, 조영제가 있는 부분이 상대적으로 밝게 보이는 방식과 어둡게 보이는 방식이 있는데 그렇게 보이는 이유는 각 조영제가 자성 쌍극자의 풀림에 미치는 영향이 상자성 물질을 사용할 때와 초상자

그림 6-33 나노입자를 이용한 바이러스의 분리

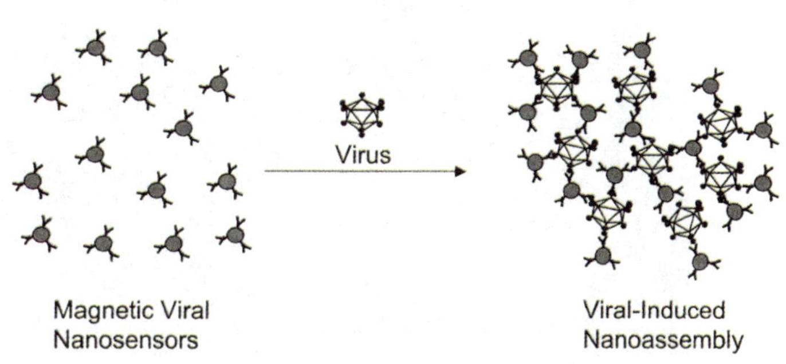

성 물질을 사용할 때가 서로 다르기 때문이다. 외부의 강한 자기장에 의해서 방향성을 갖는 자성 쌍극자를 수직 방향에서 펄스 자화를 시킬 경우 다시 원래의 자화 방향으로 풀리게 되는데, 이때 T_1과 T_2의 두 가지 풀림모드가 존재한다. T_1 풀림을 주로 짧게 만드는 상자성의 경우에는 밝게 나타나게 하고, T_2 풀림을 상대적으로 더욱 짧게 만드는 초상자성 입자의 경우에는 더욱 어둡게 만드는 효과가 있다. 초상자성 입자의 자화 강도에 따라 영상이 어두워지는 정도가 커지게 되나, 너무 큰 입자를 사용하면 강자성을 갖는 입자가 있을 수 있기 때문에 통상 10nm급 이하의 나노입자를 조영제로 사용한다.

자성 나노입자에 빠른 교류 자기장이 걸리면 입자는 자장에 의해 얻은 에너지를 일부는 열에너지로 일부는 회전운동으로 분산시킨다. 이러한 특성을 이용하여 특정부분에서 열대류를 일으키고자 할 때 자성입자를 활용할 수 있다. 한 예로 대형 스피커의 열을 분산시키기 위해 자성입자가 들어있는 용액을 사용하여 열판에서 열이 대류에 의해 쉽게 온도가 낮은 곳으로 이동할 수 있도록 하고 있다. 그런데 만일 자성입자가 어떤 표면에 고정되어 있을 경우에는 교류 자기장에 의해서 운동에너지로 해소할 수 없기 때문에 열에너지로 해소하게 되어 자성입자가 있던 곳에서는 열이 발생한다. 몸속의 정상세포와 종양 세포는 열에 대한 저항력에 차이가 있다. 일반적으로 정상세포는 46°C까지는 큰 손상이 없는 편이지만, 암세포나 부종과 같은 종양 세포는 42~43°C 정도에서도 세포의 파괴가 일어나게 된다. 이는 비정상적인 세포가 자라는 속도가 아주 빠르기 때문에 세포막과 지지체 등의 조직이 치밀하지 못해서 생기는 현상이다. 이러한 열에 대한 저항력의 차이를 이용하여 병을 치료하는 것을 발열요법(hyperthermia)이라고 한다. 일반적인 발열요법은 신체의 밖에서 열을 주면서 몸 안에 전달하기 때문에 고온의 열을 주어야 하므로, 정상세포의 일부 파괴 또한 피할 수 없다. 그러므로

그림 6-34 암세포가 키워진 쥐에 자성입자를 이용하여 hyperthermia 치료를 하기 전(좌)과 후(우)의 radiography

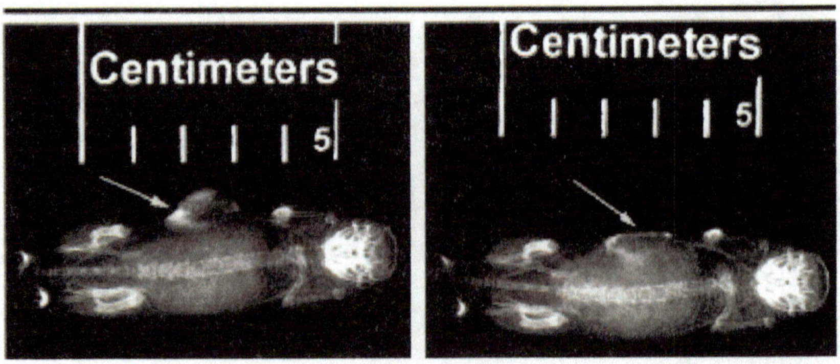

몸 안에서 국부적인 타겟 영역에서만 열을 가해 치료할 수 있다면 정상세포의 파괴 없이도 치료를 할 수 있는 길이 열린다. 여기에 자성 나노입자의 발열 특성이 이러한 해결책 중의 하나로 떠오르고 있다. 쥐의 간에 자성 나노입자를 위치시킨 후 교류 자기장을 걸어 거리에 따른 온도변화를 관찰한 결과에 따르면, 자성입자가 있던 곳에서는 43℃까지 올라가지만, 2 cm 이상 떨어진 곳에서는 평균 체온과 별다른 차이가 나타나지 않았다. 이를 이용하면 자성입자가 있던 곳의 세포들만 선택적으로 파괴시킬 수 있다. 그 실례로 그림 6-34의 결과는 쥐에게 암세포를 심어서 종양을 일으킨 후 발열요법으로 치료한 예이다. 화살표 부분이 종양을 키운 부분이며, 이곳에 자성 입자를 주입한 후 교류 자기장을 걸어 암세포만 선택적으로 파괴한 결과이다. 자성입자의 응용은 그 이외에도 약물전달체로의 사용과 같은 가능성을 가지고 있다. 비록 아직 확실한 안정성 테스트가 이루어진 것은 아니나, 활용가능성은 매우 큰 영역이라 할 수 있다.

6.4.4 나노선 기반의 바이오 센서(Nanowire based biosensors)

나노선에 전극을 연결하여 전류를 흘릴 경우 나노선이 갖는 넓은 비표면적 때문에 외부 환경에 따라 저항 변화가 나타난다. 예를 들어 p-type 반도체 나노선을 사용할 때 나노선의 주위에 양전하가 모이게 되면 반도체 나노선과 유전체 사이에서 반도체의 양전하가 밀려나게 되므로 전체적인 저항이 증가하게 된다. 반대로 나노선의 주위에 음전하가 모이면, 유전체와의 계면에 반도체의 양전하가 몰려들게 되어 전체적인 저항이 감소하게 된다. 나노선이 n-type이면 외부 전하의 존재에 대해서 반대의 현상이 생기게 된다. 트랜지스터의 기본 원리인 게이트 효과(gate effect)는 양전하나 음전하를 가지고 있는 바이오 분자를 검출하는 데 유용한 도구로 활용되고 있으며, 대부분의 반도체 나노선 기반 바이오 센서는 이런 게이트 효과에 근간을 두고 있다.

반도체 나노선을 이용한 pH 미터에 대한 이해는 나노선 바이오센서 구성을 이해하는 데 도움이 된다. Si 나노선은 표면에 생긴 자연 산화물층의 존재 때문에 표면에 반응기를 붙이는 것이 쉬워 초기부터 센서용 감지물질로 사용되어 왔다. 나노선의 표면에는 수산기(hydroxyl group)가 존재하는데, 산성 용액에서는 $-OH_2^+$를 형성해 양전하를 띠고, 염기성 용액에서는 H^+ 이온을 잃고 $-O^-$를 만들어 음전하를 띠게 된다. 따라서, p-type Si 나노선의 경우 게이트 효과에 의해 pH가 낮을 때는 전류가 감소하고, pH가 높을 때는 전류가 증가한다. Si 나노선에 amine-terminated silane 화합물을 붙여 놓으면, 낮은 pH에서는 NH^{3+}의 형태를 갖기 때문에 전류가 감소하고, 높은 pH에서는 O^-이온을 갖기 때문에 전류가 증가하게 된다. 이러한 게이트 효과를 이용하여 단일 나노선으로도 정밀한 pH 미터의 제조가 가능하다. 바이오 센서에서도 pH 미터와 동일한 원리가 적용이 될 수 있다. pH 센서와 동일하게 p-type Si 나노선을 검지 물질로 사용한다면, 나노선의 표면에 달라붙는 생체분자가 음전하를 띨 경우에는 전류가 증가하고, 양전하를 띨 경우에는 전류가 감소하는 경향을 보일 수 있다. 어떤 생체재료를 타겟으로 할 것인가는 나노선의 표면 처리를 통해서 선택적인 결합을 할 수 있도록 표면처리를 해 두어야 한다. 그림 6-35는 인플루엔자 바이러스가 Si 나노선의 표면에 달라붙었을 때 생기는 전류의 변화를 나타낸 것이다. 인플루엔자 바이러스는 양전하를 가지고 있기 때문에 전류값을 줄였다가 나노선에서 떨어져 나가면 다시 초기 전류값을 회복한다. 이러한 형태의 Si 나노선 바이오센서는 nM 농도의 수준까지는 문제없이 검출할 수 있다.[60] 그러나 제품화로 이루어지기 위해서는 극복해야만 하는 문제들이 있다. 센서의 감도는 fM 수준까지 내려가기도 하므로 큰 문제는 아니라고 보나, 생체분자에 대한 선택성은 아직 해결되지 못한 부분들이 많다. 또한, 동일한 합성을 통해서 만들어진 나노선이라 하더라도 전기적인 특성에 차이가 나기 때문에 모든 센서에 대해서 초기 조건을 다르게 잡아주어야만 한다는 것 또한 문제이다. 마지막으로 나노선은 부피 대비 표면적이 워낙 넓다보니 물질의 수명 측면에서는 단점이 될 수 있다. 즉, 나노선의 성능 저하에 대한 지속적인 보정을 해주어야만 한다는 문제가 발생하는 것이다. 이러한 문제를 해결하기 위해서 단일 나노선이 아

그림 6-35 인플루엔자 바이러스가 Si 나노선 바이오센서에 흡착 탈착될 때의 전류의 변화

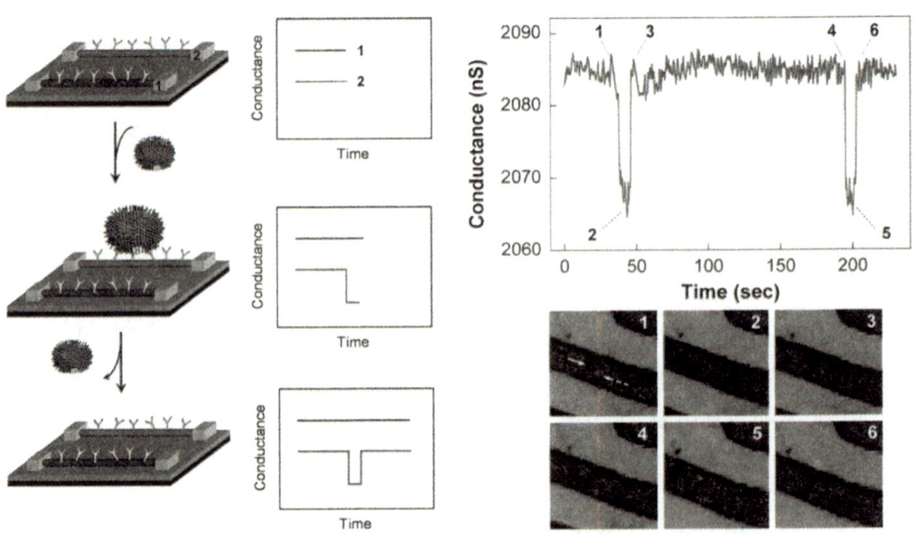

닌 나노선 다발을 검지 물질로 사용하기도 하지만, 위에서 언급한 문제들을 해결하기 위해서는 아직 많은 추가적인 연구가 필요한 상황이다.

반도체성 single wall-CNT(SW-CNT)를 이용한 바이오센서의 연구도 그동안 꾸준히 진행되어 왔다. 아직 논란 중에 있는 부분은 탄소나노튜브에서도 게이트 효과가 주된 센싱 기구인지에 대한 것이다. 최근의 연구 결과에서는 탄소나노튜브 자체는 센싱 능력이 크지 않고, 오히려 전극과 이루는 Schotky 접합부분이 센싱의 주된 인자라는 주장이 제시되었다.[61] 전반적으로 탄소나노튜브의 검지 능력은 반도체식 나노선의 검지 능력보다는 현격하게 떨어지는 것으로 나타났다. 그러나 탄소나노튜브가 갖는 유연성과 유기 물질과의 뛰어난 접착력은 무기 나노선에 비해 월등한 장점으로 플렉서블 소자(flexible device)에 장착될 수 있는 센서의 개발에 유용할 수 있다고 본다.

6.4.5 나노섬유(Nanofibers)

전자방사 방식(Electrospinning)을 통해서 제조된 나노섬유는 전기/전자 산업이나 복합재료, 섬유산업, 환경, 에너지 및 바이오, 메디컬, 화장품 등 다양한 분야에 이미 이용되고 있으며 응용 가능성에 대한 연구가 활발히 진행되고 있다.[62] 나노섬유 멤브레인의 기공 크기는 나노섬유의 굵기와 단위 부피당 파이버의 개수에 의해 조절이 가능하다. 또한, 고분자, 졸-겔 반응이 가능한 여러 산화물, 단백질이나 세포와 같은 자연 유기물 등 제조 가능한 나노섬유의 종류가 다양하고, 후처리 과정을 통하여 나노섬유의 특성을 제어해 줄 수 있기 때문에, 필터로 사용하기 위한 멤브레인의 성질을 목적에 맞게 조절하는 것이 용이하다. 이러한 장점을 이용하여 최근 정수 작업이나 분진 제거, 박테리아나 균주와 같은 종류의 입자를 막아내는 데 효과적인 필터로 사용되고 있다. 또한, 나노섬유에 상자성 나노입자, 형광특성 나노입자, 살균용 Ag 나노입자 등을 혼합하여 특수한 기능성을 부여하거나, 화학적 기능을 통한 센서로 사용하기 위한 연구가 활발히 연구되고 있다. 최근에는 나노섬유를 이용하여 디스플레이 기능이 가능한 첨단 의류의 제조에 대한 연구도 많은 관심의 대상이 되고 있다. 원칙적으로 제조 가능한 나노섬유의 종류와 부여할 수 있는 특성의 제한이 크지 않기 때문에 기능성 필터와 의류 산업에 더욱 많은 연구가 진행될 수 있을 것으로 예상된다.

생체 조직(tissue)의 extracellular matrix(ECM)는 콜라겐(collagen)이나 피브로넥틴(fibronectin)과 같이 3차원으로 연결된 단백질 섬유와 세포의 접착과 성장을 도와줄 glycoproteins이나 proteoglycans과 같은 여러 바이오 활성분자들로 구성되어 있다. 성공적인 집적계의 제작을 위해서는 3차원의 네트워크를 만들고, 넓은 표면적을 가져야 하며, 표면의 특성과 화학적 성분의 조절이 가능해야만 한다. 전자방사로 만들어진 나노섬유 멤브레인은 기공의 크기를 조절할 수 있으며, 3차원으로 네트워크를 이루어 세포 증식에 필요한 멤브레인의 역할을 할 수 있다. 이러한 3차원적인 네트워크가 mm 단위의 두께를 가질 경우 기계적 강도가 충분히 있기 때문에 세포의 배양뿐만 아니라 패치와 지지체 자체로도 큰 역할을 할 수 있다. 또한, 나노섬유의 제조 시 세포 성장 요소인 약물, 치료제 등을 나노섬유 내에 내포시킬 수 있기 때문에 세포의 성장과 증식을 조절해 줄 수 있으며, 표면처리도 가능하여 조직 엔지니어링 분야에 많은 관심을 모으고 있다. 나노섬유 내에 활성성분을 내포하는 방법은 고분자와 약물을 함께 섞어서 나노섬유로 이루어진 3차원 네트워크를 만드는 방법과 동축(coaxial) 노즐을 사용하여 약물 용액과 고분자의 용액층이 따로 존재하도록 하는 복합구조를 갖는 나노섬유를 이용하는 방법이 있다. 특히, 후자의 경우에는 두 용액층의 상용성(miscibility)에 따라, 약물과 고분자가 혼합된 형태의 나노섬유나 약물층과 고분자층이 완전히 분리된 나노섬유를 제조할 수 있기 때문에 더욱 다양한 응용이 가능할 것으로 판단된다. 전자방사를 통해서 만들어지는 나노섬유는 생체적합성(biocompatibility)이 필수 요건이며, 현재 poly(L-lactic acid) (PLLA), poly(-caprolactone) (PCL), polyvinylalcohol(PVA)과 같은 호모폴리머와 poly(L-lactic acid)-block-polyethylene glycol-poly(lactic acid) (PLLA-PEG-PLLA), poly(caprolactone)-block-polyethylene glycol-poly(caprolactone) (PCL-PEG-PCL) 등 블록공중합체와 같은 생분해성 합성 고분자가 많이 이용되고 있다. 자연 바이오분자로는 콜라겐과 다양한 종류의 단백질이 시도되고 있다. 그림 6-36은 PLGA 나노섬유 위에서 H9c2 근원세포(myoblast)를 배양한 후, 나노입자를 사용하여 형광이미지를 얻은 결과와 전자주사현미경으로 실제 이미지를 본 예이다. 또한, 나노섬유의 방향성을 조절하면 배양되는 세포도 파이버의 방향으로 배향이 가능하다는 결과도 보고된 바가 있어, 나노

그림 6-36 PLGA 나노섬유 위에서 증식시킨 H9c2 myoblast cell의 형광이미지(왼쪽) 및 SEM 이미지(오른쪽)[63]

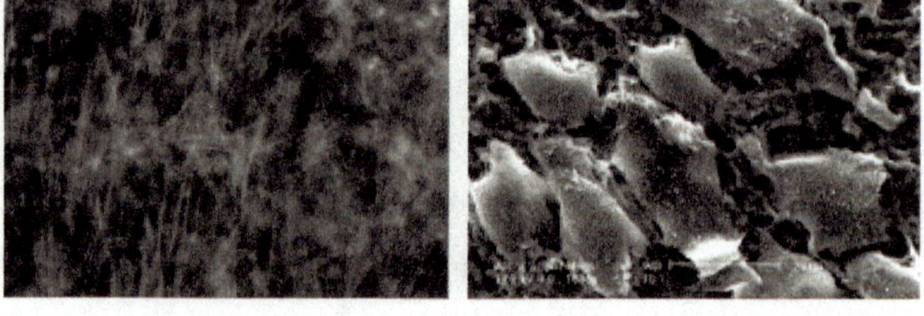

섬유의 구조가 셀의 증식에 많은 영향을 미칠 수 있음이 알려졌다. 나노섬유 멤브레인의 방향성과 기공의 크기에 따른 세포증식에 대한 기초단계의 연구가 진행되고 있으며, 앞으로 많은 진전이 있을 것으로 예상된다.

나노섬유의 활성성분 담지 능력과 배출속도 조절은 약물전달 시스템과 그에 따른 치료제 및 화장품 개발에 이용되고 있다. 기본적으로 나노섬유 내부의 활성성분은, 나노섬유의 두께가 얇기 때문에 두꺼운 막이나 수백 μm 섬유를 사용하는 시스템에 비해서 빠르게 배출될 수 있다. 그러나 생분해성 고분자 내에 포함된 치료성분은 나노섬유의 두께와 고분자의 생분해도, 나노섬유의 구조, 나노섬유 내에서 약물의 분포 위치에 따라 약물의 배출속도를 다양하게 조절해 줄 수 있기 때문에, 나노섬유의 3차원 네트워크가 약물전달체로 각광받고 있다. 또한, 나노섬유 멤브레인은 빠른 약물 전달이 가능하며, 두께의 조절과 비생분해성, 생체친화성 고분자와의 블렌드를 사용함으로써 약물의 전달 속도를 크게 조절할 수 있다.[64] 만일, core-shell 형태의 나노섬유를 효과적으로 만들 수 있다면, 초기에 약물배출이 빠르게 일어나게 한 후, 이후에는 서서히 배출되도록 프로그래밍을 할 수 있을 것으로 예상된다. 이러한 기능은 항체와 같은 활성성분을 상황에 맞게 효율적으로 전달하고, 장기적인 치료가 가능하다는 점에서 큰 장점이 될 수 있을 것이다. 특히 다양한 기능성 나노섬유를 집적화시켜 놓을 경우, 요구되는 여러 특성에 대해서 효과적으로 작용될 수 있는 패치의 개발이 가능할 수 있다. 또한, pH 감응성 또는 온도 감응성 나노섬유는 특정 조건에서만 약물을 배출할 수 있는 지능형 약물전달 시스템을 가능하게 하여, 약물의 과량투여를 막아 부작용을 최소화시킬 수 있는 방법이 될 수 있을 것으로 보인다. 이러한 예는 하이드로젤 형태나 블록공중합체 나노입자 약물전달시스템에서 *in-vivo* 용으로 이미 적용이 되고 있는 부분으로, 나노섬유는 패치의 형태로 만들어 *in-vitro* 약물전달체로 효과적으로 응용이 가능하다. 나노섬유 멤브레인은 그림 6-37에 보이는 바와 같이 수백 nm 이상의 입자를 잘 걸러낼 수 있기 때문에, 간단한 코팅을 통해서 박테리아가 상처 부위에 침투되는 것을 효과적으로 막아줄 수 있다. 이러한 기능은 상처 드레싱의 용도로 사용이 가능하다. 즉, 거즈와 같은 범용 의료용품에 아주 얇은 두께의 나노섬유 네트워크가 형성되어 있을 경우, 상처부위의 추가적인 2차 감염을 막을 수 있기 때문에 많은 주목을 받고 있는 방법이다. 또한, 크기 exclusion에 의한 방법뿐만 아니라, 나노섬유 멤브레인의 표면을 개질하여 특정 종류의 리간드가 표면에 붙어 있게 만들 경우 친화(affinity) 멤브레인으로 사용될 수 있다. 즉, 특정 생체물질만을 더욱 선택적으로 막아낼 수 있도록 설계할 수 있다. 이러한 친화 멤브레인은 단백질의 정제나 분리에 사용된다. 예를 들어, 셀룰로즈 나노섬유 멤브레인을 cibacron blue로 개질하면 알부민(albumin)을 성공적으로 정제할 수 있다는 보고가 있었다.[65]

친화 멤브레인은 비단 바이오 물질의 분리 정제 뿐만 아니라, 물속의 중금속(Hg, Pb, Cu,

그림 6-37 나노섬유 네트워크를 이용한 박테리아의 침투 방지[65]

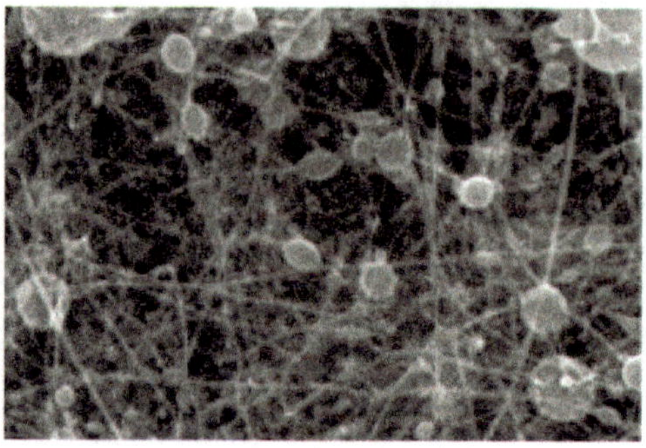

Cd 등)이나 화학물질을 분리하는 데도 이용이 가능하다. 이러한 특성을 위해서는 공기는 잘 통과시키면서도 각종 입자의 침투는 막을 수 있어야 하는데, 나노섬유 네트워크는 그런 조건을 잘 만족시킬 수 있는 것으로 알려져 있다. 입자를 분리하는 데 필요한 나노섬유 네트워크는 두께가 아주 얇기 때문에 큰 공극을 갖는 섬유 위에 얇은 나노섬유 층을 만들어 주는 것 만으로도 효과적인 필터의 기능을 할 수 있다. 친화 멤브레인의 더욱 큰 장점은 화학적인 결합력을 이용하기 때문에, 수십 나노미터 이하의 바이러스의 분리가 가능할 수 있다는 것이다. 이러한 친화 멤브레인은 다양한 종류의 생화학 무기를 걸러낼 수 있기 때문에 방위산업에서도 많은 관심을 보이고 있는 분야이다. 최근에는 이러한 생화학 무기의 분리 능력과 신호전달 능력을 동시에 갖게 하고자 하는 연구가 진행되고 있다. 이러한 개념이 실현될 경우, 테러에 대비한 검색 및 우편물의 배달 단계에서 각종 화학무기에 대한 사전 검출이 손쉬워질 수 있기 때문에 보안에 크게 응용될 수 있을 것으로 보인다. 또한, 나노섬유의 표면 개질 및 광촉매성 파이버를 사용할 경우, 화학무기의 분리와 분해를 동시에 할 수 있을 것으로 예상된다. 예를 들어, Ag, Au, MgO, Ni, Ti 등과 같은 금속 나노입자로 복합체를 만든 고분자 나노섬유는 순수한 나노섬유보다 훨씬 분해를 잘 일으키는 것으로 보고되었다. 이러한 연구가 아직은 초기적인 단계이나, 광촉매의 특성이 향상될 경우 빠른 진전을 보일 것으로 예상된다.

최근에는 전도성 고분자로 만들어진 나노섬유를 바이오 및 가스 센서로 사용하고자 하는 연구가 시도되고 있다.[66 67] 반도체 나노선과 마찬가지로 나노섬유에서도 외부 물질과의 접촉이 나노섬유의 전기 전도성을 변화시킨다는 특성을 이용하는 것이다. 전도성 고분자를 이용하는 센서에서 전기전도성 변화의 가장 기본 메커니즘은 화학반응이다. 주로 산화/화원 반응과 부피의 팽창 및 수축, 양성화/탈양성화(protonation/deprotonation) 반응이 이용되고 있다. 이렇게 나노섬유를 사용할 경우 벌크를 그대로 쓰는 센서에 비해 물질에 대한 민감도가 크게 향상될 수 있음이 알려져 있다. 예를 들면, Avidin으로 표면개질된 polypyrrole 나노섬유는 biotinylated 바이오 물질이 와서 bioconjugation을 이룰 때 전기저항이 증가하며, PAN 파이버는 유독성 가스와 산화반응 또는 환원반응을 거치면서 효과적인 가스 센서로 사용이 가능하다는 것이 보고되었다.[68]

6.4.6 약물전달 시스템(Drug delivery systems)

치료형 약물의 전달은 크게 경구형, 경피형, 점막형, 그리고 주사형으로 나눌 수 있다. 현재 대부분의 약물의 전달은 다량의 약물을 일시에 흡수하고, 상당 부분이 수 시간 내에 땀, 오줌 등의 형태로 체외로 나가게 된다. 그림 6-38에서 검은 실선은 일상적인 정제나 주사제의 약물 분포를 보여주는 것으로 약물의 투여 시 초기에 과다투여되었다가 바로 최저 치료농도 아래로 떨어지게 된다. 이러한 약물 투여 방식으로는 자주 약물을 복용해 주어야 하는 번거로움이 있으며, 약물 과다복용에 대한 우려가 있다. 따라서, 푸른색 실선처럼 약물의 흡수가 장시간 꾸준히 치료에 적당한 농도로 유지될 수 있도록 하는 기술(controlled release)이 필요하다.

약물의 전달에서 또 다른 과제는 약물의 배출을 체내의 원하는 지점에서만 이루어질 수 있도록 하는 것이다. 이것을 목표지향적 약물전달(target drug delivery)라고 한다. 약물의 배출속도 조절과 타겟으로의 전달이 원활하게 이루어지면, 치료하고자 하는 곳에서만 제어된

그림 6-38 약물투여에 따른 약물의 혈중 농도의 변화(검은 실선)와 바람직한 농도 유지(푸른 실선)

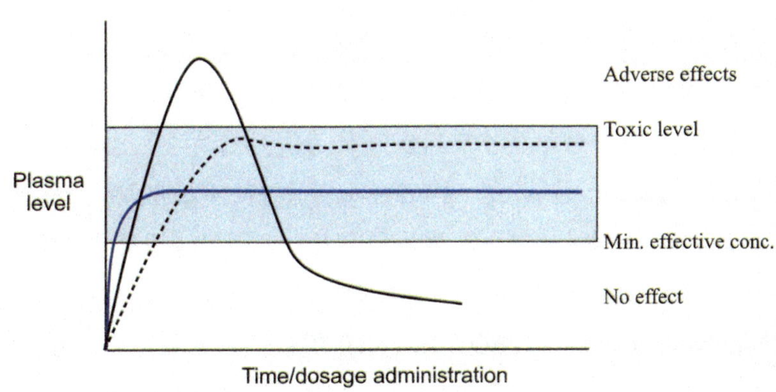

양만큼 지속적으로 배출하여 치료할 수 있기 때문에, 부작용을 최소화할 수 있고 약물의 투여 횟수를 크게 줄일 수 있어 환자의 심적부담을 크게 완화시킬 수 있다. 또한, 한 가지 이상의 질병을 동시에 치료해야 할 필요성이 있을 때에도 약물 간 부작용 염려가 없이 치료가 가능해 질 수 있다. 이러한 목적을 달성하기 위해서는 약물이 혈중으로 직접 노출될 경우 우리 몸의 면역체계에 의해서 원하는 곳으로 전달될 수 없기 때문에, 약물을 담지할 수 있는 전달체(carrier)에 내포시켜서 담지체가 원하는 곳에 선택적으로 도달하여 약물을 조절된 속도로 배출되게 만들어야 한다.

약물전달체의 표적지향(target delivery)은 크게 수동형 지향(passive targeting)과 능동형 지향(active targeting)으로 나눌 수 있는데, 현재 사용되고 있는 것은 주로 수동형 표적지향이라고 할 수 있으며 능동형 표적지향에 대한 연구가 꾸준히 이루어지고 있다.

혈중 약물전달체 치료에 이용되기 위해서는 혈관벽을 지나 치료 지점의 세포까지 닿을 수 있어야 한다. 그런데 질병세포처럼 세포의 성장 속도가 비정상적으로 빠르면, 다량의 산소와 양분을 필요로 하기 때문에, 빠른 혈관 생성(angiogenesis) 과정을 거치게 된다. 이 과정에서 질병부위의 주위에서는 혈관벽 세포(endothelial cells)가 치밀하지 못하게 배열되는 경향이 있어 수십 nm에 이르는 혈관벽세포 간에 틈이 존재하는 혈관(leaky vasculature)이 존재하게 된다. 따라서, 나노입자는 혈관을 떠돌아다니다가 치밀하지 못한 구조의 혈관 부위에서 혈관벽을 넘어 조직 세포가 있는 곳으로 들어갈 수 있게 된다. 일단 들어가면 다시 혈관 안으로 되돌아오는 것이 확률적으로 어렵게 되는데, 이러한 효과를 EPR 효과(enhanced permeability and retention effect)라고 한다. 결국 수동형 표적지향 약물전달체는 전달체의 크기를 작게 만들어 EPR 효과가 크게 나타날 수 있도록 한 시스템이라 할 수 있다. 통상 단단한 나노입자의 경우에는 약 50 nm 이하를 EPR 효과를 위한 크기라 생각하고 있으며, 유연성 입자의 경우에는 수백 나노미터에서도 EPR 효과를 이용할 수 있다는 보고들이 있다.

EPR 효과를 극대화 시키기 위해서는 나노입자가 혈관 속에서 장시간 머무를 수 있어야 한다. 즉, 혈관 내 체류시간을 길게 만들어야 확률적으로 나노입자가 원하는 부위로 갈 수 있는 가능성이 높아지는 것이다. 이를 위해서는 우선 나노입자가 물에서 독립적으로 잘 분산되어 있어야 하며 될수록 크기가 작아야 유리하다. 나노입자처럼 크기가 작아지면 큰 입자에 비해 상대적으로 브라운 운동에 의한 체내 용액 내에서의 분산력이 증가한다. 하지만 나노입자와 같은 이물질이 들어오면 면역체계가 작동하여 제거하고자 하는 메커니즘이 작동한다. 이때 소수성의 특성이 강할수록 혈관 내 각종 단백질이나 항체에 의해 공격받은 후 백혈구와 같은 대식세포(macrophage)에 의해 흡수되어 소실되기 쉽다. 그러므로 나노입자의 표면은 polyethyleneoxide(PEO), dextran과 같은 친수성 유기체로 처리해 주어야 면역체계에 의한 소실을 줄이고 혈관 내 체류시간을 증가시킬 수 있다. 능동형 표적지향 전달체의 경우에는 이러한 단순한 EPR 효과에만 머무르는 것이 아니라, 특정 부위의 혈관벽 세포, 조직 세포, 질병세포와 보다 적극적인 반응을 보이도록 표면처리가 되어 있다. 또 다른 방법으로는 자성 나노입자를 코팅한 후 약물을 넣어 특정위치에 자석을 심어 놓음으로써 나노입자의 위치를 정해주는 방법도 생각할 수 있다. 그러나 이러한 연구는 쥐와 같은 소형동물에서는 유효한 것으로 보이나, 돼지와 같은 동물에서는 혈관의 속력이 너무 빨라 자석이 효과적으로 나노입자를 잡아주지 못하는 것으로 보고되고 있다.

혈관을 뚫고 들어간 나노입자가 세포를 치료하는 데는 세포밖 약물전달(extracellular delivery)과 세포내 약물전달(intracellular delivery)의 방식이 있을 수 있다. 보다 효과적인 치료는 세포내 약물전달로서, 우선 나노입자가 쉽게 세포벽을 뚫고 들어갈 수 있어야 한다(endocytosis). 일단 세포벽을 뚫고 들어간 나노입자는 세포벽의 리피드 이중층(lipid bilayer)에 의해 코팅이 되는 것이 일반적이며 이를 엔도솜(endosome)이라고 한다. 엔도솜의 안정성은 pH에 의해 크게 좌우된다. 세포 바깥의 pH는 언제는 7.4로 고정되어 있으나, 세포 내의 pH는 중심으로 들어올수록 낮아져 약 5까지 감소한다. 엔도솜은 pH가 약 6에 가까워지면 삼투압에 의해서 파괴가 일어나기 때문에, 내부에 있던 나노입자로부터 약물이 빠져나와 안정적으로 세포내에 약물을 전달할 수 있게 된다. 또 다른 약물 전달 방식은 엔도시토시스(endocytosis)를 통해 약물이 세포 내까지 들어오지 않고, 약물만 세포 내에 넣어주는 경우이다. 이러한 방식은 주로 바이러스에 의한 공격방법으로 세포 내 침투성이 뛰어나기 때문에 오래전부터 많은 관심의 대상이었다.

특히, DNA 치료를 위해 바이러스의 RNA 혹은 DNA를 제거한 후, 치료 DNA를 집어넣은 약물전달체(viral vector) 에 대한 연구가 많이 진행되었으나, 부작용과 처리되지 않은 극소량의 바이러스로 인해 치명적인 의료사고가 발생하면서 연구가 주춤해졌다. 이것을 계기로 합성이나 생체친화성 물질을 이용한 약물전달체(non-viral vector)에 대한 연구가 활발히 진행되고 있다. 현재까지 약물전달체의 세포 내 침투성 및 전달성(transfection efficiency)이나 표적지향성은 virial vector가 non-virial vector에 비해 월등히 뛰어나지만, 대량 생산가능성과 특성 제어의 입장에서는 non-virial 전달체들이 유리하다 할 수 있다.

이러한 약물전달체의 개발을 위해서는 고려되어야 할 사항들이 있다. 우선, 약물의 투여경로와 전달체의 형태 및 특성, 그리고 전달하고자 하는 약물의 특성에 따라 다양한 약물투여 배합이 가능하다. 위에서 언급되었듯이 통상적인 약물의 투여 경로는 경구(oral), 경피(transdermal), 점막(mucosal), 그리고 정맥주사(intravenous injection) 등이 있다. 이 중에서 환자에게 가장 심적인 부담이 적은 경로는 경구나 경피라 할 수 있으며, 주사제는 기피되는 경로라 할 수 있다. 약물의 담지체로는 크게 고분자, 리포좀, 덴드리머, 세라믹 입자, 나노섬유 등의 방식이 있다. 고분자의 경우에는 양친매성 마이셀이 가장 널리 연구가 되고 있는 물질이다. 약물 배출의 속도를 조절하기 위하여 경화된 구조를 사용하거나, 약물의 배출을 보다 적극적으로 제어하기 위해서 pH나 온도에 의해 배출이 조절될 수 있는 구조체를 이용하여 전달체를 만들고 있다. 예를 들어, 리포좀의 경우에는 외부 조건에 의해 쉽게 분해가 일어날 수 있기 때문에 마이셀의 기계적/화학적 강도를 증가시켜주어야 한다. 이를 위해서 고분자 분자를 이중층(bilayer)에 삽입하여 강도를 높이거나, 경화가 가능한 리피드를 제조하여 경화시킴으로써, 리포좀의 강도를 높일 수 있다. 덴드리머의 경우에는 주로 저분자 약물의 전달체로 활용하기 위한 연구가 진행되고 있으며, 높은 기공도를 가지고 있어 약물의 함유율을 크게 높일 수 있다는 장점이 있다. 세라믹 나노입자에 대한 연구는 많이 되어 있지 않지만, 세포 내에서 이온화되어 세포 밖으로 빠져나올 수 있는 세라믹 재료를 암세포 치료제의 담지체로 활용하고자 하는 연구들이 진행되고 있다. 나노섬유를 이용한 약물전달은 주로 경피 투여를 위한 것으로, 너무 빨리 배출되는 문제 때문에 약물을 섬유의 중앙 부분에 위치시키고자 하는 노력이 이루어지고 있다.

현재 합성 나노입자를 이용한 많은 약물전달체가 개발되었고, 좋은 치료효과를 보여주고 있으나, 세포 내에 들어간 나노입자가 분해될 때 발생할 수 있는 부산물에 의한 독성에 대한 연구는 상대적으로 미진한 편이어서 실제 많은 연구 결과들이 제약에 사용될 수 있을지는 아직 미지수라 할 수 있다.

6.5 나노촉매와 가스센서(Nanocatalyst and gas sensor)

6.5.1 나노촉매(Nanocatalyst)

화학 반응은 분자를 이루고 있는 원자의 배열 방법이 달라지는 것을 의미하며, 이 화학반응의 속도는 활성화 에너지와 관련되어 있다. 활성화 에너지가 낮아지면 화학 반응의 속도가 빨라지는데 일반적으로 촉매는 화학반응이 새로운 경로 즉 활성화 에너지가 낮은 경로로 일어나게 해주는 물질로 설명할 수 있다.[69 70 71] 최근 나노기술의 발전으로 기존의 촉매 물질과는 다른 새로운 물리적, 화학적 특성이 나타나고 있으며 이와 더불어 원자 혹은 분자로 구성된 나노 크기와 나노구조를 갖는 나노촉매가 다양한 형태로 응용되고 있다.[69 72]

일반적으로 사용되는 촉매는 종류가 많고 용도도 다양하여 분류하기가 쉽지 않다. 예를 들어 반응물과 생성물의 상(phase)에 따라 동종일 경우 균일 촉매, 이종일 경우 불균일 촉매로 구분 지을 수 있으며, 촉매의 구성 물질에 따라 금속 촉매, 산화물 촉매, 절연체 촉매 등으로 나눌 수 있다.[73] 이와 같은 촉매들 중 불균일 촉매의 일부분을 제외한 대부분의 경우 나노촉매를 적용시킬 수 있어, 나노촉매 구조 물질의 제조와 응용은 나노기술의 중요한 분야로 분류되고 있다. 또한, 나노촉매는 촉매의 형태에 따라 나노 세공형 촉매, 나노 결정형 촉매, 나노 분산형 촉매, 초분자 촉매 등으로 분류할 수 있다. 이중 나노 세공체는 나노미터 또는 Å 크기의 세공을 가진 물질로 정의된다. 나노 세공체 촉매의 경우 독특한 분자체 특성, 세공 내에 화학 성분의 고분산 특성, 안정화 특성, 그리고 세공 내 높은 표면적 특성을 제공한다. 분자 크기를 갖는 나노 세공 물질들의 제조 및 응용 연구는 구조적인 다양성과 응용 가능성 때문에 매우 중요한 의미를 갖고 있으며, 특히 석유화학 산업분야에 가장 널리 이용되고 있다. 나노 결정형 촉매는 1, 2, 3차원의 나노 크기로 한정되기 때문에 분자나 벌크상 물질의 특성과 전혀 다르며 양자 제한 효과(quantum confinement effect)나 초상자성(superpara-magnetic)과 같은 독특성 성질이 나타날 수 있다.[74] 나노결정형 촉매에서 구조 민감형 반응의 전형적인 예로서는 TiO_2에 의한 광촉매 반응을 들 수 있다. 나노 분산형 촉매는 촉매 내 활성성분을 분산시켜 활성성분의 양자화에 따른 고선택성과 여러 가지 새로운 특성을 얻기 위해 설계된다. 촉매가 양자화될 때 나타나게 되는 새로운 화학적, 전자적, 자기적 구조적 특성 때문에 나노 분산형 촉매가 널리 사용되고 있다. 마지막으로 초분자 촉매는 분자 간의 인력이나 비공유결합에 의한 분자들의 자기조립과정에 의해 형성되며, 자연계에서 생체효소나 엽록체 등에서 손쉽게 관찰되기 때문에 이를 모방하기 위한 연구가 계속 진행되어 오고 있다.

6.5.1.1 나노촉매의 특성과 응용

최근 나노기술에 의해 관찰되었던 기존 소재들의 나노촉매 기술이 많은 기대를 받고 있다. 나노촉매는 기존 촉매와 달리 활성 성분이 양자화되었을 경우 구조적인 효과와 크기에 따른 영향을 원자 단위로 조절이 가능하기 때문에 나노 크기에 따라 반응물과의 상호작용을 통해 촉매 활성 조절 가능성을 확보할 수 있다. 이에 따라 나노 촉매의 활용은 석유화학 공업과 화학물질의 제조뿐 아니라 환경 보존 분야와 바이오 관련 산업에서도 많은 기대 효과를 낳고 있다. 이 외에도 나노촉매는 연료전지와 같은 에너지 관련 분야에서 전극의 산화 반응 혹은 환원 반응을 촉진시키는 역할로도 사용되기도 한다.[71 75] 일반적으로 촉매는 반응 분자와의 상호작용으로 반응 분자의 활성화 에너지를 낮춰 전극의 반응온도를 낮추거나, 전극반응을 빠르게 진행시키며, 이러한 촉매작용은 촉매를 10 nm 이하의 미립자로 형성시켜 표면적을 급격히 증가시킴에 따라 향상될 수 있다. 또한 몇몇 경우, 벌크(bulk) 상태에서는 촉매 성질이 없더라도 양자 크기 효과를 갖는 나노 수준에선 촉매 특성을 발휘하기 때문에 연료전지와 같은 분야에서 나노촉매는 많은 관심을 받고 있다.

6.5.1.2 나노광촉매(Nanophotocatalyst)

광촉매 재료는 유해 유기물의 광분해, 대기 오염 물질의 광산화, 환원, 살균, 항균 등과 같은 환경적 기능이 있어 최근 이에 대한 많은 연구가 진행되고 있다.[76] 일반적으로 광촉매는 자신의 밴드갭 에너지 이상의 빛 에너지를 흡수하면 전자와 정공을 형성하고, 이 중 정공이 물 속의 수산화 이온과 반응하여 물 속의 유기물을 분해시킨다.[77]

이렇게 환경 관련 분야에서 이용되는 광촉매는 화학적 안정성, 무해성, 경제성 등의 특성이 요구된다. 이러한 점에서 TiO_2, ZnO, CdS, ZrO_2, SnO_2와 같은 다양한 광촉매 중 대표적으로 사용되는 이산화티타늄(TiO_2)은 다양한 유독성 유기물질을 비유독성으로 완전히 산화, 분해시킬 수 있는 능력이 있고 안정성도 비교적 우수할 뿐만 아니라 밴드갭 에너지가 3.0~3.2 eV로 비교적 크지 않고, 또한 기상 또는 수용액 중의 반응물의 고체상 촉매 흡착이 잘 이루어지는 것으로 나타나있어 많은 연구가 진행되고 있다. (광촉매 반응에 대한 산화물 반도체의 활성: $TiO_2 > ZnO > ZrO_2 > SnO_2$)[79 80 81 82]

광화학적 활성을 설명하기 위해서는 고체물질의 전자구조를 설명할 때 흔히 사용되는 밴드 이론을 도입할 필요가 있다. 반도체에 빛이 조사될 경우 그 반도체의 밴드갭 이상의 에너지를 갖는 광자가 흡수되어 공유 밴드에서 전도 밴드로 전자 여기를 일으키고 이때 공유 밴드에는 정공이 생성되며 전도 밴드에는 전자가 생성되는데, 이를 전자-정공 쌍 생성이라고 한다. 결과적으로 반도체 내의 전자와 정공의 일부는 재결합을 피해 표면으로 이동할 수 있을 만큼 충분히 긴 평균수명을 가지게 되어 반도체의 표면에 흡착된 적절한 전자-도너 분자(D)나 전자-억셉터 분자(A)가 존재할 경우 전자 전이를 일으킨다. 이때, 반도체 나노광촉매의

그림 6-39 광촉매 이산화티타늄(TiO_2)의 유기물 산화분해[78]

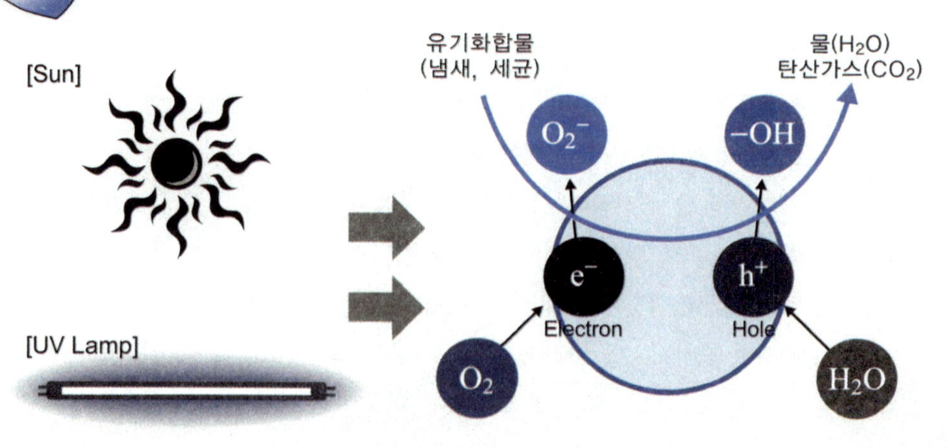

그림 6-40 양자크기의 반도체 광촉매가 나타내는 띠간격 증가[75]

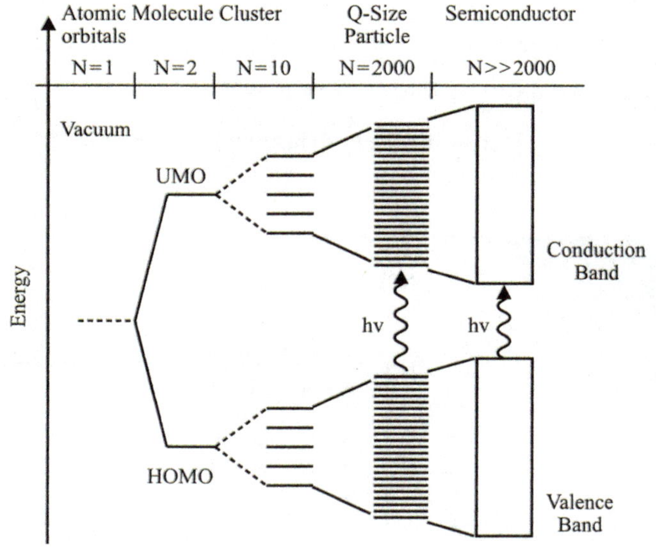

표 6-3 TiO_2 구조에 따른 비표면적

	BET's specific surface area [m^2/g]	Total pore volume [cm^3/g]	Average pore diameter [Å]
Pure TiO_2	61.3	0.257	83.70
Cellulose/TiO_2	40.6	0.166	81.63
Heat treated	76.8	0.214	55.70
carbon/TiO_2	95.5	0.245	50.45

결정 입자크기를 약 10 nm 이하의 양자크기(quantum size)로 줄여주면 전하(charge carrier)의 에너지는 양자화된다(그림 6-40). 이런 효과로 인하여 밴드갭이 증가하게 되어 보다 높은 산화 환원전위를 형성하게 되며, 이에 따라 증가된 열역학적 구동력은 계면 전하전이 속도상수를 증가시키게 된다.[83]

광활성에 영향을 미치는 요인으로 빛 에너지로 형성된 전자와 정공의 재결합, 산화 · 환원 전위(redox potential) 크기, 그리고 미세 구조에 따른 비표면적의 변화 등이 중요한 인자들로 보고되어 있다.[84] 특히, 그 중에서도 비표면적의 변화는 광활성에 영향을 미치는 중요한 인자로써 많은 보고가 되고 있으며, 촉매의 구조적 특성을 이용하여 비표면적을 증가시킴에

따라 광촉매의 광활성이 증가되는 것이 확인된 바 있다.[85]

또한 위의 구조적 특성에 따른 비표면적의 차이 외에도 순수 광촉매 TiO_2의 크기에 따라서 광활성도의 차이가 나타나고 있다.[86] 그림 6-41에 나타나는 것과 같이 초미립자인 나노 크기를 갖는 rutile TiO_2 R25(평균입경: 7.2 nm)의 경우 R400(평균입경: 18.5 nm)와 R600(평균입경: 40.8 nm)의 경우에 비해 페놀 용액 내의 유기탄소 함유량의 분해 정도에 있어서 큰 차이를 보이는 것을 알 수 있다. 이처럼 광촉매의 광활성도는 구조적인 특성 및 선택적인 입자

그림 6-41 비표면적에 따른 TiO_2의 광활성도

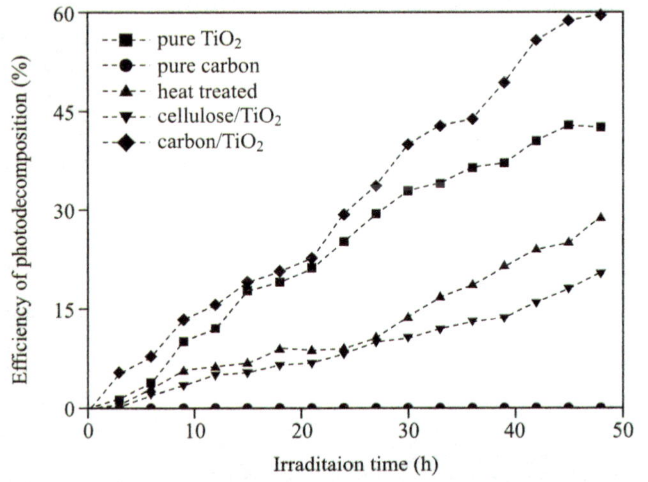

그림 6-42 광촉매 입자 크기에 따른 TiO_2의 광활성도

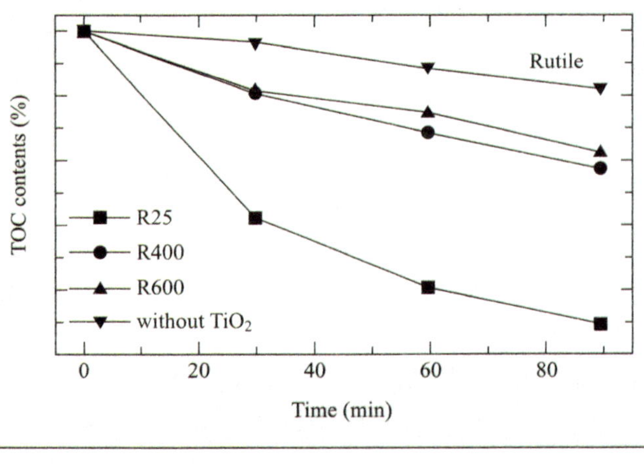

의 크기에 따른 비표면적의 차이에 큰 영향을 받는다는 것을 확인할 수 있다(그림 6-42).

6.5.1.3 나노촉매 가스센서(Nanocatalyst for gas sensor)

나노촉매는 가스센서의 가스 감응 특성을 향상시키기 위해 사용되기도 한다. 가스의 감응 특성을 향상시키기 위하여 다양한 나노 촉매가 사용되고 있지만, 일반적으로 Pt, Pd, Ag 등의 금속이 사용되고 있다. 나노 촉매가 가스와 반응하는 감응 기구는 크게 화학적 효과(chemical effect), 전기적 효과(electronic effect) 두 가지로 나눌 수 있다(표 6-4).[87] 우선 화학적 효과에 대해서 살펴보면 표 6-4에서 보는 바와 같이 반응 가스, 예를 들어 환원성 가스(H_2)가 유입되었을 경우, H_2 가스가 촉매 물질인 Pt에 흡착되어 H^+로 해리되며, 이렇게 해리되어 퍼져 나간 H^+는 감응물질 표면에 흡착되어 있는 산소와의 반응을 가속화시키게 된다. 이와 같은 현상을 전파월경효과(spill over effect)라고 하며, 다양한 금속(Pt, Pd, Ni, Au 등)에서 나타난다. 이러한 효과로 인하여 보다 짧은 응답시간과 높은 감응도가 나타나게 된다. 전기적 효과는 반응가스가 유입되었을 때 금속 간의 직접적인 전기적 상호반응이 이루어짐에 따라서 가스 감응도가 향상되는 기구이다. 화학적 효과와는 다르게 환원성 가스가 유입되었을 때 촉매 금속 물질에 흡착되어 있던 산소이온과 반응하게 되고 (AgO/Ag, PdO/Pd) 반응을 통해 생성된 잉여 전자가 촉매 물질을 통하여 가스 감응 물질로 유입되게 된다. 이에 따라 공핍층(depletion layer)이 감소하게 되면서 전기전도도가 증가하게 되고, 이는 높은 감응도의 효과로 이어지게 된다. 이러한 효과는 촉매 금속들 중에서 산화물 형태를 형성하는 Pd, Ag, Cu 등에서 나타난다.[88]

표 6-4 금속 촉매에 의한 가스 감응 특성의 변화[87]

	Chemical sensitization	Electronic sensitization
Model	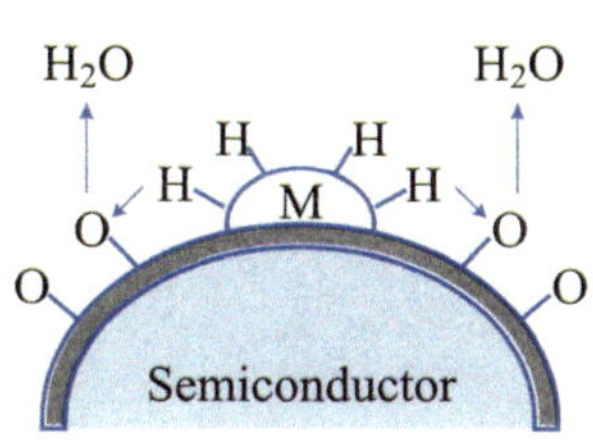	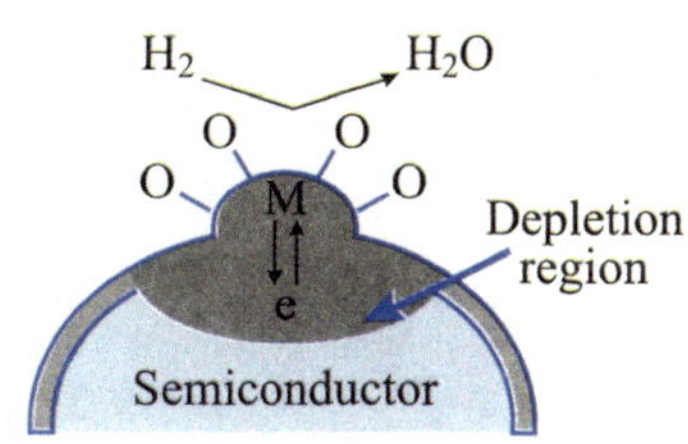
Role of additives	Activation of gas followed by spilling over	Acceptor of electrons
Origin of resistance change	Change in surface oxygen concentration	Change in redox state of additives

그림 6-43
(a) Pd가 도핑된 SnO_2 박막의 온도에 따른 일산화탄소 가스 감응 특성,
(b) Pd가 도핑된 SnO_2 박막의 Pd 농도에 따른 수소와 일산화탄소 가스 감응 특성[89]

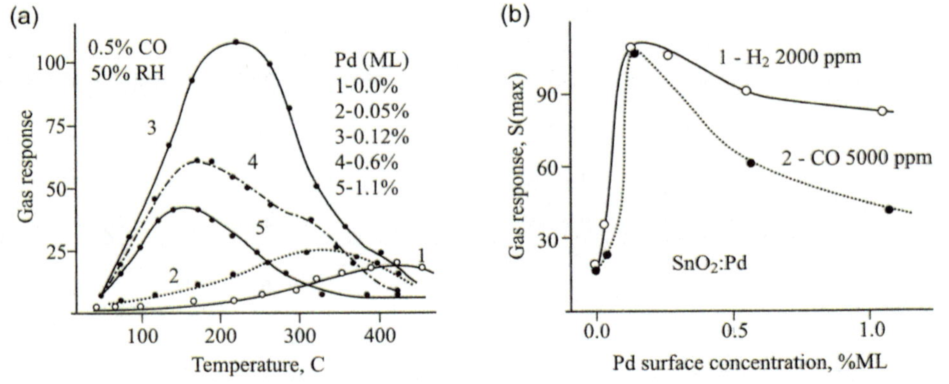

Korotcenkov 등은 spray pyrolysis 방법을 이용하여 0~1.1%까지 Pd이 도핑된 SnO_2 박막을 형성하여, 수소와 일산화탄소에 대한 가스 감응 특성을 조사하였다.[89] 그림 6-43(a)는 온도에 따른 일산화탄소에 대한 감응 특성을 나타낸 것으로 20~500°C의 온도 영역에서 측정되었다. 측정 결과 Pd 도핑 이후 센서의 감도가 향상되고 작동온도가 낮아지는 것을 볼 수 있으며 특정 농도 이상에서는 다시 감소하는 것으로 보아 도핑 농도의 최고점이 존재하는 것을 확인할 수 있다. 특히, 0.12%의 Pd를 도핑하였을 때 가장 높은 것으로 나타났다. 수소 가스에 대해서도 비슷한 거동을 보였으며, 마찬가지로 Pd 도핑 양이 0.12%일 때 가장 높은 가스 감응도가 나타났다[그림 6-43(b)]. 결과적으로 특정 농도의 Pd가 도핑되었을 때 센서의 감도가 향상되며 작동 온도가 낮아지는 것을 확인할 수가 있다.

6.5.2 반도체 가스센서(Semiconductor type gas sensor)

센서(sensor)란 어떠한 물질의 물리 및 화학적 양을 감지하여 전기적, 기계적, 광학적 신호 등으로 변환시키는 소자를 통칭한다. 센서는 작동 방식에 따라 물리 센서(physical sensor)와 화학 센서(chemical sensor)로 분류할 수 있는데, 특히 화학 센서는 감지 물질의 조성과 농도에 따라 전기적 신호가 결정되기 때문에 이를 이용하여 CO 및 CO_2, H_2S, NO_x와 같은 유독 가스나 H_2, CH_4와 같은 가연성 가스를 농도에 따라 검출할 수가 있다. 이러한 가스 센서는 주로 금속 산화물(SnO_2, TiO_2, ZnO, YSZ 등)이 사용되는데, 측정 원리에 따라 반도체

형 가스 센서, 고체 전해질 가스 센서, 접촉 연소식 가스 센서 등으로 분류할 수 있다. 이온 전도도를 이용하는 고체 전해질 가스 센서 및 가연성 가스와 산소의 반응열을 전기 신호로 변환해서 가스 농도를 검지하는 접촉 연소식 가스 센서 등과 비교하여, 검지 가스의 표면 흡·탈착에 의한 에너지 밴드의 변화를 이용하는 반도체형 가스 센서는 제작이 경제적이고 작동이 용이하며 감응 특성이 뛰어나기 때문에 최근까지 소결체, 박막 및 후막의 형태로 수많은 연구가 진행 되어왔다.[91] 금속 산화물 반도체형 가스 센서는 1962년 일본의 Seiyama 등이 ZnO 박막을 가연성 가스 검지용으로 최초로 제안하였고, 1969년 일본에서 처음으로 상품화 되었다.[91]

6.5.2.1 반도체 가스센서 작동원리

SnO_2, TiO_2 등의 반도체형 가스 센서는 센서 표면에 가스 분자가 흡착함으로써 발생하는 전기 전도도 및 저항의 변화를 감지한다. 이는 표면 흡착종에 의해 반도체의 표면 에너지 밴드가 휘어지기 때문에 발생한다. 그림 6-44에서 대표적인 n-type 가스센서 중의 하나인 SnO_2 가스센서의 CO와 NO_2가스에 대한 감응 기구를 나타내었다. SnO_2 결정은 전자 도너(electron donor)로써 작용하는 산소 격자결함(oxygen lattice defect)을 포함한 n-type 반도체이다. 산소 격자결함인 산소 공공(oxygen vacancy)들은 온도가 올라감에 따라 활성화 되고 이동도(mobility)가 증가한다. 대기 중에서 결정 표면으로 흡착된 산소 분자가 표면 근처의 격자 산소로부터 전자를 빼앗아 음이온 상태로 표면에 존재하게 된다. 이로부터 결정 내

그림 6-44 SnO_2 가스센서의 b) 환원성 가스와 c) 산화성 가스에 따른 감응기구[90]

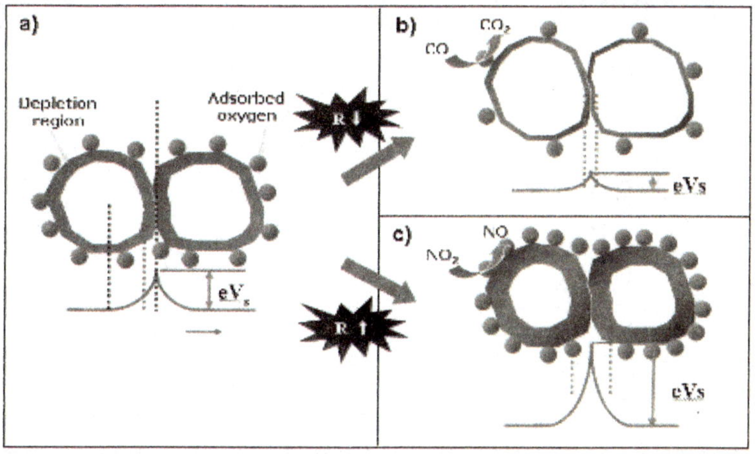

부와의 전위(potential) 차이가 발생하여 공간전하층(space charge layer)이 형성되고 입자 사이의 입계에는 전위장벽층(potential barrier)이 형성된다[그림 6-44(a)]. 반대로 감응 물질 주위에 CO와 같은 환원성 가스가 존재하게 되면 결정 표면의 흡착 산소와 반응하여 CO_2로 산화되고, 전자는 다시 SnO_2 결정 입자 내로 주입되어 센서의 저항이 급격히 감소하게 된다[그림 6-44(b)]. 이와 반대로 NO_x와 같은 산화성 가스가 존재하게 되면 음전하를 나타내는 표면산소의 농도가 증가하므로, SnO_2의 저항이 증가하는 결과가 나타난다[그림 6-44(c)]. 따라서 환원성 가스의 농도에 비례한 저항감소, 산화성 가스의 농도에 비례한 저항증가를 센서의 신호로 얻을 수 있다.[88 92]

반도체 가스 센서의 작동원리는 간단히 재료의 표면에 가스의 흡착에 따른 전기전도도의 변화로 볼 수 있다. 나노 구조물들은 부피대비 표면적이 넓으므로 높은 가스 감응도를 나타낼 것으로 기대되고 있으며 나노 파티클, 나노선, 박막과 같은 다양한 형태의 나노 구조물 가스 센서에 대한 연구가 진행되고 있다.[93 94 95 96 97]

6.5.2.2 감응도(Sensitivity)와 입자크기(Particle size)

가스 센서의 반응은 표면에서 금속산화물과 가스 분자의 반응이므로 벌크에 대한 표면의 비율에 따라 그 반응 특성이 변하며, 이에 따라 나노 입자의 경우에는 가스 감응도와 반응속도가 향상될 것이라고 예상이 된다. 이러한 입자 크기와 가스 감응도의 관계는 1990년대에 Yamazoe에 의해 모델이 제시되었다.[98 99] 이 모델은 많은 수의 목(neck)과 적은 수의 결정립계(grain boundary) 접촉으로 구성된 SnO_2 입자들의 1차원적 사슬(chain)로 묘사하였으며 결정립 크기(D)와 공간전하층 두께(2L)의 상대적인 크기에 따라 가스 감응도가 결정된다

그림 6-45 입자 크기에 따른 가스 감응도와 입자크기가 2L보다 작아졌을 때의 가스 감응 기구[100]

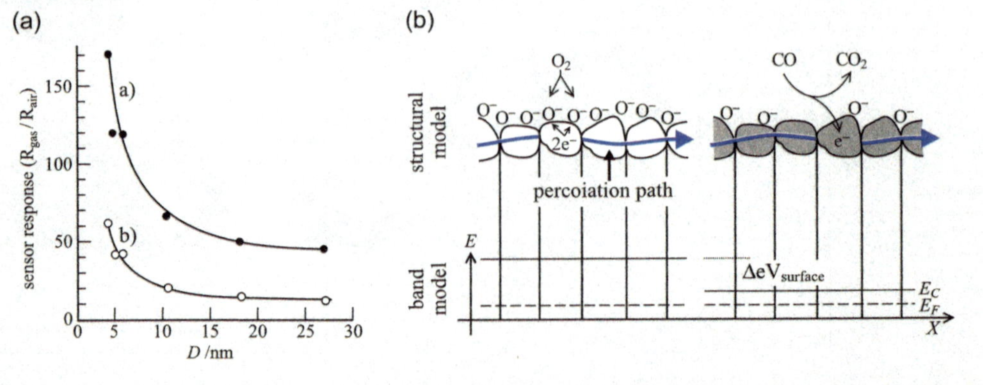

고 보았다. 그림 6-45(a)는 5~32 nm의 입자크기를 가지는 다공성 SnO_2 소결체를 이용하여 800 ppm H_2와 800 ppm CO 가스에 대한 감응도를 측정한 데이터로 입자크기가 작아짐에 따라 센서의 감도가 증가하는 것을 확인할 수 있다.[100] 특히, 10 nm의 입자크기를 가지는 경우 센서의 감도가 급격하게 증가를 하는 것을 볼 수 있다. 이러한 현상은 입자크기가 공간전하층의 두께인 2L보다 작아지게 되어서 입자의 전체 영역이 공간전하 지역에 모두 포함된 경우라고 볼 수 있다. 이러한 조건에서, 입자 내부의 전자 운송은 입자 표면의 가스 분위기에 강하게 영향을 받게 된다. 이러한 경우를 "flat-band"의 경우라고 칭하며 이 경우에는 벌크 구조에서처럼 전기 저항의 차이가 입자와 입자 사이인 입계에서 결정되는 것이 아니라 재료의 전 지역에서 결정된다. 그림 6-45(b)는 입자의 크기가 2L 보다 작은 flat-band에 따른 가스 감응 기구에 대한 모식도를 나타낸 것으로 밴드모델에서의 전도띠(conduction band)가 공기상태 또는 환원성 가스의 분위기에 따라 전체적으로 변하는 것을 알 수 있다.

6.5.2.3 나노구조 가스센서(Nanostructure gas sensor)

6.5.2.3.1 1차원 나노구조 가스센서(1D nanostructure gas sensor)

가스 감응은 산소의 표면흡착, 표면 흡착산소와 환원성 가스와의 화학반응이 필수요소로 센서물질의 입자크기를 줄여 표면적을 극대화해야 한다. 입자의 크기가 전자공핍층 두께 수준인 수–수십 nm까지 줄이면 가스 감도는 높아지지만, 센서 물질의 응집 및 입성장에 의하여 가스 확산 및 센서의 장기 안정성에 영향을 끼치게 된다. 이러한 문제를 해결하기 위해서 상대적으로 응집이 적은 나노 튜브, 나노 로드, 나노선과 같은 1차원 나노 구조물의 가스 센서에 대해 연구가 이루어지고 있으며 이들을 이용한 새로운 개념의 센서 소자가 제시되고 있다.

1차원 나노구조를 이용한 가스센서에 대한 연구는 2000년 이후 활성화되기 시작했으며, 현재 빠른 속도로 연구가 진전되고 있다. Kong 등은 single wall 탄소 나노 튜브(SWCNT) 1개를 두 전극에 연결한 FET(field effect transistor)형 가스센서를 제작하고 이의 특성을 평가했으며, 제조된 SWCNT는 p-형 반도체로 산화성 가스인 NO_2에 대해서는 저항이 감소하고, 환원성 가스인 NH_3에 대해서는 저항이 증가하는 현상을 나타내었다(그림 6-46).[101] 이후 여러 연구자들이 CNT를 이용하여 센서를 만드는 연구를 시행하였으며 이러한 CNT를 이용한 가스 센서는 센서의 작동 온도가 낮아서 센서 동작을 위한 히터 전력이 적게 소요된다는 측면에서는 유리하지만, 센서신호의 반응속도, 특히 순수한 공기로 바뀌었을 때의 저항 회복속도가 매우 느리다는 단점이 있다. Wang 등은 용액방법을 통하여 대표적인 가스 센서 물질인 SnO_2 1차원 나노 구조물을 합성하였다.[102] Sn의 전구체로 $SnC_2O_4 \cdot 2H_2O$를 사용하였고 PVP와 ethylene glycol을 이용하여 195°C에서 3시간 동안 refluxing 하는 방법으로

그림 6-46

전극 사이에 정렬된 SWNT가스센서의 구조와 센서의 (a) NH_3와 (b) NO_x가스에 대한 가스 감응도[101]

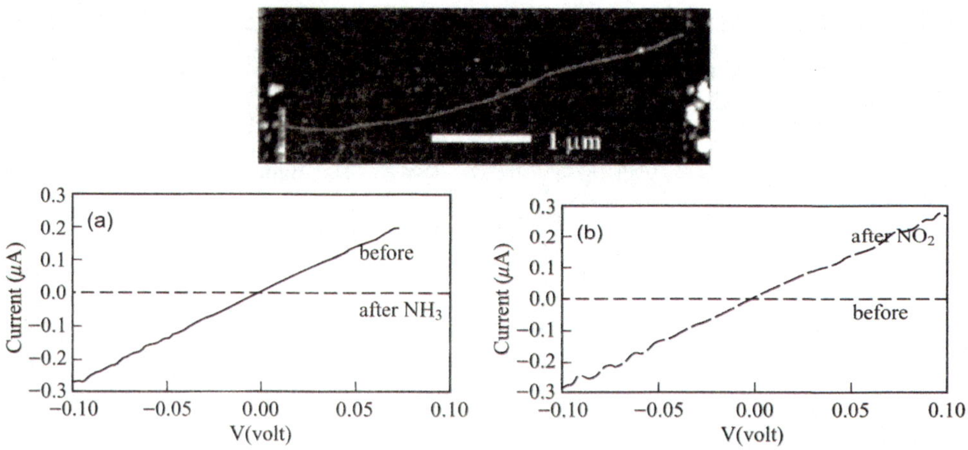

직경 50nm 길이 30㎛의 나노선을 합성하였으며, 이를 이용하여 나노선 네트워크 형태의 가스센서를 제작하였다. 이렇게 제작된 센서로 상온에서 수소와 일산화탄소, 에탄올에 대한 가스 감응 특성을 측정하였으며 우수한 감응특성을 보였다(그림 6-47).

이러한 1차원 나노 구조물 가스 센서는 길이와 직경의 비가 매우 큰 형상에 의해서 일반적

그림 6-47

Reflux를 이용하여 제작된 SnO_2 나노선의 SEM image와 에탄올과 수소, 일산화탄소에 대한 가스 감응도[102]

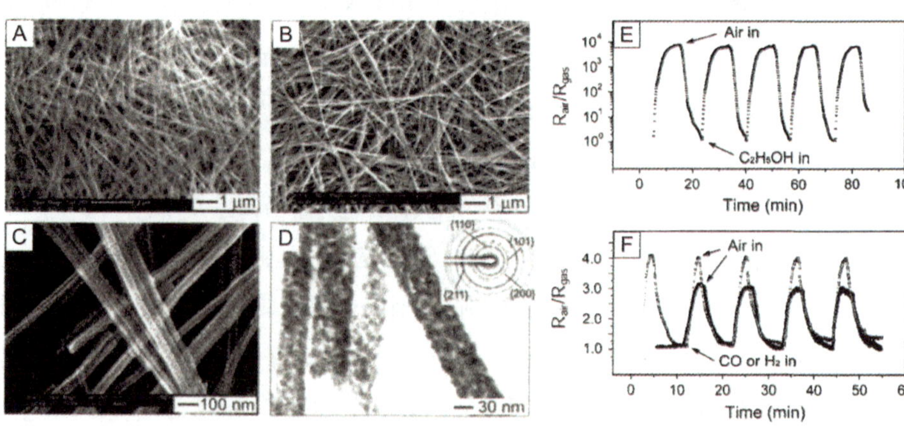

그림 6-48 하나로 정렬된 나노선과 네트워크를 이루는 나노선의 가스 감응 기구[92]

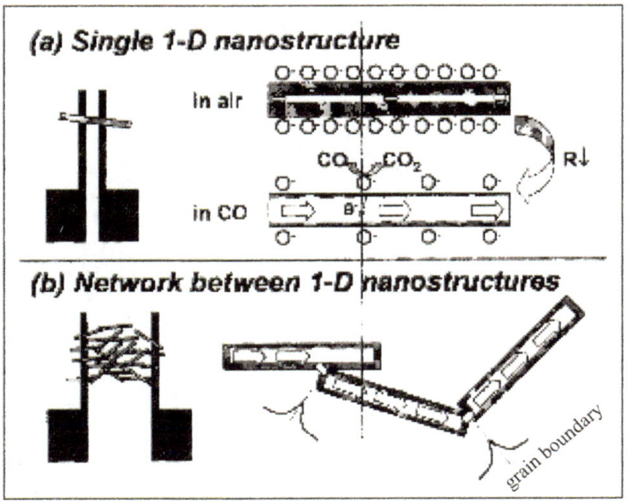

인 벌크와 다른 형태의 감응 원리를 가진다. 즉, 산화물 나노선의 경우 일반적으로 직경이 5~50 nm 정도이고, 길이는 수 μm 정도이다. 이에 따라, 잘 발달되어 있는 반도체 및 나노공정 기술을 활용하면 단일 나노선을 전극 위에 바로 위치를 시킬 수 있으며 단결정체인 나노선은 전위장벽을 형성하는 입계(grain boundary)를 없앨 수 있다. SnO_2 단일 나노선으로 가스센서를 형성한 경우의 감응기구는 그림 6-48에 나타내었다. 이때, 나노선의 직경이 전자공핍층 두께의 2배보다 크면, 반도체성의 core층과 고저항의 shell층으로 나뉘는 core-shell 구조를 나타내게 된다. 공기 중에서는 저항이 큰 shell 층의 단면적이 증가하고 저항이 작은 core 층의 단면적이 감소되므로 단일 나노선 전체의 저항이 증가한다. 단일 나노선에 CO 가스가 노출될 경우 CO가 O와 반응하고 전자를 주입하게 되므로 고저항의 shell 층 두께가 얇아지게 되며 나노선의 저항이 감소한다.[92] 또한, 여러 나노선이 네트워크를 이루게 되면[그림 6-48(b)] 나노선과 나노선 사이에 입계가 생기게 되며 입계에서의 전위장벽층이 생기게 되는데, 이러한 경우는 여러 나노선들이 직렬로 연결되는 회로로 해석된다.

6.5.2.3.2 2차원 나노구조 가스센서(2D nanostructure gas sensor)

가스 감응 특성은 벌크 민감성 물질과 표면 민감성 물질로 나눌 수 있다. TiO_2는 환원 분위기에서 벌크 산소 공공에 기인하여 전기 전도도가 크게 증가하기 때문에 벌크 민감성 물질에 해당한다. 반면에 SnO_2는 비록 벌크 결함이 전도도에 영향을 조금 미치지만, 표면 상태에 따

그림 6-49 SnO_2 박막의 두께에 따른 가스 감응도 (a) 1000 ppm of H_2, (b) 400 ppm of H_2[104]

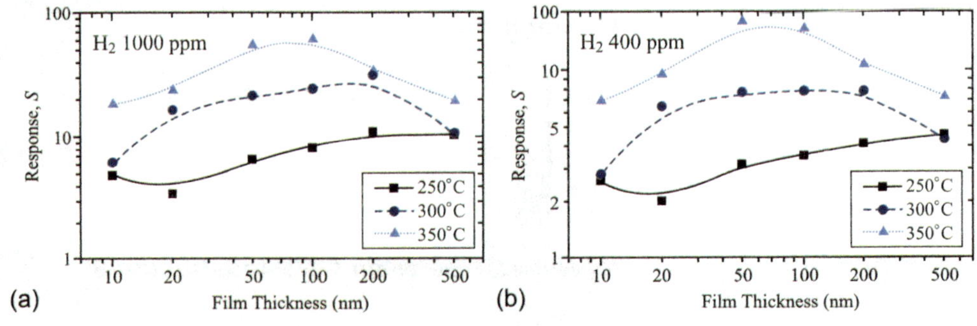

라 전도도가 크게 바뀌기 때문에 표면 민감성 물질에 속한다. 따라서, SnO_2 센서의 성능을 향상시키기 위하여 SnO_2의 표면구조를 개량하는 것이 필요하다. 또한, 반도체 기술의 발달로 인하여 다양한 박막 증착 기술이 개발되고 있으며, 증착된 박막은 사용한 장비의 종류와 증착 조건 또는 기판의 종류에 따라 그 표면의 상태가 달라지게 된다. You 등은 폴리싱된 알루미나 기판 위에 Sn을 evaporation을 이용하여 증착한 후 산화를 하여 SnO_2 박막을 형성하였다.[103] 산화시키는 가스의 분위기를 조절하여 다양한 화학양론을 가지는 박막을 얻었으며, 이에 대한 가스 감응도를 측정해 본 결과 순수한 산소에서 산화를 시킨 박막이 가장 SnO_2에 가까운 화학양론비를 나타내었으며 가장 높은 가스 감응도를 나타내었다고 보고하고 있다. 또한, Choe는 dual ion beam sputtering system을 이용하여 10~500 nm까지 다양한 두께의 박막을 증착하였으며 두께에 따른 가스 감응도를 측정하였다.[104] 그림 6-49를 보면 SnO_2 박막은 높은 가스 감응 특성을 나타내기 위한 적정의 두께가 존재하게 되며 약 100 nm에서 그 감응도가 가장 높은 것으로 나타났다. 만일 그 두께가 적정 두께보다 더 두꺼워 지면 가스의 반응에 관여하지 않는 두께가 증가하기 때문에 그 감도가 떨어지게 된다. 또한, 그 두께가 적정 두께보다 감소할 경우에는 재료의 표면전하를 O_2^-에서 O^-로 바꿔 줄 수 있는 내부 전자가 너무 적어서 그 감도가 떨어지는 것으로 보고 있다.

6.5.2.3.3 가스센서를 위한 나노구조 조립체 (Assembled nanostructure for gas sensor)

가스센서가 하나의 소자가 되기 위해서는 반응에 따라 가스의 종류를 구별할 수 있어야 하며 이에 따라 여러 종류의 검지 물질이 하나의 칩 위에 올라갈 수 있는 어레이(array) 형태가 되어야 한다. 최근 MEMS와 e-beam lithography와 같은 기술이 발달되면서 다양한 어레이

그림 6-50 다양한 금속 산화물 나노선을 가지는 센서소자와 수소와 일산화 탄소에 대한 가스 감응 특성[105]

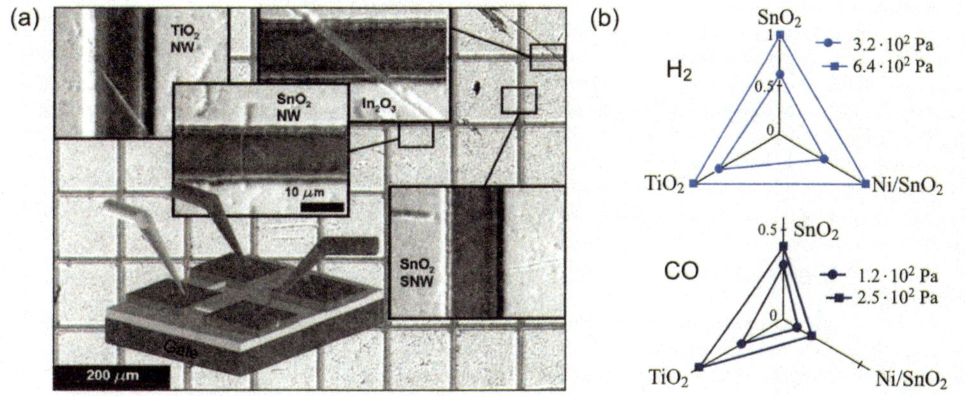

의 형태가 제시되고 있으며 여러 금속 산화물 나노구조물을 포함하는 마이크로 가스 센서가 개발되고 있다. Sysoev 등은 VLS(vaper-liquid-solid)와 VS(vaper-solid) 방법을 이용하여 In_2O_3, TiO_2, SnO_2, SnO_2:Ni와 같은 금속 산화물 나노선을 제작하였다. 이를 SiO_2 기판 위에 잘 분산시킨 후 그림자 마스크(shadow mask)와 evaporation 장비를 이용하여 Ti/Au 전극을 형성하여 가스 센서를 제작하였으며 수소와 일산화탄소에 대해 가스감응도를 측정하였다.(그림 6-50)[105] 또한, 농도에 따라 재료별 가스감응도를 도식화하여 수소와 일산화탄소에 대한 선택성이 가능하다는 것을 제시하였다.

6.6 에너지(Energy)

나노재료의 에너지 분야 응용은 나노재료가 갖는 물리적, 화학적 특성에 근거한 효율적인 에너지 전환 및 저장을 목표로 하고 있다. 효율적인 에너지 전환 및 저장은 나노재료가 갖는 양자 제한 효과와 높은 화학적 활성(chemical activity), 그리고 넓은 비표면적에 근거해서 구현할 수 있다. 예를 들면, 반도체 나노입자의 양자 제한 효과를 이용하면 높은 효율을 갖는 발광소자를 개발할 수 있다. 또 나노재료가 갖는 넓은 표면적과 높은 화학적 활성을 이용하면 우수한 사이클 특성을 갖는 전기화학적 전극재료를 개발할 수 있다. 2차 전지의 경우 나노재료를 양극이나 음극재료로 사용하면 높은 표면적 때문에 빠른 전기화학적 반응과 높은 용량을 얻을 수 있다. 또한 태양전지의 경우 반도체 나노입자의 크기를 조절할 경우 매우 넓은 파장 범위에서 에너지 전환이 가능하다. 이 같은 예들은 나노재료를 기반으로 고효율 에너지 저장 및 변환 기술을 개발할 수 있다는 것을 보여준다.

6.6.1 나노재료의 태양전지 응용(Nanomaterials for solar cell application)

6.6.1.1 태양전지의 원리 및 종류

최근 심각한 환경 오염 문제와 화석 에너지 고갈로 차세대 청정에너지 개발에 대한 중요성이 커지고 있다. 그중에서 태양전지(solar cell)는 공해가 적고, 자원이 무한하며, 반영구적인 수명을 가지고 있는 미래 주요 에너지원으로 기대되고 있다.

태양전지는 빛에너지를 전기에너지로 직접 변환하는 장치로 다른 말로 광전지(photovoltaic cell)라고 하며, 광-전 변환 원리에 의해 크게 다음과 같이 반도체 접합(p-n junction)과 광전기화학(photoelectrochemical) 태양전지로 구분할 수 있다.

일반적인 반도체 접합 태양전지는 n형 반도체와 p형 반도체를 접합하여 제조한다. n형 반도체 쪽은 전자(electron)를 전달하고, p형 반도체는 홀(hole)을 전달하게 된다. 그림 6-51은 n형과 p형 접합에 따른 태양전지의 구조와 작동 원리를 보여주고 있다. 그림 6-52에서 보듯이 태양전지를 구성하는 반도체의 밴드갭보다 큰 에너지를 갖는 광자를 태양전지가 흡수하

그림 6-51 반도체 접합 태양전지

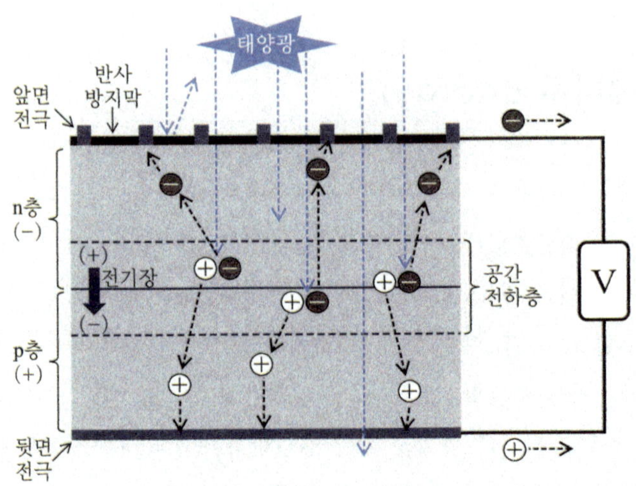

그림 6-52 Si 반도체 접합 태양전지의 흡수 효율

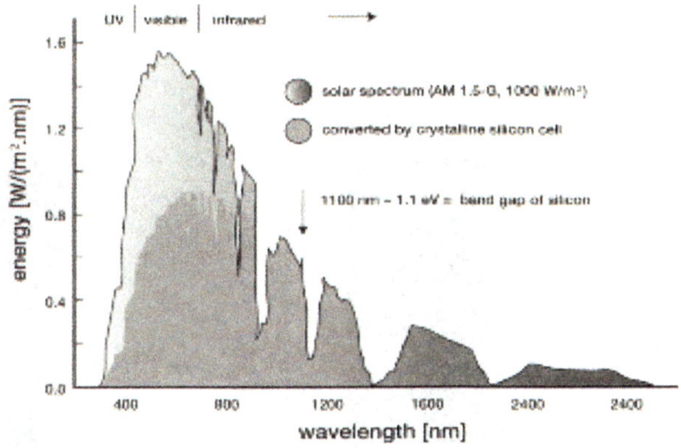

게 되면 전자–홀 쌍이 형성되며, 이때 전자는 n형 반도체로 유입되고 홀은 p형 반도체로 유입되며 전류가 발생하게 된다. 반도체 접합 태양전지는 대개 가장 에너지 효율이 높은 밴드갭이 1.1~1.7 eV인 물질들을 사용하는데, 현재 연구되고 있는 물질로는 Si, GaAs, CIS($CuInSe_2$), CdS/CdTe 등이 있다. 반도체 접합 태양전지는 실용화되고 있는 추세임에도 불구하고 아직까지는 고비용, 저효율의 문제를 가지고 있다.

광전기화학적 태양전지는 반도체접합 태양전지와는 달리 광합성 원리를 이용하여 빛을 전기에너지로 변환하는 장치이다. 대표적인 예인 스위스 Gratzel 그룹에서 발표한 염료감응 나노입자 산화물 광전기화학 태양전지(dye sensitized nanocrystalline solar cell)는 반도체 접합 비정질 Si 태양전지에 버금가는 높은 에너지 변환 효율과 함께 매우 저렴한 제조단가로 인하여 높은 관심을 모으고 있다. 그림 6-53은 염료감응을 이용한 광전기화학 태양전지의 광–전 변환 원리를 보여주고 있다. 즉, 표면에 염료 분자가 화학적으로 흡착된 n형 반도체 산화물 전극에 태양빛이 흡수되면 염료분자는 전자–홀 쌍을 생성하며, 전자는 반도체 산화물의 전도띠로 주입된다. 그리고 반도체 산화물 전극으로 주입된 전자는 입자 간 계면을 통하여 투명 전도성막으로 전달되어 전류를 발생시키게 된다. 염료 분자에 생성된 홀은 산화–환원 전해질에 의해 전자를 받아 다시 환원되어 염료감응 태양전지 작동 과정이 완성된다.

광전기화학 태양전지는 저렴한 가격 및 최근 연구를 통해 높아진 광–전 변환 효율에도 불구하고, 아직까지는 반도체 접합 태양전지와 마찬가지로 실용화되기에는 기술적 수준이 부족하다. 따라서, 태양전지의 실용화를 위한 저가격, 고효율화의 달성을 위해서는 새로운 구조나 재료를 사용한 태양전지의 개발이 필요하며, 그 해결책을 벌크(bulk) 물질과는 다른 특성

그림 6-53 염료감응 광전기화학 태양전지

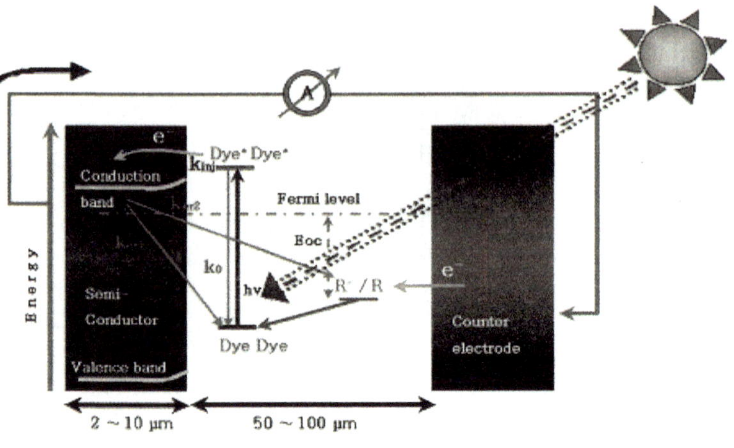

을 보이는 나노물질에서 찾고 있다.

6.6.1.1.1 나노입자를 이용한 염료감응형 태양전지(Dye sensitized solar cell)

염료감응형 태양전지는 TiO_2를 주성분으로 하는 반도체 입자, 태양광 흡수용 염료, 전해질, 투명전극으로 구성되어 있다. 우수한 전지로 작동하기 위해선 1) 염료에 의한 여기전자의 생성 및 TiO_2로의 전자의 투입이 소멸보다 빨리 이루어져야 하며, 2) 염료로부터 TiO_2로 전자가 투입되는 시간이 전자가 TiO_2에서 생성된 정공과 결합하는 시간보다 짧아야 하고, 3) TiO_2의 전도대에 있는 전자가 산화-환원 전해질과 결합하지 않아야 하며, 4) 전자를 전달하여 산화된 염료가 전해질로부터 전자를 받아 다시 환원될 동안에 분해되지 않아야 한다.

위와 같은 염료감응형 태양전지에 나노입자로 만든 다공질 TiO_2를 사용하면 반응 표면적 증가로 높은 효율을 얻을 수 있다. 즉, 그림 6-54에서 보는 것과 같이 TiO_2의 입자가 작고, 기공도가 높을수록 전지의 효율은 향상되는데, 보통 15~30 nm의 크기가 주로 이용된다. 나노 크기의 TiO_2를 만드는 방법은 보통 티타늄 알콕사이드를 산성 분위기하에서 수화시켜 전도성 유리 위에 박막형태로 입히고, 450℃에서 수 분 동안 소결한다. 이렇게 만든 100 nm 이하의 반도체 입자들은 양자 크기 효과나, 표면부근에서의 매우 작은 전기장 구배 등의 효과가 나타나면, 표면적 증대 효과와 더불어 염료감응 태양전지의 효율을 높일 수 있다.[106]

이외에도 태양전지에 CNT나 나노선들이 응용되고 있는데, 그림 6-55와 6-56은 태양전지

그림 6-54 태양전지 응용을 위한 다양한 TiO_2 나노구조[107]

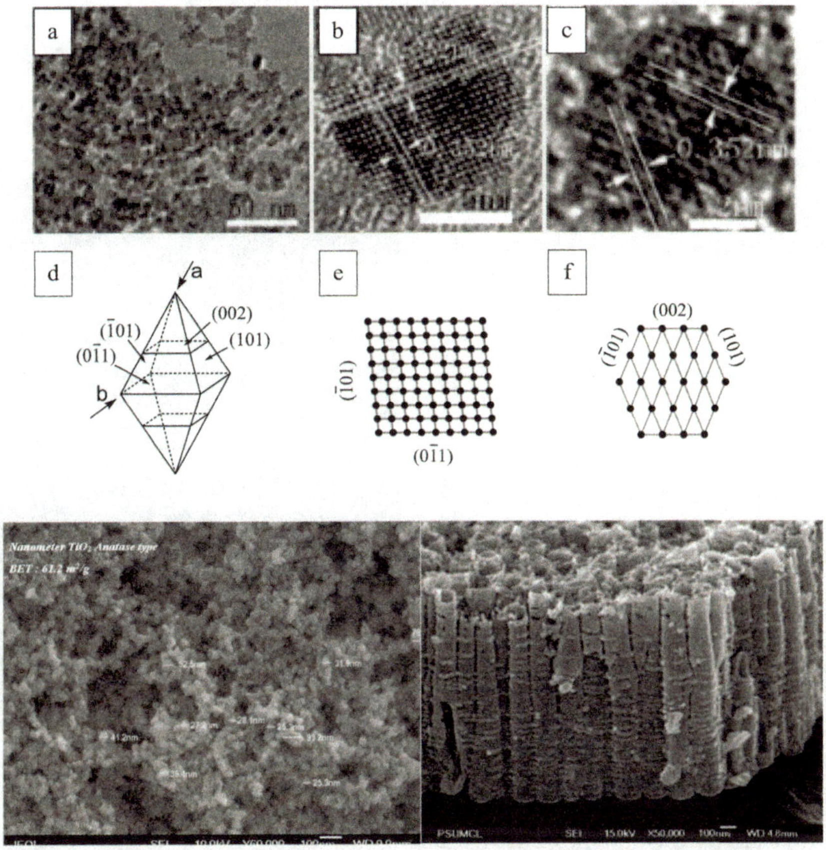

에 적용된 CNT와 나노선의 대표적인 사례를 보여주고 있다.

6.6.1.1.2 복합나노구조형 플라스틱 태양전지

최근 다양한 태양전지가 개발되면서 이들의 성능을 향상시키기 위한 방법으로 나노재료가 사용되고 있다. 대표적인 예로 플라스틱 태양전지 개발을 들 수 있다. 플라스틱 태양전지는 Si 계통의 무기 태양전지에 비해 유연성이 우수하여 다양한 산업 및 제품에 응용할 수 있다. 그림 6-57은 복합나노구조형 플라스틱 태양전지의 구조와 동작원리를 나타낸 것이다. 그림에서 보듯이 구조적으로 간단하여 제조 공정이 단순하고, 상온에서 스핀캐스트 방법을 이용하여 활성층을 형성하므로 고온이나 진공작업 등의 고가의 공정이 필요하지 않다. 또한, 제조 공정이 대형화에 유리할 뿐만 아니라 플라스틱 기판을 사용하는 경우에 제품을 경량화할

그림 6-55

태양전지 응용을 위한 다양한 CNT 나노구조

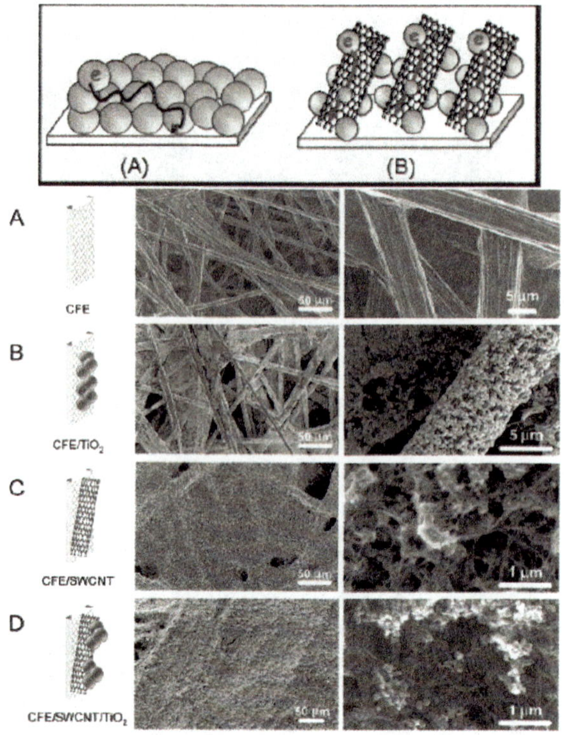

그림 6-56

나노선을 이용한 연료감응형 태양전지 구조

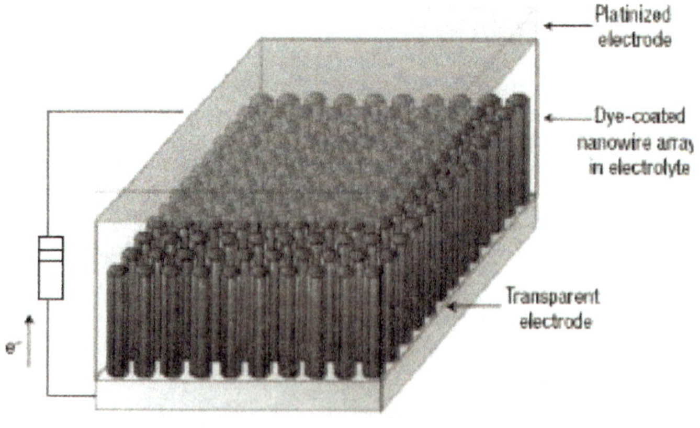

그림 6-57 복합나노구조형 플라스틱 태양전지

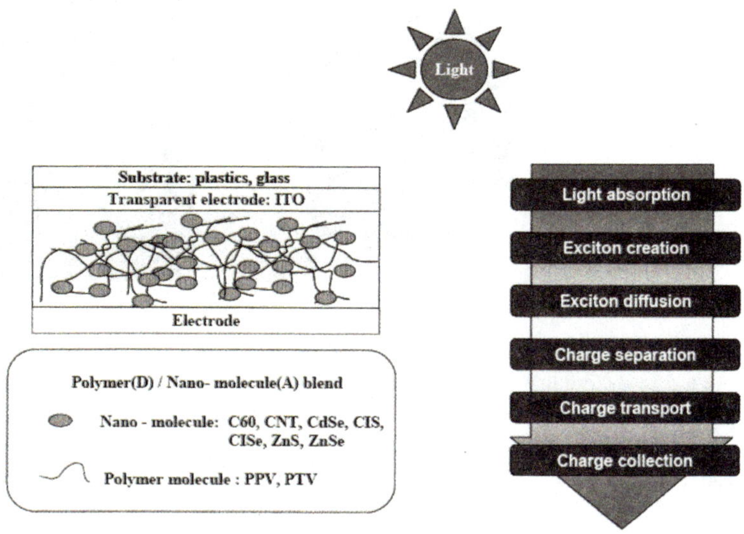

수 있으며, 플렉서블(flexible)한 제품 제작이 가능하다.

그러나, 플라스틱 태양전지는 아직 변환효율이 극히 낮은 단점을 지니고 있다. 따라서 플라스틱 태양전지가 실용화되기 위해서는 변환효율을 획기적으로 개선해야 하며, 이를 위해 다양한 나노물질과 나노기술들이 응용되고 있다.

예를 들면, 플라스틱 태양전지에서 나노입자를 사용하면, 이 나노입자는 고분자에서 발생한 전자를 효율적으로 전극으로 전달하는 역할을 한다. 이때, 나노입자는 전달된 전자와 재결합되지 않도록 불순물이나 결함이 없어야 하고, 캐리어(carrier) 전달을 위해 규칙적으로 배열되어야 하며, 공정적용이 용이해야 한다. 또한, 전자와 정공이 분리가 잘되기 위해서 이온화에너지 크기가 적절히 선택되어야 하며, 전자 이동도도 높아야 한다. 플라스틱 태양전지에 나노 입자로 응용되는 재료는 C_{60}, 탄소나노튜브(CNT), CdSe, $CuInS_2$, ZnS, ZnSe 등이 있다(그림 6-58).

플라스틱 태양전지의 활성층은 폴리머와 나노입자를 혼합한 플라스틱으로 구성할 수 있으며, 이들 플라스틱층에서 형성된 전하가 전극으로 전달되기 위해서는 고분자 물질들 사이를 전하가 손실 없이 빠르게 이동하여야 한다. 따라서 앞서 설명하였듯이 재결합 손실을 최소화하고 높은 이동도를 얻기 위해서는 폴리머와 나노입자들이 규칙적이고, 높은 밀도로 배열되어야 한다. 그러므로 플라스틱 태양 전지의 효율 향상을 위해서는 나노입자를 폴리머에 골고

그림 6-58

C_{60} 및 폴리머-CNT 복합체[108]

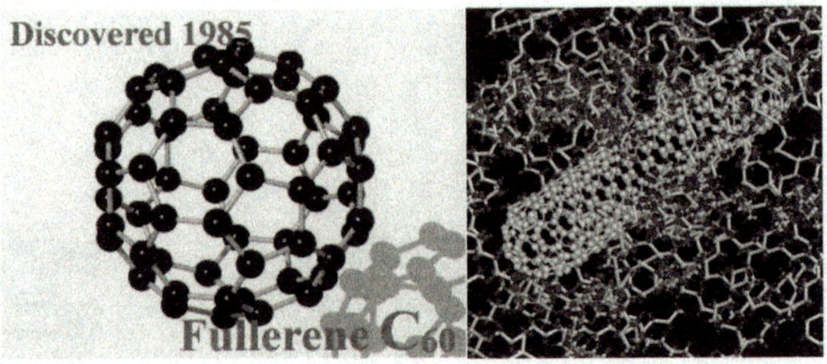

그림 6-59

다양한 형태의 CdSe 나노입자 및 폴리머-ZnS 이종구조체[109 110]

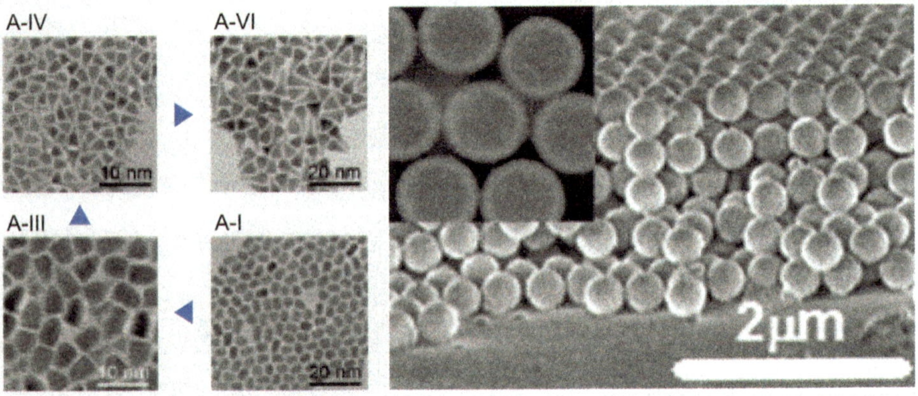

루 분산시키는 나노입자분산 기술이 중요하다(그림 6-59).

6.6.1.1.3 나노결정 박막 태양전지

최근 단결정 박막보다는 얇게 만들 수 있으면서도 생산단가가 싸고 대면적화가 용이한 나노결정 박막 기술이 태양전지 실용화를 위한 기술로 제시되고 있다. 박막의 결정입자 크기를 나노 크기로 제한하면 본래의 결정과는 전혀 다른 새로운 성질을 얻을 수 있고 이러한 나노결정 입자들을 초격자(superlattice) 구조로 적층하면 양자효과에 의해서 중간밴드(intermediate band) 구조를 구현할 수 있다. 그리고 이러한 중간밴드 구조는 입사된 빛을 효

그림 6-60 다중양자우물 구조 및 다중양자우물 태양전지[111]

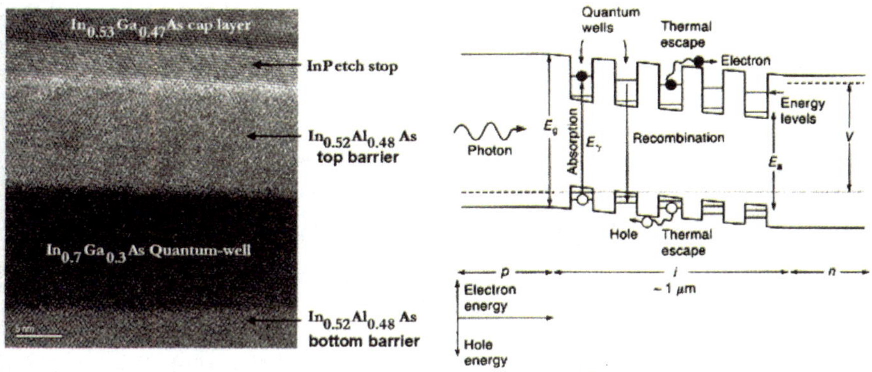

율적으로 흡수할 수 있기 때문에 효율이 높은 태양전지를 개발할 수 있다.

중간밴드 구조를 구현하기 위하여 나노재료를 기반으로 두 가지 방안이 모색되고 있는데, 첫째는 InP 다중 양자 우물(MQW: Multiple Quantum Well) 구조이다. InP는 30% 이상의 고효율 태양전지를 만들 수 있는 가능성이 있는 재료로 활발히 연구되고 있으며, InP를 바탕으로 다중 양자 우물 구조를 만들면 더욱 높은 효율을 갖는 태양전지를 기대할 수 있다(그림 6-60 참조). 또한 InP를 기반으로 할 경우 양자우물 박막구조 구성 시 일반적으로 발생하는 스트레스 문제가 없는 장점을 갖고 있다. 아울러 내구성이 우수하고, 표면 재결합이 적어 30% 이상의 고효율 달성이 기대된다.

두 번째는 비정질 Si을 바탕으로 한 다층막 양자점(QD: Quantum Dot) 구조이다(그림 6-61). 비정질 Si(a-Si)박막형 태양전지는 대면적 소자 제작이 용이하고 저가 생산이 가능하기

그림 6-61 비정질 Si 다층막 양자점 태양전지 밴드 구조

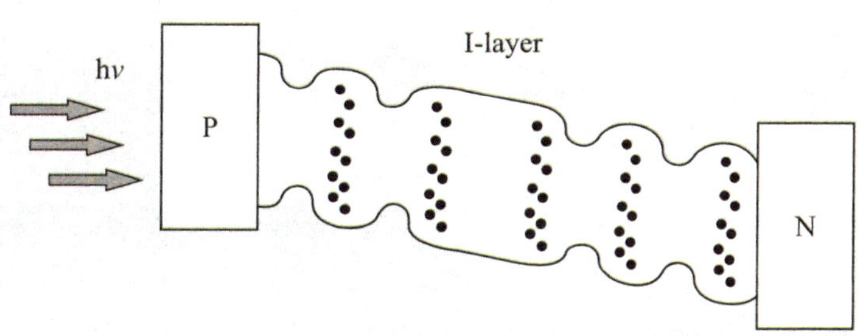

때문에 효율과 신뢰도 문제가 해결된다면 태양광 발전의 실용화에 보다 유리하다.

그러나 비정질 Si 태양전지는 빛을 흡수함에 따라 중간 진성(intrinsic)층의 전기적 특성이 열화되어 효율이 나빠지는 문제가 해결되지 못해 답보상태에 있다. 이를 해결할 수 있는 방법이 나노재료를 기반으로 제안되고 있는데, 대표적인 예는 비정질 Si/나노결정 Si(a-Si:H/nc-Si:H) 초격자 구조이다. 즉, 그림 6-61과 같이 각 단위층의 계면들이 연속적으로 수소경사(grading)를 이루면서, 강하게 수소 희석된 단위층 안에 수 나노 크기의 양자점이 있는 구조를 구성할 경우 비정질 Si에 근접하는 광흡수 능력과 미세결정 Si에 견줄만한 빛 조사에 대한 우수한 준안정화 특성을 구현할 수 있다.

6.6.1.1.3 나노 플라즈몬 태양전지

태양전지 표면에 나노 크기의 금속 입자를 첨가하면 태양전지의 효율을 상당히 향상시킬 수 있다(그림 6-62). 기존의 태양전지는 입사되는 모든 빛을 유용한 에너지로 전환시키지는 못하였다. 또한, 햇빛은 다양한 색상을 가지고 있는데, 청색계열의 빛은 효율적으로 전환시키지만 적색계열의 빛을 전환시키는 능력은 떨어진다. 이런 문제에 대한 해결책으로 제시된 것이 금속 나노입자이다. 금속은 표면 플라즈몬(surface plasmon)이라고 불리는 전기 간섭현상을 만들어 내는데 금속을 나노 입자로 만들면 들어오는 빛이 입자를 진동시키며 효과적으로 산란된다. 이때, 빛이 특정한 공명 색상을 갖고 있다면 산란과정은 강해지며 태양전지 안에 더 많은 빛을 가두는 결과가 나타난다. 아울러 에너지 전환 효과가 낮은 파장에서 효율을 향상시키는 효과가 있다. 실험 결과 이 방법은 적색계열의 파장에서 에너지 전환을 10배 이상 향상시키면서 효율이 30% 증가될 수 있음을 보여주었다. 특히 플라즈몬 태양전지 개념은 모든 종류

그림 6-62 플라즈몬 태양전지[112]

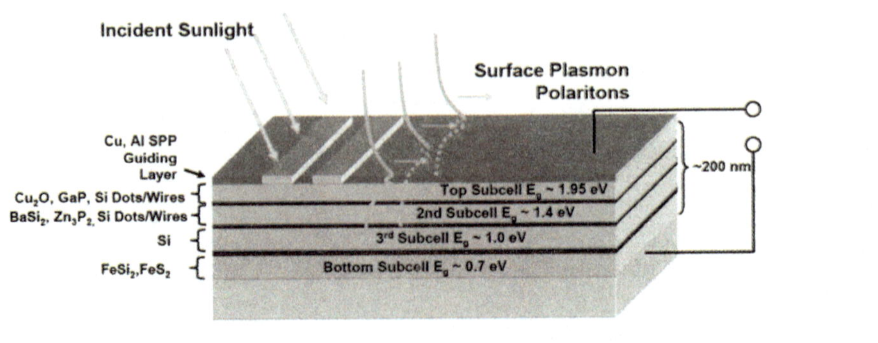

의 태양전지에 적용 가능하다는 점에서 그 잠재력이 크다고 할 수 있다.

6.6.2 나노재료의 연료전지 응용(Nanomaterials for fuel cell application)

6.6.2.1 연료전지의 원리 및 종류

6.6.2.1.1 연료전지의 원리 및 주요 반응

연료전지(fuel cell)는 화학에너지를 전기에너지로 직접 변환하는 에너지 변환 장치이다. 연료전지는 19세기경에 발명되고 그 원리가 규명되었으나 Pt 전극의 사용으로 인한 고비용과 공급되는 연료의 특수성 및 전지의 짧은 수명으로 인해 그 파급효과는 미미했다. 그러나 20세기 초부터 폭발적인 에너지 수요와 기술 개발로 인해 다시금 연료전지에 대한 관심이 높아졌다. 특히 연료전지는 기존의 내연기관에 비해 효율이 높으며, 소형화가 가능하고 환경오염원 배출이 적기 때문에 연구 개발이 활발해지고 있다.

그림 6-63은 연료전지의 구조 및 동작원리를 나타내는 기본 셀(cell)을 보여준다. 연료전지의 기본 구조는 음극(anode), 양극(cathode), 그리고 두 개의 전극 사이에서 이온의 전달을 도와주는 전해질로 구성된다. 음극 반응은 외부에서 공급되는 연료인 수소, 메탄올 등이 산화($H_2 \rightarrow 2H^+ + 2e^-$)되어 e^-와 H^+가 발생되고, 각각 외부 도선과 전해질에 의해 양극으로 전달된다. 양극 반응은 산소의 환원($O_2 + 4e^- \rightarrow 2O^{2-}$)에 해당되며, 공급연료와 반응($O^{2-} + 2H^+ \rightarrow H_2O$)하여 물이 생성된다. 이러한 반응이 일어날 때 음극, 양극의 두 전극에 외부 회로를 연결하여 두 극의 포텐셜(potential) 차이로 인한 전류흐름을 전력원으로 사용한다.

그림 6-63 연료전지의 구조 및 수소연료전지의 원리

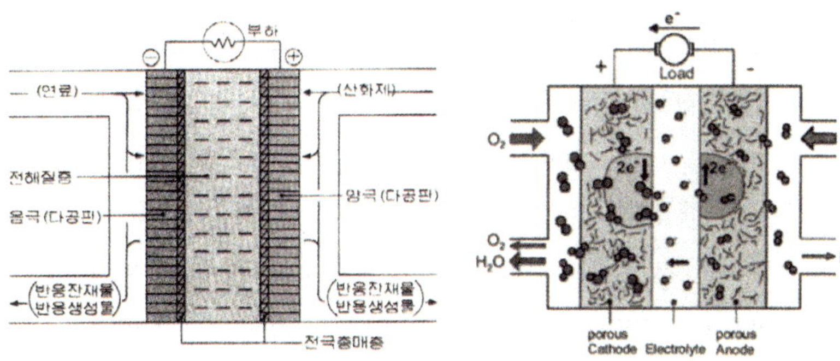

6.6.2.1.2 연료전지의 종류

연료전지는 일반적으로 사용한 전해질에 따라 분류할 수 있다(표 6-5). 또는 운전 온도에 따라서 분류하기도 하는데, 저온형은 알칼리 연료전지(AFC: alkaline fuel cell), 고분자 전해질 연료전지(PEMFC: proton exchange membrain fuel cell), DMFC(direct mathanol fuel cell), 인산 연료전지(PAFC: phosphoric acid fuel cell)가 포함되고, 고온형은 600°C~1,000°C에서 운전되는 용융 탄산 연료전지(MCFC: molten carbonate fuel cell), 고체 산화물 연료전지(SOFC: solid oxide fuel cell)이 포함된다.

표 6-5 여러 연료전지의 특성 및 응용 분야

	AFC	PEMFC	DMFC	PAFC	MCFC	SOFC
운전온도 (°C)	< 100	60–120	60–120	160–220	600–800	80–1,000 (500–600)
음극반응	$H_2+2OH^- \rightarrow 2H_2O+2e^-$	$H_2 \rightarrow 2H^++2e^-$	$CH_3OH+H_2O \rightarrow CO_2+6H^++6e^-$	$H_2 \rightarrow 2H^++2e^-$	$H_2+CO_3^{2-} \rightarrow H_2O+CO_2+2e^-$	$H_2+O^{2-} \rightarrow H_2O+2e^-$
양극반응	$1/2O_2+H_2O+2e^- \rightarrow 2OH^-$	$1/2O_2+2H^++2e^- \rightarrow H_2O$	$3/2O_2+6H^++6e^- \rightarrow 3H_2O$	$1/2O_2+2H^++2e^- \rightarrow H_2O$	$1/2O_2+CO_2+2e^- \rightarrow CO_3^{2-}$	$1/2O_2+2e^- \rightarrow O^{2-}$
응용	운송, 우주항공, 군사, 에너지 저장			열병합 분산형 발전시스템	열병합 분산형 발전시스템 운송용	
운전규모	소형 5–150kW	소형 5–250kW	소형 5kW	소형–중형 50kW–11MW	소형 10kW–2MW	소형 100–250kW
전해질의 나르개	OH^-	H^+	H^+	H^+	CO_3^{2-}	O^{2-}

6.6.2.2 나노물질을 응용한 연료전지

6.6.2.2.1 나노물질을 이용한 수소 저장 기술

연료전지를 구동하기 위해서 수소가 연료로 필요하며, 이는 수소저장 방법이 필요하다는 것을 의미한다. 수소는 가스 상태로 저장하는 것이 가장 쉽지만 연료전지용 연료로써 기체 수소는 에너지 밀도가 너무 낮아서 사용하기 어렵다. 또 수소를 액화하여 저장하는 경우도 극히 낮은 온도가 필요하기 때문에 연료전지에 응용하기 어렵다. 하지만, 나노재료를 이용하면 이를 해결할 가능성이 있다. 예를 들면 나노 구조의 금속 수소화물(metal hydride)이나 탄소나노튜브(CNT)를 이용하여 수소를 저장할 수 있다. 현재까지 금속–다이보라이드 나노튜브(metal–diboride nanotubes), 탄소나노뿔(carbon nanohorn) 등의 나노 물질이 연료전지에 적용이 가능한 수준의 수소를 저장할 수 있다는 결과가 보고되었다(그림 6-64, 6-65).

그림 6-64

TiB_2 나노튜브에 수소 분자 하나 (a,b) 및 두 개 (c,d)가 흡착된 원자 구조[113]

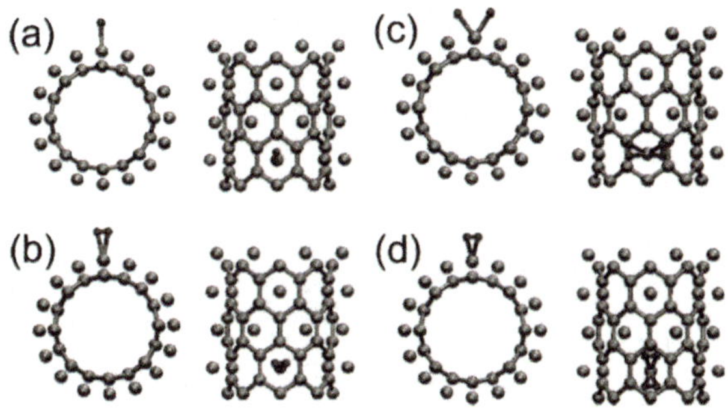

그림 6-65

탄소나노뿔(carbon nanohorn)[114]

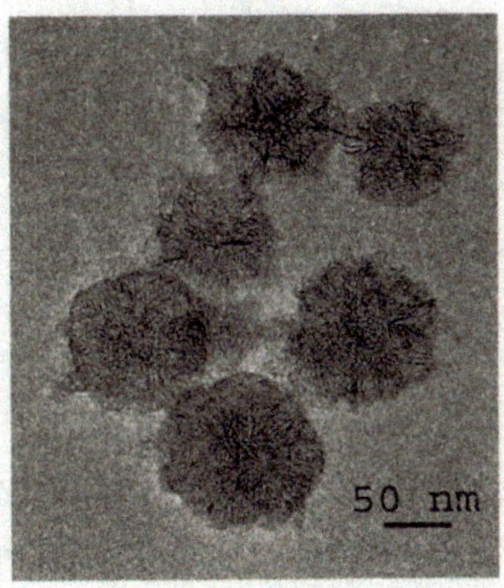

6.6.2.2.2 나노물질을 이용한 연료전지 전극

Pt은 수소와 관련된 화학 반응에 촉매로 작용하기 때문에 연료전지에 많이 사용된다. 하지만, Pt은 귀금속이기 때문에 Pt의 사용량을 최소화하면서 효율을 높이는 것이 연료전지 기술의 중요한 과제이다. 이를 위해 Pt 및 Pt 합금 촉매를 나노 입자로 만드는 것이 연구되고 있다. 이때, 최소의 Pt사용을 통해 최대의 표면적을 얻을 수 있고, 따라서 촉매 효율을 극대화할 수 있다. 표 6-6은 Pt 입자가 3.4nm에서 1.5nm 일 때의 Pt 원자 개수, 표면적 및 금속 담지량을 비교한 것이다. 이 결과에서 보면 안정적이고 성능이 뛰어난 나노 입자를 만들 수 있다면, Pt의 사용량을 크게 줄일 수 있다는 것을 알 수 있다.

표 6-6 Pt 나노입자의 크기에 따른 원자 개수, 표면적 및 금속 담지량[115]

Size of nanoparticle [nm]	Number of atoms per particles	Specific sufrace area [m^2/g]	Metal loading [mg/cm^2]
3.4	1362	82	1.55
3.0	936	93	1.26
2.5	542	112	1.05
2.2	369	127	1
2.0	227	140	0.9
1.7	164	170	0.75
1.5	117	186	0.68

6.6.3 나노재료의 이차전지 응용

6.6.3.1 전지(battery)의 원리 및 분류

전지(battery)는 내부에 들어있는 활물질(active material)의 화학에너지를 전기화학적(electro-chemical) 산화–환원 반응(oxidation-reduction reaction)에 의해 전기 에너지(electrical energy)로 변환하는 장치이다.

모든 전지는 양극(cathode 또는 positive electrode)과 음극(anode 또는 negative electrode) 활물질들을 가지고 있고(그림 6-66), 분리막(separator)에 의해 서로 떨어져 있으

그림 6-66 전지의 구조

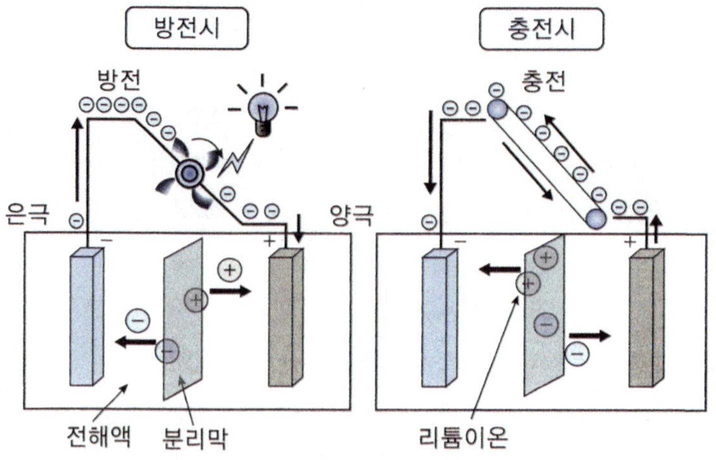

며, 두 전극 사이의 이온 전달을 가능케 하는 전해질(electrolyte)에 담겨 있다. 사용하길 원하는 전압과 전류를 얻기 위해서는 두 전극 사이에 충분한 전압과 전류가 생성될 수 있는 적절한 전극 물질과 전해질이 배열되어야 한다. 전지의 구성 요소 중 양극은 외부 도선으로부터 전자를 받아 양극 활물질이 환원되는 전극이며, 음극은 음극 활물질이 산화되면서 도선으로 전자를 방출하는 전극이다. 전해질은 양극의 환원 반응, 음극의 산화반응이 화학적으로 적합하게 이루어 질 수 있도록 물질 이동이 일어나는 매체이며, 분리막은 양극과 음극의 물리적 접촉 방지를 위한 격리막 역할을 한다.

6.6.3.2 2차 전지

2차 전지란 충전(charge)과 방전(discharge)을 계속 반복시킬 수 있는 전지를 말하며, 이온화 경향 차이가 큰 두 전극이 전해질을 통해 가역적으로 산화-환원 반응을 하면서 나타나는 전자의 이동현상을 기반으로 구성된다.

2차 전지에서 중형전지는 납 축전지가 많이 쓰이고 있으며, 소형 전지는 리튬 2차 전지, Ni-Cd, Ni-MH 2차 전지 등이 다양하게 쓰이고 있으나 현재는 리튬 2차 전지 계열만이 가장 활발하게 실용화되고 있는 추세이다(표 6-7 참조). 리튬 2차 전지는 리튬을 삽입(intercalation)할 수 있는 물질로 구성되며, 리튬의 이동에 따라 전류를 발생시키는 전지이다(그림 6-67). 리튬 2차 전지는 단위 전지 전압이 3.0 ~ 3.7로 2차 전지 시스템 중 가장 높으며 에너지 밀도가 우수하고, 높은 수명, 짧은 충전 시간, 니켈수소 2차 전지에 비해 30% 정도 가벼운 무게 등의 장점으로 시장에서 수요가 급등하고 있는 추세이다. 그러나 리튬 2차 전지는 대전류 특성 및 과다 충·방전에 약한 단점이 있다. 그래서 최근 들어 리튬 2차 전지의 효율 및 안정성을 높이기 위한 나노물질의 응용이 연구되고 있다.

표 6-7 주요 2차 전지의 특징[116]

구분	양전극	전해질	음전극	장점	단점
 Ni-Cd	NiOOH	KOH	$Cd(OH)_2$	· 대전류 방전 · 급속충전 · 신뢰성, 저가	· 환경문제, 저전압(1.2 V) · 메모리 효과 큼 · 높은자기방전
 Ni-MH	NiOOH	KOH	MH	· Ni-Cd와 호환 · 안전성 · 신뢰성	· 저전압(1.2 V) · 높은자기방전 · 고가
 리튬 2차전지	산화물	액체, 고체, 전해질	탄소/흑연 Li금속	· 고에너지 밀도 · 경량, 소형 · 낮은 자기방전 · 용량보존성우수	· 수명 제한 · 급속충전문제 · 안전성문제 · 고가

그림 6-67 리튬 2차 전지의 원리[117]

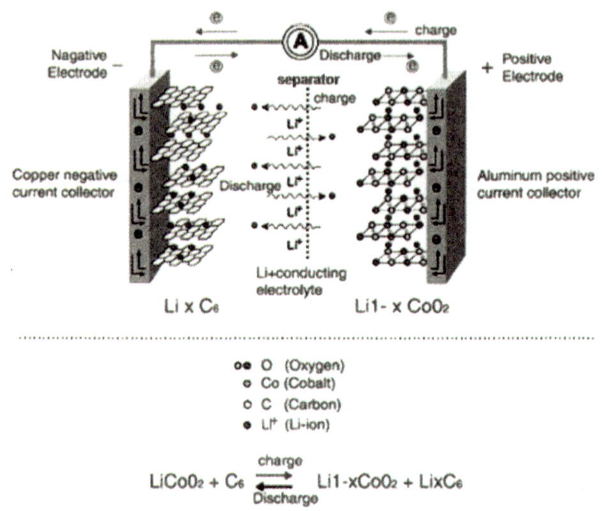

6.6.3.3 나노재료를 응용한 리튬 2차 전지

6.6.3.3.1 나노재료를 이용한 리튬 2차 전지용 전극 형성 기술

전기 자동차나 휴대 전화 등 모바일 전기 제품의 진화에 따라, 리튬 2차 전지의 대용량화와 고출력화가 요구되고 있다. 이러한 요구에 대응하기 위해 나노재료를 활성 물질로 리튬 2차 전지 전극에 응용하는 것이 시도되고 있다.

재료의 크기가 나노사이즈까지 작아지면 벌크상태일 때와 다른 물리적 성질이 나타나는데, 리튬 2차 전지용 전극 재료에서도 마찬가지이다. 예를 들면, 아나타제(Anatase)형 이산화티탄(TiO_2)에서 리튬 이온의 삽입, 이탈은 가능하지만, 루타일(Rutile)형 TiO_2에서는 리튬 이온 삽입과 이탈이 불가능하다고 알려져 있었다. 그런데 루타일형 TiO_2도 크기가 15 nm까지 작아지면, 리튬 이온의 삽입, 이탈이 가능해지는 한편, 방전 용량은 365 mAh/g까지 달한다. 또한, 아나타제형 TiO_2도 벌크 상태의 이론 용량은 약 167 mAh/g이지만, 6 nm의 나노 입자에서는 방전 용량이 360 mAh/g로 증가한다. 그 외에도 기존의 활성재료를 나노 크기로 만들면 방전 용량이 현저하게 증가하는 것이 보고되고 있다.

나노재료의 표면적의 증가에 의한 성능 향상은 출력 특성에서도 나타난다. 예를 들면, 6 nm 크기의 아나타제형 TiO_2 나노입자에서는 10 A/g의 높은 충전 속도에서도 240 mAh/g의 높은 방전 용량을 얻을 수 있다. 또한, 이 나노입자와 같은 높은 비표면적을 가지는 나노 다공질

(nano porous) 결정성 TiO_2에서는 방전 용량의 증가와 출력 특성의 향상(0.1 A/g의 낮은 충전 속도에서 약 380 mAh/g, 10 A/g의 높은 충전속도에서 약 260 mAh/g)이 관찰되었다.

또한, 나노 다공질 구조를 가지는 활성물질을 사용하면 나노 다공질이 리튬이온의 확산 경로로서 2차전지 성능 향상에 기여하는 것으로 나타났다.[118] 구체적인 예를 들면 나노 다공질 재료를 리튬 2차전지의 전극으로 사용하면 나노 사이즈로 배향된 세공(나노 채널: 직경 = 5 nm)을 통해 리튬 이온(Li^+)과 전기 분해액의 전극 내부로의 이동을 용이해 진다. 또한, Li^+이 방대한 표면적을 가지는 미세관에 흡착하는 특성에 의해 슈퍼 캐패시터 기능을 발현시켜 기존의 리튬 2차전지와 동일한 수준의 에너지 밀도를 유지하면서 출력 밀도가 두 자리수 이상 향상된다.

한편 리튬 2차전지의 음극도 나노재료를 이용하면 그 성능을 크게 향상시킬 수 있다. 예를 들면 그림 6-68에서 보는 바와 같이 Sn 나노 입자를 탄성을 가진 속이 빈 구모양 탄소에 주입시켜 특수 나노 마이크로 구조를 가진 Sn@C 복합 재료를 만들면 Sn@C 나노 마이크로 복합 구조에 있는 빈 공간이 충 · 방전 시 발생하는 부피 변화를 흡수하여 전극의 충 · 방전 특성을 유지할 수 있다. 실험 결과 100차례 충 · 방전 순환 후 복합 재료는 550 mAh/g 비용량을 가지고 있어 현재 광범위하게 사용되고 있는 흑연 음극 재료의 이론 비용량(372 mAh/g)의 1.5배에 달하는 것으로 나타났다.

6.6.3.3.2 새로운 적층 구조의 리튬 2차 전지

나노재료를 이용해 새로운 디자인의 2차 전지 개발도 활발히 연구되고 있다. 예를 들면 미국 아곤 국립 연구소(Argonne National Laboratory)에서는 나노 결정질 막을 양극으로 사

그림 6-68 Sn@C 나노 마이크로 복합 구조

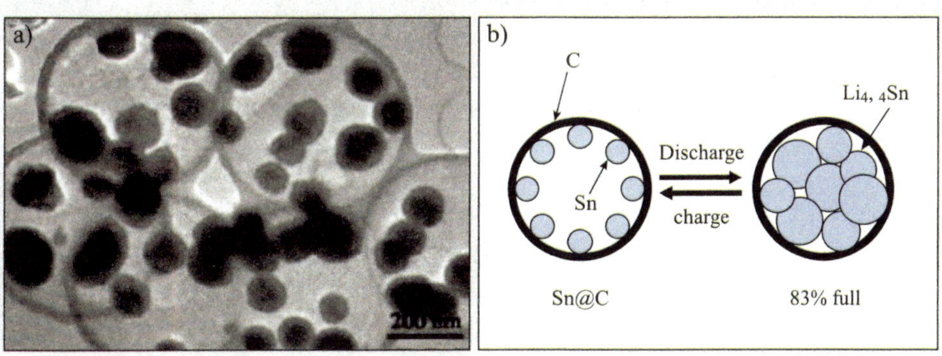

용하여 250 mAh/g 이상의 높은 충전 용량을 갖는 2차 전지를 개발하였다. 이 새로운 2차 전지는 망간을 기반으로 하기 때문에 가격을 크게 낮출 수 있어 핸드폰이나 노트북 컴퓨터뿐만 아니라 차세대 하이브리드 자동차에도 적용이 가능할 것으로 여겨진다.[119] 이외에도 최근 들어 Si 나노선을 이용한 리튬이온 2차 전지 등 나노재료를 이용한 신개념, 고기능 2차 전지들이 계속 개발되고 있다.

연습문제 Chapter 6

1. 양자우물이나 양자점으로 구성된 발광소자에서 발생되는 빛의 파장이 양자우물이나 양자점의 크기에 따라 달라지는 이유를 설명하시오.

2. Si 양자점 단전자 트랜지스터를 구성하려고 한다. 상온에서 작동시키기 위한 양자점의 크기를 구하시오. 이때 유전체는 실리카를 사용한다.

3. 나노 크기의 결정립들로 이루어진 벌크재료가 마이크로미터 이상의 결정립으로 이루어진 재료에 비해 향상되는 기계적 특성에 대해 설명하시오.

4. 소성 변형 모델과 관련하여, Hall-Petch와 Inverse Hall-Petch에 대한 설명을 하시오.

5. 금속 및 세라믹 재료에서 초소성 변형(Superplastic deformation)이 발생하는 원인과 이 특성을 향상시키기 위한 방법을 설명하시오.

6. 최근 나노입자의 형성으로 인해 기계적 특성의 향상이 이루어짐에 따라 구조재료의 나노화에 대한 연구가 많이 진행되고 있다. 이러한 관점에서 구조재료의 합성 및 소결 과정 중 입자의 크기를 수 십 나노 크기 이하의 영역으로 유지할 수 있는 방법을 제시하시오.

7. 나노복합체를 형성하여 기계적 특성을 강화시키는 방법 중 최근 SiC, Al_2O_3와 같은 세라믹 물질에 CNT를 첨가하여 강화시키는 방법이 활발히 연구되고 있다. 이 방법을 통해 나노복합체를 만드는 과정에서 중요하게 고려되어야 할 문제는 무엇인가? 또 그것을 해결하기 위한 방안을 제시하시오.

8. Surface plasmon resonance나 Surface Enhanced Raman Spectroscopy (SERS)를 이용한 바이오센서의 원리를 설명하시오.

9. 바이오센서에 사용되는 반도체 나노선 field-effect transistor에서 DNA의 흡착에 따른 신호검출원리를 게이트 효과와 관련하여 설명하시오.

10. 자기공명 조영제로 초상자성 나노입자를 활용하고자 하는 많은 연구가 이루어지고 있다. 초상자성 나노입자가 기존의 조영제에 비해 갖는 장/단점이 무엇인가?

11. 약물전달체의 endocytosis 과정과 rupturing과정을 설명하라.

12. 전기방사된 나노섬유가 세포배양 지지체로 많이 이용되고 있다. 나노섬유 지지체의 장점을 기술하라.

13. 치료나 진단을 목적으로 나노구조체를 이용하고자 하는 연구가 활발히 진행되고 있으나, 나노구조체의 독성이 문제가 될 수 있다. 나노재료가 체내에서 가질 수 있는 독성은 어떤 것들이 있을 수 있는지 나노재료의 종류에 따라 설명하시오.

14. 광촉매의 특성과 원리에 기초하여 그것의 특성을 향상시킬 수 있는 예상되는 기술들과 그 이유에 대하여 설명하시오.

15. 최근 나노입자, 나노선, 박막과 같은 나노 구조물을 이용한 가스 센서의 연구개발이 활발히 이루어지고 있다. 이러한 나노 구조물 가스센서가 높은 감도를 가지는 이유를 센서 감응 모델을 이용하여 설명하시오.

16. 코어-쉘, 나노다층박막과 같은 이중 구조 나노소재들을 통하여 그 특성을 향상시키는 연구 보고가 활발하게 이루어지고 있다. 이중 구조를 통해 향상될 수 있는 특성 및 원리와 대상 물질에 요구되는 조건에 대해 설명하시오.

17. 태양광소자에 사용되는 활성물질의 태양광 흡수율을 높일 수 있는 조건을 기술하시오.

18. 리튬의 intercalation 반응에서 나노 전극재료가 갖는 장점과 단점을 기술하시오.

19. 에너지 밴드갭과 기하학적 구조를 변수로 태양광의 흡수율을 최대로 높일 수 있는 태양전지를 설계해 보시오.

참고문헌

[1] K. Hiramatsu, K. Nishiyama, M. Onishi, H. Mizutani, M. Narukawa, A. Motogaito, H. Miyake, Y. Iechika, and T. Maeda, "Fabrication and characterization of low defect density GaN using facet-controlled epitaxial lateral overgrowth (FACELO)" *J. Cryst. Growth*, **221**, 316-326 (2000)

[2] S. K. Lee, T. H. Kim, S.Y. Lee, K. C. Choi, and P. Yang, "High-brightness gallium nitride nanowire UV-blue light emitting diodes" *Philosophical Magazine*, **87**, 2105-2115 (2007)

[3] U.Banin, "Light-emitting diodes: Bright and stable" *Nature Photonics*, **2**, 209-210 (2008)

[4] E. Lai, W. Kim, and P. Yang, "Vertical Nanowire Array-Based Light Emitting Diodes" *Nano Research*, **1**, 123-128 (2008)

[5] C. D. Bimberg, "Quantum dots: lasers and amplifiers" *Microelectronics J.*, **34**, 323-328(2003)

[6] H. J. Choi, J. H. Shin, K.S.Suh, H. K.Seong, H.C. Han, and J.C. Lee, "Self-Organized Growth of Si/Silica/Er2Si2O7 Core-Shell Nanowire Heterostructures and their Luminescence" *Nano Letters*, **5**, 2432-2437 (2005)

[7] J. C. Johnson, H. J. Choi, K. P. Knutsen, R. D. Schaller, P. Yang, and R. J. Saykally, "Single gallium nitride nanowire lasers" *Nature materials*, **1**, 106 (2002)

[8] H. Takato, K. Sunouchi, N. Okabe, A. Nitayama, K. Hieda, F. Horiguchi, and F. Masuoka, "Impact of Surrounding Gate Transistor(SGT) for a Ultra-high-density LSI's" *IEEE Transactions on Electron Devices*, **38**, 573 (1991)

[9] J. P. Colinge, M. H. Gao, A. Romano-Rodriguez, H. Maes, and C. Claeys, "Silicon-on-insulator Gate-all-around Device" *Tech. Dig. Int. Electron Devices Meet*, 595-598 (1990)

[10] F.L. Yang, D.H. Lee, H.Y. Chen, C.Y. Chang, S.D. Liu, C.C. Huang, T.X. Chung, H.W. Chen, C.C. Huang, Y.H. Liu, C.C. Wu, C.C. Chen, S.C. Chen, Y.T. Chen, Y.H. Chen, C.J. Chen, B.W. Chan, P.F. Hsu, J.H. Shieh, H.J. Tao, Y.C. Yeo, Y. Li, J.W. Lee, P. Chen, M.S. Liang, and C. Hu, "5nm-Gate Nanowire FinFET" *VLSI Symp.onTechnology Digest of Technical Papers*, 196 (2004)

[11] F. Yang, H. Chen, F. Chen, Y. Chan, K. Yang, C. Y. Choi, N. Lindert, P. Xuan, S. Tang, D. Ha, E. Anderson, T. King, J. Bokor, and C. Hu,"Sub-20nm CMOS FinFET Technologies" *Tech. Dig. Int. Electron Devices Meet*, 421-424 (2001)

[12] Chen, H. Tao, Y. Choi, M. Liang, and C. Hu, "35nm CMOS FinFETS" *Symp.on VLSI Technology Digest of Technical Papers*, 104 (2002)

[13] 이경희, "단전자 트랜지스터(SET)", Technical Series, 한국특허정보원 (2003)

[14] D. V. Averin and K. K. Likharev, "Coulomb Blockade of Single-Electron Tunneling, and Coherent Oscillations in Small Tunnel Junctions" *J. Low Temp. Phys.*, **62**, 345 (1986)

[15] 길상철, 나도백, 김석진, " 차세대 반도체 나노선 전자소자 및 광전소자 기술", KISTI (2004)

[16] X. Duan, Y. Huang, Y. Cui, J. Wang, and C. M. Lieber, "Indium phosphide nanowires as building blocks for nanoscale electronic and opto-electronic devices" *Nature*, **409**, 66 (2001)

[17] Y. Cui and C. M. Lieber, " Functional Nanoscale Electronic Devices Assembled Using Silicon Nanowire Building Blocks" *Science*, **291**, 851 (2001)

[18] Y. Huang, X. Duan, Y. Cui, L. Lauhon, K. Kim, and C. M. Lieber, "Logic Gates and Computation from Assembled Nanowire Building Blocks" *Science*, **294**, 1313 (2001)

[19] Y. Cui, Z. Zhong, D. Wang, W. U. Wang, and C. M. Lieber, "High Performance Silicon Nanowire Field Effect Transistors" *Nano Lett.*, **3**, 149 (2003)

[20] X. Duan, C. Niu, V. Sahi, J. Chen, J. W. Parce, S. Empedocles, and J. L. Goldman, "High-performance thin-film transistors using semiconductor nanowires and nanoribbons" *Nature*, **425**, 274 (2003)

[21] S. Ijima, "Helical Microtubules of Graphitic Carbon" *Nature*, **354**, 56 (1991)

[22] S. J. Tans, A. R. M. Verschueren, and C. Dekker, "Room-Temperature Transistor Based on a Single Carbon Nanotube" *Nature*, **393**, 49 (1998)

[23] V. Derycke, R. Martel, J. Appenzeller, and P. Avouris, "Carbon Nanotube Inter and Intramolecular Logic Gates" *Nano Lett.*, **1**, 453 (2001)

[24] J. Lee, H. Oh, J. Kim, K. Kang, and J. Kim, "Nonlinear Transport Properties in Multiwall Carbon Nanotube Heterojunctions" *Appl. Phys. Lett.*, **79**, 1351 (2001)

[25] A. Y. Kasumov, R. Deblock, M. Kociak, B. Reulet, H. Bouchiat, I. I. Khodos, Y. B. Gorbatov, V. T. Volkov, C. Journet, and M. Burghard, "Supercurrents Through Single-walled Carbon Nanotubes" *Science*, **284**, 1508 (1999)

[26] V. Derycke, R. Martel, J. Appenzeller, and P. Avouris, "Carbon Nanotube Inter and Intramolecular Logic Gates" *Nano Lett.*, **1**, 453 (2001)

[27] E. O. Hall, "The deformation and ageing of mild steel : III Discussion of results" Proc. Phys. Soc.,B64, 742-747 (1951), N. J. Petch, "The cleavage strength of polycrystals" *J. Iron Steel Inst.*, **174**, 25-28 (1953)

[28] A. H. Chokshi, A. Rosen, J. Karch, and H. Gleiter, "On the validity of the Hall-Petch relationship in nanocrystalline materials" *Scripta Metallurgica*, **23**, 1679-1684 (1989)

[29] H. Hahn, P. Mondal, and K. A. Padmanabhan, "Plastic deformation of nanocrystalline materials" *Nanostructured Materials*, **9**, 603-606 (1997)

[30] D. A. Konstantinidis and E. C. Aifantis, "On the 'Anomalous' hardness of nanocrystalline materials" *Nanostructured Materials*, **10**, 1111-1118 (1998)

[31] D. H. Jeong, F. Gonzalez, G. Palumbo, K. T. Aust, and U. Erb, "The effect of grain size on the wear properties of electrodeposited nanocrystalline nickel coatings" *Scripta mater*, **44**, 493-499 (2001)

[32] C. N. Panagopoulos, K. G. Georgarakis, and A. Anagnostopoulou, "The influence of grain size on the sliding wear behavior of zinc" *Materials Letters*, **60**, 133-136 (2006)

[33] K.H. ZumGahr, W. Bundschuh, and B. Zimmerlin, "Effect of grain size on friction and sliding wear of oxide ceramics" *Wear*, **162**, 269-279 (1993)

[34] K. Jia and T. E. Fischer, "Sliding wear of conventional and nanostructured cemented carbides" *Wear*, **310**, 203-204 (1997)

[35] X. Xu, T. Nishimura, N. Hirosaki, R.J. Xie, Y. Zhu, Y. Yamamoto, and H. Tanaka, "New strategies for preparing nanosized silicon nitride ceramics" *J. Am. Ceram. Soc.*, **88**, 934-937 (2005)

[36] G. Chen, K. Zhang, G. Wang, and W. Han, "The superplastic deep drawing of a fine-grained alumina-zirconia ceramic composite and its cavitation behavior" *Ceramics International*, **30**, 2157-2162 (2004)

[37] B. N. Kim, K. Hiraga, K. Morita, and Y. Sakka, "A high-strain-rate superplastic ceramic" *Nature*, **413**, 288-291 (2001)

[38] N. C. Guo, Z. J. Luo, Q. and Y. Gong, "The Superplasticity of commercial aluminium Alloy" *Journal of Materials Processing Technology*, **21**, 285-294 (1990)

[39] S. X. McFadden, A. P. Zhilyaev, R. S. Mishra, and A. K. Mukherjee, "Observations of lowtemperature Superplasticity in electrodeposited ultrafine grained nickel" *Materials Letters*, **45**, 345-349 (2000)

[40] S. X. McFadden, R. S. Mishra, R. Z. Valiev, A. P. Zhilyaev, and A. K. Mukherjee, "Lowtemperature Superplasticity in nanostructured nickel and metal alloys" *Nature*, **398**, 684-686 (1999)

[41] T. G. Nieh and J. Wadsworth, "Superplastic behavior of a fine-grained, Yttria-Stabilized, Tetragonal Zirconia Polycrystal (Y-TZP)" *Acta Metall. Mater*, **38**, 1121-1133 (1990)

[42] G. Chen, K. Zhang, G. Wang, and W. Han, "The superplastic deep drawing of a fine-grained Alumina-Zirconia ceramic composite and its cavitation behavior" *Ceramics International*, **30**, 2157-2162 (2004)

[43] B. N. Kim, K. Hiraga, K. Morita, and Y. Sakka, "A high-strain-rate superplastic ceramic" *Nature*, **413**, 288-291 (2001)

[44] S. X. McFadden, A. P. Zhilyaev, R. S. Mishra, and A. K. Mukherjee, "Observations of lowtemperature Superplasticity in electrodeposited ultrafine grained nickel" *Materials Letters*, **45**, 345-349 (2000)

[45] C. L. Wang and K. C. Chan, "Enhanced low-temperature Superplasticity of Ni-Co alloy by addition of nano-Si3Ni4 particles" *Mater Sci Eng A*, **491**, 266-269 (2008)

[46] K. Niihara, "New design concept of structural ceramics-ceramic nanocomposites" *Jpn J. Ceram. Soc.*, **99**, 974-982 (1991)

[47] D. Qian, W. K. Liu, and R. S. Ruoff, "Load transfer mechanism in carbon nanotube ropes" *Composites Science and Technology*, **63**, 1561-1569 (2003)

[48] S. I. Cha, K. T. Kim, K. H. Lee, C. B. Mo, and S. H. Hong, "Strengthening and toughening of carbon nanotube reinforced alumina nanocomposite fabricated by molecular level mixing process" *Scripta Materialia*, **53**, 793-797 (2005)

[49] G. D. Zhan, J. D. Kuntz, J. Wan, and A. K. Mukherjee, "Single-wall carbon nanotubes as attractive toughening agents in alumina-based nanocomposites" *Nature materials*, **2**, 38-42 (2002)

[50] R. W. Siegel, S. K. Chang, B. J. Ash, J. Stone, P. M. Ajayan, R. W. Doremus, and L. S. Schadler, "Mechanical behavior of polymer and ceramic matrix nanocomposites" *Scripta mater*, **44**, 2061-2064 (2001)

[51] S. I. Cha, K. T. Kim, K. H. Lee, C. B. Mo, and S. H. Hong, "Strengthening and toughening of carbon nanotube reinforced alumina nanocomposite fabricated by molecular level mixing process" *Scripta Materialia*, **53**, 793-797 (2005)

[52] K. Niihara, "New design concept of structural ceramics-ceramic nanocomposites" *Jpn J. Ceram. Soc.*, **99**, 974-982 (1991)

[53] Y. Xia and N. J. Halas, "Shape-Controlled Synthesis and Surface Plasmonic Properties of Metallic Nanostructures" *MRS Bulletin*, **30**, 338 (2005)

[54] A. J. Haes, C. L. Haynes, A. D. McFarland, G. C. Schatz, R. P. Van Duyne, and S. Zou, "Plasmonic Materials for Surface-Enhanced Sensing and Spectroscopy" *MRS Bulletin*, **30**, 368 (2005)

[55] R. Elghanian, J. J. Storhoff, R. C. Mucic, R. L. Letsinger, and C. A. Mirkin, "Selective Colorimetric Detection of Polynucleotides Based on the Distance-Dependent Optical Properties of Gold Nanoparticles" *Science*, **277**, 1078 (1997)

[56] C. A. Mirkin, R. L. Letsinger, R. C. Mucic, and J. J. Storhoff, "A DNA-based method for rationally assembling nanoparticles into macroscopic material" *Nature*, **382**, 607 (1996)

[57] Y. Wei, C. Cao, R. Jin, and C. A. Mirkin, "Nanoparticles with Raman Spectroscopic Fingerprints for DNA and RNA Detection" *Science*, **297**, 1536 (2002)

[58] X. Gao and S. Nie, "Luminescent Quantum Dots for Biological Labeling" ,Nanobiotechnology, Wiley-VCH, Weinheim (2004)

[59] U. Jeong, X. Teng, Y. Wang, H. Yang, and Y. Xia, "Superparamagnetic Colloids: Controlled Synthesis and Niche Applications" *Adv. Mater*., **19**, 33 (2007)

[60] F. Patolsky, G. Zheng, O. Hayden, M. Lakadamyali, X. Zhuang, and C. M. Lieber, "Electrical detection of single viruses" *Proc. Nat. Acad. Soc*., **101**, 14017 (2004)

[61] H. R. Byon and H. C. Choi, "Network Single-Walled Carbon Nanotube-Field Effect Transistors (SWNT-FETs) with Increased Schottky Contact Area for Highly Sensitive Biosensor Applications" *J. Am. Chem. Soc*., **128**, 2188 (2006)

[62] S. Ramakrishina, "*An Introduction to Electrospinning and Nanofibers*" , World Scientific Publishing, Singapore (2005)

[63] M. Li, M.J. Mondrinos, X. Chen, M.R. Gandhi, F. K. Ko, and P. I. Lelkes, "Co-electrospun poly(lactide-co-glycolide), gelatin, and elastin blends for tissue engineering scaffolds" *J. Biomed. Mater. Res. Part A*, **79**, 963-973 (2006)

[64] J.Zheng, X.Y. Xu, X.S. Chen, Q.Z. Liang, and X. B. Jing, "Biodegradable electrospun fibers for drug delivery" *J. Contol. Release*, **92**, 227-231 (2003)

[65] Min, "Electrospinning of silk fibroin nanofibers and its effect on the adhesion and spreading of normal human keratiocytes and fibroblasts in vitro" *Biomaterials*, **25**, 1289-1297 (2004)

[66] P. I. Gouma., "Nanostructured Polymorphic Oxides for Advanced Chemosensors" *Rev. Adv. Mater. Sci*., **5**, 147-154 (2003)

[67] K. Ramanathan, "Bioffinity Sensing Using Biologically Functionalized Conductinv-Polymer Nanowire" *J. Am. Chem. Soc*., **127**, 496-497 (2005)

[68] S. Virji, J. Huang, R. B. Kaner, and B. H. Weiller, "PolyanilineNanofiber Gas Sensors; Examinationof Response Mechanisms" *Nano Lett*., **4**, 491-496 (2004)

[69] 김경호, "나노 촉매와 신화학 기술", 기술산업정보분석 (2003)

[70] 김영철, "촉매첫걸음", 전남대학교 출판부 (2003)

[71] 전학제, "촉매개론", 한림상사 (1988)

[72] 진인주, "나노 소재", 김영사 (2006)

[73] 광촉매, KISTI (2007)

[74] 최원용, 이재상,"광촉매의 원리, 종류, 특성(성능) 및 개발 현황", 공기청정기술 (2005)

[75] 공업화학전망, 제4권, 제6호 (2001)

[76] B.Y. Lee, S. H. Park, M. Kang, S. C. Lee, and S. J.Choung, "Preparation of Al/TiO_2 nanometer photo-catalyst film and the effect of H_2O addition on photocatalytic performance for benzene removal" *Applied Catalysis A: General*, **253**, 371-380 (2003)

[77] D. F. Ollis, "*Photocatalysis fundamentals and applications*", Willey, America (1989)

[78] http://www.dainhouse.com/board/images/img_01.gif

[79] R.S. Sonawane, B.B. Kale, and M.K. Dongare, "Preparation and photo-catalytic activity of Fe-TiO2 thin films prepared by sol-gel dip coating" *Materials Chemistry and Physics*, **85**, 52-57 (2004)

[80] C. Chen, H.Bai, S. M. Chang, C. Chang, and W. Den, "Preparation of N-doped TiO2photocatalyst by atmospheric pressure plasma process for VOCs decomposition under UV and visible light sources" *Journal of Nanoparticle Research*, **9**, 365-375 (2007)

[81] A.Fujishima, T. N.Rao, and D. A. Tryk, "Titanium dioxide photocatalysis" *Journal of Photochemistry and Photobiology C: Photochemistry Reviews*, **1**, 1-21 (2000)

[82] K. Grass and H.G. Lintz, "The Kinetics of Carbon Monoxide Oxidation on Tin(IV) Oxide Supported Platinum Catalysts" *Journal of Catalysis*, **172**, 446-452 (1997)

[83] 이태규, 김종순, 최원용, "나노광촉매의 제조와 전망", 공업화학전망, 제4권, 제6호 (2001)

[84] S. Ahuja and T. R. N. Kutty, "Nanoparticles of $SrTiO_3$ prepared by gel to crystallite conversion and their photocatalytic activity in the mineralization of phenol" *Journal of Photochemistry and Photobiology A: Chemistry*, 97, 99-107 (1996)

[85] 박수진, 김병주, 이종문, "나노구조형 Carbon/TiO_2 광촉매의 제조 및 특성" *J. Korean Ind. Eng. Chem.*, **14**, 291-297 (2003)

[86] L.Gao and Q. Zhang, "Effects of amorphous contents and particle size on the photocatalytic properties of TiO_2 nanoparticles" *Scripta Materialia*, **44**, 1195-1198 (2001)

[87] N. Yamazoe, G. Sakai, and K. Shimanoe, "Oxide semiconductor gas sensors" *Catalysis Surveys from Asia*, **7**, 63-75 (2003)

[88] 김영해, "가스 센서와 그 응용 – 원리 · 제법에서 응용 시스템까지", 기전연구사 (1992)

[89] G. Korotcenkov, V. Brinzari, Y. Boris, M. Ivanov, J. Schwank, and J. Morante, "Influence of surface Pd doping on gas sensing characteristics of SnO2 thin films deposited by spray pyrolysis" *Thin Solid Films*, **436**, 119-126 (2003)

[90] W. Göopel and K. D. Schierbaum, "SnO_2 sensors: current status and future prospects" *Sensors and Actuators B*, **26**, 1-12 (1995)

[91] T. Seiyama, "Chemical Sensors-Current State and Future Outlook" *Chemical Sensor Technology*, **1**, 1-13 (1988)

[92] 이종흔, "나노구조 반도체형 가스센서", 세라미스트, 제8권, 제4호, 45-53 (2005)

[93] M. E. Franke, T. J. Koplin, and U. Simon, "Metal and Metal Oxide Nanoparticles in Chemiresistors: Does the Nanoscale Matter?" *Small*, **2**, 36-50 (2006)

[94] Y. Liu, M. Liu, and M. Liu, "Growth of aligned square-shaped SnO_2 tube arrays" *Adv. Funct. Mater.*, **15**, 57-62 (2005)

[95] Z. R. Dai, J. L. Gole, J. D. Stout, and Z. L. Wang, "Tin oxide nanowires, nanoribbons, and nanotubes" *J. Phys. Chem. B*, **106**, 1274-1279 (2002)

[96] Z. W. Pan, Z. R. Dai, and Z. L. Wang, "Nanobelts of semiconducting oxides", *Science*, **291**, 1947-1949 (2001)

[97] Y. S. Choe, "New gas sensing mechanism for SnO_2 thin-film gas sensors fabricated by using dual ion beam sputtering" *Sensors and Actuators B*, **77**, 200-208 (2001)

[98] N. Yamazoe and N. Miura, "Some Basic Aspects of Semiconductor Gas Sensors" *Chemical Sensor Technology*, **4**, 19-42 (1992)

[99] N. Yamazoe, "New approaches for improving semiconductor gas sensors", *Sensors and Actuators B*, **5**, 7-19 (1991)

[100] M. E. Franke, T. J. Koplin, and U. Simon, "Metal and Metal Oxide Nanoparticles in Chemiresistors: Does the Nanoscale Matter?" *Small*, **2**, 36-50 (2006)

[101] J. Kong, N.R. Franklin, C. Zhou, M. G. Chaplinem, S. Peng, K. Cho, and J. Dai, "Nanotube Molecular Wires as Chemical Sensors." *Science*, **287**, 622-625 (2000)

[102] Y. Wang, X. Jiang, and Y. Xia, "A Solution-Phase Precursor Route to Polycrystalline SnO2 nanowires That Can Be used for Gas Sensing under Ambient Condition." *J. Am. Chem. Soc.*, **125**, 16176-16177 (2003)

[103] K. S.Yoo, N. W. Cho, H. S. Song, and H. J. Jung, "Surface morphology and gas-sensing characteristics of SnO_{2-x} thin films oxidized from Sn films" *Sensors and Actuators B*, **25**, 474-477 (1995)

[104] Y. S.Choe, "New gas sensing mechanism for SnO2 thin-film gas sensors fabricated by using dual ion beam sputtering" *Sensors and Actuators B*, **77**, 200-208 (2001)

[105] V. V. Sysoev, B. K. Button, K.Wepsiec, S.Dmitriev, and A.Kolmakov, "Toward the Nanoscopic Electronic Nose: Hydrogen vs Carbon Monoxide Discrimination with an Array of Individual Metal Oxide Nano- and Mesowire Sensors" *Nano Lett.*, **6**, 1584-1588 (2006)

[106] 김현식, 이일형, 강상규, 서주환, "나노태양전지", KISTI (2003)

[107] http://www.nano-nik.com/products/nano_tio2/nano_tio2.html,
http://www.nanowerk.com/news/id263.jpg

[108] http://www.ipt.arc.nasa.gov/Graphics/cnt_polymer_composite.jpg

[109] P. S. Nair, K. P. Fritz, G. D. Scholes, "Evolutionary shape control during colloidal quantum dot growth" *Small*, **3**, 481-487 (2007)

[110] K. J. Huang, I. D. Hosein, and C. M. Liddell, "Synthesis of Reduced-Symmetry PS/ZnS Core-

Shell Colloids" *Langmuir*, in preparation

111 http://www.shef.ac.uk/eee/nc35t/newsletter/old/solcel-2.html

112 http://gcep.stanford.edu/pdfs/-IUwoO0omIeF6HDYZPqYeg/2.2.10_Atwater_Web_Public_2009.pdf, http://gcep.stanford.edu/research/factsheets/plasmonic_photovoltaics.html

113 S. Meng, E. Kaxiras, and Z. Zhang, "Metal-diboride nanotubes as high-capacity hydrogen storage media", *Nano Letters*, **7**, 663-667 (2007)

114 F. Fernandez-Alonso, F.J. Bermejo, C. Cabrillo, R.O. Loutfy, V. Leon, and M.L. Saboungi, "Nature of the Bound States of Molecular Hydrogen in Carbon Nanohorns" *Physical Review Letters*, **98**, 215503 (2007)

115 소대섭, 강상규, 최원춘, 박용기, 우성일, 김희영, "차세대 연료전지", KISTI (2005)

116 오희갑, "리튬 2차 전지에 관한 동향 분석", KISTI (2005)

117 http://www.samsungsdi.co.kr/front/products/storage/battery/p_1_2t.jsp

118 독립 행정법인 산업기술종합연구소 에너지기술 연구부문, http://www.aist.go.jp/ 및 NDSL 동향 분석 참조

119 http://www.anl.gov/, The Electrochemical Society symposium, 8 May 2008, http://www.electrochem.org/

Chapter

7 나노소재의 분석

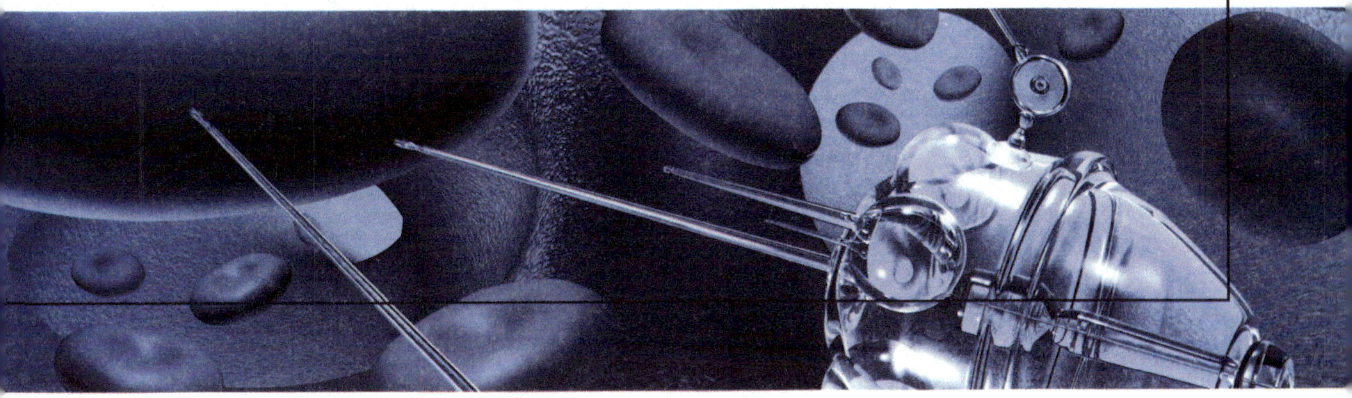

나노소재는 물리적, 화학적, 기계적 특성 등 여러 면에서 기존 소재들의 물성과는 현저히 구별되며 나노소재의 물성은 특정크기 영역 근처에서 크기, 성분, 조직상의 작은 변화에 의해서도 크게 달라지기 때문에 나노소재의 다양한 특성을 나노미터 수준에서 관찰, 측정, 해석하는 것은 나노소재의 연구와 개발에 필수적이다. 특히, 지난 수십 년에 걸쳐 다양한 종류의 새로운 나노소재의 개발에는 이러한 나노크기의 소재를 관찰, 분석할 수 있는 다양한 분석기법의 개발 및 발전이 매우 큰 기여를 했다. 현재, 매우 다양한 기술 및 방법이 나노소재의 분석을 위해 사용되고 있으며, 이 장에서는 이중에서 폭넓게 쓰이고 있는 대표적인 나노소재 분석방법들을 살펴볼 것이다.

나노소재의 분석은 크게 나노소재의 형상(morphology)의 분석, 결정구조의 분석 그리고 화학적, 전자적 정보의 분석으로 나누어 볼 수 있다. 나노소재를 포함한 다양한 소재의 분석은 기본적으로 그림 7-1에서와 같은 전자기파, 입자빔 등과 소재와의 상호작용을 이용하며, 이러한 상호작용을 해석함으로써 소재의 형상, 구조, 화학적 조성 등을 분석할 수 있다.

이 중에서 전자기파와 소재와의 상호작용에 기반을 둔 분석방법의 경우, 표 7-1에서 보는 바와 같이 전자기파의 파장영역에 따라 분석하고자 하는 소재의 특성이 많이 달라진다. 예를 들어 기체 또는 액체상태의 특정 분자가 특정 파장의 마이크로파를 흡수하게 되면, 회전운동을 하게 되며, 이때 흡수하는 마이크로파의 파장은 분자의 종류에 따라 달라진다. 원칙적으로 회전(rotation), 진동(vibration), 전자전이(electronic transition) 등 소재의 모든 에너지는 양자화되어 있어, 양자화된 에너지 준위들을 전자기파, 입자빔 등과 소재와의 상호작용을

그림 7-1 시편과 전자빔의 다양한 상호작용 모식도

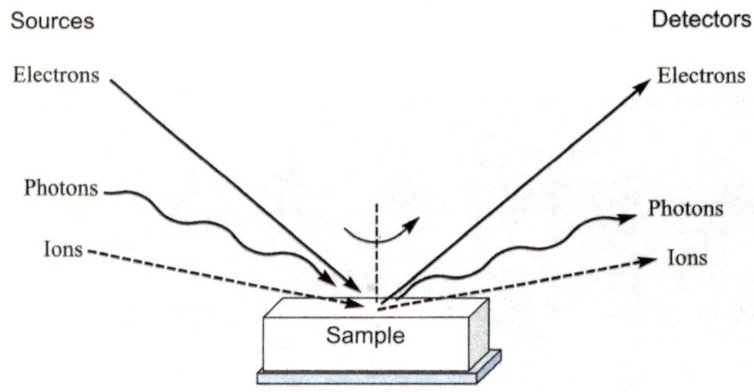

통해 분석함으로써 소재의 다양한 정보를 얻을 수 있다.

좀 더 구체적인 분석방법의 예로써 재료의 구성원자들과의 Coulomb 산란 현상(Rutherford backscattering spectrometry), 전자구조에서 inner shell vacancy 형성(X-ray photoelectron spectroscopy), 에너지 준위간의 전이현상(electron microprobe, Auger

표 7-1 다양한 파장의 전자기파와 물질 간의 상호작용의 종류

전자기파 종류	주파수(Hz)	파장영역	상호작용의 종류
라디오파 (Radio waves)	$< 3\times10^{8}$	> 1 m	Nuclear and electron spin transition
마이크로파 (Microwaves)	$3\times10^{8} - 3\times10^{11}$	$1 - 10^{-3}$ m	Rotation
적외선 (Infrared)	$3\times10^{11} - 0.37\times10^{15}$	10^{-3} m − 800 nm	Vibration
가시광선 (Visible)	$0.37\times10^{15} - 0.75\times10^{15}$	800 nm − 400 nm	Outer shell electron transitions
자외선 (Ultraviolet)	$0.75\times10^{15} - 3\times10^{16}$	400 nm − 10^{-8} m	Electronic excitation
X-선 (X-ray)	$3\times10^{15} - 3\times10^{19}$	10^{-8} m − 10^{-11} m	Bonding breaking and ionization
감마선 (γ-ray)	$3\times10^{19} - 3\times10^{20}$	10^{-11} m − 10^{-12} m	Nuclear reaction

electron spectroscopy), coherent 산란 현상(X-ray 또는 electron diffractometry) 등을 통하여 기본적인 소재 특성을 알 수 있으며, 소재 표면에서는 깊이에 따른 조성의 변화(secondary ion mass spectrometry, Rutherford backscattering, prompt nuclear analysis) 등의 분석도 가능하다. 또한, 소재의 3차원적인 형상 분석(transmission electron microscopy, scanning electron microscopy), 결정구조분석(X-ray, electron, low-energy electron diffraction, scanning probe microscopy)은 기본적인 소재분석방법으로 사용되고 있다.

이 장에서는 이러한 나노소재의 형상, 구조, 화학적 조성 등의 분석에 사용되고 있는 대표적인 분석 방법들을 소개할 것이다.

표 7-2 재료 분석의 다양한 방법들

Method	In	Out	R_x
Energy Dispersive X-rays (EDX) Spectroscopy	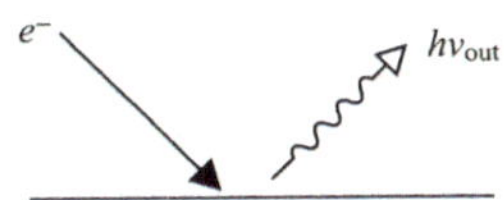		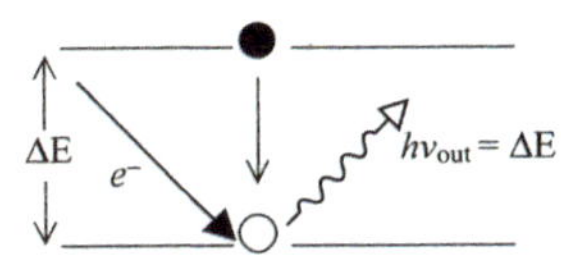
X-ray Fluorescence (XRF) Spectroscopy	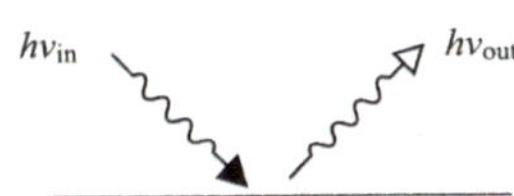		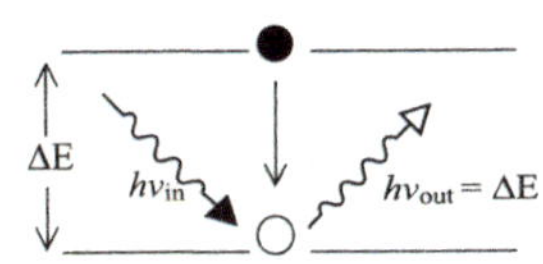
X-ray Photoelectron Spectroscopy (XPS)	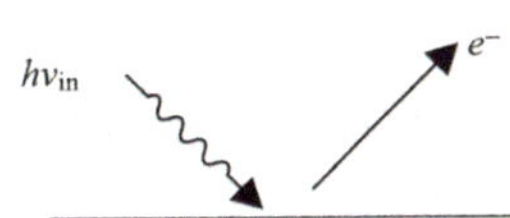		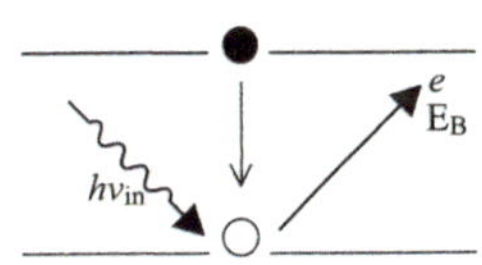
X-ray Diffractometry (XRD)	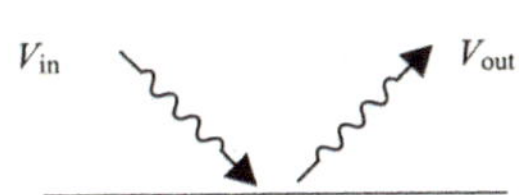		Coherent Scattering $\nu_{in} = \nu_{out}$ (particle characteristics)
Electron Diffractometry (ED)	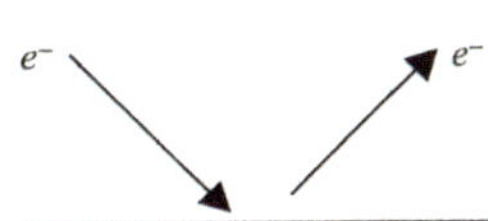		Coherent Scattering $\nu_{in} = \nu_{out}$ (wave characteristics)
Secondary Ion Mass Spectroscopy	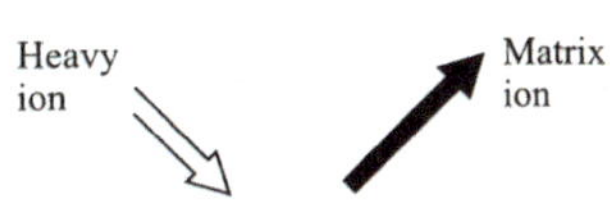		Sputtered Ion (erosion due to momentum transfer)

7.1 나노소재의 형상분석

7.1.1 전자현미경(Electron microscope)을 이용한 형상 및 구조 분석

전자현미경(electron microscope)은 생물, 의학, 재료 등 거의 모든 과학기술분야에서 필수적인 분석도구로 활용되고 있는데, 이는 전자현미경의 해상력이 매우 뛰어나서 관찰대상의 형상 및 구조를 나노미터 이하의 분해능을 가지고 직접 관찰할 수 있으며, 나노미터 크기의 국부적인 영역의 화학조성까지도 정확하게 분석할 수 있기 때문이다. 재료의 모든 물리, 화학적인 성질은 미세조직과 직접적으로 연관되어 있어서 조직을 구성하고 있는 각종 상과 결함의 종류와 밀도, 형상과 크기 및 분포, 화학조성 그리고 국부적인 결함 등에 대한 정확한 계측을 필요로 한다. 지난 수십 년간 전자현미경 기술의 꾸준한 발전으로 최근의 전자현미경은 수백만 배까지 상을 확대해서 관찰할 수 있고 결정 내의 원자 배열까지 판별할 수 있으므로 광물학, 생물학, 의학, 공학 등 넓은 분야에 걸쳐 이용되고 있을 뿐 아니라, 나노소재 연구에서도 필수적인 분석법으로 자리 잡고 있다. 전자현미경은 광학현미경의 광선 (수백 nm 정도의 파장을 갖는 전자기파) 대신에 전자빔(electron beam), 광학렌즈 대신에 전자렌즈를 사용하여 물체의 확대상을 관찰하는 현미경이다. 광학현미경의 분해능이 빛의 파장에 의해 제한되는 데 반해, 전자빔의 파장은 일반적으로 서로 결합하고 있는 원자들 간의 거리보다 훨씬 짧아 광학현미경으로는 관찰할 수 없었던 시료의 매우 미세한 형상을 관찰할 수 있으며, 뒤에서 설명할 투과전자현미경의 경우에는 결정 내 격자구조와 같은 매우 작은 미세구조까지도 선명하게 관찰할 수 있다.

전자현미경의 기본 원리는 다음과 같다. 먼저, 전자총(electron gun)에 의해서 전자빔이 형성되고, 높은 전압(수백 eV에서 수백 keV)으로 전기장이 가해지면 전자빔은 시료 방향으로 가속된다. 이때 가속된 전자들의 파장은 가속전압의 크기에 따라 결정되며, 전자현미경 내부는 전자가 기체입자에 의해 산란되는 것을 막기 위해 진공상태가 유지되어야 한다. 가속된 단파장의(monochromatic) 전자빔은 금속으로 만들어진 여러 개의 조리개(aperture)와 전자기장을 이용한 전자렌즈를 통과한 후 시편에 나노미터 크기의 매우 작은 크기의 초점을 형성한다. 이때 시편에 입사되는 전자들과 시편 내에 포함된 원자 및 전자들이 상호작용(interaction)하며, 이러한 상호작용 및 그 결과가 탐지되고 이미지로서 형광판 혹은 필름에 기록된다. 이러한 전자현미경에는 크게 투과전자현미경(transmission electron microscope, TEM)과 주사전자현미경(scanning electron microscope, SEM) 두 가지 방식이 있다.

그림 7-2 광학현미경, 투과전자현미경 및 주사전자현미경의 모식도

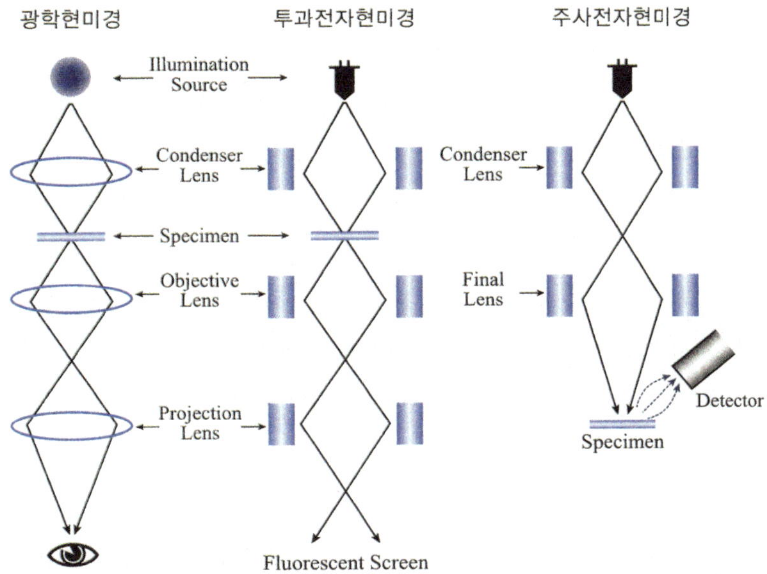

주사전자현미경(SEM)은 주로 시료의 표면을 관찰하는 데 쓰이며, 투과전자현미경과 달리 전자가 표본을 통과하는 것이 아니라, 초점이 잘 맞추어진 전자빔을 표본의 표면에 주사하는 것이다. 주사된 전자빔은 표면의 원자에 의해 산란되며, 시료 표면의 원자들은 전자빔과 상호작용하여 다양한 전자 및 전자기파를 방출하게 된다.

작은 크기로 초점을 맞춘 전자빔으로 시료 표면을 스캔한 후, 시료 표면의 각 위치에서 검

그림 7-3 탄소나노튜브(왼쪽)과 다이아몬드 나노결정(오른쪽)의 SEM 이미지

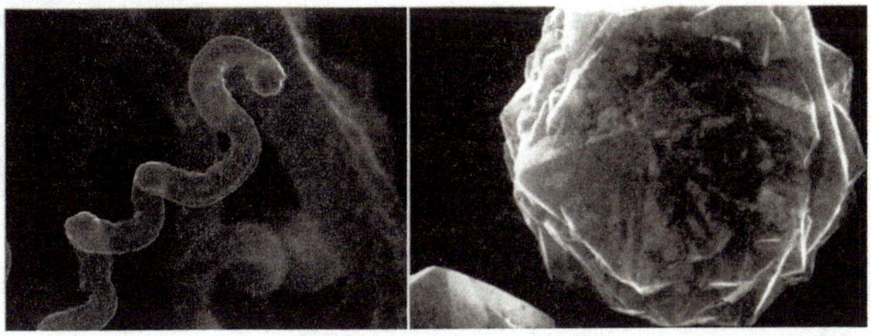

출된 신호를 검출기(detector)로 모아서 해석하면, 비교적 큰 시료 표면의 입체적 형상을 고해상도로 얻을 수 있으며, 또한 시료 표면의 조성, 전기전도도 등과 같은 다양한 물리적, 화학적 정보들도 얻을 수 있다.

그림 7-4에서 보는 것처럼 전자와 시편과의 상호작용으로 인해 발생하는 것 중에 SEM에서는 일반적으로 이차전자(secondary electron)와 후방산란 전자(backscattered electron)를 시료표면의 형상을 얻는 데 이용한다. 먼저 전자빔의 에너지를 흡수하여 시료표면의 원자들이 방출하는 전자인 이차전자를 이용한 방식에 대해 살펴보자. SEM 영상이 입체감이 있는 것은 시편의 여러 가지 구조적 특징들로 인한 명암(contrast)의 차이에 기인한다. 시편의 서로 다른 부위에서 전자빔이 시편과 충돌할 때 발생하는 이차전자의 수가 서로 다르기 때문에 명암이 다르게 되는데, 많은 수의 이차전자를 발생하는 부위는 밝게 보이고 적은 수의 2차전자를 발생하는 부위는 어둡게 보인다. 이차전자를 발생시키는 수율(yield of secondary electrons)은 시편의 입사 전자빔에 대한 기울기와 이차전자 검출기에 대한 시편부위의 형상(topology)에 따라서 변화한다. 이 효율은 전자빔에 노출된 시편의 면이 검출기를 향하고 있을 때 가장 높으므로, 이 면은 이미지상에서 가장 밝게 나타난다. 후방산란전자(backscattered electron)는 이차전자에 비하여 에너지가 상당히 크므로 시료 표면으로부터 보다 깊은 층에 대한 정보를 제공하는 특징을 가지고 있으며, 후방산란전자의 수는 전자빔과 상호작용하는 시료 표면의 원자들의 전자밀도 즉, 시료 표면 원자들의 평균 원자 번호에 따라 좌우되므로 시료의 화학 성분 차이를 반영할 수 있는 귀중한 정보를 제공한다. 따라서 그림 7-5와 같이 이차전자를 이용하면 시편 표면의 형상을 알 수 있고, 후방산란전자를 이용하면 시편의 화학 성분을 알 수 있다.

그림 7-4 SEM에서 전자와 시편의 상호작용

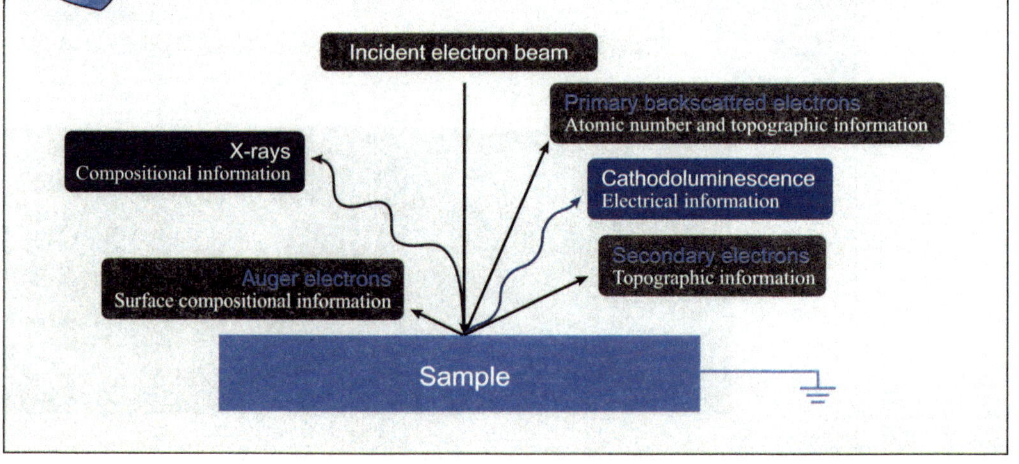

그림 7-5

Al_2O_3 위의 Pt 나노입자의 SEM 이미지들: (왼쪽) 이차전자 이미지: (오른쪽) 후방산란전자 이미지

투과전자현미경(TEM)은 주로 시료의 내부 구조나 단면을 관찰하는 데 쓰이고 있다. 투과전자현미경에서는 높은 진공 상태에서 고속으로 가속된 전자빔이 관찰하고자 하는 표본을 투과하여 형광판이나 사진 필름에 초점을 맞추어 투사되며, 확대율과 해상도가 매우 우수해서 광학현미경으로는 관찰할 수 없는 나노크기의 매우 미세한 구조를 쉽게 관찰할 수 있다. 이때 가속된 전자는 입자인 동시에, 파장과 진동수를 가진 파동의 성질을 가진다. 전자를 파동으로 취급할 때, 속도가 v인 전자의 파장은 de Broglie 법칙에 의하여 $\lambda = h/mv$로 나타낼 수

그림 7-6

탄소나노튜브(왼쪽)과 Co 나노 결정(오른쪽)의 TEM 이미지

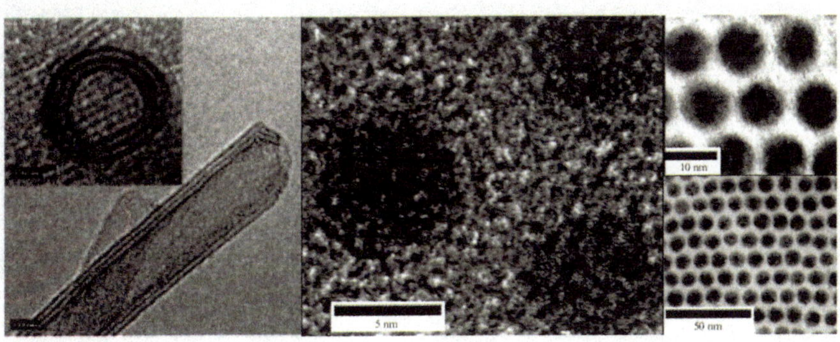

있다. 이 전자의 파장은 가속 전압에 따라 다르며 한 예로 100 KV 투과전자현미경에서의 전자파장은 0.004 nm로서 투과전자현미경은 결정질 시료의 원자격자구조를 손쉽게 볼 수 있을 정도로 분해능이 매우 우수하다.

투과전자현미경에서 높은 전압으로 가속된 고에너지 전자빔을 얇은 시편에 주사하면, 고에너지 전자는 시편 내의 원자와 충돌하여 시편을 통과하거나 시편에서 여러 방향으로 산란된다. 두께가 100nm 이하로 얇은 경우, 시편 내부에서 산란되지 않고 초기 에너지와 진행방향을 유지한 채 투과된 전자빔은 시료에 대한 정보를 거의 가지고 있지 않다. 그러나 시편을 통과하면서 많은 양의 전자는 시료의 원자핵의 Coulomb전위(Coulomb potential)나 혹은 전자각(electron shell)과 반응하여 산란된다. 첫 번째 경우를 탄성 산란(elastic scattering)이라 한다. 탄성산란으로 입사전자의 진행방향은 변하지만, 에너지의 감소는 없거나 무시할 수 있을 정도로 적다. 전자빔 회절이 이에 속한다. 두 번째의 경우는 비탄성 산란(inelastic scattering)이라 하는데, 주사된 가속전자의 에너지를 시료의 전자들이 흡수하여 시료로부터 이차 전자, X-선, Auger 전자 등의 새로운 신호를 발생시키는 현상을 말한다. 비탄성산란에 의해 발생된 신호들은 시편 내의 화학조성 등의 다양한 정보를 가지고 있다. 그림 7-7에는 가속전자가 시편을 통과하면서 일어나는 상호작용을 나타냈다.

한편, 시료 내부의 원자핵은 가속전자에 비하여 질량이 매우 커서 시료 표면의 원자핵과 탄성충돌한 전자는 밖으로 튕겨 나간다. 이를 후방산란전자(backscattered electron)라 한다. 원자 번호가 높은 원자일수록 많은 양의 전자가 후방으로 산란된다. 후방산란전자를 수집함으로써 시편의 구성 원소 차이에 의한 상의 구별이 가능하다. 전자빔의 전자들은 같은 파장을 가지고 있으므로, 결정질 시료의 경우, 규칙적으로 배열된 원자핵과 탄성 산란한 전자들은 회

그림 7-7 TEM에서 전자와 시편의 상호작용

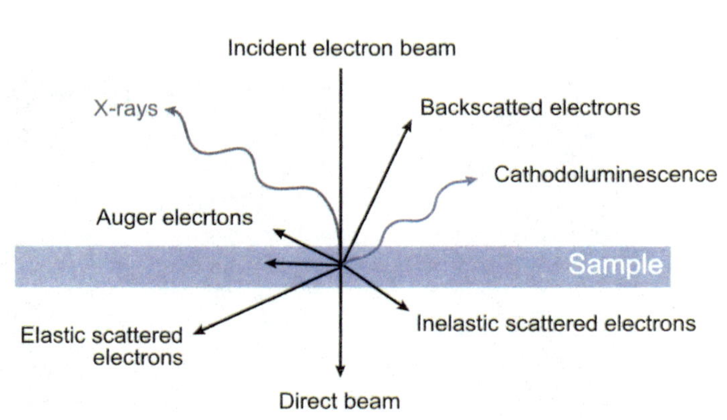

절(diffraction) 현상을 일으킨다. 이 회절된 전자빔에는 시료 내 원자들의 상대적인 배열에 관한 정보를 포함하고 있어서 결정구조의 분석에 매우 유용하다. 가속전자가 핵의 주위를 통과하면서 비탄성 산란을 하는 경우가 있는데, 이때 잃어버린 에너지는 시편을 가열시키거나 혹은 새로운 전자파로 발생되어 연속 X-rays으로 나타난다. 이때 발생하는 X-rays는 핵과 비탄성 산란 정도에 따라서 에너지가 0에서 입사전자의 에너지까지 연속적으로 변화하는데, 이는 다음 7.2장에서 기술할 EDS(energy dispersive X-ray spectrometry)의 배경 X-rays가 된다.

가속전자가 질량이 동일한 원자의 내부전자각(결합에너지 큼)과 충돌하면, 많은 양의 에너지를 잃으면서 비탄성 산란을 하게 된다. 이런 충돌로 내부 전자각의 전자가 방출되면, 원자가 이온화되는데, 이때 일차 전차가 잃은 에너지는 원소의 임계 이온화 에너지와 동일하다. 이온화된 원자는 외각전자가 내부 전자각의 빈자리를 채우면서 특성 X-rays나 혹은 Auger electrons를 발생시킨다. 특성 X-rays와 Auger electrons의 발생은 원자 내의 전자각 천이에 해당하므로 시편을 구성하고 있는 원소의 종류와 양에 대한 정보를 간직하고 있다. 가속전자가 원자의 최외각 전자와 비탄성 충돌하면 앞의 경우보다 훨씬 적은 양의 에너지 손실이 수반된다. 이때 이탈된 전자가 전도띠(conduction band)와 가전자띠(valence band) 사이에서 재결합되면, 적은 양의 에너지가 전자파로 발생되는데, 적외선에서 자외선 영역의 장파장의 전자파가 된다. 이를 CL(cathodoluminescence)이라 하는데, 이 신호를 검출하면, 형광체 등에서 미량의 불순물 분포와 격자 결함에 의한 원자 결합의 변화 등을 분석할 수 있다. 비탄성 산란 후 전자가 시편을 빠져나가 접지로 흐르지 못하면, 남은 에너지가 시편에 흡수되어 시편을 가열시키고 화학적, 또는 물리적인 변화를 초래한다. 이를 방사선 손상(radiation damage)이라고 말한다. 대표적인 예가 TEM으로 관찰하는 동안에 생물 시편이 분해되거나 원래의 조직이 손상되는 경우를 들 수 있다. STEM(scanning TEM) 모드에서 고에너지 전자빔이 작은 점에 집중되면, 시편의 가열, 잔류 전자의 정전기화에 따른 영상의 불안정(이를 charging 효과라 함), 시료표면의 탄화수소의 고분자화의 원인이 된다. 시편의 가열과 전자빔 조사에 의한 손상을 방지하기 위해서는, TEM시료는 전기가 잘 통하도록 접지하여야 하고 세라믹스와 같은 부도체나 전기전도도가 낮은 시료는 도체박막으로 코팅하여 관찰하여야 한다. 고밀도의 전자빔으로 인해 탄화수소가 생성되면 시료 표면을 오염시켜 영상을 검게 만들 수 있다. 이를 방지하기 위해서는 진공 시스템을 깨끗하게 관리하여야 하고 시편을 액체 질소에 연결된 냉각손으로 냉각시켜야 한다.

TEM에서는 손쉽게 나노소재의 매우 작은 부분의 결정성 및 구조를 전자회절방법으로 분석할 수 있다. 결정질 시료는 특정 방향으로 강하게 Bragg 회절을 일으켜서 대물렌즈 후방초점 면에 회절 패턴을 형성한다. 투영렌즈 시스템의 초점을 회절 패턴에 맞추면, 형광판에는 시료의 회절 패턴이 확대 투영된다. 회절 상의 초점은 회절 렌즈의 전류를 조절하여 맞춘다.

그림 7-8 (왼쪽) 제한시야 회절 패턴, (가운데, 오른쪽) 수렴빔 회절패턴

회절 패턴의 배율은 투영렌즈 시스템의 전류에 따라 바뀐다. 카메라 거리로 표시되는 회절 패턴의 크기는 관찰과 분석의 편의에 따라 조절이 가능하나, 필요성이 많지 않다. 시료 내의 작은 영역에서 회절 패턴을 관찰하기 위해서는 제한시야 조리개(SAED aperture)를 사용한다. 대물렌즈 영상 면에 위치한 이 조리개로 관찰영역을 아주 작게 제한시키면, 이 곳에서 발생하는 전자회절상이 형광판에 맺게 되고, 이를 제한시야 회절 패턴이라 한다. 제한시야 조리개를 쓰지 않고 집광렌즈로 시료 표면에 전자빔의 초점을 맞추면 탐침의 크기를 약 수십 nm까지 작게 할 수 있고, 동시에 많은 양의 전자빔을 쪼여줄 수 있다. 따라서 수렴성이 높은 전자빔으로 제한시야 회절보다 훨씬 작은 영역의 회절상을 얻을 수 있다. 강하게 수렴된 빔에 의해서 여러 각도로 전자가 동시에 입사되어 단결정의 점 패턴 대신에 원반 패턴의 회절 패턴이 얻어진다.

회절 패턴은 시편에 입사된 전자빔이 시편의 결정면에 의하여 회절된 3차원적 역격자 배열이 전자현미경의 후방초점면(back-focal plane)높이의 평면에 의하여 잘린 면에 해당된다. 그림 7-8은 제한시야 회절 패턴과 수렴빔 전자회절 패턴을 보여주는데, 입사빔의 방향이 시편의 정대축(zone-axis)에 잘 일치했을 경우이다.

7.1.2 주사탐침현미경(Scanning probe microscope)를 이용한 나노소재표면의 형상분석

주사탐침현미경(scanning probe microscopy, SPM)은 매우 날카로운 팁으로 표면을 스캔하여 물질의 표면이미지 및 다양한 표면 특성을 원자단위까지 측정할 수 있는 새로운 개념의 현미경을 총칭하는 말로서, SPM에는 가장 먼저 등장한 STM(scanning tunneling

그림 7-9

STM의 기본 모식도

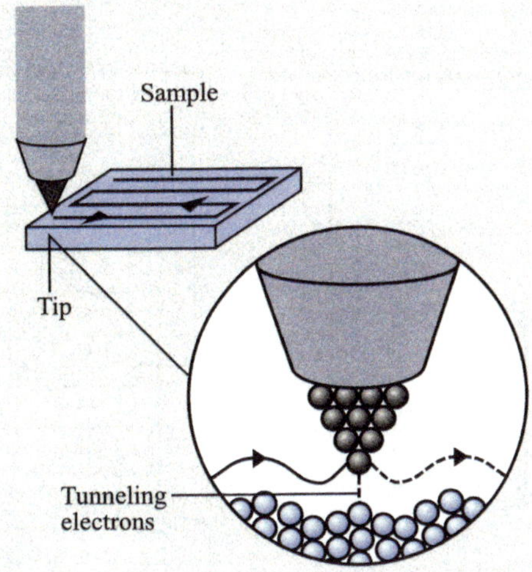

microscope), 부도체 시료의 측정을 가능케 한 AFM(atomic force microscope)이 대표적인 예이며, 이 밖에 물질의 형상 이외에 다른 특성들을 측정할 수 있는 MFM(magnetic force microscope), LFM(lateral force microscope), FMM(force modulation microscope), EFM(electrostatic force microscope), SCM(scanning capacitance microscope), ECSPM(electrochemistry SPM) 등이 있다.

이들 중 STM이 1982년에 Binning, Roher, Gerber와 Weibel에 의해 가장 먼저 개발되었으며, Binning과 Roher은 STM 발명의 업적으로 노벨 물리학상을 수상하였다. STM의 기본 원리는 비교적 간단하다. 끝이 매우 뾰족한 전도성 탐침(tip)을 전도성 시료 표면에 1 nm 이하로 매우 가깝게 접근시키고 탐침과 시료 사이에 전압을 가하면 터널링 현상에 의한 전류가 발생한다. STM은 바로 이러한 전도성 탐침과 시료 표면 사이의 터널링 전류가 이들 사이의 거리에 따라 매우 민감하게 변한다는 사실을 이용한다(그림 7-9). 예를 들어, 탐침이 샘플 표면을 스캔할 때 탐침과 시료 표면의 거리변화에 따라 터널링 전류의 양이 변화하게 되면, 그림 7-10에서와 같이 귀환 회로에 의해, 이 높이의 변화는 초기에 설정한 전류값(팁과 샘플의 떨어진 거리)에 도달할 때까지 각(x, y) 데이터 지점에서 스캐너를 수직방향으로 움직여 일정한 터널링 전류가 되게 하면서 각(x, y) 데이터 지점에서의 스캐너의 수직위치를 컴퓨터에 저장하여 샘플표면의 3차원영상을 얻는 원리인데, 이 기술은 탐침과 시료 사이에 터널링 전류가 흐를 수 있는, 도체나 반도체와 같은 전도성 시료들의 분석에만 적용 가능하다.

전도도가 높은 표면의 형상만을 관찰할 수 있는 STM과는 달리, 원자와 원자 간의 인력이나

그림 7-10 STM과 AFM 장비의 기본 구조도

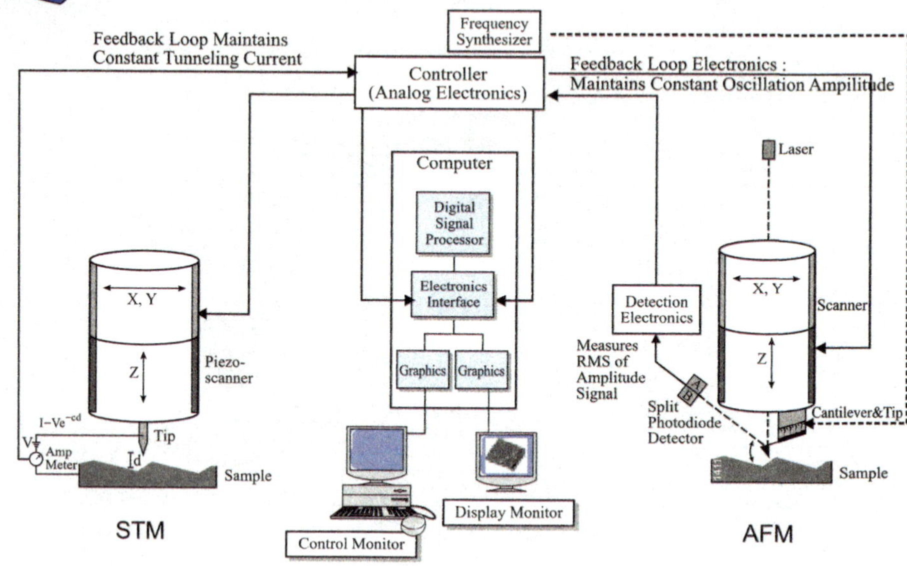

반발력을 이용하여 표면 영상을 얻을 수 있는 AFM(atomic force microscope)은 Binning, Quate, Gerber에 의해 1986년에 개발되었으며, 현재는 표면형상뿐만 아니라 다른 특성들을 측정할 수 있는 기능이 확대되어 연구용과 산업용 분석, 측정기기로 널리 쓰이고 있다.

AFM은 흔히 SFM(scanning force microsccope)라고도 하며, 탐침과 시료표면 사이의 터널링 전류의 양으로 표면의 높이를 측정하는 STM과는 달리 시료 표면과 탐침과의 인력과 척력을 측정하여 원자스케일의 표면이미지를 얻어낸다. 이 탐침의 끝을 샘플 표면에 근접시키면 인력 또는 척력이 샘플 표면의 원자와 탐침 끝의 원자 사이에 작용하는데 이 힘에 의해 캔틸레버(cantilever)의 휨이 발생한다. 이때 이 힘이 일정하게 유지되도록 귀환 회로에 의해 정밀 제어하면서 각 지점(x, y)에서 스캐너의 수직 위치를 저장하여 샘플표면의 3차원 영상을 얻을 수 있게 된다.

AFM은 얻어지는 표면 형상의 분해능이 STM에 비해 다소 떨어지나, STM과 달리 시료의 표면과 팁 사이에 전류가 필요치 않기 때문에, 시료 표면의 상태에 구애 받지 않고 부도체, 도체, 또는 유기물질이라도 표면의 형상을 관찰할 수 있다. 또한 액체, 진공, 저온 등의 여러 가지 환경에서도 재료를 분석할 수 있다.

그림 7-11은 AFM의 장치의 개략적인 모습이다. AFM은 일반적으로 마이크로미터 크기의 캔틸레버를 가지고 있으며, 캔틸레버의 한쪽 끝은 나노미터 단위의 곡률 반경을 가진 뾰

그림 7-11
AFM 구성 요소 모식도

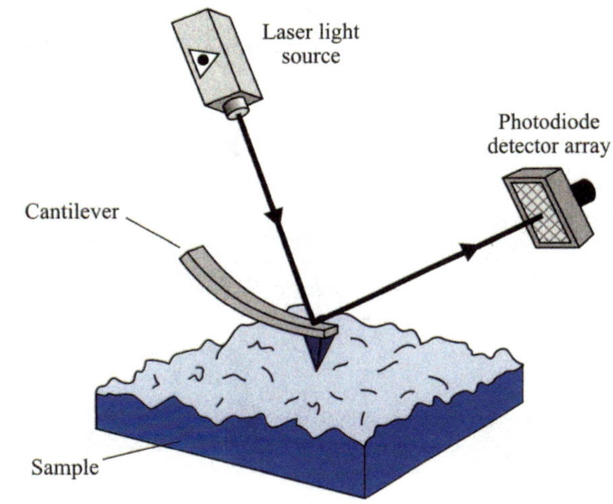

족한 탐침이 있다. 탐침을 시료의 표면에 매우 가깝게 근접시키면 팁과 시료표면 사이에 작용하는 힘이 캔틸레버를 움직이게 하고, 이 힘들은 캔틸레버의 굴절을 측정함으로써 간접적으로 계산할 수 있다. 캔틸레버의 탄성(stiffness)이 주어졌을 때, 힘은 아래의 Hooke의 법칙을 통해 알 수 있다.

$$F = -kz$$

여기서 F는 힘, k는 캔틸레버의 탄성계수(stiffness) 그리고 z는 구부러진 거리를 나타낸다. 시료는 정확하게 조절된 전압에 의해 결정된 압전체 위에 놓여진다. 팁은 시료를 좌우 방향으로 조사하고 캔틸레버의 위치에 따라 굴절을 측정한다. 캔틸레버의 굴절은 여러 가지 다른 방법으로 검출할 수 있는데 가장 일반적인 방법은 캔틸레버의 윗부분에 반사되어 나오는 레이저빔의 위치를 검출하면 얻을 수 있다.

SPM의 요소와 광학현미경의 장점이 결합된 형상분석 방법인 NSOM(near-field scanning optical microscope)은 근접장 주사광학현미경으로 불리며 광섬유(optical fiber)를 뾰족하게 만든 탐침을 사용하는데 분해능이 일반적인 광학현미경보다 훨씬 우수해서, 시료의 광학적 특성을 나노미터 크기의 해상도로 관찰할 수 있다.

NSOM의 기본 구성은 AFM과 STM과 유사하며, 파장보다 더 작은 공간(dimension)을 위해 광학적 상호작용을 제한하기 위한 near-field probe, 샘플이나 탐침을 움직일 수 있게 해주는 scanning stage, probe와 샘플 간의 상호작용을 읽는 장치인 광검출기(photo

그림 7-12 NSOM의 기본 구조

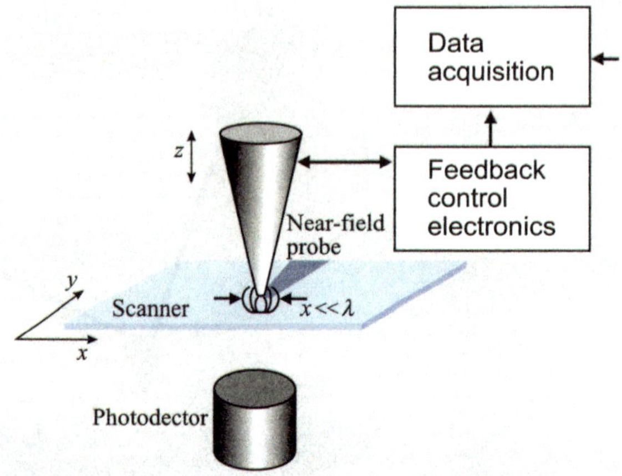

detector), 검출기에서 읽은 값을 화면에 표시해주는 프로그램으로 이루어진다(그림 7-12).

NSOM은 일반적인 광학현미경에 비해 탁월한 공간 분해능과, 물질의 물리적/화학적 특성에 대한 분광학적인 정보를 동시에 얻을 수 있는 장점을 가지고 있어, 생물학을 포함한 전 과학분야에 광범위하게 사용되고 있다.

7.2 나노소재의 화학적 분석

7.2.1 전자탐침 미세 성분 분석법(Electron Probe Micro Analyser, EPMA)

전자탐침 미세 성분 분석기(electron probe micro analyser, EPMA)는 공통적으로 높은 전압으로 가속된 고에너지 전자를 시료에 충돌시키고, 비탄성 산란과정에 의해 시료표면의 원자들이 가속전자로부터 에너지를 흡수하여 X-rays, 이차전자 등을 방출할 때 이들 방출된 입자들로부터 시료표면의 화학적 성분을 분석하는 원리를 가지고 있다.

EPMA는 시료표면의 화학적 조성을 정량분석하는 일종의 전자현미경으로서, 고체 시료 연구에 광범위하게 쓰이고 있으며, 원리상 EPMA 장비의 구성이 SEM과 크게 다르지 않다.

다른 전자현미경처럼 이차전자 이미지(secondary electron image, SEI)이나 후방산란전자 이미지(back scattered electron image, BSEI)를 관찰할 수 있으므로, 육안으로는 관찰되지 않는 광물의 미세조직을 관찰할 수도 있다. 그러나 EPMA의 가장 중요한 근본적인 기능은 가속된 전자로부터 에너지를 흡수하여 시료로부터 방출된 X-rays를 분석함으로써 최소 직경 1마이크로미터 영역의 정확한 화학 조성을 알아낼 수 있다는 데에 있으며, 이론적으로는 ^{4}Be에서부터 ^{92}U까지 매우 넓은 영역의 원소를 정량 분석할 수 있다.

시료가 높은 에너지의 전자빔에 의하여 조사될 때 발생되는 X-rays는 연속적인 스펙트럼 형태로서 전자가 시료를 통과하면서 발생되는 연속(continuum) 방사, 개별적인 선스펙트럼을 갖는 특성 방사의 2가지 형태의 스펙트라를 형성한다.

시료에 조사된 전자가 X-rays를 발생시키는 원리는 그림 7-13과 같이 표현할 수 있다. 즉 원자핵과 특정한 결합에너지로 구속되어 있는 전자에 임계에너지보다 높은 에너지의 가속전자를 때리면 에너지 준위가 낮은 K각에서부터 전자가 떨어져 나가게 되는데 이 상태를 원자의 불안정한 여기상태라고 하며 이런 불안정한 상태에서 안정한 상태로 가기 위해 상대적으로 에너지 준위가 높은 L각, M각의 전자가 이동하여 낮은 에너지 준위의 빈 자리를 채우게 되고 이때 발생하는 여분의 에너지가 X-rays로 방출된다. X-rays를 이용한 미세조직성분 분석법에는 두 가지 방법이 있는데, 하나는 X-rays의 파장을 이용한 WDS(wavelength dispersive X-ray spectrometer), 다른 하나는 EDS(energy dispersive X-ray spectrometer)이다.

EPMA는 전자를 발생시켜 시료에 투사하는 전자광학장치(electron optical system)와 검

그림 7-13 EDX의 기본 원리

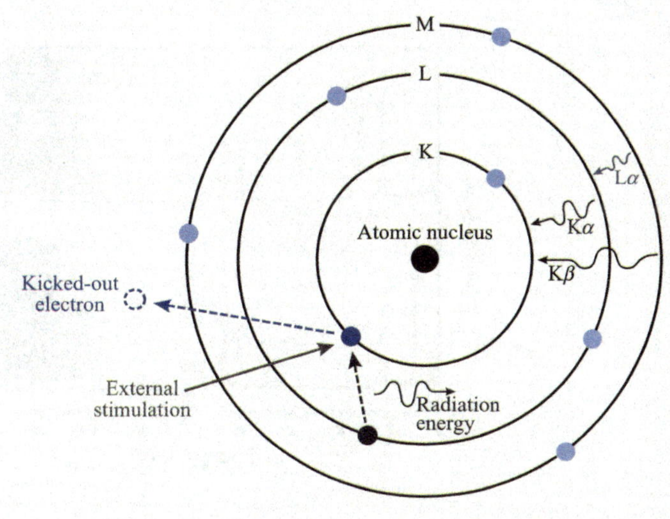

출기로 나누어져 있다고 할 수 있는데, 검출기에는 이미지를 얻을 수 있는 SEI, BSEI 검출기와 화학분석을 할 수 있는 WDS와 EDS의 두 종류가 있다. EDS는 대부분의 SEM에도 쉽게 부착할 수 있으며 상표이름인 EDAX로도 많이 알려져 있는데, 분석이 쉽고 빠르지만, 정확성과 분해능이 떨어지며 함량이 적은 원소는 분석하기가 다소 어렵다. 반면, WDS는 분석을 위한 사전 작업이 상당히 복잡하지만, 매우 정확하며 (유효숫자는 소수점 아래 두 자리) 최근에는 시료를 구성하는 원소를 수십 ppm까지 측정하는 극미량 측정법도 보고되고 있다.

시료에서 방출된 X-rays는 공간 중에 임의의 방향으로 무질서하게 산란되어 나온다. 이때 일정한 면간거리를 가지는 단결정을 X-rays가 진행하는 방향에 놓으면 Bragg 회절에 맞는 X-rays만이 정해진 방향으로 강하게 회절 되는데, 이때 회절되는 X-rays의 파장과 회절각도는 단결정의 면간거리와 다음과 같은 함수 관계를 가진다.

$$n\lambda = 2d \sin \theta$$

여기서 n은 정수로 흔히 1이고 λ, d와 θ는 각각 X-rays의 파장, 면간거리와 회절각도이다. 따라서 강하게 회절되는 방향에 X-rays를 검출할 수 있는 검출기를 놓으면 공간 중에 존재하는 X-rays의 파장을 Bragg 회절각으로부터 알아낼 수 있다. 회절시키는 단결정을 점차적으로 회전시키면서 θ 각도를 변화시키면, 위의 Bragg 법칙에 맞는 X-rays를 모두 골라낼 수 있으며, 이렇게 해서 얻어지는 X-rays 스펙트럼을 WDS(wavelength dispersive X-ray spectrum)라고 한다.

그림 7-14 EDS를 이용한 CdS-ZnS coaxial 나노선의 성분분석[1]

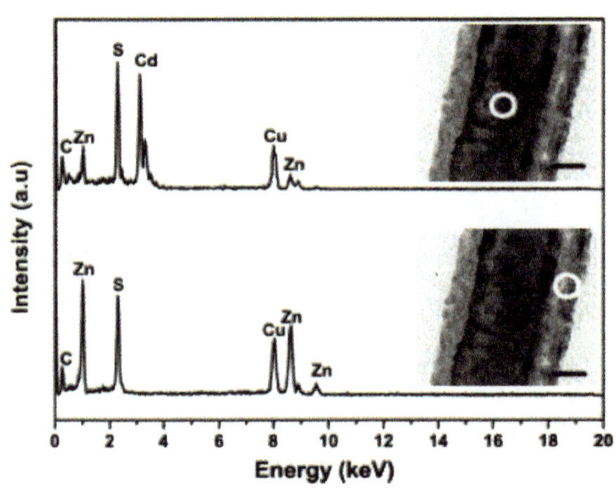

X-rays를 검출하는 또 다른 방법으로 Si(Li) 단결정의 n-p-n 반도체 소자를 이용하여 발생되는 X-rays를 에너지의 형태로 검출하는 방법이 있다. 원자와 반응하여 생성되는 X-rays가 특정한 에너지를 가지고 있어서, 이 에너지가 반도체 소자 내에서 기전력 혹은 전류의 발생을 유도하게 되는 물리적 현상을 이용하는 기술이다. 이 방법에 의해서 검출되는 X-선의 스펙트럼은 에너지의 함수로 세기가 표시되기 때문에 에너지 분포 X-rays 즉, EDX(energy dispersive X-ray)라고 한다. 이 방법은 앞의 WDS에 비하여 뒤늦게 개발되었으나 짧은 시간 동안에 시료에서 나오는 모든 X-선을 검출할 수 있기 때문에 보다 보편화된 조성분석법으로 현재 가장 널리 쓰이고 있다.

EPMA를 비롯한 대부분의 정량 분석 장치는 정확한 값을 알고 있는 표준 시료를 측정한 뒤 그 값과 미지의 시료를 비교하여 정량값을 구하는 방법을 사용한다. 그러므로 표준 시료를 사용한 표준화작업(standardization 또는 calibration)이 매우 중요하다. WDS를 사용한 EPMA분석의 경우 분석하려는 원소의 표준시료가 갖추어져 있지 않으면 분석을 전혀 할 수 없다. 또한, 분석하고자 하는 시료와 비슷한 종류 및 성분의 표준시료가 있어야 한다. 예를 들면, 같은 원소라 할지라도 금속을 분석할 때는 금속표준시료, 산화물을 분석할 때는 산화물 표준 시료가 있어야 한다. 광물 분석의 경우 분석하고자 하는 광물의 표준 시료가 있다면 금상첨화이다. 어떤 광물에 1~2퍼센트만 포함되어 있는 원소가 표준 시료에는 수십 퍼센트 이상 포함되어 있다면 분석의 오차는 커질 수밖에 없다.

7.2.2 전자 에너지 손실 분광법(Electron Energy Loss Spectroscopy, EELS)

전자 에너지 손실 분광기(electron energy loss spectroscopy, EELS)는 흔히 TEM과 같이 장착되어 사용되며, 용어 자체의 의미에서 알 수 있듯이 재료와 전자빔의 충돌 시 원자핵 주변의 전자들과 반응하여 원자를 이온화시키는 비탄성 산란(inelastic scattering)에 의해 전자의 손실된 에너지를 스펙트럼으로 표현하기 때문에 전자빔과 반응한 시료의 영역만을 국부적으로 해석할 수 있다. 따라서 TEM의 기능을 그대로 유지하면서 추가적으로 재료 내 화학적, 물리적, 전자적 정보를 획득할 수 있다. 또한, EDS(energy dispersive spectroscopy)와 보안적으로 사용하면 주기율표 상의 거의 모든 영역의 화학적 정보를 얻게 된다. 이것은 EELS의 가장 기본적인 기능에 해당하며 이 외에 TEM 이미지의 분해능 향상, 영상 콘트라스트 향상, 성분 맵핑, 등 기초적이고 다양한 나노 소재의 정보를 얻을 수 있다.

앞에서 언급한 것과 같이 TEM을 이용한 재료의 관찰에서 입사 전자가 시료의 원자와 반응할 때 탄성 산란(elastic scattering)과 비탄성 산란이 같이 발생한다. 이 중 비탄성 산란에서는 초기 전자빔의 에너지가 외각 전자와 충돌하여 이온화에 필요한 높은 에너지만큼 손실을 겪는 경우와 "플라즈몬(plasmon)"과 같이 매우 적은 에너지 손실이 일어나는 경우로 구별된다. 플라즈몬 영역은 핵과 전자의 결합에너지와 같이 매우 적은 에너지로부터 손실된 전자빔이 여기에 해당된다. EELS는 바로 이렇게 손실된 에너지를 그림 7-15와 같이 스펙트럼으로 나타낸 것이다. Y축은 X축에 대한 개별적인 강도이다. X축을 살펴보면, 축의 "0 eV"에 해당되는 것이 탄성산란 영역(zero loss region)이고 나머지는 낮은 에너지 손실 (low loss region)과 높은 에너지 손실 영역(high loss region)으로 구별된다. 높은 에너지 손실 영역에서는 100 keV 이상의 에너지를 가지는 일차 전자가 얇은 타켓과 부딪히고 이때 산란된 전자의 에너지 분포를 측정하는 방식이다. 에너지 분해능은 수백 meV 정도이고 단일 전자 여기로 인해 발생되는 core loss edge를 관찰할 수 있다. 반면에 낮은 에너지 손실 영역에서는 에너지가 약 50 eV로 높은 에너지 손실 영역보다 훨씬 낮은 값을 가진다. 그리고 낮은 에너지 손실 영역은 반사가 된 산란된 전자를 이용하므로 REELS(reflection electron energy-loss spectroscopy)라고 부르기도 한다. 이 영역에서는 선택적 전자 여기로 생성되는 플라즈몬의 발생을 볼 수 있다. Core loss edge는 이온화와 관련있다. 이온화될 때 원소에 따라 매우 특정한 에너지를 필요로 하므로 특정 X-rays가 발생된다. EDS는 바로 이 X-rays의 에너지를 측정하여 원소를 구별하지만, EELS는 그때 손실된 전자빔의 에너지 크기를 측정하여 원소를 구별한다. EELS와 EDS와의 비교는 다음 장에서 다룰 것이다. 그림 7-15에서처럼 core loss edge의 스펙트럼이 넓은 에너지에 걸쳐 분포하지만, 재료의 원소를 특징짓는 것은 edge가 시

그림 7-15 Electron energy loss spectrum[2]

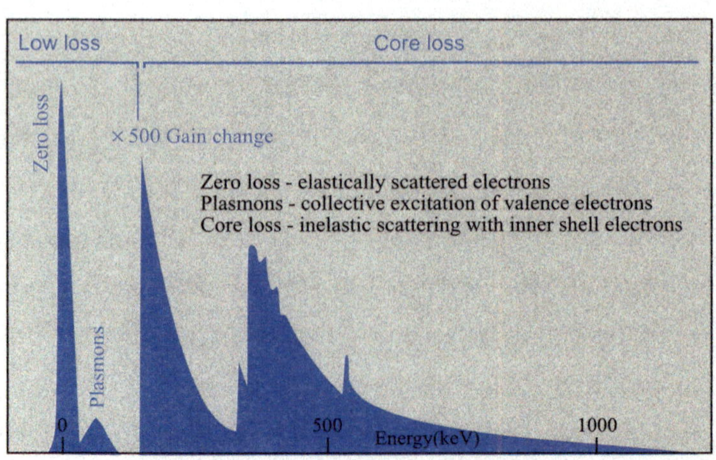

그림 7-16 Cr과 Cu의 EELS spectrum[3]

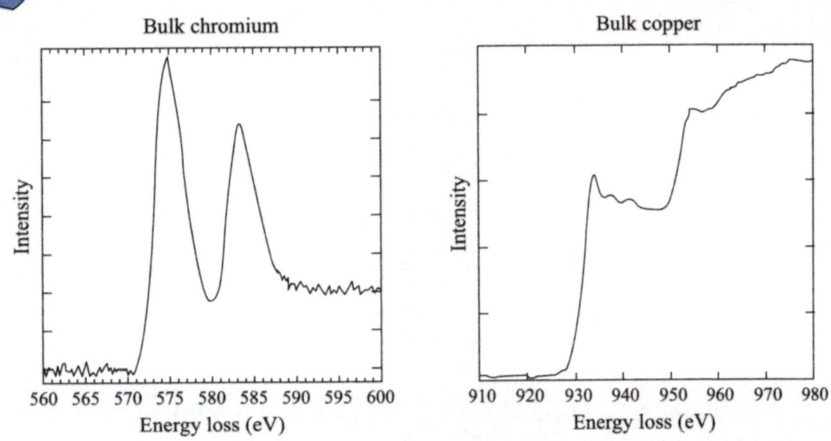

작되는 에너지를 기준으로 한다. Core loss edge의 특징적인 모양은 페르미 준위 위의 다양한 전자 상태를 반영하므로 물질에 따라 매우 독특한 스펙트럼을 나타낸다(그림 7-16).

한 예로서 edge 이후에 나타나는 스펙트럼의 모양은 전이금속의 채워지지 않은 d-states나 이웃한 원자와의 결합에 따라 다르게 생성된다. 이 edge의 모양은 이온상태의 원자에 대한 정보와 결합 상태 환경에 대한 정보를 제공한다. 따라서 EELS 스펙트럼으로부터 원소의 존재 여부와 화학적 결합 상태 등에 대한 화학적인 정보를 얻을 수 있게 된다. 복잡한 edge 모양은 실험적으로 얻어진 edge와 비교하여 물리적, 화학적 의미를 찾을 수 있다.

7.2.3 X-ray 광전자 분광법(X-ray Photoelectron Spectroscopy)과 Auger 전자 분광법(Auger Electron Spectroscopy)

나노소재 또는 나노미터 두께의 박막(thin film)의 표면을 분석하려면 시료의 표면에 관한 정보만 얻어내는 분석 기술을 이용해야 한다. 벌크(bulk)시료의 분석에서도 마찬가지이지만 분석하는 방법에 따라 관찰되는 표면층의 두께가 달라질 수도 있는데 여기서는 10 nm 이내의 아주 얇은 표면층을 다룰 수 있는 X-rays 광전자 분광법(X-ray photoelectron spectroscopy, XPS)과 전자빔을 이용하는 Auger 전자 분광법(Auger electron spectroscopy, AES)을 살펴보기로 한다. 이 두 방법 중에서도 박막 표면의 화학적인 분석에 가장 중요한 XPS를 중점적으로 다루고자 한다. XPS와 AES는 다 표면의 분석에 이용되는 기술이므로 XPS에서 적용되는 많은 사항이 AES에서도 적용된다. 이들은 상호 보완적인 성질을 가지기 때문에 흔히 함께 다루어지며 관련되는 기기에도 두 기능이 함께 들어 있는 경우가 많다.

XPS는 간략하게 말해 시료표면에 강한 에너지의 X-rays를 주사하고, 시료로부터 방출되는 전자의 에너지와 세기를 관찰하여, 시료 표면을 구성하는 원소들의 전자구조, 화학적 상태, 조성을 정량분석하는 방법이다. XPS는 흔히 ESCA(electron spectroscopy for chemical analysis)로도 불리며 그 원리는 다음과 같다. 일정한 에너지를 가지는 X-rays(광자)를 시료에 쬐면 시료로부터 광전자(photoelectron)들이 방출되는데 이 광전자들의 운동에너지를 측정하면 광전자를 시료로부터 방출하기 위해 필요한 에너지인 전자의 결합 에너지(binding energy)를 알 수 있다. 이 결합 에너지는 광전자를 방출하는 원자의 고유한 성질이기 때문에 이를 아는 것은 곧 원소의 분석을 할 수 있다는 것이 된다. 그러므로 시료의 정성분석은 광전자의 결속 에너지를 측정함으로써 이루어진다. 광전 효과(photoelectric effect)에 관한 Einstein의 식으로부터 결합 에너지 E_{binding}은 다음과 같이 계산된다.

$$E_{\text{binding}} = E_{\text{photon}} - E_{\text{kinetic}} - \Phi$$

여기에서 E_{kinetic}은 분광계(spectrometer)에서 측정되는 광전자의 운동 에너지, E_{binding}은 시료에서 광전자가 방출되기 전 시료 내부 원자와의 결합 에너지, Φ는 분광계의 일함수(work function), E_{photon}은 주사해준 X-rays의 에너지이다.

XPS 분석장비는 X-rays 광원과 광전자의 운동 에너지를 측정하는 전자 에너지 분광계(electron energy spectrometer)로 크게 둘로 나눌 수 있다. XPS에서 주사하는 X-rays는 전자코어의 결합 에너지보다 더 큰 에너지를 가져야 하며, 정확한 분석 결과를 위해 X-rays는 좁은 파장 영역과 큰 세기를 가져야 한다. 또한, 장비 내부는 발생하는 전자가 원활하게 분광계에 도달하게 하기 위해, 초고진공 즉 매우 낮은 기체 압력에서 작동하며 따라서 분석하고자 하는 시료도 이러한 초고진공에서 안정한 것이어야 한다.

XPS로부터 얻어지는 광전자 스펙트럼은 가로축을 결합 에너지로, 세로축을 발생한 광전자의 세기로 하여 도시한다. 흔히, 가로축은 오른쪽 끝을 결속 에너지가 영인 점으로, 왼쪽 끝을 시료에 주사한 X-rays의 에너지보다 약간 낮은 값으로 취한다. 그러므로 오른쪽으로 갈수록 결합 에너지가 낮아져 맨 오른쪽이 결합 에너지가 영인 Fermi 준위가 된다. 이렇게 넓은 결합 에너지 범위를 취하는 스펙트럼을 개관 스펙트럼(survey spectrum)이라고 부른다.[3] 개관 스펙트럼은 비탄성 산란(inelastic scattering)에 의해 생기는 운동 에너지가 낮은 전자로부터 광전자, Auger 전자 등 여러 종류의 전자들이 형성하는 많은 peak들로 구성되어 있다. 광전자 peak은 보통 수많은 저에너지 전자들의 바탕 스펙트럼(background spectrum)

그림 7-17 XPS 장비의 모식도

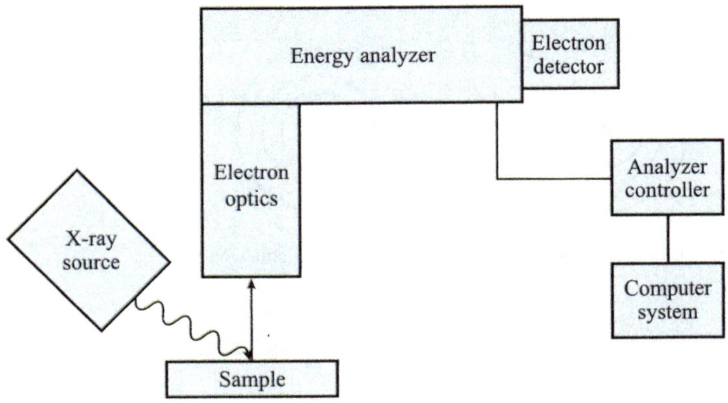

위로 뚜렷이 관찰되며, 이러한 개관 스펙트럼을 관찰하여 대략적인 원소 분석이 가능해진다. 어떤 특정한 peak을 자세히 살펴보려면 그 봉우리가 위치하는 좁은 결합 에너지 구간에서 스펙트럼을 여러 번 취하여 이들을 누적함으로써 분별능이 개선된 고분별능 스펙트럼(high resolution spectrum)을 얻고, 이를 면밀히 분석하여 그 peak을 야기하는 원소의 화학적 환경이나 표면 농도 등을 연구할 수 있다.

Auger 전자 분광법(AES)은 Auger가 발견한 Auger 현상을 이용하는 것이지만 1960년대에 출현한 정밀한 전자 에너지 분석기로 전자의 운동 에너지를 정확하게 측정할 수 있게 된 후에야 하나의 분광법으로 확립되었다.

AES 분석을 하는 동안 항상 깨끗한 표면 상태를 유지해야 하고 전자빔이 기체 분자들과 충돌 없이 시편에 도달해야 하기 때문에 AES는 장비는 초고진공(10^{-9} torr 이하)이 필요하다. 일반적인 AES 장비의 구성은 시편 표면 위에 전자 probe를 형성시키기 위한 전자총(electron gun)과 전자렌즈군(electron optical column), 전자 에너지 분석기(electron energy analyzer) 등이 있다.

Auger 전자를 방출하기 위한 에너지원은 전자빔 대신, X-rays를 사용할 수도 있으나, X-rays는 전자빔처럼 빔 크기(beam size)를 쉽사리 작게 할 수 없고 또한 주사도 안 되기 때문에 특별한 경우 외에는 이용되지 않는다. 반면에 전자빔의 크기는 수 nm까지 쉽게 줄일 수도 있고 간단한 전자 광학을 동원하여 주사할 수 있기 때문에 Auger 전자 스펙트럼을 얻으려면 거의 모든 경우에 전자빔이 쓰인다.

Auger 과정에서의 초기 상태는 전자빔 또는 다른 형태의 에너지원으로부터 에너지를 흡수

그림 7-18 Auger 효과의 모식도

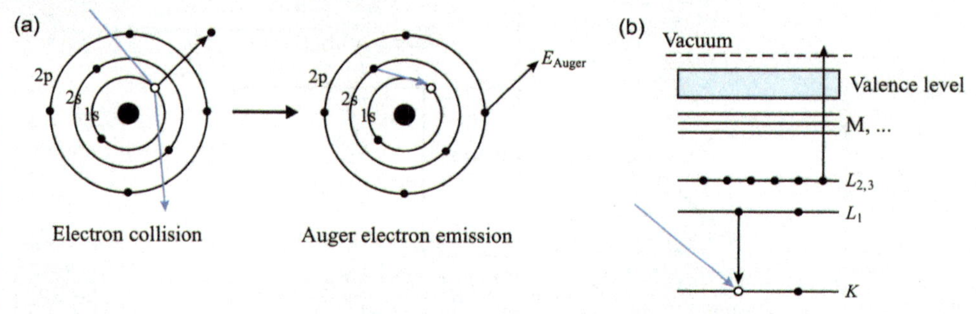

하여 원자의 내부전자껍질의 전자가 방출되어 형성된 핵심부 구멍(core hole)이 있는 상태이다. 그림 7-18에서 K 껍질에 구멍이 생기면 그보다 높은 에너지 상태인 L_1 껍질의 전자가 이를 채우게 되며 이 때에 내놓게 되는 에너지가 빛으로 바뀌지 않고 또 하나의 전자(L_3 껍질)를 원자 계로부터 이탈시키는 데에 쓰이면 이 과정을 Auger 과정이라고 부른다. 따라서 최종 상태는 두 개의 구멍이 생긴 상태이다. 여기서 마지막 전자 즉 원자 계를 떠나 자유 전자로 되는 전자를 Auger 전자라고 부른다. 이 Auger 전자의 운동 에너지(Auger 에너지)는 K, L_1, L_3 껍질들의 에너지를 각각 $E(K)$, $E(L_1)$, $E(L_3)$라고 하면 $E(KL_1L_3) = E(K) - E(L_1) - E(L_3)$로 주어진다. 물론 이식은 근사식이지만 Auger 전자의 운동 에너지가 핵심부 구멍을 만드는 원인인 X-rays나 전자빔의 에너지와는 무관하며 전적으로 원자 내의 각 껍질의 에너지에만 의존함을 잘 보여준다. 즉 Auger 전자의 운동 에너지는 그 원자에 고유한 값이며 이 성질이 곧 원소를 분석하는 데에 이용된다. 그림 7-18에서 Auger 전자를 하나 방출하는 과정에 참여하는 궤도 함수들은 K, L_1, L_3이므로 이 Auger 과정을 KL_1L_3 전이, Auger 전자를 KL_1L_3-Auger 전자라고 부른다.

AES 스펙트럼은 대게 직접 형식(direct form)과 미분 형식(derivated form)으로 나타낼 수 있다. 직접형식은 전체 전자를 시편에서 방출되는 전자의 운동에너지의 함수로 나타낸 것으로 정량 분석에 주로 사용된다. 그리고 미분 형식은 시편에서 전체 전자의 미분값을 방출되는 전자의 운동에너지의 함수로 나타낸 것이다. 미분형식의 스펙트럼은 이차전자와 후방산란전자에 의한 배경 신호들을 억제함으로써 정확한 데이터를 얻을 수 있다. 전자빔과 시편 표면과의 상호작용의 결과로써 이차전자와 후방산란전자가 발생한다. 그리고 AES peak은 앞에서 잠깐 언급한 데로 이차전자와 후방산란 전자와 같은 배경신호에 의해서 겹쳐지기 때문에 직접형식에서의 AES의 peak는 매우 약하다 (그림 7-19). 하지만, 이것을 미분 형식으

그림 7-19 2차 전자와 후방산란 전자의 에너지 분포 모식도[4]

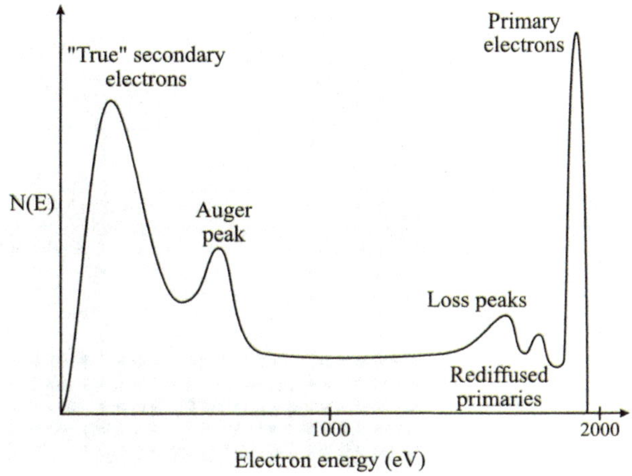

로 바꾸면 배경 신호를 줄여줄 수 있다.

Auger 전자 분광법(AES)에서는 스펙트럼을 짧은 시간 안에 얻을 수 있으므로 시료 표면에 있는 원소의 농도를 단 시간 내에 편리하게 얻을 수 있다. 전자빔을 시료 표면에 스캔하여 원소의 표면에서의 2차원적인 분포 상황을 알 수 있으므로 Auger 전자 분광법은 특히 반도체 산업에 이용되는 분석 기술로 자리잡고 있다.

7.2.4 가시광 분광법(Optical Emission and Absorption Spectroscopy)

광발광(photoluminescence, PL)은 시료에 가시광선 또는 자외선 영역의 빛을 주사시켜 시료의 낮은 에너지 상태에 있는 전자를 높은 에너지 상태로 여기시키고, 이후 여기된 전자가 하방천이(de-excitation) 또는 재결합(recombination)하는 과정에서 계에 분포되어 있는 에너지 준위의 특정적인 빛이 방출(발광)되며, 이를 측정하여 얻은 스펙트럼(spectrum)을 분석함으로써 시료에 대한 정보를 얻는 분석기법이다. 시료의 형광 스펙트럼의 세기, 방출된 빛의 파장, 피크의 넓이 등을 통해 시료의 특성을 파악할 수 있다.

소재의 성질에 따라 다양한 과정을 거쳐 PL을 보이게 된다. 한 예로 반도체 나노박막의 PL 과정을 간략히 설명하면 다음과 같다(그림 7-20). 즉, 시료에 특정파장의 레이저 빛을 주사시키면 가전자띠(valence band)의 전자가 전도띠(conduction band)로 여기(excitation)

그림 7-20 반도체 나노박막의 PL process 개략도

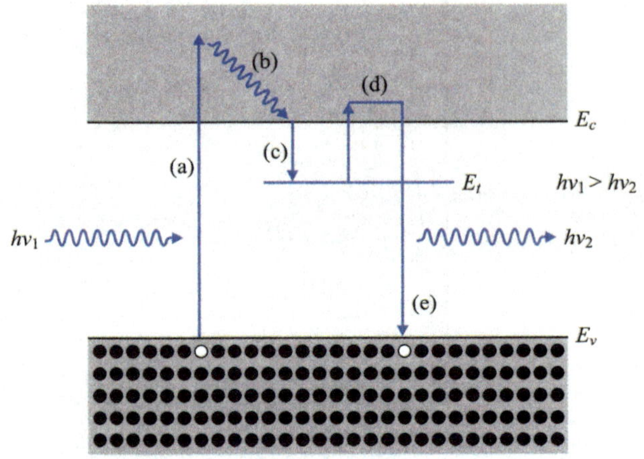

된다. 여기된 전도띠의 전자들은 일반적으로 높은 에너지 준위에 있다가 곧 진동 이완에 의해 낮은 에너지 준위로 내려오게 된다. 이중 다수의 전자는 다시 가전자띠로 떨어지며 전자-전공 재결합(electron-hole recombination)을 형성한다. 한편, 일부 전자와 전공은 가전자띠와 전도띠 사이에 존재하는 주개상태(donor state)나 받개상태(acceptor state)로 이동한 다음 일정 시간 경과 후 재결합하게 된다. 이렇게 여러 가지 경로를 통해 재결합하면서 방출되는 에너지의 일부가 빛으로 나타나며, 시료의 특성에 따라 방출되는 빛의 스펙트럼이 결정된다. 위와 같은 과정에 의해 방출되는 빛의 스펙트럼들을 분석함으로써 고체 시료의 구조적특성 뿐만 아니라 결함 특성, 발광 특성 등도 분석할 수 있다. 나노재료의 PL 효과는 벌크(bulk) 재료에 비해 매우 흥미롭고 개선된 광학 성질을 보여준다. 예를 들어, 반도체 나노결정은 일반적으로 발광유기분자보다 더 좁은 형광(발광) 피크를 만들며, 형광의 파장도 입자의 크기에 따라 조절하는 것이 가능하다.

특히, 반도체 나노소재의 분석에 있어 PL은 매우 유용한 정보를 제공할 수 있으며, 절연체 내의 이온에 대한 내부 복사전이 연구 등 기타 여러 가지 고체 시료의 특성 분석에도 유용하게 사용될 수 있다. 특히 초저온 ($< 10K$) 에서 시료의 PL분석을 수행하는 경우 고체 내부의 미세 전자 구조와 결함특성에 관한 상세한 정보도 얻을 수 있다

소재에서 방출된 빛을 분석하는 광방출 분광법(optical emission spectroscopy)과는 달리 자외선 분광법은 나노소재와 같은 시료에 자외선/가시광선 영역의 전자기파를 주사하여 얻어진 스펙트럼을 통해 흡수된 빛을 분석하는 방법으로서 가시광선영역의 빛을 흡수하는 다양

그림 7-21 UV 분광기 모식도

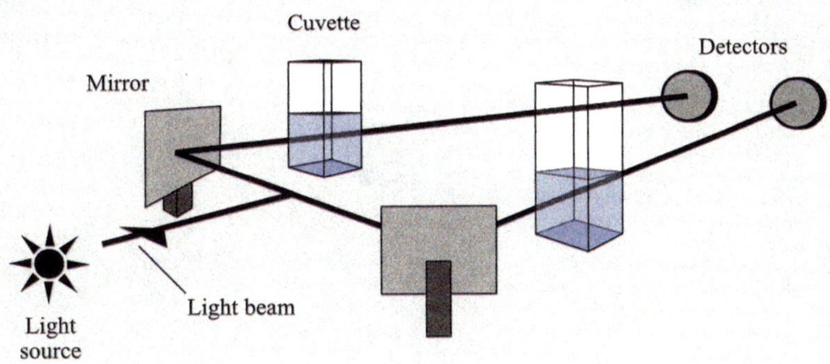

한 유기 및 무기물질의 정량분석에 폭넓게 이용된다.

그림 7-21은 액체 샘플의 일반적인 UV-vis 분광 실험을 나타낸 모식도이다. 단파장의 빛을 2개의 빛으로 나누어 그 중 하나는 샘플을 통과하게 하고 다른 하나는 표준(reference) 샘플을 지나가게 한다. 두 개의 시료를 통과 한 후 빛의 세기의 차이가 UV-vis 측정의 기본이 된다.

광흡수 분광법(UV-vis spectrosocopy)은 유기/무기 나노재료에서 효과적인 정량 분석을 할 수 있도록 한다. 그리고 빛의 흡수 원리가 분자의 여기 상태의 진행에 따라 작용하므로 나노재료의 전기적 특성을 알아 볼 수 있는 편리한 분석 기술이다.

나노 입자의 스펙트럼에서 흡수 peak의 넓이는 화학 조성과 입자 크기에 따라 달라진다. 그 결과로 스펙트럼은 벌크(bulk) 재료와 매우 다른 결과를 나타낸다. 예를 들어, 반도체 나노재료의 흡수스펙트럼은 양자제한 효과(quantum confinement effect)로 인해 넓은 스펙트럼을 나타낸다. 그리고 반도체 재료의 입자 크기가 작아짐에 따라 흡수 peak의 위치가 작은 파장 쪽으로 이동하게 된다.

7.2.5 라만 분광법(Raman Spectroscopy)

라만 분광법(Raman Spectroscopy)은 다양한 물질의 진동 스펙트럼을 측정하여 물질의 진동 구조를 연구하거나 물질의 정성, 정량 분석에 이용되고 있으며, 최근에는 다양한 나노소재의 화학적, 형태학적 정보 분석을 위한 연구에도 적용되고 있다.

빛이 어떤 매질을 통과할 때 빛의 일부는 산란되어 진행 방향에서 이탈해 다른 방향으로 진

그림 7-22 라만 산란현상의 모식도

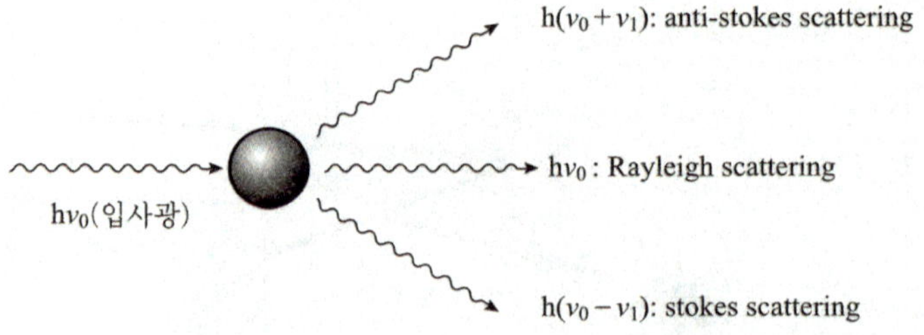

a. 라만 산란 현상의 종류. ν_1: 진동자의 진동수

행하는데 이때 산란된 빛은 원래의 에너지를 그대로 가지고 있기도 하지만 원래 빛의 에너지보다 적거나 많은 에너지를 가진 경우도 있다. 산란된 빛 중 원래의 에너지를 그대로 유지하면서 산란되는 과정을 Rayleigh 산란(Rayleigh scattering 혹은 elastic scattering)이라 하고, 에너지를 잃거나 얻으면서 산란되는 과정을 Raman 산란(Raman scattering)이라고 한다(그림 7-22).

라만 산란과정을 양자역학적으로 살펴보면, 분자가 자외선이나 가시광선을 받았을 때 분자는 여기상태(excited state)로 들뜨게 되고 이 여기상태의 분자는 크게 세 가지 기구를 거쳐 다시 바닥상태(ground state)로 내려오게 되는데 이를 도식화하면 그림 7-23과 같다. 먼저 분자가 흡수한 입사 광원의 에너지($h\nu_0$)를 그대로 방출하면서 바닥상태로 떨어지게 되면 입

그림 7-23 라만 산란 과정의 양자학적 이해

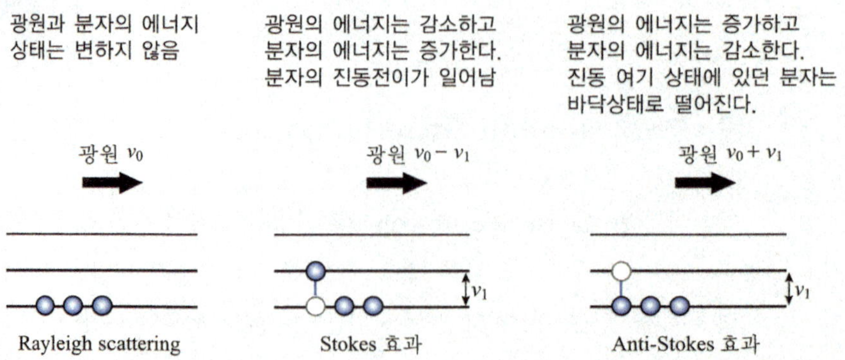

사된 광원과 같은 에너지(주파수)의 빛이 방출 되는데, 이 경우가 앞에서 언급한 Rayleigh 산란이다. 반면 분자의 진동에너지($h\nu_1$) 만큼을 흡수하거나 방출한 후 바닥 상태로 돌아오는 경우를 Raman 산란이라고 한다. 이때 전자 상태(electronic state)는 바뀌지 않지만 진동 상태(vibrational state)의 전이가 일어난다. 분자의 진동에너지를 흡수한 후 바닥상태로 돌아오는 경우를 stokes 효과라 하고, 이때 복사선의 에너지가 분자에 의해 흡수되었으므로 입사된 광원보다 낮은 에너지($h\nu_0 - h\nu_1$) 즉 보다 긴 파장의 빛이 산란된다. 반면 분자가 가지고 있던 진동 에너지를 방출하고 바닥상태로 돌아오는 경우를 anti-stokes 효과라고 하고 복사선이 분자로부터 에너지를 얻은 상태이므로 입사된 광원보다 높은 에너지($h\nu_0 + h\nu_1$) 즉 짧은 파장의 빛이 산란되어 나온다. 이러한 라만 산란 과정을 통해서 입사된 광원과 물질 간의 에너지 교환이 일어나게 된다. 물질이 흡수 혹은 방출하는 에너지는 각 물질을 구성하는 분자 구조와 밀접한 관계가 있고 라만 산란에 따른 산란광은 각 물질에 따라 고유하므로 산란광을 분석하면 물질의 분자구조를 추론할 수 있게 된다.

앞서 설명한 바와 같이 Raman 산란 과정은 분자의 진동 전위 변화를 일으킨다. 하지만 적외선(IR) 분광법에서와같이 직접적으로 진동에너지를 측정할 수는 없고 산란되는 빛이 Rayleigh 산란과 비교해 얼마만큼 에너지를 잃었는가 혹은 얻었는가를 관찰함으로써 진동에너지를 측정한다. 스펙트럼은 산란된 빛의 파장이 레일리 산란에 대해 얼마만큼 이동(shift) 되었는가를 Raman shift로 표시하며 이 Raman shift는 분자의 진동 주파수에 해당한다. 실온에서는 바닥상태에 있는 분자의 수가 진동 여기상태에 있는 분자보다 많기 때문에 stokes 효과가 anti-stokes 효과보다 더 크게 나타나 스펙트럼에서 더 큰 강도를 보인다. 따라서 라만 스펙트럼 측정은 stokes 효과만 측정하는 것이 일반적이다.

1928년 Raman 등이 용액에 파란색 빛을 투과하였을 때 초록색 빛깔을 띠는 빛이 산란되어 나오는 것을 관찰함으로써 처음 발견한 이후, Raman 분광학은 분자를 포함한 다양한 물질의 진동 스펙트럼을 측정하여 분자의 진동 구조를 연구하거나 유기물질의 정성, 정량 분석에 이용되었으나 최근에는 다양한 나노소재의 화학적, 형태학적 정보 분석을 위한 연구에도 활발하게 적용되고 있다.

대표적인 예로 단일껍질 탄소나노튜브(single-wall carbon nanotube, SWCNT)의 Raman분광분석을 들 수 있다. CNT의 구조, 모양, 크기는 CNT의 기계적 성질과 광학적 성질, 그리고 전자행동을 결정하는 요소가 된다. CNT를 사용자의 요구에 맞도록 만들기 위해서는 그 과정이 적절히 제어되고 관찰되어야 한다. Raman 분광법은 CNT의 직경, 카이랄특성(Chirality), 순도, 구성을 확인하는 데 널리 사용되는 방법이다. 특히, SWCNT는 성장 시 그 카이랄특성에 따라 금속성과 반도체성의 SWCNT가 함께 생산되는데, SWCNT의 Raman분광분석 시 나타나는 RBM(radial breathing mode)로부터 SWCNT의 직경 및 카이랄성(chirality)에 관한 정보를 얻을 수가 있다.

그림 7-24(a)는 CNT의 Raman 스펙트럼이다. RBM(radial breathing mode), D (disordered), G(graphite, 흑연) 그리고 G′(G-band의 second-order Raman scattering) 모드는 CNT Raman 스펙트럼의 두드러진 특징이다. D, G, G′도 흑연에서 발견되지만 RBM은 CNT에서만 특징적으로 나타나므로, RBM은 시료 중에 CNT가 존재하는지를 확인하는 유용한 진단 도구이다. 또한, RBM의 진동수(frequency)는 CNT의 지름에 반비례하므로, CNT의 지름을 예측할 수 있는 중요한 자료이다. 그림 7-24(b)의 G는 흑연 평면에서 나타나는 신축 모드와 일치하는 탄소 원자의 tangential shear 모드이다. 흑연에서는 이것이 1580 cm^{-1}에서 관찰되지만, CNT에서는 주변 벡터의 제한 때문에 G^+와 G^-의 두 가지로 변형된다. 낮은 영역에서 나타나는 G^-는 지름이 작아질수록 peak가 부드러워지는 경향이 있다. G^-가 넓고 대칭인 peak로 나타나면 시료가 금속성 CNT라고 예상할 수 있다. CNT의 금속성이 강할수록 G^-는 낮은 주파수에서 나타나고, 100 cm^{-1}이상 낮은 영역에서 나타나는 것은 CNT의 지름이 작다는 뜻이다. 반면에 높은 영역에서 나타나는 G^+는 금속성 혹은 반도체성 CNT의 지름과 상관없이 일정한 위치에서 나타난다. CNT의 Raman 스펙트럼에서 흔히 발견되는 D 밴드는 CNT의 구조적/화학적 결함에 의한 것으로, 시료의 질(quality)은 G 밴드에 대한 D 밴드의 상대적 강도로 평가할 수 있다 (그림 7-24(c)). 결함이나 비결정성 탄소가 없는 고순도의 시료는 D/G 비율이 2% 미만이며, CNT의 Raman 스펙트럼에서 D 밴드의

그림 7-24

(a) CNT 혼합물의 Raman 스펙트럼, (b) 흑연과 두개의 CNT 시료의 G+ band, (c) 두개의 다른 CNT의 D, G, G′ 모드

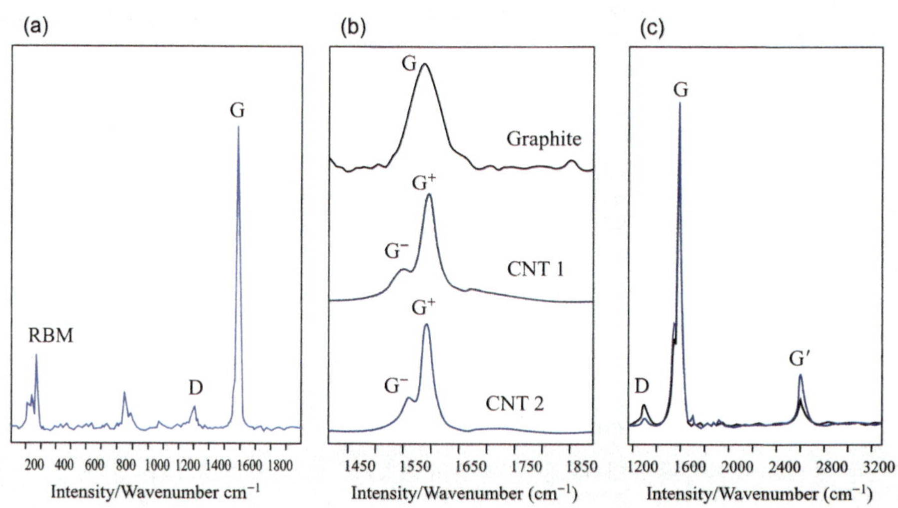

폭은 보통 10~20 cm^{-1}이다.

Raman 신호의 감도(sensitivity)는 일반적으로 상당히 약해서, 전통적인 Raman 분광법으로는 검출한계에 제약이 있는데, 최근 들어서는 Raman 신호감도를 크게는 백만 배까지 증가시켜서 일반적인 Raman 분광법의 감도한계를 극복한 SERS(surface enhanced raman scattering)이란 새로운 기법이 나노소재의 고감도 형상 및 다양한 특성 분석의 수단으로 각광을 받고 있으며, 이는 6장에서도 기술한 바 있다. SERS 현상이란 금속 표면 근처에 분자가 있을 경우 라만 신호가 크게 증가하는 현상이다. SERS 현상은 은(Ag)이나 금(Au) 나노입자의 표면 플라즈몬 공명에 의하여 입자 근처에 분자들이 있을 경우 나타나는 것으로 알려져 있다. 이때 표면 플라즈몬(surface plasmon)은 금속과 유전체의 경계면을 따란 진행하는 표면 전자기파를 의미한다.

이처럼 Raman 신호가 증가하는 원인은 크게 2가지의 기구로 설명되고 있다. 첫 번째는 전자기적 증폭(electromagnetic enhancement)이다. 전자기적 증폭이란 광학적으로 활성화된 나노입자에서의 국부적인 전자기장 세기 증폭(local electromagnetic field enhancement)에 의하여 주변 분자의 Raman 신호가 증가하는 것이다. 두 번째는 화학적 증폭(chemical enhancement)이며, 한 예로 금속 원자와 유기분자가 결합하여 charge transfer complex를 생성하므로서 Raman 신호가 증가하는 현상을 들 수 있다. 이 중에서 특히 전자기적 증폭에 의한 라만신호의 증가가 중요하다고 알려져 있어, 광학적으로 활성화된 나노구조(optically active nanostructure)를 제작하여 SERS현상을 관찰하는 연구가 활발하게 진행되고 있다.

이러한 SERS는 소재표면을 분석법 중 가장 고감도의 측정기술 중의 하나이므로, 극미량의 시료 분석이 중요한 나노소재의 분석에서 매우 유용하게 쓰이고 있다. 또한, 기초적인 연구에서부터 표면 산화, 접착력(adhesion), 촉매를 사용하는 공정, 생물학, 센서 연구 등 실제 산업에서도 유용하게 사용할 수 있다.

그림 7-25 금속 나노입자에서의 SERS현상

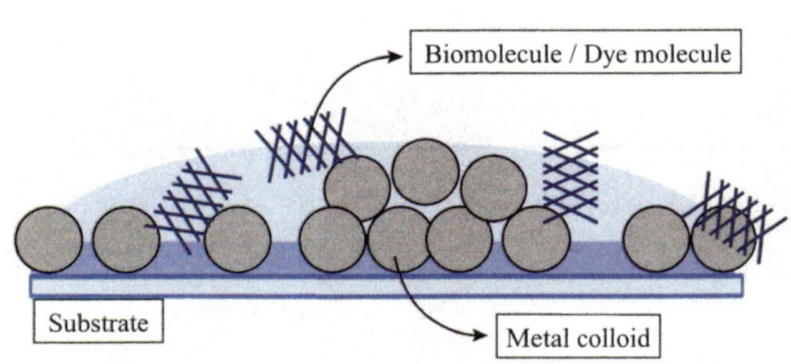

7.2.6 이차이온질량 분광법(Secondary Ion Mass Spectrometry, SIMS)

시료의 분석을 위해 시료로부터 방출되는 전자기파나 전자를 활용하는 분석법들을 소개하였지만, 시료로 방출되는 이온이나 원자를 분석에 활용하는 경우도 있다. 그 대표적인 예인 SIMS(secondary ion mass spectrometry)는 소재의 성분을 극미량까지 분석하는 것이 가능하여, 나노소재의 조성 분석에 매우 유용한 수단 중 하나이다.

SIMS의 기본 원리는 다음과 같다. 먼저 1~20 keV의 운동에너지로 가속된 이온이 고체 표면과 충돌하면, 이 가속 이온의 운동에너지가 고체 표면과 표면 내부의 원자들에 전달되면서 일련의 충돌 현상이 일어나며, 충돌 시 표면 결합에너지보다 높은 운동에너지를 시료 바깥 방향으로 가진 원자는 시료를 떠나 진공 속으로 떨어져 나간다. 이러한 현상을 스퍼터링(sputtering)이라고 한다.

이들 입자는 대부분이 기저상태(ground state) 또는 여기상태(excite state)의 중성 원자이나, 일부는 양이온 혹은 음이온의 이온화 상태이다. 이 이차이온(secondary ion)들의 질량대 전하비(m/e)와 개수를 측정하여 시료의 표면에 있는 원자의 종류와 그 표면 조성을 측정하는 것이 SIMS 분석법이다.

스퍼터링에 의해 시료의 표면으로부터 원자들이 제거되므로, 시료로부터 튀어나오는 이차이온의 세기를 시간에 따라 측정함으로써 분석하는 원소의 깊이에 따른 분포를 측정할 수 있다. 직경이 마이크로미터 정도의 일차 이온빔을 시료 상에서 움직이면서 이차이온의 세기를 측정하거나(ion microprobe), 시료 상에서의 이차이온의 발생위치를 보존하면서 이차이

그림 7-26 스퍼터링(sputtering)

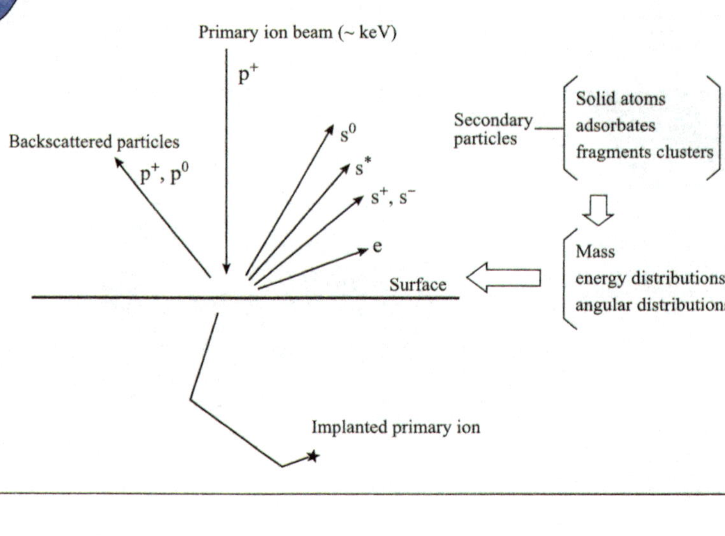

온을 측정하여(ion microscope), 시료 표면에서의 원소의 분포도(ion imaging)를 측정할 수 있다.

이러한 SIMS의 장점을 들자면 먼저 높은 감도(sensitivity)를 들 수 있다. 분석원소의 종류에 제한이 없이 ppm ~ ppb의 높은 검출 한계를 가져서 극미량 분석에 매우 유용하다. 또한 동위원소의 측정이 가능하며, 시료 표면으로부터 깊이에 따른 조성의 변화(depth

표 7-3 다양한 분석법의 비교표

Surface Imaging		Resolution	
SEM	Vacuum	~nm	*s
TEM	Vacuum	~Å	*s
AFM	-	~Å	*s,l
STM	-	~Å	*s,l
Crystallinity of material		****Qual./Quant.**	
XRD	-	**Quant.	*s
TEM	Vacuum	**Quant.	*s
STM	-	**Qual.	s,l
Particle size determination		**Resolution**	
DLS	Liquid	~nm	*l
XRD	-	~Å	*s
TEM	Vacuum	~Å	*s
Chemical composition			
RBS	Vacuum		*s
XPS	Vacuum		*s
Chemical bonding			
XPS	Vacuum		*s
IR	-		*s,l,g
Raman	-		*s,l,g
NMR	-		*s,l
Compound identification		****Qual./Quant.**	
Mass spec	Vacuum	**Qual.	*s,l
UV-vis	-	**Quant.	*s,l
PL	-	**Quant.	*s,l
IR	-	**Quant.	*s,l,g
Raman	-	**Quant.	*s,l,g

*s–solid, l–liquid, g–gas

**Qual.–qualitative, Quant.–quantitative

profiling)를 분석할 수 있으며, 분석 시간이 짧다는 것도 중요한 장점들이다. 이러한 장점들을 활용한 예로, 반도체소자의 분석에서 SIMS는 극미량의 불순 첨가물의 농도의 2차원 분포(2D-imaging과 depth profiling)를 나노미터 크기의 분해능으로 측정할 수 있다. 하지만, 이차이온의 수율이 매질과 표면 상태에 극히 민감하고 또한 본질적으로 파괴적인 분석 방법이라는 등의 단점도 있다.

이 장에서는 나노소재의 형상, 조성 및 기타 특성을 분석하기 위한 몇몇 대표적인 방법들을 살펴보았으나, 이 외에도 매우 다양한 분석 방법이 나노소재의 분석을 위해 사용되고 있다. 나노소재를 올바르게 분석하기 위해서는, 각각의 분석법으로 얻을 수 있는 정보가 무엇인지, 적절한 시료는 어떤 것인지, 어떤 제약이 있는 지 등을 잘 알고 있는 것이 중요하다. 표 7-3은 대표적인 분석법을 간략하게 비교한 것이다.

연습문제 Chapter 7

1. 전도성 시료표면 위에 STM 팁이 5 nm의 거리를 두고 위치해 있고, 시료와 팁 사이에는 일정한 전압이 걸려 있다. 이 팁이 시료 표면에 접근함에 따라 팁(tip) 끝과 시료 표면 사이의 전류값이 변화되는 양상을 그래프로 표시하라. STM이 원자 단위의 분해능을 가질 수 있는 이유를 설명하라.

2. 전자의 탄성 산란(elastic scattering)과 비탄성 산란(inelastic scattering)의 다른 점은 무엇인지 기술하라. 이 두 산란과정이 각각 전자현미경에서 시료의 분석을 위해 어떻게 사용될 수 있는지 기술하라.

3. AFM에서는 스캔 과정에서 시료와 팁의 접촉 방식에 따라, 접촉(contact mode), 비접촉(non-contact), 그리고 일정한 힘과 주파수(또는 빈도)로 시료를 두드리듯이 접촉하는 tapping mode 방식이 있다. 이들 방식의 장점과 단점은 무엇인지, 이 방식들이 각각 어떤 종류의 시료에 사용될 수 있는지 설명하라.

4. Auger 전자분광법(AES), X-rays 광전자분광법(XPS), X-rays 형광분광법(XRF)의 유사점과 차이점은 무엇인지 기술하라. 이 분광법들이 각각 어떤 목적의 분석에 적합한지 기술하라.

5. AFM(atomic force microscope)과 STM(scanning tunneling microscope), 그리고 NSOM(near-field scanning optical microscope)이 공유하는 유사점과 이들 간의 차이점은 무엇인지 기술하라. 이들이 각각 어떤 목적의 분석에 적합한지 기술하라.

6. 정보저장매체인 하드디스크 표면의 이미지를 알고 싶다고 하면 어떤 분석 방법을 이용하는 것이 적합한지 기술하라.

7. 평균 직경 100 nm의 결정립들로 이루어진 전도성 시료 표면의 결정립 형상과 결정립들의 조성을

분석하고자 한다. 2가지 이상의 다른 결정구조의 화합물로 이루어진 시료로 가정하자. 어떤 분석 방법이 적합한지 기술하라. 또한, 이 결정립들의 결정구조도 분석하고자 한다면 어떤 분석 방법이 유용한지 기술하라.

참고문헌

[1] Y. J. Hsu, S. Y. Lu, and Y. F. Lin, "One-Step Preparation of Coaxial CdS-ZnS and $Cd_{1-x}Zn_xS$-ZnS Nanowires" *Adv. Func.Mater.*, **15**, 1350 (2005)

[2] Marine Geoscience Electron Microscopy Facility

[3] Cornell Center for Material Research

[4] D. H. Narumannd andK. D. Childs, "Auger Spectrometers: A Tutorial Review" *Applied Spectroscopy Reviews*, **34(3)**,139(1999)

찾아보기

【ㅈ】

【ㅊ】

나노재료

2012년 8월 30일 초판 1쇄 발행

저 자: 김기범 김현미 정운룡
최헌진 홍성현 황동목

발행자: 김윤선
발행처: 범한서적주식회사
서울특별시 종로구 신문로 2가 1-222
전화 733-2014~5 / 팩스 736-8696
등록 1966년 10월 6일 제1-168호

http://www.bumhanbook.co.kr

ISBN 978-89-7129-249-5 93530

정가 25,000 원